国际信息工程先进技术译丛

U0124584

移 动 回 传

［芬］ 伊萨·麦特萨拉（Esa Metsälä）
胡哈·萨尔梅林（Juha Salmelin） 主编

郑文杰　刘明晶　陈学彬　等译

机 械 工 业 出 版 社

本书主要阐述现今高速发展的移动网络构建高性价比的分组网络所需要的技术以及成熟的方案，话题涵盖了移动回传的关键传输技术 IP/MPLS/以太网，同时给出了 LTE/HSPA/GPRS 等 3GPP 移动网络系统解决方案。

无线网侧的读者可以理解移动回传是如何为无线网络服务的，本书结合了无线网络和核心网的传输技术，特别介绍了移动回传的关键传输技术 IP/MPLS/电信级以太网，也阐述了重要的技术问题（网络同步、网络恢复、QoS、网络安全）。核心网侧的读者也将受益于来自无线网侧的视角，特别是那些关注移动回传在数据中心以及 IT 领域中的应用的读者。

本书既可以供通信领域的科研人员和工程师使用，也可以作为高校院校教师、研究生和高年级本科生的教材或参考书。

译 者 序

现代通信事业在巨大的业务推动和满足用户需求的导向下获得了极大的发展。移动通信系统从2G起步，经历了3G、4G，目前正在向5G发展。诺基亚通信公司作为通信产业链的重要一员在其中发挥了重要的作用，在面对复杂多变的应用场景中为客户提供性能和经济性平衡的解决方案积累了丰富的行业经验。本书就是其中一个细分领域的小结，为读者介绍了移动回传网络从宏观变动、协议、技术到解决方案的多个方面。

移动回传（Mobile Backhaul）承接着无线接入网到核心网的数据业务传输。无线通信在巨大的发展的同时给业界带来了巨大的技术挑战，是否能设计一个低成本方案，有效解决多通信系统共存的情况下诸如QoS、安全、快速、可靠等问题，影响到通信网络是否能够提供更加可靠的网络业务，是否能够进一步降低建设成本、运行维护成本，这已经成为业界一个热点问题。

本书围绕着如何构建一个弹性的移动回传网络解决方案为导向，介绍了涉及这个主题的几个方面的挑战。在规划角度，作为快速升级换代的系统，运营商为用户提供网络服务的技术设施不可避免存在几代系统共存的问题、同一代系统多制式共存的问题。系统规划静态看有密集人口区域，也有人烟稀少地区，动态看既有业务发展预测，也有地区高速发展的可能性的预测，这都涉及现在的投入和是否和将来面对挑战匹配的问题。在技术方面，互连互通是通信行业快速发展的根本，协议的制定、应用推广，是通信行业重要的基础，本书对支持移动回传网络解决方案的协议进行了系统的整理，另外分组化是现在系统的重要演进方向，本书也在多方面阐述其中的影响，以及如何进行系统的演进。

在本书的翻译出版中，译者团队得到了诺基亚通信公司多位同事的巨大支持，书中的第1部分主要由郑文杰翻译，张涛参与了第3章的翻译，陈赵颖参与了第4章的翻译，石米艳参与了第5章的翻译。第2部分主要由刘明晶翻译，赵勤予参与了第6章的翻译、胡琪参与了第7章的翻译、熊华参与了第8章的翻译、邓传斌参与了第9章的翻译。陈学彬翻译了第1章并对全书给予了指导性意见。最终由郑文杰进行了全书的统稿，邓世强对全书给予了评阅意见。

在此感谢Wiley出版社和作者Juha Salmelin，感谢机械工业出版社以及顾谦编辑的巨大耐心，让本书能得以与中国读者见面。由于行业的快速发展，新技术的涌现使得其中的术语、技术细节的描述还在进一步统一规范中，本书翻译难免有纰漏和偏差，成绩是诺基亚专家团队的，纰漏是翻译团队的，希望本书能得到同行专家、读者的进一步交流、指正，以此共同推进行业的发展。

译　者

原 书 前 言

在过去的几年中，随着通信向移动端迁移，出现了移动网络上的流量爆炸。今天许多世界上最先进的移动网络都在努力满足这些变化在性能和成本上的要求，通常都是通过大量投资 HSPA + 和 LTE 等技术来提高空中接口容量的。在移动网络的端到端架构中不能忽略的是在确定这种网络的整体性能和成本中起主要作用的传输。正是在这种背景下，几乎没有比移动回传更合适的标题。

由于技术的既然演进，以及更大容量和有效的分组网络技术对遗留网络的快速替换，都使得服务提供商的传输策略变得更复杂。由于过去投资的沉淀效应和新投资的容量与效率的竞争，带来了多种技术共存的环境。

此外，基于分组的通信提出了不容易克服的技术挑战。不是所有的分组技术都可以应用于移动回传，并且需要仔细检查底层技术以确保整个系统的完整性及其满足特定需求的能力。两个相关的例子是服务质量和安全性。与基于 E1 的传统网络相比时，IP 网络在这两个域中表现非常不同。此外，移动网络为回传制造了特定问题。一个相关示例是在移动环境中的同步需求，以便实现用户从一个基站到另一个基站的切换并且防止干扰。然而，IP 网络的设计最初并未考虑这些需求，因而需要修改以适当处理。类似地，在 IP 环境中，不保证传送所有分组，这种缺乏保证对移动通信提出挑战。在建立回传网络时，还存在其他技术和非技术挑战，当这些因素聚合后，导致人们得出结论，建立能够充分处理高并发要求的高级回传网络的一般规则是不可能找到的。最后，每个网络都必须被标识和部署为一个独特的解决方案。

读者现在持有的书在讨论这些主题以及审查、评估在移动网络或分组网络域中可用的技术，以达成可能的解决方案的方面做了大量的工作。许多创新被认为是结合多学科的结果，这正是本书的编者所做的。

Hossein Moiin
首席技术官
诺基亚通信网络公司
埃斯波，芬兰

原 书 致 谢

主编要感谢参编和同事的巨大贡献，诺基亚通信网络公司的 Thomas Deiß、Jouko Kapanen、José Manuel Tapia Pérez、Antti Pietiläinen、Jyri Putkonen、CsabaVulkán 以及在最后并非不重要的，Erik Salo（"伟大的老运输大师"已经完全卸任他的正式工作生涯）。

尤其感谢 Esa Törmä，另一位在移动回传领域工作的老专家，他的洞见和思维为本书的许多主题奠定了基础和架构。

对于具体的审查意见和建议，要感谢 Heikki Almay、Damian Dalgliesh、Joachim Eckstein、Carl Eklund、Timo Liuska、Sanna Mäenpää、Olli Pekka Mäkinen、Jukka Peltola、Mehammedneja Rahmato、Konstantin Shemyak、Antti Toskala、Jouko Törmänen、Eugen Wallmeier 和 Roland Wölker。

特别感谢 Harri Holma 和 Antti Toskala 非常有益的指导，诸如如何书写技术书籍、如何和多作者共同编写。

此外要感谢 John Wiley & Sons 出版社和合作运营商便利的出版流程，以及我们认为最大限度使用了全部可用的灵活性。尤其感谢 Mark Hammond、Sandra Grayson、Richard Davies、Sophia Travis、Prachi Sinha Sahay、Prakash Naorem 和 Sara Barnes。

感谢我们的家庭，他们的耐心和支持，在每一个深夜和周末。

尽管耗费了大量的时间，但我们很喜欢写作本书。非常感激所有的意见和建议，我们会在本书的未来版本中改进或修订。欢迎回馈到主编邮箱：esa. metsala@ nsn. com 和 juha. salmelin@ nsn. com。

缩略语表

10GE	10 Gigabit Ethernet	10 千兆位以太网
1GE	Gigabit Ethernet（IEEE 802.3 standard interface）	千兆位以太网（IEEE 802.3 标准接口）
1x	（CDMA2000）1 times Radio Transmission Technology	CDMA 1X
2G	2nd generation mobile system，GSM	第二代移动通信技术规格 GSM
3G	3rd generation mobile system，WCDMA	第三代移动通信技术规格 WCDMA
3GPP	3rd Generation Partnershipp Project	第三代合作伙伴计划
64QAM	64 – level Quadrature Amplitude Modulation	64 相正交振幅调制
AAL2	ATM Adaptation Layer 2	ATM 适配层 2
AAL2SIG	AAL2 Signaling	AAL2 信令
AAL5	ATM Adaptation Layer 5	ATM 适配层 5
AC	Attachment Circuit	接入电路
AC	Admission Control	接入控制
ACH	Associated Channel Header	关联通道头
ACK	Acknowledgment	确认
ACR	Adaptive Clock Recovery	自适应时钟恢复
ADM	Add – Drop Multiplexing	分/插复用器
ADSL	Asymmetric Digital Subscriber Line	非对称数字用户线路
AF	Assured Forwarding	确保转发
A – GPS	Assisted GPS	辅助 GPS 技术
AH	Authentication Header	报文认证头协议
AIMD	Additive Increase Multiplicative Decrease	和式增加，积式减少
AIS	Alarm Indication Signal	告警指示信号
AKA	Authentication and Key Agreement	认证和密钥协商
AM	Acknowledged Mode	确认模式
AMBR	Aggregate Maximum Bit Rate	聚合最大比特率
AMR	Adaptive Multi – Rate	自适应多速率
ANSI	American National Standards Institute	美国国家标准学会
AP	Access Point	接入点
APS	Automatic Protection Switching	自动保护倒换
ARIB	The Association of Radio Industries and Businesses	无线电商业协会

ARP	Allocation and Retention Priority	分配保持优先级
ARP	Address Resolution Protocol	地址解析协议
ARQ	Automatic Repeat Request	自动重传请求
AS	Autonomous System	自治系统
ATIS	The Alliance for Telecommunications Industry Solutions	世界无线通信解决方案联盟
ATM	Asynchronous Transfer Mode	异步传输模式
AU	Administrative Unit	管理单元
BC	Boundary Clock	边界时钟
BCH	Broadcast Channel	广播信道
BCP	Best Current Practice	最流行方法
BE	Best Effort	尽力而为
BFD	Bidirectional Forwarding Detection	双向转发检测
BGP	Border Gateway Protocol	边界网关协议
BPDU	Bridge Protocol Data Unit	桥接协议数据单元
BS	Base Station	基站
BSC	Base Station Controller	基站控制器
BSS	Base Station Subsystem	基站子系统
BTS	Base Station	基站
BW	BandWidth	带宽
BWP	BandWidth Profile	带宽使用描述
C/I	Carrier/Interference	载干比
CA	Certificate Authority	证书颁发中心
CAPEX	Capital Expenditure	资本性支出
CBR	Constant Bit Rate	恒定比特率
CBS	Committed Burst Size	承诺突发尺寸
CBWFD	Class – Based Weighted Fair Queuing	基于类的加权公平队列
CC	Congestion Control	拥塞控制
CC	Connectivity Check	连通性检测
CC	Cable Cut (metric)	电缆中断（公制）
CCM	Connectivity Check Message	连通性检测消息
CDMA	Code Division Multiple Access	码分多址
CE	Customer Edge	用户边缘
CEPT	European Conference of Postal and Telecommunications Administrations	欧洲邮政电信管理会议
CES	Circuit Emulation Service	电路仿真业务
CESoP	Circuit Emulation Service over Packet	电路仿真封装

CESoPSN	Structure – aware time division multiplexed Circuit Emulation Service over Packet Switched Network	电路仿真封装协议结构化
CF	Coupling Flag	耦合标志
CFM	Connectivity Fault Management	连通性故障管理
CHAP	Challenge Handshake Authentication Protocol	质询握手验证协议
CIR	Committed Information Rate	承诺信息速率
CM	Color Mode	彩色模式
CMP	Certificate Management Protocol	证书管理协议
CN	Core Network	核心网
CoS	Class of Service	服务等级
CP	Control Plan	控制平面
CRC	Cyclic Redundancy Check	循环冗余校验
CRL	Certificate Revocation List	证书撤销列表
CRNC	Controling RNC	控制 RNC
CS	Circuit Switched	电路交换
CS	Class Selector	类选择符
CWDM	Coarse Wavelength Division Multiplexing	粗波分复用器
CWND	Congestion Window	拥塞窗口
DCH	Dedicated Channel	专用信道
DEI	Drop Eligible Indicator	可优先丢弃指示位
Delay_Req	Delay Request (message used in PTP)	延迟请求
Delay_Resp	Delay Response (message used in PTP)	延迟响应
DHCP	Dynamic Host Configuration Protocol	动态主机配置协议
DiffServ, DS	Differentiated Service	差分服务
DL	DownLink	下行
DoS	Denial of Service	拒绝服务
DPD	Dead Peer Detection	失效对等体检测
DRNC	Drift RNC	漂移 RNC
DSCP	DS Code Point	差分服务码点
DSL	Digital Subscriber Line	数字用户线路
DWDM	Dense Wavelength Division Multiplexing	密集波分复用
E1	Basic bit rate of European PDH; 2.048Mbit/s	准同步数字系列系统基准速率
E – BGP	Extend BGP	扩展 BGP
EBS	Excess Burst Size	超出突发大小
ECM	EPS Connection Management	EPS 连接管理

ECMP	Equal Cost Multipath	等值多路径
ECN	Explicit Congestion Notification	显示拥塞通知
E – DCH	Enhanced DCH	增强 DCH
EDGE	Enhanced Dataratesfor Global Evolution	全球演进的增强型数据传输速率
EEC	Synchronous Ethernet equipment Clock	同步以太网设备时钟
EF	Expedited Forwarding	加速转发
EGP	Exterior Gateway Protocol	外部网关协议
EIGRP	Enhanced Interior Gateway Protocol	增强型内部网关路由协议
EIR	Excess Information Rate	超额信息速率
E – LSP	Explicitly TC（Traffic Class）– encoded PSC（PHB Scheduling Class）LSP	由 EXP 比特决定每跳行为（PHB）的 LSP
EMM	EPS Mobility Management	EPS 移动管理系统
eNB，eNodeB	E – UTRAN NodeB	演进型节点 B
EoC	Ethernet over Copper	铜轴以太网
EPL	Ethernet Private Line	以太网专线
EPLAN	Ethernet Private LAN	以太网专网
EPS	Evolved Packet System	演进型分组系统
EP – Tree	Ethernet Private Tree	以太网私有树
E – RAB	E – UTRAN Radio Access Bearer	演进型网络无线接入承载
ESMC	Ethernet Synchronization Messaging Channel	以太网同步消息信道
ESP	Encapsulating Security Payload	安全有效载荷
Eth	Ethernet	以太网
ETSI	European Telecommunications Standards Institute	欧洲电信标准化协会
E – UTRAN	Evolved UTRAN	演进型通用陆地无线接入网
EVC	Ethernet Virtual Connection	以太网虚拟链接
EV – DO	Evolution – Data Optimized	演进数据优化
EVPL	Ethernet Virtual Private Line	虚拟以太专线
EVPLAN	Ethernet Virtual Private LAN	虚拟以太专网
EVP – Tree	Ethernet Virtual Private Tree	虚拟以太私有树
FACH	Forward Access Channel	前向接入信道
FCS	Frame Check Sequence	帧校验序列
FD	Frame Delay	帧中继
FDD	Frequency Division Duplex	频分双工
FDMA	Frequency Division Multiple Access	频分多址

FDV	Frame Delay Variation	帧时延抖动
FEC	Forwarding Equivalence Class	转发等价类
FLR	Frame Loss Rate	丢帧率
FP	Frame Protocol	帧协议
FRR	Fast Reroute	快速重路由
FSN	Frame Sequence Number	帧序列号
FTP	File Tranfer Protocol	文件传输协议
G – ACH	Generic Associated Channel	通用相关信道
GAL	General Associated Channel Label	通用相关信道标签
GBR	Guaranteed Bit Rate	保证比特率
GERAN	GPRS/Edge Radio Access Network	GSM/EDGE 无线接入网
GFP	General Framing Procedure	通用成帧规程
GGSN	Gateway GPRS Support Node	GPRS 网关支撑节点
GLONASS	Global Navigation Satelite System	全球导航卫星系统
GM	Grand Master clock（used in PTP）	最优时钟
GMPLS	Generalized MPLS	通用 MPLS
GNSS	Global Navigating Satellite System	全球导航卫星系统
GPRS	General Packet Radio Service	通用分组无线服务技术
GPS	Global Positionning System	全球定位系统
GSM	Global System for Mobile communications	全球移动通信系统
GTP – C	GPRS Tunneling Protocol Control Plan	GPRS 隧道协议控制面
GTP – U	GPRS Tunneling Protocol User Plan	GPRS 隧道协议用户面
GW	Gate Way	网关
H – ARQ	Hybrid Automatic Repeat Request	混合自动重发请求
H – BWP	Hierarchical Band Width Profile	分层带宽配置文件
HDLC	High Level Data Link Control	高级数据链路控制
HRM – 1	Hypothetical Reference Model 1	假设参考模型 1
HSCSD	High Speed Circuit Switched Data	高速电路交换数据
HSDPA	High Speed Downlink Packet Access	高速下行分组接入
HS – DSCH	High Speed Downlink Shared Channel	高速下行分享信道
HSPA	High Speed Packet Access	高速分组接入
HSS	Home Subscriber Server	归属用户服务器
HSUPA	High Speed Uplink Packet Access	高速上行分组接入
HTTP	Hyper Text Transfer Protocol	超文本传输协议
HW	Hard Ware	硬件
IANA	Internet Assigned Numbers Authority	因特网地址分配组织
I – BGP	Internal BGP	域内 BGP

ICMP	Internet Control Message Protocol	因特网控制消息协议
IE	Information Element	信息单元
IEEE	Institute of Electrical and Electronics Engineers	电气电子工程师学会
IETF	Internet Engineering Task Force	国际互联网工程任务组
IGP	Interior Gateway Protocol	内部网关协议
IKE	Internet Key Exchange	因特网密钥交换协议
IMS	IP Multimedia Subsystem	IP 多媒体子系统
IMSI	International Moile Subscriber Identity	国际移动用户识别码
IP	Internet Protocol	网络互连协议
IP – CAN	IP Connectivity Access Network	IP 链接接入网络
IS – 95	Interim Standard 95	暂时标准 95
IS – IS	Intermediate System – Intermediate System	中间系统到中间系统路由协议
ISO	International Organization for Standardization	国际标准化组织
ITU	International Telecommunications Union	国际电联
L1	Layer 1（in the OSI protocol stack）	层 1（OSI 协议栈）
L2	Layer 2（in the OSI protocol stack）	层 2（OSI 协议栈）
L2VPN	Layer 2 Virtual Private Network	层 2 虚拟专网
L3	Layer 3（in the OSI protocol stack）	层 3（OSI 协议栈）
L4	Layer 4（in the OSI protocol stack）	层 4（OSI 协议栈）
LACP	Link Aggregation Control Protocol	链路聚合控制协议
LAG	Link Aggregation Group	链路聚合组
LAN	Local Area Network	局域网
LCP	Link Control Protocol	链路控制协议
LDP	Label Distribution Protocol	标签分发协议
LED	Light Emitting Diode	发光二极管
LLC	Logical Link Control	逻辑链路控制
L – LSP	Label – only – inferred PSC（PHB Scheduling Class）LSP	根据 MPLS 标签决定包调度策略的 LSP
LOS	Loss Of Signal；Line Of Sight	信号损失；可视通路
LSA	Link State Advertisement	链路状态公告
LSDB	Link State Data Base	链路状态数据库
LSP	Label Switched Path	标签交换路径
LSR	Label Switch Router	标签转发路由
LTE	Long Term Evolution（3GPP Mobile Network Standard）	长期演进（3GPP 移动网络标准）
M	Master	主机
M3UA	Message Transfer Part 3（MTP3）User Adaptation Layer	层 3 消息传送部分用户适配层

MAC	Media Access Control	媒体接入控制
MAFE	Maximum Average Frequency Error	最大平均错误频率
MATIE	Maximum Average Time Interval Error	最大平均错误间隔
MBH	Mobile Back Haul	移动回传
MBMS	Multimedia Broadcast Multicast Service	多媒体广播多播业务
MBR	Maximum Bit Rate	最大比特率
MDEF/ MDEV	Modified Allan Deviation	改进阿伦方差
MEF	Metro Ethernet Forum	城域以太网论坛
MEP	Maintenance End Point	维护端点
MGW	Meida Gate Way	多媒体网关
MIB	Management Information Base	管理信息库
MIMO	Multiple Input Multiple Output	多入多出技术
MIP	Maintenance Intermediate Point	维护中间点
ML – PPP	Multi Link – Point – to – Point Protocol	多点到点链路捆绑协议
MME	Mobility Management Entity	移动管理实体
MP	Management Plane	管理面
MP – BGP	Multi Protocol BGP	多协议扩展边界网关协议
MPLS	Multi Protocol Lable Switching	多协议标签交换
MPLS – TE	MPLS Traffic Engineering	MPLS 流量工程
MPLS – TP	MPLS Traffic Profile	MPLS 流量配置
MRU	Maximum Receive Unit	最大接收单元
MSP	Multiplex Section Protection	复用段保护
MSPP	Multi Service Provisionning Platform	多元服务提供平台
MSS	Maximum Segement Size	最大分段尺寸
MSTP	Multiple Spanning Tree Protocol	多生成树协议
MTBF	Mean Time Between Failure	平均无故障时间
MTIE	Maximum Time Interval Error	最大时间间隔误差
MTTR	Mean Time To Repair	平均修复时间
MTU	Maximum Transfer Unit	最大传输单元
MWR	Micro Wave Radio	微波无线电
NAT	Network Address Translation	网络地址转换
NDS	Network Domain Security	网络域安全
NE	Network Element	网元
NG – SDH	Next Generation Synchronous Digital Hierarchy	下一代同步数字体系
NIC	Network Interface Card	网络适配器

NID	Network Interface Device	网络接口设备
NLRI	Network Level Reachability Information	网络层可达信息
NMS	Network Management System	网络管理系统
N – PE	Network – PE（Provider Edge）	网络运营商边缘
NPV	Net Present Value	净现值
NRI	Network Resource Identifier	网络资源标识编辑
NTP	Network Time Protocol	网络时间协议
O&M	Operation and Maintenance	运行和维护
OAM	Operation，Administration and Maintenance	操作、管理和维护
OC1	Optical Carrier 1，51. 84 Mbit/s	光载波 1，51. 84Mbit/s
OC3	Optical Carrier 3，155. 52 Mbit/s	光载波 3，155. 52Mbit/s
OCSP	Online Certificate Status Protocol	在线证书状态协议
OFDM	Orthogonal Frequency Division Multiplxing	正交频分复用
OFDMA	Orthogonal Frequency Division Multiple Access	正交频分多址
OH	Over Head	开销
OPEX	Operational Expenditure	运营成本
opex	Operating expenditures	运营开销
OSI	Open System Interworking	开放系统互通
OSPF	Open Shortest Path First	开放式最短路径优先路由选择
OSSP	Organization Specific Slow Protocol	组织定义慢帧协议
OTDOA	Observed Time Difference Of Arrival	到达时间差定位法
OTH	Optical Transport Hierarchy	光传送体系
OTN	Optical Transport Network	光传送网络
OUI	Organizationally Unique Identifier	组织唯一标识符
OWAMP	One – Way Active Measurement Protocol	单项主动测量协议
PAP	Password Authentication Protocol	口令鉴定协议
PB	Provider Bridging	运营商桥接
PBB	Provider Backbone Bridging	运营商骨干桥接
PCC	Policy and Charging Control	策略与计费控制
PCEF	Policy and Charging Enforcement Function	策略及计费执行功能
PCH	Paging Channnge	寻呼信道
PCM	Pulse Code Modulation	脉冲编码调制
PCP	Priority Code Point	优先权代码点
PCRF	Policy and Charging Rules Function	策略及计费规则功能
PDCP	Packet Data Convergence Protocol	分组数据汇聚协议
PDH	Plesiochronous Digital Hierarchy	准同步数字体系
PDN	Packet Data Network	数组数据网
PDU	Protocol Data Unit	协议数据单元

PDV	Packet Delay Variation	包抖动
PE	Provider Edge	运营商边缘
PEC – B	Combined Packet slave clock and packet master clock	组合包主从时钟
PEC – M	Packet master clock	包主时钟
PEC – S	Packet slave clock	包被动时钟
PFS	Perfect Forward Secrecy	完全前向保密
P – GW	PDN Gateway	PDN 网关
PHB	Per – Hop Behaviour	单中继段行为
PHP	Penultimate Hop Popping	倒数第二跳弹出
PKI	Public Key Infrastructure	公钥基础设施
pktfiltered-MTIE	Packet – filtered MTIE (Maximum Time Interval Error)	包间最大时间间隔误差
PLL	Phase – Locked Loop	锁相环
PM	Performance Monitoring	性能监控
PMIP	Proxy Mobile IP	代理移动 IP
PMP	Point – to – Multipoint	点到多点
PMTUP	Path MTU Discovery	最大传输单元路径发现
PON	Passive Optical Network	无源光纤网络
PoS	Packet over SONET	SONET 承载包数据
POTS	Plain Old Telephone Service	模拟电话业务
ppb	parts per billion	每十亿分之一（10^{-9}）
ppm	parts per million	每百万分之一（10^{-6}）
PPP	Point – to – Point Protocol	点对点协议
pps	packets per second, pulse per second	每秒包数，每秒脉冲数
PRC	Primary Reference Clock	主基准时钟
PRTC	Primary Reference Time Clock	基准主时钟
PS	Packet Switched	分组交换
PSK	Pre – Share Key	预先共享密钥
PSN	Packet Switched Network	分组交换网络
PSTN	Public Switched Telephone Network	公用电话交换网络
PTP	Precision Time Protocal	精准时间协议
PW	Pseudo Wire	虚链路
PWE	Pseudo Wire Emulation	虚链路仿真
PWE3	Pseudo Wire Emulation Edge – to – Edge	端到端虚链路仿真
QCI	QoS Class Identifier	QoS 分类标识
QoE	Quality of Experience	体验质量
QoS	Quality of Service	服务质量

QPSK	Quadrature Phase Shift Keying	正交相移键控
R&D	Research and Development	研发
RACH	Random Access Channel	随机接入信道
RAN	Radio Access Network	无线接入网
RB	Radio Bearer	无线承载
RED	Random Early Detection	随机早期检测
RF	Radio Frequency	射频
RFC	Request For Comments	请求注解
RFQ	Request For Quatation	询价单
RIP	Routing Information Protocol	路由信息协议
RLC	Radio Link Control	无线链路控制
RNC	Radio Network Controller	无线网络控制器
RR	Route Reflector	路由反射器
RRM	Radio Resource Management	无线资源管理
RSTP	Rapid Spanning Tree Protocol	快速生成树协议
RSVP	Resource ReserVation Protocol	资源预留协议
RTCP	RTP Control Protocol	实时传输控制协议
RTO	Retransmission Timeout Timer	重传超时计时器
RTP	Real Time Transport Protocol	实时传输协议
RTT	Round Trip Time	往返时延
S	Slave	从属
SA	Security Association	安全关联
SACK	Selective Acknowledgement	选择性确认
SAE	System Architecture Evolution	系统架构演进
SAK	Secure Association Key	安全关联键
SAToP	Structure – Agnostic Time divisionmultiplexing over Packet	非结构化 TDM 承载分组
SCCP	Signalling Connection Control Part	信令链接控制部分
SC – FDMA	Single Carrier FDMA	单载波频分多址
SCTP	Stream Control Transmission Protocol	流控制传输协议
SDF	Service Data Flow	服务数据流
SDH	Synchronous Digital Hierarchy	同步数字体系
SEC	SDH Equipment Clock, SDH Equipment slave Clock	同步数字设备时钟
SEG	Security Gateway	安全网关
SFN	Single – Frequency Network	单频网络（同步网）
SFP	Small Form Pluggable	小型可拔插模块

SGSN	Serving GPRS Support Node	GPRS 业务支撑节点
S – GW	Serving Gate Way	服务网关
SIM	Subscriber Identity Module	客户身份识别卡
SLA	Service Level Agreement	服务级别协议
SLS	Service Level Specification	服务等级规范
SON	Self Optimizing Network	自优化网络
Sonet	Synchronous optical network	同步光纤网
SPF	Shortest Path First	最短路径优先算法
SPI	Scheduling Priority Indicator	调度优先级指示
SRB	Signaling Radio Bearer	无线承载
SRNC	Serving RNC	服务 RNC
STM	Synchronous Transport Module	同步传送模块
SW	Soft Ware	软件
Sync	Synchronization（message used in PTP）	同步（PTP 信息）
T1	Basic bit rate of US & Japanse PDH；1544 Mbit/s	美日 PDH 基本速率；1544Mbit/s
TC	Traffic Class	业务类型
TC	Transparent Clock	透传时钟
TCO	Total Costs of Ownership	总体拥有成本
TCP	Transmission Control Protocol	传输控制协议
TDD	Time Division Duplex	时分双工
TDEV	Time Deviation	时间偏差
TDM	Time Division Multiplexing	时分复用
TDMA	Time Division Multiple Access	时分多址
TD – SCDMA	Time Division Synchronous Code Division Multiple Access	时分同步码分多址
TE	Traffic Engineering	流量工程
TE	Terninal Equipment	终端设备
TEID	Tunnel Endpoint Identifier	隧道端点标识
THP	Traffic Handling Priority	业务处理优先级
TICTOC	Timing over IP Connection and Transfer Of Clock	IP 时钟实现和传送
TLS	Transport Layer Security	安全传输层协议
TLV	Type – Length – Value	类型 – 长度 – 数据
ToP	Timing over Packet	时钟分组承载
TOS	Type Of Service	服务类型
TTI	Transport Time Interval	传输时间间隔
TTL	Time To Live	最大存活次数
TWAMP	Two – Way Active Measurement Protocol	双向主动测量协议

UDP	User Datagram Protocol	用户数据报协议
UE	User Equipment（mobile terminal）	用户设备（移动终端）
UL	Uplink	上行
UNI	User – Network Interface	用户网络接口
UP	User Plane	用户面
U – PE	User – PE（Provider Edge）	用户 – 运营商边缘
UTRAN	Universal Terrestrial Radio Access Network	全球路上无线接入
WAN	Wide Area Network	广域网
VC	Virtual Channel	虚通道
VC	Virtual Container	虚容器
WCDMA	Wideband CDMA	宽带码分多址
WDM	Wavelength Division Multiplexing	波分复用
VDSL	Very – high – bit – rate Digital Subscriber Line	超高速数字用户线路
WFQ	Weighted Fair Queuing	加权公平排队
WiMAX	Worldwide Interoperability for Micorwave Access	全球微波互连接入
VLAN	Virtual Local Area Network	虚拟局域网
VLR	Visitor Location Register	拜访位置寄存器
VoD	Video on Demand	视频点播
VoIP	Voice over IP	网络语音电话
VoLTE	Voice over LTE	LTE 网络语音电话
VPLS	Virtual Private LAN Service	虚拟专用局域网服务
VPN	Virtual Private Network	虚拟专用网
VPWS	Virtual Private Wire Service	虚拟专线服务
WRED	Weighted RED	加权随机早期检测
VRF	Virtual Routing and Forwarding	虚拟路由和转发
WRR	Weighted Round Robin	加权循环调度算法
VRRP	Virtual Router Redundancy Protocol	虚拟路由冗余协议
VSI	Virtual Switch Instance	虚拟交换实例
X2	Interface in a LTE network	LTE 网络的一种接口
XPIC	Cross Polarisation Interference Cancellation	交叉计划干扰抵消器

作者名单

Thomas Deiß
诺基亚通信网络公司
杜塞尔多夫，德国

Jouko Kapanen
诺基亚通信网络公司
埃斯波，芬兰

Esa Metsälä
诺基亚通信网络公司
埃斯波，芬兰

José Manuel Tapia Pérez
诺基亚通信网络公司
埃斯波，芬兰

Antti Pietiläinen
诺基亚通信网络公司
埃斯波，芬兰

Jyri Putkonen
诺基亚通信网络公司
埃斯波，芬兰

Juha Salmelin
诺基亚通信网络公司
埃斯波，芬兰

Erik Salo
独立顾问公司
埃斯波，芬兰

CsabaVulkán
诺基亚通信网络公司
布达佩斯，匈牙利

目　　录

第 1 章 绪 言

Esa Metsälä、Juha Salmelin 和 Erik Salo

1.1 为什么读本书

市面有好些移动网络或者（分组）传输网的书，这些书都关注各自领域。如果没有传输网，移动网络只是不能发挥作用的孤岛，同时，移动网络日渐成为各种分组传输网络的重要客户。

本书尝试结合这两个领域，即探视移动网络和回传网络的交互，特别是在基于分组交换的新技术时代这两个网络是如何考虑双方的特性。

移动回传，如图 1.1 所示，是移动网和传输网的枢纽。在某些部分，更紧密与移动网相连。有些领域则直接由传输网发端。

一般来说，移动网络、空口以及无线相关的话题集中在无线专家的圈子里，整个网络的另一块很容易被忽略。举个例子，在 3GPP 的模型中，两个无线网络单元之间存在的知识只是一个简单直接相连的线。这种高度的抽象有助于集中思考在移动网络中的问题。不过现实总

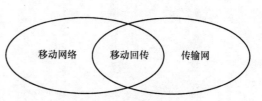

图 1.1　移动回传

是复杂的，随着分组交换网络时代的来临，越来越多复杂的问题开始出现。这无不影响无线网络的功能，尤其在性能方面，在某些场景下这种影响是极大的。

相应地，传输专家也不容易去深入理解移动网络的巨量细节，通常一些基本的概念都散落在不同的协议标准里。同样，3GPP 里的移动网络，以其空口与有线相比，差异极大：移动网络空口传输不适用以太网协议（传输专家更熟悉的），并且有着更多的协议分层，在两个移动单元中有更多的分工，简言之，移动网络更加复杂。

所以，如果你具有无线通信和移动网络的背景，那么你会知道回传网络是如何构建及其对移动网络产生真实的影响。例如，当终端用户的速率瓶颈不在空口，而在于回传链接，那么理解回传方案就变得愈发重要。

另一方面，如果你是 IP 以及传输网的专家，理解更多关于无线侧的交互以及无线侧对链接的基本要求，能更好地运用人们的专业知识。即便无线回传不是网络发展最强劲的驱动力，仍然需要巨大的创新去应对挑战，如何高效地连接各种不断发展的新网络，承载起服务和数据，特别是对于 HSPA + 和 LTE 网络。

1.2　什么是"移动回传"

图 1.1 给出了第一种解释：移动回传联合了移动网络和传输/分组传输网络。无线网络一部分功能实体和特性以及传输/分组传输网络一部分的功能实体和特性共同构成了移动回传。基本上，是无线网络为终端用户提供了服务，而无线回传的设计和部署不仅影响移动网元的接口，而且还影响着无线网络的整体运行和性能。

移动网络已经覆盖着世界上很多的地方，并且可以预见扩展会继续，不断扩大覆盖范围。并且传输的速率更快、服务更多，宽带业务的推广使得终端和网络间的吞吐速率不断刷新。这意味着数据业务在很多无线网络快速增长。因此一个工作良好、跨网元的连通无线网络的需求不断增长。这些为无线网络承载的传输和分组传输网络就叫做移动回传网络，或者移动回传（Mobile Back Haul，MBH），负责汇聚广泛的基站到少数几个中心站点。（见图 1.2）。

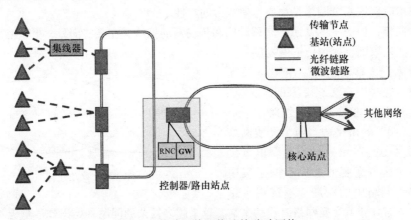

图 1.2　移动回传网络连接移动网络

当前移动回传网络正经历着巨变，来自无线数据业务的增长以及分组传输技术和设备的发展，正驱动着移动网络向分组传输技术演进，这大大提高了数据传输的可靠性和经济性。

移动回传网络一直都是无线网络商业应用中的重要部分：连通巨量的无线基站。最后一英里链接（或者第一英里链接，取决于人们怎么看）显著地影响着整个网络的成本。随着骨干网容量的扩展、扇区的变小，传输成本占全网成本的比例也在上升。分组传输技术方案就为应对这种挑战，把成本控制在一个可接受的水平。

1.3　本书的目标和范围

本书将对移动回传网络各方面做一个概述，也会涉及协议方面的细节，同时涉及移动回传和传输两个方面，无线侧和传输网络的功能实体和技术。

自然地，一部分专业词汇更倾向于 3GPP 以及无线网络方向，另一部分则来自于网络传输。

本书讲述移动回传从无线基站到核心网的整体，核心网部分更关心接近基站的部分（接入层，参见图 2.2），不仅仅这一部分有更多移动的特性，并且经济性上这一部分是回传网络最重要的地方。

移动回传网络的上层一般是移动和固网数据的组合，一般都使用有线传输设备，通常对无线侧的成本影响不大；要考虑的是对无线网络的性能的影响。室内的回传解决方案一般处理有线和无线的混合业务流，这超出了本书的范畴。

技术上，本书也覆盖网络技术（传输和传送）相关功能实体。无线网络的无线网络协议以及关键功能实体将作为回传网络的客户端介绍。阅读面向回传的内容，在脑中有着基本的移动网络的架构图景及其运作会非常有助于理解交互之间隐含的细节。

1.4 本书的结构

本书分为两部分。

第 1 部分把网络分成一个个实体，介绍从需求、变革驱动力到网络的转变，从移动系统到分组交换网络，及其部署的各个方面。第 2 部分更深入研究移动回传网络的功能实体：同步、容错、QoS 以及安全。

第 1 部分的第 1 章、第 2 章将介绍回传网络，从需求以及经济的角度讲述无线网络的传输，并讨论基于分组传输技术的移动回传方案的驱动因素及其问题。第 1 部分的第 3 章关于 3GPP 标准化的移动网络，重点在于逻辑接口，传输相关的和终端用户传递业务的协议栈。无线网络的关键功能实体也会做介绍。

第 4 章是分组交换网络的概述，网络技术和协议，特别适合那些熟悉无线网络技术的读者。第 4 章也讨论了分组交换技术是如何作为回传的服务为无线网络所使用。

第 1 部分的最后一章，即第 5 章，讨论了回传的传输技术和系统、它们的主要特性以及回传功能实体主要的对外服务；第 5 章的重点是系统层面对回传接入层的需求。

第 2 部分的第 6 章讨论了一个对于移动网络也是非常重要的传输话题，也就是为无线基站传输层提供同步信号，随着分组交换移动回传网络的推广，这个话题越来越重要。

第 7 章讲述了容错性。论及分组交换网络，电信级别的容错性是必需的。分组交换网络的错误类别和 TDM 网络有着很大差别，这方面很容易引起关注。从错误中恢复的方法在分组交换网络和 TDM 网络也有很大的不同。

第 8 章讨论回传的服务质量（QoS），关注在回传中不同业务需要的 QoS。同时也会讨论传输在端到端的 QoS 角色。QoS 是一个关系到回传网络和无线网络直接相连的领域，这通常是无线网络和回传网络专家共同讨论的第一个话题。

第 9 章涉及了移动回传的安全机制和在不同网络间的方案。分组交换技术的出现，新的安全隐患也随之而来，这些问题都会讨论，基于 IP 的加密机制是回传的主要工具。

第 10 章提供了基于分组交换技术的移动回传解决方案在不同网络的应用，包括一些在实际移动网络部署中的实例。

第 11 章为本书做了回顾。

第1部分
移动和分组传输网络

第 2 章　移动回传和"分组"时代

Erik Salo 和 Juha Salmelin

2.1　回传网络、层和成本

移动回传网络在于为移动网络提供连接，把地理上分布在不同地方的网元连接在一起，离开了回传网络就没有移动网络。移动回传网络的主要任务就是把数量相对较大得多的移动网络基站连接到数量相对较少的核心网网元所在地。

一般来说，移动回传网络上传输的移动系统网元间的交互数据和信令都是透明的。即便移动回传网络不会解读其中的移动数据流，其本身的特性也会对移动数据流产生多种影响，从而移动回传网络对移动网络端到端的质量有着显著的影响。在设计移动网络时，考虑这种种的相互影响得出总成本和端到端质量的最佳优化就变得很重要。

在讲述移动回传网络的思想前，当前有一个现实，就是一个移动网络一般有数千，甚至数以万计的基站，另一方面，核心网站点的数量在一个小的地区只有 2 ~ 10 个，一个大区一般以数十计。并且，在现实布网中，存在着大量的中转网点，存放着负责数据聚合的网元（一般是BSC、RNC 或者各式各样的路由），一般称之为简单的控制或路由站点。

2.1.1　回传网络层级

因为要连接基站的数量很多，回传网络的传输层数据流汇聚着数个数据节点的数据，把流从基站集合到核心网。真实的物理连接都被尽量多的基站共享。

回传网络，基于对核心和外围部分不同的规划和优化准则，把这些不同的部分划分为不同的领域或层，会很有帮助。移动运营商对这些部分在不同的应用场合有不同的命名方式，在本书命名为接入（access）、汇聚（aggregation）和回传骨干网络层（backbone network tiers），如图 2.1 所示。

2.1.2　回传网络成本分布

一般来说，骨干层的传输能力最高，连接数和节点数就不那么多。回传骨干层一般承载固网和移动网络的数据流，使用的都是吞吐量大的节点和链路，这样就有着整个网络最低的比特成本。因为比特成本的低廉以及其节点和连接数量的有限性，回传骨干层的成本占比是中等。

相反的情形是接入层，一方面其吞吐量小（相对于骨干层），由于其对应着地理上广泛分布的基站，连接的数量巨大。并且这些链路一般只为移动网络服务，无法与其他业务分享带宽。因而接入层对于成本的影响巨大，一般比其他层高很多。再而，随着无线网络的继续扩张，接入层的成本占比还在持续增长中。

汇聚层的吞吐能力和连接数在前两者之间。汇聚层通常都会同时承载固网和无线网的

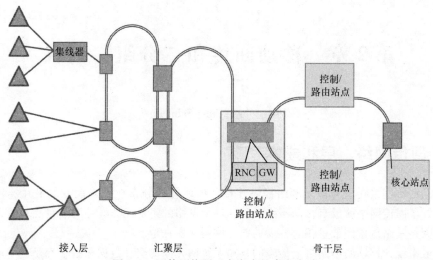

接入层　　　　　　　　汇聚层　　　　　　　　　　　骨干层

图2.1　回传网络层（本书中的命名方式）

数据，其节点和链接的吞吐能力都相当高，其成本能被不同的业务分摊。所以汇聚层的成本占比一般要比接入层小得多，不过由于其连接数量的众多，其成本比例仍比骨干层高。

总之，回传传输是运营商成本的重要组成。移动回传成本在移动运营商的总成本占比一般是10%～40%（见图2.2），这主要取决于移动网络所在地区、规模和密度以及移动回传网络的组网方式和维护。

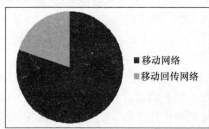
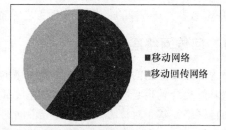

图2.2　典型的移动回传网络在移动运营商总开支中的占比：
左图是2G/3G覆盖城市和郊区的网络，右图是覆盖了广大农村或
具有大量小站的网站（实际上大多数网络在这两者之间）

性价比是移动回传网络非常重要的考虑因素——骨干层的成本优化很重要，汇聚层更重要，最重要的是接入层。接入层的成本占回传网络成本一般都超过70%～80%（见图2.3）。

当下，回传网络的成本日渐高涨，移动业务的增长，特别是移动数据流，同时还有在高业务量区域不断增加的基站数量，都增强了这个趋势。为打造更经济、有效的移动

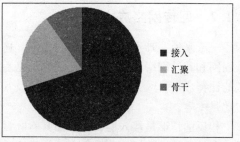

图2.3　典型的移动回传网络成本分布图

回传网络，向基于分组交换传输的技术转型，或者其他手段，都会在后面探讨。

2.2 既存系统

2.2.1 回传基本技术

大多数的既存系统都是为 2G 移动网络建造的（例如 GSM 或者 CDMA 网络），又或同时为 2G 和 3G 系统服务（比如 GSM 和 WCDMA 共存的地区）。同时少部分的回传网络只为 3G 移动网络服务。

这些移动回传系统一般采用 TDM 的技术，举个例子，主要基于 PDM 和 SDH/SONET 传输设备，尤其是在网络的低层。这些连接技术一般都是固定带宽，重配一般只能通过本地节点，或者在一些新设备上可以由远端的网络管理配置系统做。传输速率一般是 1.5Mbit/s 或者 2Mbit/s 或者它们的倍数，8Mbit/s、34Mbit/s、45Mbit/s，在上层，可以达到 155Mbit/s，或者倍数（620Mbit/s、2.5Gbit/s 等），TDM 的比特率的细节将在第 5 章讨论。

有些专门为 3G 移动网络（WCDMA）建设的回传网络也包括一些 ATM 的设备，例如，做数据聚合的地方，特别是在汇聚层和骨干层。相比 TDM 系统，这些设备能提升容量的使用效率，但是另一方面，新层的增加会使得系统的管理和维护方面的网络运营费用增加。ATM 设备有着和 PDH 设备相似的物理接口（例如，比特速率都是 1.5Mbit/s 或 2Mbit/s、34Mbit/s 或 45Mbit/s 以及 155Mbit/s 和 620Mbit/s）。

新近建造或改造的移动回传网络设备一般都有采用分组交换技术的，特别是在骨干层和汇聚层，不过有时候在接入层也可以见到。日渐增长的数据业务正在加速老回传系统中的分组业务，在不久的将来，移动数据业务的增长会促使越来越多的移动网络转向使用分组交换回传网络，即使不是全部。这些都会在本章接下来的内容中探讨。

2.2.2 回传拓扑

在 2G 和 3G 时代，基站间没有直连，回传系统的传输逻辑拓扑（流量拓扑）总是单纯的一个起点，数据流从每一个基站流到它的控制器。

回传系统的物理拓扑一般来说，会非常不同——它一般会根据传输连接、节点的经济性，对网络系统尤其是其上层的可靠性来设计。物理拓扑很大程度上是历史和逐渐演化的结果，随着时间推移，越来越多的基站加入到网络来。

常见的物理拓扑一般都在基站周边形成树形或者链状，这一般多是在经济上的考虑，尽量减少单一的接入连接（非共享）。在高层部分，拓扑变成了环状，这样为传输提供转换路径，更重要特性的网络就有了恢复能力：系统失效会影响到大量的基站，那么就用可靠性代替经济性。图 2.4 展示了一个移动回传网络的物理拓扑（网络低层）。

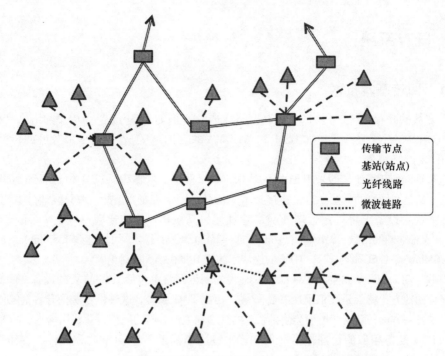

图 2.4　一个移动回传网络的物理拓扑例子（接入和低层汇聚层）

2.3　移动回传网络的变革驱动力

高负荷和更频繁的突发业务

　　2G 网络中主要业务流是语音，因此，主要是低比特速率格式的业务。例如在 GSM 的网络里，基站和控制站间的典型数据链路是 16kbit/s 的语音带宽。这样的网络对于传输带宽的要求并不高，在郊区线路一般不到 2Mbit/s，在很多城区的线路也仅仅是一条或几条 2Mbit/s 的线路就足够了（$n \times 2$Mbit/s，$n = 1 \sim 4$）。这样的网络一般都建造一个承载所有基站数据流的高容量的回传网络。

　　然而对回传系统容量的需求变化非常快速，或者说已经有了巨大的变化。在 3G 网络里，移动数据的增长飞速，已经成为许多 3G 网络里的主流应用。随着新技术的运用和网络的升级，例如 HSPA、HSPA + 和 LTE，基站的容量进一步增长，这种增速还处在加速的通道上（见表 2.1）。

表 2.1　**2010 移动数据增长的样例**（数据来源：Cisco VNI，2011）

地区	移动运营商和内容提供商
韩国	• 从 2009 年到 2010 年，在 3G 数据流量的增长方面，KT 公司增长 344%，SK 电信公司增长 232%，LG 公司增长 114% • KT 公司预计 2009 ~ 2012 年，移动设备上的数据业务会有 49 倍的增长，这个类型的业务将有 40% 的卸载率
日本	• 软银公司的 3G 移动业务量，据汇丰公司估算，从 2009 年第 1 季度 ~ 2010 年第 1 季度增长了 260% • KDDI 公司预计到 2015 年，移动数据业务增长 15 倍 • NTT DoCoMo 公司年度的移动数据业务增长 60%

（续）

地区	移动运营商和内容提供商
中国	中国联通公司第 1 季度 ~ 第 2 季度移动数据业务增长 60%
法国	SFR 公司从 2008 年开始，每年移动数据业务增长 3 倍
意大利	意大利电信公司的移动数据传输 2008 ~ 2010 年增长了 15 倍
欧洲	• 沃达丰公司的移动数据业务 2009 年第 1 季度到第 2 季度增长 115%，2009 年第 2 季度 ~ 2010 年第 2 季度增长了 88% • TeliaSonera 公司预计移动数据业务在未来 5 年每年都会翻倍
美国	AT&T 公司移动业务从 2009 年第 3 季度 ~ 2010 年第 3 季度取得 30 倍增长
全球	谷歌公司报告 YouTube 公司的移动设备访问量在 2010 年增长了 3 倍，达到每天 200 万次的视频点播量

越来越多的这种新的容量被用于数据密集型服务和视频（特别是在上限封顶费率的情况下），便携式计算机和新型终端的作用在这里很重要（见图 2.5）。此外，瞬时峰值速率通常比平均速率要大得多。

当下的这种情况意味着更高的全网负荷，在回传网络也同样。因而基站对回传链路的传输能力需求有强劲的增长，尤其在城区，突发的业务也变得更频繁、更常见。移动回传网络的吞吐量变成移动服务容量和终端用户服务体验的关键因素变得愈发常见。如果回传网络的容量没在开始有较好的规划，仅仅随波逐流扩展，那么回传网络很可能成为服务质量甚至可靠传输的瓶颈。

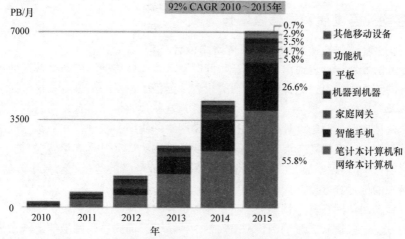

图 2.5　移动网络流量预测（数据来源：Cisco VNI，2011）

更多的基站

通常，为应对业务量的增长，除了需要提升单站能力，还要增加基站的数量，尤其在市中心、商业地区和高业务地区（热点）。这些覆盖范围小但是业务量大的站点通常需要吞吐能力高的传输链接，以及在城区环境的灵活部署能力。并且相对大站点而言，非常需要低廉的回传网络成本。

比特回报率衰减

另外一个趋势，数据流量增长的同时，比特回报率在持续下降。越来越多的新服务和新的业务类型有着十倍百倍的体量的同时，终端用户愿为之支付更多的能力和意愿都是有限的。最严重的就是以上提到的平稳速率的服务，强有力的业务增长并不会带来相应的回报增长。因而，往往运营商的业务收入得到了增长，在相应的比特回报率上只有 1/10，甚至1%。所以回传解决方案成本效率考量显得不可或缺，并且越来越重要。

更低的运营成本

第三个趋势与全网成本效率相关，是运营维护全网的手段简易化和构架的持续优化。在移动回传网络里，这驱动着网络尽可能地简易化和运营维护自动化。例如网络的自恢复特性可以有效降低人工干预的必要，从而能降低运营维护成本（同时提高网络的质量）。

网络的简易化要求，举个例子，在一个网络中应用的不兼容的技术类型将会减少，使用更广泛的技术使得与之兼容的新技术得到优先的采用。这会带来规模化的优势，对采购、运营和维护都带来了巨大的好处，例如节省了培训不同技能的成本。并且减少了规划的复杂度，需要的技术类型和网络层级都减少了。

通用传输技术的发展

另一个重要的改变是通用传输的发展。基于分组分配的解决方案对比 TDM 或 ATM 有着明显的价格和性能优势，通常其设备的能耗更少。同时，业界在基于分组交换的设备上更专注于提升性能、能耗和性价比，这同时也使得移动回传解决方案得到改善。

在通用传输网络的发展同时意味着更少的线路改变，长期而言，分组交换网络需要更少的连接，从而有更低的价格优势、更多的选择以及相对传统的线路、更好的地理覆盖（尤其在高容量网络链接方面）。

2.3.1 移动业务发展和通信量增长

2.3.1.1 通信量预测与适当的移动回传网络设计

移动业务的发展推动着通信量的增长，同时意味着通过移动回传网络数据的增长。各种移动业务的演进在这里讨论，在各种研究报告和通信中也是一个热点。这包括了几种业务的使用以及对应的收入预测。在移动运营商看来这些预测是非常有必要的。

不过，从移动回传网络设计而言，这些移动网络的使用类型分布并不是十分必要。更重要的是从每个扇区来的业务流量总量以及主要类型占比情况（例如语音/数据、实时/非实时、延迟敏感/非延迟敏感）。这些信息影响移动回传网络的考量、对技术方向的需求，例如在网络中的延迟容忍度。

因而，移动回传网络并不特别关心特定业务的预测，而是业务总量，以及各种业务类型的大致占比。这些输入会影响回传网络设计的经济性。而为移动网络的上限来设计一般来说也是很少具有经济可行性。大多数情况下，绝大多数的地区和站点的真实业务流量只会缓慢接近系统设计的上限。当然，有些地区的系统容量很快就抵达设计容限，因而业务分地区的预测也是非常必要的。需要提出的重点是对特定回传网络的设计方案的优化，需要的是为之服务特定的运营商及其移动网络的细节，那些概括性的报告信息是无法发挥作用的。

实际中也经常发生，在预测的周期内，业务量变化超过了预期，通常是业务容量的增长预期。这些通常都是由于地方性的变化，例如在宏基站覆盖范围内新大楼、大型商场和服务热点的投入使用，或者网络层面的某种业务的迅速普及。这些都意味着设计的余量以及后续的平滑升级，这都关乎设计的经济可行性。

2.3.1.2 业务峰值速率

在回传网络设计中，服务所创造的或者需要的峰值速率是十分重要的，这些数据必须能通过回传网络的所有部分，否则终端用户的服务无法保证。许多的业务类型都是速率自适应的，这样能通过各种不同的速率的网络链接，这会带来各种不同的用户体验。例如许多应用都基于 TCP，这意味着迅速吞噬系统的容量直到容量限制。许多的业务类型也是速率自适应的，不过有保证速率，像许多的视频服务。还有固定速率的业务，例如多方语音会议。在所有的情形中，移动回传网络需要支持最少一个用户的峰值速率。

这样的问题通常也是一个商业问题，出于竞争，移动运营商需要承诺一个可用的峰值速率。所以这个承诺会替代真实设备和预测，成为回传网络设计的目标。从设计的角度来说，这个承诺的范围对设计的成本有着极大的影响，如果这个承诺要求在所有的市区和郊区，所有的地区都是一致的，那么网络的设计容量必须比所承诺的速率有一个最小程度的上浮。

2.3.1.3　平均服务比特率

移动网络中，宽带服务使用是至关重要的。在许多移动网络，最重要的宽带服务是简单的因特网接入，这项服务带来了巨大的数据量。如果没有针对业务类型的收费（例如，非定向费率），或者合约、技术限制，重度网络用户月累计上网流量可以变得非常巨大。

然而，移动回传网络最关注的是典型繁忙小时的平均负载（average loading created during a typical "busy hour"），例如同时接入网络的活跃用户数。这类的数据预测相对峰值速率尤其难预测，这类数据基于每个扇区的同时在线用户数量，及其产生的数据流量形态。在突发的业务流量场景中（例如访问网页），用户同时达到最大速率的可能性很低，但是在持续的流业务场景（例如大型文件下载、视频业务），用户同时产生大数据流量的可能性就相对高多了。

虽然预测繁忙每小时的平均负荷或扇区的用户平均比特率十分困难，但对于此的粗略预测还是有必要的。根据移动网络的最大平均比特率来建设移动回传网络经常是不必要的昂贵，一般只在建网的初期，以应对高瞬时比特率的要求（譬如 LTE 网络初期）。

2.3.1.4　按类型的流量分布

不同需求下流量分布的类型区分也是很重要的，比如实时业务对于连接容量的要求大于普通服务，而固定速率服务是特别严格。一个粗略的分布图就可以满足移动回传网络的设计需求，主要是明晰非自适应业务的占比和总量。图 2.6 所示是一个为回传网络规划用的预测图。其中关于视频服务在平均负载中的占比相对那些自适应的业务，份量要更重。

2.3.2　移动网络趋势

前面谈到的移动服务的发展显著地改变了移动回传网络承载的业务流。并且，移动网络技术的发展，尤其是架构性的演进（第 3 章会涉及），极大地改变了回传网络的需求和任务。下面将要谈论从回传网络的角度看，哪些是很重要的趋势。

2.3.2.1　本地通信量的增长

如前面讨论过的，从基站过来的新业务通信量显著增加，尤其在市区的基站，并且，由于新技术都是基于分组交换的，基于分组交换技术的业务流比例将会上升。从移动回传网络角度来看，分组业务量也会增长，新基站的分组接口一般支持主要的业务（数据业务）或者全部业务（LTE 基站）。

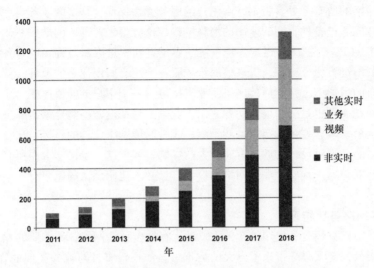

图 2.6 移动回传网络规划的移动流量预测例子

2.3.2.2 扁平化移动网络架构

如 LTE，新的移动网络架构有着重大演进，在基站和核心网间的控制单元更少。因而在传输层上，技术更加统一，基站和核心网直接逻辑连接，传输设备也会因此有更多透传的连接点，与其他网络有更多的连接。

另一方面，移动网络核心网元会在物理上更加离散，更接近基站，以此增加系统容量和减少业务延迟。在这种情况下，不同的逻辑连接会在不同的站点终结，带来传输配置的复杂化。

2.3.2.3 基站与核心网的点对多连接

另一个可能的架构变化是基站可能会与两个或者更多的核心网元连接，以此增加系统的冗余稳定。从基站出发到核心网的逻辑连接变成了一对多，因而业务流会在多个连接中快速完成，即使有一个链接或者节点失效了也可以应付。

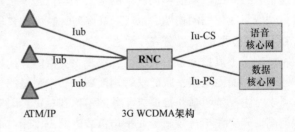

2.3.2.4 新基站间的直连

另一个重大的网络新特性会显著影响到移动回传网络设计，那就是新架构中基站间的直连（例如 LTE 架构中的 X2 接口，见图 2.7）。在传输层面，这样的链接可以用不同的方法实现，要么就是在原来的物理架构上实现新的逻辑链路，要

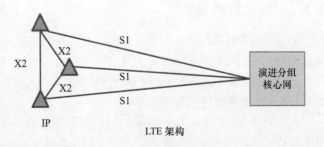

图 2.7 移动网络架构演进例子，
3G WCDMA 对比 LTE 架构（注：基站间新的 X2 接口）

么增加新的传输线路，以此缩短这类的连接。然而增加多条新线路有着很大的经济成本限制，现实方案中总是传统的树形结构、链拓扑（一般是现成的）和更融合的拓扑（物理直连链路）的综合。

2.3.2.5 更多的城区（热点）站点

除了增加单个基站的容量，站点数量的增长也是有效适应业务量快速增长的手段，这在城市中心、商业地区和高负载地区（热点）尤其重要。这些更小覆盖范围的基站有着更高的业务量，因此有可能需要高容量的短连接，带来的影响是比一般宏基站更低的回传网络成本。

2.3.2.6 与临时基站的链接

特殊的大型活动，类似大型运动会、室外音乐会，会在狭小的地区集中大量的用户，这些用户希望在活动期间有着正常的网络连接，尤其是在活动的间隙。这需要在活动期间，组织大量的临时基站去增加网络的容量。临时基站也应用在各种重大自然灾害的场合（例如洪水和地震）。

这些临时基站也需要接入到正式的网络中，例如在现有的移动回传网络中寻找合适的接入点。这意味着回传网络需要足够的灵活性去提供接入的可能，换句话说就是承载额外的业务流的能力。

2.3.3 回传网络的性价比改进

回传网络设计和开发的两个驱动源头：一个是业务的发展（影响业务量和种类）；另一个是移动网络的发展（架构的演进）。同时影响的还有节省成本的强烈需求，这与为定制容量的投资额以及整个回传网络的运营成本都相关。

2.3.3.1 低成本高容量

回传连接所需的高容量，尤其在业务繁忙的地区，以及投资规模的可控两者共同成为回传网络的设计和规模规划的挑战。

基于分组的传输设备具有运输能力的低成本优势，例如每比特的低开销。这种情况既适用于光传输和微波传输，甚至回传网络中需要的独立业务节点，例如分组交换设备和 TDM 互连节点。这种低比特成本的传输设备能有效避免网络成本随需求扩大的线性增长。

另一种方式是增加物理链路的复用度，无论是运营商独享还是共享的网络。一条传输链路，例如 1G 带宽的链路会比两条 0.5G 带宽的链路经济很多。网络的共享受到网络拓扑的设计影响，多共享的网络需要在多主体间为类似需求寻找大量的协同。共享设计在接入网侧尤其有价值，一小群的基站都不需要占用很多的传输带宽，但是又要满足网络容量应对峰值传输的规模。

2.3.3.2 更好应对突发流量的能力

用户流量的峰均比的不断增加也是回传传输连接经济性的挑战。高峰值速率一般也意味着高传输容量，分组网络能很好地处理这种突发业务，分配给每个用户的资源并不是那么严格。越短的峰值往往意味着越少同时在线的用户，那么就是说越容易获得统计复用。同一个链路上的用户越多，获得的统计收益也会越大，所以在回传网络中，在第一级的聚集点上就能获得高的统计收益。

2.3.3.3　回传网络规模优化

前两点的表述说明了应对投资成本控制的有效手段是好的回传设计和规划策略，回传网络的容量和能力的立足点是真实的服务和真实的商业需求，并不是基站的理论最大吞吐量。

实践中有不少回传网络的优化手段，一般来说，有效的方式是结合了单用户的保证速率、基站总体用户的期望平均速率，这个原则如图 2.8 所示。所以回传网络线路容量不是终端用户容量的简单加总，而是基于期望的用户特征以及每链接上的用户数。可以预期在第一级的聚集点会有一些，经常是很多的统计收益，这些站点通常是为几个小区服务的基站。

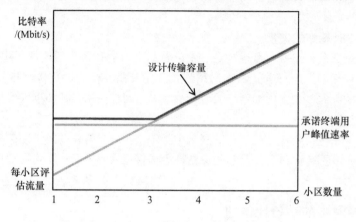

图 2.8　回传网络设计原则（在接入层）

2.3.4　更低的运营成本

对于运营商来说，为维持网络服务，网络运营成本是很重要的考量因素，这一点同样适用于回传网络。

运营成本通常包含如下要素：网络站点运行（例如设备耗电量）、网络维护、缺陷修复、网络重配（新增链路和站点及相应的流量分配）、网络规划和监管。这关乎回传网络的规模和复杂度，以及如何去监管、规划以及运营和维护（O&M）。进一步还取决于如何使用自己的资源和租用、外包相应的传输服务，这些租借费用通常也在运营成本里。[⊖]

在运营成本里，移动回传网络的因素与地区、规模和移动接入站点的密度相关。大部分维护费用用于地理覆盖，在人员稀少的地区尤其昂贵，还有那些相隔很远的网络节点、离维护中心很远的站点。有效控制传输方面的运营费用的方法是网络设计的简化和大规模的自动化。

2.3.4.1　网络的精简化

网络的精简化同时意味着相应的移动回传网络的简洁拓扑，这样的拓扑更有利于理解，有利于对错误和性能问题的定位。简洁的拓扑对于物理网络和逻辑网络（例如对不同路径的配置）都有着重要的影响。重要性和可靠性要求高的链路可以配置多路径。从运营的角度，应该尽量避免覆盖层上的传输，特别是在传输期间。覆盖结构增加了网络维护、

⊖　因此，如果不知道移动回传中租借和外包的情况，在移动运营商间和网络间比较回传系统的运营费用是不可能的。

连接配置、网络规划的工作量，并且覆盖层使用的各异技术增加了维护其需要的技能。并且对于老设备需要的人员能力和技能来说，会越来越稀有，换句话来说就是维护人员的成本会越来越高。

2.3.4.2　兼容技术

在移动回传网络中使用兼容的技术和兼容的设备十分有利于网络的简单化。因而从运营的角度来说越少的不同技术越好，而一个基于全分组技术的回传网络是一个很合理的目标，至少从长期的角度来说。所以移除一些网络层会显著地降低运营的压力和成本（例如在 WCDMA 业务中剔除 ATM 层，或者在网络升级的过程中减少使用 TDM 技术的链接）。

同时，基于分组的传输技术，移动运营商可以从广泛使用的两三种分组交换技术中获得巨大好处，特别是那些自建移动回传网络的运营商。进一步的简化会使得回传网络中的设备种类减少，因而网络的 O&M 也会得到简化。另一方面，这种方式需要很好地平衡来自设备制造商未来的销售预期压力（这很有可能会削减设备商在网络扩容时候的竞争力）。

2.3.4.3　更好性能和可控性的新设备

新一代的设备通常都有更小的能耗，例如传输相同数量的数据需要更少的能量，这会显著降低电力消耗的账单，并且也会减少花在维护机房温度上的空调费，这是一个双重彩蛋，更低的能耗往往意味着更低的热耗。

新设备通常都有更好的远程扩展管理能力，这些站点的值守和外派维护的需求也会减少，这都会显著地减低维护成本。

2.3.4.4　网络自动化

全网范围的自动化是另一种减少运营费用的方式。一个好的网络维护管理工具提供各种维护程序，能提高网络维护组的生产效率，在日常的任务中更少的人工干预能让更多的精力放在网络的优化方面。

另外，移动回传网络的自动化工具也节省了开支，例如更有效的连接保护（自动调整线路）可以给维护组更多的时间以及减少夜间和周末较高的加班费用。当然，过于昂贵的自动化是没有意义的，这都需要在一些特别的情况下做出网络简化的决策，这种判断都与目标有关。

2.3.4.5　通用传输技术的发展

最后，同样重要的是推动发展的一个重要的驱动力是传输网络的通用性。提供一样的网络容量，分组技术往往有着比 TDM（或 ATM）技术更有成本竞争力的方案，这归功于工业界在分组技术的开发上更加投入。在最近的趋势中分组技术设备的市场占有率快速提升，这其中优势随着规模效应会在生产和部署中得到更大的发挥。同时分组传输方案的技术性能得到了显著的提高，例如能耗（每比特能耗）和设备的性能。

因而，移动回传网络也从这种发展中得到了显著的改进。基于分组的技术优势首先在回传网络最高容量的骨干网中得到验证，今天在汇聚层也得到了比较优势。这种趋势一直并将持续改变移动回传的接入网络，分组技术将带来更高的性价比的网络容量和处理持续增长的突发业务。

通用传输网络的发展也带来了租赁方式的变化，基于分组的连接将更加广泛并且有更实惠的价格。市场也会提供不同质量等级，或多或少的速率保证连接。另一方面，技术和未来的选择为固定流量设计的网络部件会更加降低成本。所以任何移动需求的租赁价格都会更高，并且这样的连接会越来越难获得。

2.4　基于分组的回传网络

前面讨论了各种驱动移动回传网络发展的动力，新一代的移动回传网络会变得与以往不同，将是基于分组技术和网络技术的回传网络。在一个全分组的网络里不会再有 PDH、SDH/Sonet 或者 ATM 设备，网络都基于交换器和路由器（层 2 和层 3 的设备）通过物理层（层 1）彼此连接，例如光纤或者微波。分组网络和网络化会在第 4 章讨论，技术和设备将在第 5 章讨论，下面是一个概要的趋势。

2.4.1　物理网络和拓扑

网络的基本结构和拓扑看起来就和早期的回传网络差别不大，物理层（层 1）优化的基本原则基本上没有变，那些能为数个基站共享的线路被尽量复用，不能被共享的最终接入线路尽量短。

用在业务流汇聚的集结点和基于分组的回传网络有着明显的不同，例如使用的是以太网交换器和 IP/MPLS 路由器，这些都是分组组网概念中的层 2、层 3 设备；在第 10 章会介绍一些可用的接入网络方案。

通常接入层会使用层 2 的解决方案（譬如以太网交换器），在核心层使用层 3 或者 IP/MPLS路由器，在汇聚层两种方案都有。在每个具体的实施中，一般都会考虑和使用环境相匹配的经济型方案，同时会考虑期望的业务模型和将来的增长性。

2.4.2　逻辑网络和协议层

在第 4 章中，会讨论更细节的回传网络的逻辑架构和协议。在此很值得指出，即便移动回传网使用了分组技术，这仅仅是移动回传网络的互连解决方案，这个分组技术和终端用户使用的分组技术并没有太大关系。这可以在图 2.9 中看到使用的协议层：用户的 IP业务流在回传网络里使用隧道传输技术，回传网络只使用少量的 IP 层和 L2/L1 协议。所以说回传网络中的 IP 问题只是内部问题，和终端用户没有太大关系。

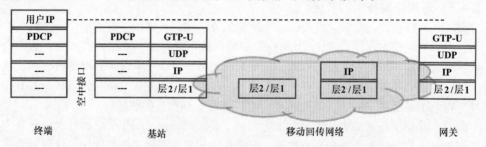

图 2.9　基于分组的移动回传网络中终端 IP 和传输 IP 的关系
（原理图，这里用 LTE 用户协议示例）

2.5　向分组技术网络演进

新的基于分组的移动回传网络和以往的不同点在于其容量和使用的技术。回传网络的容量变化来自移动业务流量占比的增长，以及此带来的业务特性的变化。技术上的转变是在高效处理海量和突发业务，遗留技术和新技术上的性价比，这些都在同一个驱动上，就是移动网络本身越来越多的业务都是天生分组化的。这些因素共同有力地推进了移动回传网络的分组化，以及长期一个全分组方案的出现。

这个趋势已经显现，并且在最近不断加速。这意味着越来越多的接口都将分组化，在底层将是以太网的解决方案。图 2.10 所示是移动回传网在全球的实施概要。

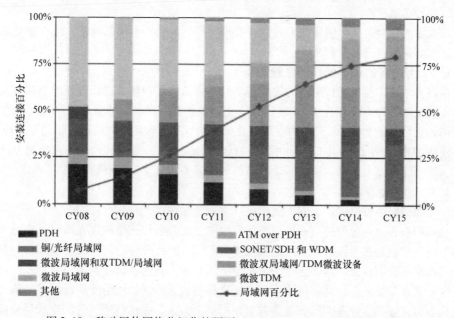

图 2.10 移动回传网络分组化的预测（Infonetics Research 公司，2011）

很重要的是不同地区、国家、运营商都会有不同的解决方案，这是与每个实体处在不同的阶段相关的，大家有不同的技术起始点、不同的业务增长方式，同样有不一样的为改造投入的资金，这些都影响着回传网络的演进。

2.5.1 基于分组的回传网络的演进策略

从中小规模演进到高容量的移动回传网络以处理移动数据和其他宽带数据有几种可能的演进路径。一个常用的方法就是做细致的转型规划。

一个明显的起点就是审视已经拥有的回传网络资源，包括自有的、租借的和外包的资源。在规划路径时，首要是审视移动运营商的商业目标和移动网络的拓展计划。移动回传网络必须能为之提供各个阶段所需服务量的支撑。

另一个需要考量的重要因素是估算在原有技术基础上更换物理连接的技术需要的成本规模，这种场景在基于线缆的系统上常见，例如光纤和铜连接线共存的场合。

建造新的物理连接并不仅仅是线缆的事情，更多是考虑铺设的开销，相应的开销一般很大。铺设的费用经常要比设备贵多了，经常是郊区 1km，市区 100～200m 的铺设价格就超过设备费。新的物理连接（例如新光缆）的开通，在回传网络中需要考虑其开销，如果能和已有的固定服务分享或者和其他运营商共享已有线路，那么新连接就更容易处理了。

2.5.1.1　目标移动回传网络

还有一种转型策略是以目标为始，远期或者中期，移动回传网络是什么样的类型，该使用什么类型的技术，该用什么样的拓扑管理连接。这个目标网络会反推如何做成本优化，尤其是运营开销优化，不过这需要足够的灵活性，因为商业的和移动网络的计划也会在实施的过程中发生变化。

基于目标的回传网络，移动网络的各个阶段是可以大致规划的，这就可以从现有的回传网络开始考虑。

在大多的场合，目标网络的容量总是比现存的高，使用不同的技术，这样演进必须考虑如何和容量的提升结合起来。

2.5.1.2　为现有的和新的移动系统服务

在许多地区，移动回传网络的挑战经常是其需求，在其整个发展过程中都需要支持新老几代的基站（经常要好几年），新基站有支持最新技术的也有一些是各种旧版本的扩容。

例如很多基站都是2G、3G的服役好几年，然后加上容量更大的新一代的基站像LTE。前一代的 TDM 或者 ATM 接口可能并不会升级到分组接口，新一代的基本都支持基于分组技术，像底层的以太网层。移动回传网络很显然需要同时支持所有的基站。

2.5.1.3　地区差异化

移动回传网络可以演进，在实践中也经常需要做地区差异化。

在市中心和商业区的扩容一般是高优先级的，也是回传网络的优先地区。在这些地区的新站点一般也是高容量的，使用最新技术像LTE，回传网络也用最高容量支持，其余地区使用低成本方案连接。这些连接采用基于分组技术的候选者以达到最终目标。所以在这些地区的站点开始演进，高容量的要求也推进那些地区的回传网络使用新技术。改变在高层总是容易完成的，业务的增长总是需要新的解决方案，在这些地区的演进或早或晚会推动到整个回传网络。

另一方面，在业务增长缓慢的地区，就是只有少量站点变化的地方，新技术站点也很晚到。改变这里的基站接口以及相应的回传网络优化就会是一个问题，回传网络的接入网络演进一般是后期的事，特别是如果在其他地区的投资量很大的情况下。在低增长地区的演进一般都是先核心层，然后是汇聚层，最后是接入层。

2.5.1.4　堆叠还是替换

每一次地区的移动网络升级和扩容都会遇到的一个决策问题，就是移动回传网络是做一次既存技术设备的堆叠还是替换已有设备成新技术设备。一般对现有技术的堆叠策略都会让接下来对新基站的需求和业务模型的优化相对容易进行，但是会使得现有网络更加复杂，更多的设备需要维护。另一方面，替换策略会得到一个更简化的网络，它的挑战在于站点间的同步变化、新旧网络区域对隔代产品的维护。从经济性的角度来说，这种选择都和当时当地的环境有关，两种策略都有可能得到更经济的方案，从长期而言，堆叠会在运营中投入更多的花费，至少从长期的角度来看是这样的。

堆叠的回传网络通常都是基于目标网络建设来进行的，一般来说，它的容量和新基站的业务量是相匹配的，至少在建设的第一阶段，需要支持所有现有的站点。实际上，把所有的业务流量转移到新的传输网是在完成了其他接口和需求都实现之后。很有可能需要保持现有的回传网络直到新网络中的基站同步（第6章主题）都能满足需要为止。保持现有的网络还有健壮性的考量，既存网络的同时存在可以支持旧一代技术的站点，在新网络出问题的时候分流部分的流量，这些网络的健壮性都可以提高运营和维护并存网络的 OPEX。

替换策略下，特定地区所有的传输方式都改变了，所有既存的和新增的站点都能得到新回传网络的支持。所以所有的回传网络需求，包括同步都需要在改变的那一刻起实现，有一些站点间的隔代技术的连接需求，例如支持 TDM 或者 ATM 虚电路连接的层 2、层 3 设备。替换地区和数据都需要谨慎选择接口保证新旧回传网络的互通成本得到控制。图 2.11 给出了 4 种可能的演进场景。

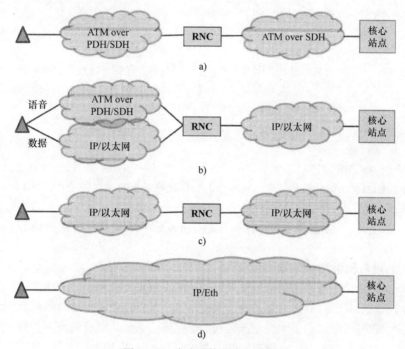

图 2.11 移动回传网络发展例子

a）3G WCDMA 网络使用 TDM（PDH/SDH）承载 ATM 传输

b）骨干网分组化，接入层混合 TDM 和分组

c）3G WCDMA 全分组移动回传网络 d）LTE 结构中的全分组移动回传网络

2.5.1.5 租赁线路和外包传输服务

在所有的演进策略中都需要考虑或暂时或相对长期的线路租赁和外包的传输服务，这对于演进的管理很有必要。传统的 TDM 线路租赁能够保持回传网络中这部分的服务，新的基于分组技术的线路租赁（或者外包）能够给新回传网络更快的业务覆盖，那是建设自有网络所未及的。

如往常，使用其他运营商的服务一般来说都是在核心层和汇聚层，这些服务都比接入层更易得，因为提供商的竞争，会有更优惠的价格。图 2.12 给出了典型的例子。

2.5.2 实施转型和网络演进

实践中的移动回传网络转型和演进都是从既定的网络策略和既存的回传网络开始。一个好的计划是第一步，这使得演进更加平滑、成功。

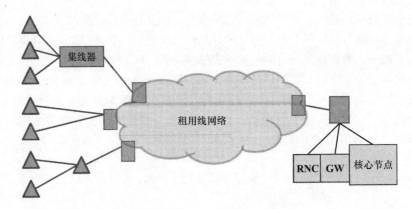

图 2.12　一个组合的移动回传网络方案：接入层是自有设备（比如在微波链路上），
汇聚层和骨干层基于租借的线路

（注：RNC 和中继网关都在核心站点里，通常汇聚层和骨干层都是租借的）

2.5.2.1　规划转变

网络扩展阶段的适当计划是很必要的，这包括每个阶段的详细计划，每个地区和每个站点，保证主要的回传网络演进步骤都是可操作的，保证每一步的操作和之后的操作都是适当的。

所有的计划的细节都必须足够保证每一步的开展：增加新设备，在新的链路上开通连接（如果有新业务），使业务上线，把所有的业务从旧设备中抽离，把旧设备下线，最后让旧设备退役。

2.5.2.2　新设备和链接的添加

为小站点特别是小基站和租借的站点添加新的设备需要特别小心。在那些情形中，可使用的空间一般很有限，或者增加新的空间很昂贵，所以需要特别规划布局和安装。在所有的布设中，线缆、电源、温度控制都必须考虑在内。即便是快速的演进计划，新旧设备也总会在一定的时期内共存，这段时间的电源供应和散热都必须应对。

在新设备和链路投入正式使用前，要不就是在现有的网络管理系统中（如果新设备兼容），要不就是新的管理系统和设备一起运行，要在网络的控制和监管下工作一段时间。无论是哪种方式，监控管理的链路系统都必须在前期完成。

最后，必须有测试计划去覆盖新移动回传网络的功能和操作，然后才能正式使用。

2.5.2.3　新旧设备的共存

当新的链路投入使用时，移动回传网络中通常都有两种不同的连接，在同一个站点中也是如此，网络的运行必须注意。知道如何去操作是十分必要的，特别是旧的设备和链路是 TDM 或者 ATM，而新设备和链路是分组的。

在新旧设备的管理系统不一致的情况下，需要必要的关注和管理工作去保持移动回传网络的整体工作理解是符合最新情况的，在这个并行的系统中的相互影响是被考虑过的。

2.5.2.4　简化网络

演进的最后步骤是简化网络。在这个阶段所有的业务都运行在新的链路上，有时候互操作系统，类似在分组上的 TDM 的虚电路必须开启。这一步意味着新网络管理和操作系统复杂性的显著降低，这也会如前面所讨论的，显著减少运营的费用。

第 3 章　3GPP 移动系统

Esa Metsälä

本章重点讲述基于 3GPP 协议架构下的移动系统构成。3GPP 移动系统包括 2G、3G 和 LTE。通过介绍移动回传相关特性，从总体上阐述移动系统的功能划分。这些特性主要与无线接入网相关，因此本章较少涉及核心网的内容。本章的一个主题就是规范中逻辑接口的定义——3GPP 对移动回传定义了哪些协议标准。

从总体上说，移动系统的作用是通过空中接口为用户提供服务。因此，研究无线网络层在承载服务过程中涉及的协议和网元，对介绍移动回传很有帮助。

3.1 节是总述，有助于后续内容的学习。2G 系统（以及演进版）在 3.2 节介绍。3.3 节介绍 3G 系统（包括 HSPA 及其演进版），3.4 节介绍 LTE。本章主要介绍 HSPA 和 LTE。

3.1　3GPP

3.1.1　无线技术和回传

自从 21 世纪 00 年代中期，3GPP rel - 5 推出了 HSDPA，并应用到网络中，移动回传成为了越来越重要的课题。之后引入的 LTE 也是这个课题的延续。通过提高空中接口和移动网络的容量来满足服务回传的需求并不总是这么容易做到。扩展传输网容量不但费时而且价格昂贵。

现有的 TDM 网络将会继续使用，但它容量低也没有分组交换网络灵活。扩展到移动宽带需要引入分组交换技术，这个课题将在第 4 章介绍。

当今的移动通信网络要求既能服务于语音用户又能服务于数据用户，催生了新的无线技术，要求多种无线网络同时运行。每个系统使用自己的回传技术，但从降低费用角度考虑，应该使用同一个分组网络。这就要求公用的分组网络能满足所有系统的需求。

基于 3GPP 协议下的无线网络，2G、3G 和 LTE 对移动回传有各自的时延、丢包率、QoS、同步、安全、适应性等要求。需求来自网元间的功能划分、无线网络层间的协议类型以及终端用户的服务。

尽管移动网络的系统架构在很多方面不同，但其中也有共性。原系统的演进是多个方向技术的发展。存在相似概念和相同协议的现象，导致一些内容上的重复。

所有移动网络共同的架构特性是切分无线网络和核心网络的功能，如图 3.1 所示。无线网络管理空中接口资源以及为用户优化和维持高质量的无线信号，并且高效地使用它所拥有的无线资源。核心网没有无线相关功能，但管理签约用户信息、签权、计费、移动性以及与其他网络的交互，比如公共因特网（PDN）和公共交换电话网络（PSTN）。

传输层为基于 3GPP 协议的接入网和核心网提供服务。协议分层的系统结构使层间协议功

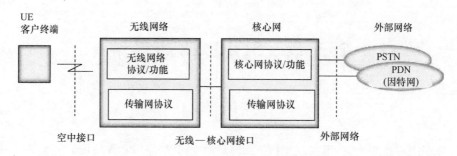

图 3.1　移动通信系统，参见文献 [1]

能隔离，只允许特定的服务接入点（SAP）之间通信。这样可以使软件接口明晰。尽管接入网和传输网之间的接口通过交互的定义说明明确，但实际上它们之间的功能相互依赖。

在分层结构网络通信中，多个分层可以用重传机制应对错包和丢包情况。重传调度可以在无线接口进行，也可以在 BTS 和回传网元间的传输接口进行。移动系统可能加密部分业务，然后封装在 IPsec 隧道里以其他业务的形式传输给其他网元。

QoS、同步、安全、适应性等依赖于无线网的课题，在本书的第 2 部分做进一步详细研究。

3.1.2　组织

3GPP 成立于1998 年，包括标准组织伙伴、市场代表伙伴和个体会员。3GPP 移动系统标准化工作在 3GPP 中开展。

组织伙伴包括：

ARIB（The Association of Radio Industries and Business，日本无线电工业协会）；

ATIS（The Alliance for Telecommunications Industry Solutions，美国电信工业解决方案联盟）；

CCSA（China Communications Standards Association，中国通信标准协会）；

ETSI（The European Telecommunications Standards Institute，欧洲电信标准协会）；

TTA（Telecommunications Technology Association，韩国电信技术协会）；

TTC（Telecommunication Technology Committee，日本电信技术委员会）。

3GPP 组织包括一个项目协作组和多个技术规范组，技术规范组有无线接入网技术规范组（TSG GERAN 和 TSG RAN）、TSG 核心网和终端技术规范组以及 TSG 服务与系统技术规范组。3GPP 组织如图 3.2 所示。

更多信息请访问网址：www. 3gpp. org。

3.1.3　规范

标准是一系列公开的标准化版本，也就是 3GPP 版本。每一项规范，例如 TS 25. 414 "UTRAN Iu Interface Data Transport & Transport Signalling（UTRAN Iu 接口数据传输和传输信令）"，在每一个 3GPP 标准版本中都有一个版本号。新功能的加入产生新的版本号。当然也可能内容没有更新，但随着标准新版本更新升级版本号。

从规范发布版本说明，可以追踪版本内容。被接受的工作项目和规范工作的及时完成可以促成特定版本的发布。规范一旦冻结，更改需求按更改请求流程进行。被接受的更改

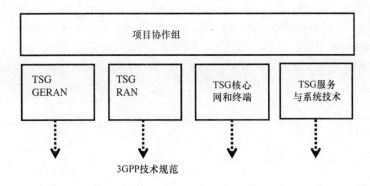

图 3.2 3GPP 组织[2]

请求更新规范内容的同时，规范版本号升级。

规范分为多个阶段：阶段 1，规范从服务用户的视角给出描述；阶段 2，主题切分成功能单元，同时定义完成接入参考点；阶段 3，定义物理接口的协议实现。

3GPP 不做传输协议的标准，而是参考其他标准组织的标准，例如 IP 传输，主要参考 IETF 和 RFC。对早期的非 IP 逻辑接口，主要参考 ITU – T 标准。

3.1.4 版本

3GPP 版本如图 3.3 所示（阶段 3 的冻结日期）。遵守大约 1 年的发布周期，个别有例

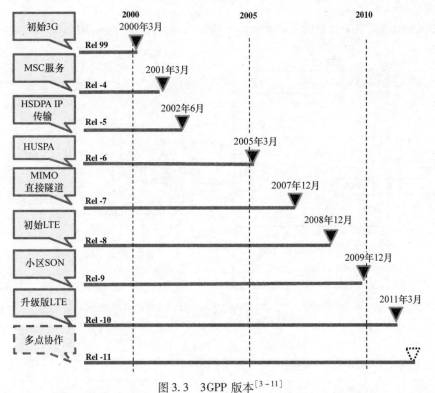

图 3.3 3GPP 版本[3 – 11]

外。GSM 规范最初由 ETSI（The European Telecommunications Standards Institute，欧洲电信标准协会）开发。这项工作在图中没有显示。GSM 后续开发并入了 3GPP。一些主要功能发布如图 3.3 所示。

3GPP 发布版本的全部内容可以查阅版本说明。IP 传输在 Rel – 5 引入 3G（UTRAN），HSDPA 和 HSUPA 在 3GPP Rel – 5 和 Rel – 6 中分别定义。LTE 标准（第 1 版）在 Rel – 8 中完成。Rel – 11 规范工作还在进行中[⊖]。

3.2 2G

从诞生以来，在不断的标准发布中，2G 系统已经演进了很多新功能。因此，对系统性能更多细节的讨论，需要考虑系统是属于哪个 3GPP 版本。最初的 2G，主要考虑提供移动语音服务。与以前的 1G 系统对比，2G 的一个不同技术是语音以及所有服务都是数字的，而不是模拟的。对 2G 更多细节请查阅文献 [12] 和 [13]。

2G 网络改进，包括 AMR（Adaptive Multi – Rate，自适应多速率）语音、HSCSD（High Speed Circuit Switched Data，高速电路交换数据）、GPRS（General Packet Radio Service，通用分组无线业务）和 EDGE（Enhanced Data rates for Global Evolution，全球演进的增强型数据传输速率）。术语 GERAN（GSM/EDGE Radio Access Network，GSM/EDGE 无线接入网络）特指进行过这些性能升级的 2G 无线接入网。GERAN 也支持 3G 系统的 Iu 接口。这样，移动设备既可以以 A/Gb 模式交互，也可以以 Iu 模式交互，这取决于 2G 无线接入网与核心网的接口。

GERAN 网络系统架构如图 3.4 所示。基站子系统（BSS）内的 BTS 和 BSC 之间的接口是 Abis。

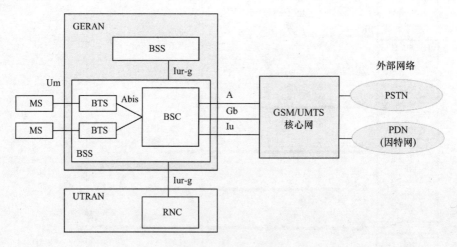

图 3.4　GERAN 架构[12]

3.2.1　电路交换业务

图 3.5 展示了 GERAN 网络的用户面 A‑mode 和 Iu mode 接口。最初，2G（A‑mode）网络协议显示为灰色。电路交换域用户面做了语音传输。

A‑mode 的电路交换域用户平面协议模型比较简单：只有物理信道和逻辑信道映射在时间片上。BTS 支持移动数据加密，该业务由 BSC 和核心网控制。

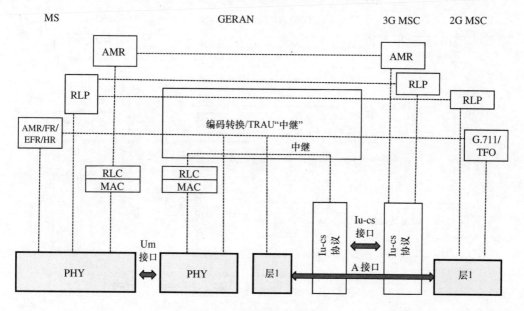

图 3.5　2G 电路交换用户面[12]

最初，GSM 的语音编解码器是 RPE‑LTP（Regular Pulse Excited Long Term Prediction，规则脉冲激励长期预测编码），带宽为 13 kbit/s。在移动语音业务与传统的 PSTN 网络连接前，需要码型转换和速率适配单元（TRAU）的码型转换。语音在 MS（Mobile Station，移动台）和 TRAU 或者 MSC 之间传输。GERAN 在 Um 空中接口和 A 接口之间传输语音码片。如果是 Iu 模式，语音传输会有更多选择。

实际上，TRAU 通常部署在接近核心网的地方（MSC），因为这样可以节省传输时隙。一个 GSM 编码的语音通道占用 16kbit/s 带宽，而传统的 PSTN 网络中 A‑law 或者 u‑low 编码的语音占 64kbit/s 语音带宽。

半速率语音需要 5.6kbit/s 带宽，改进的全速率语音（EFR）需要 12.2kbit/s 带宽，可以提高语音质量。AMR（Adaptive Multi‑Rate，自适应多速率）根据信道质量自适应调整传输速率，也可以改善半速率和全速率信道质量。AMR 信道编码会占用部分系统容量。

最初 2G 标准的 A 接口是基于 TDM 的接口。在 3GPP Rel‑7 中，控制平面[24]引入了基于 IP 的 A 接口。3GPP Rel‑8 定义了基于 IP 的 A 接口的用户面协议栈，包括 RTPAJDP/IP[25]。BBS/MGW 使用了两个连续的 UDP 端口：一个用于 RTP（Real‑time Transport Protocol，实时传输协议）；另一个用于 RTCP（RTP Control Protocol，RTP 控制协议）。RTCP 端口是可选的。UDP 端口同时用于接收和发送双向连接。IP 层以下，可以使用任何 L2 协议，但 3GPP 要求是局域网。

如果 RTCP 协商成功，就可以使用 RTP 多路复用技术。多个 RTP 用户连接可以承载在一个 UDP/IP 数据包中。采用 RTP 多路复用时，需要包含一个附加的多路复用包头，多路复用包头格式在文献［25，26］中定义。一个 UDP/IP 数据包包含多个 RTP 包可以节省系统带宽。RTP 报头可以压缩。

2G 电路交换域控制平面如图 3.6 所示。

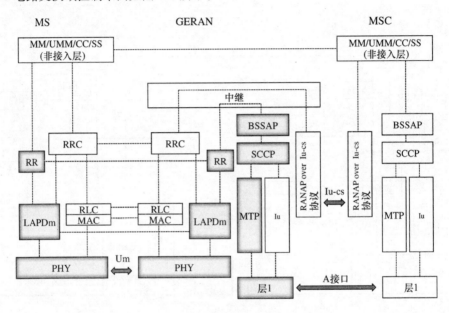

图 3.6 2G 电路交换控制面[12]

图 3.6 展示了 GERAN 电路交换域 A – mode 和 Iu – mode 接口的控制面。最初的 2G（A – mode）协议用灰色显示。

NAS（Non – Access Stratum，非接入层）信令（MM/UMM/CC/SS）在 GERAN 网络中透传。在 A 接口，NAS 信令在 DTAP（Direct Transfer Application Part，直接传输应用部分）中传输。

BSC 负责无线资源的管理，无线资源即图 3.6 中的 RR（Radio Resource，无线资源）。BSC 与 BTS 和移动终端用 RR 消息同时通信。部分从移动终端（MS）到 BSC 的消息通过 BTS 透传。在空中接口上，BTS 将 RR 消息映射到在空口传输的 RR 消息。

在 CS 交换控制面 A – mode 中，LAPD 是 Abis 接口的控制面协议。LAPDm 表示空中接口上的 LAPD 协议，LAPD 表示 BTS 和 BSC 之间 Abis 接口的协议。RR 消息由 LAPD 协议传输。

LAPD 是基于 ISDN 的规范。GSM 规范参考了 EN 300 125 和 CCITT Recommendation Q. 921。对一个 BTS 可以在 Abis 接口建立多条 LAPD 链接，用于承载信令、操作和维护以及层 2 管理流程。LAPD TEI（Terminal Endpoint Identifiers，终端端点标识符）用于定位链路端点。

A – mode 接口支持 IP 结构的 SIGTRAN 控制面协议栈，协议栈结构为 BSSAP/SCCP/

M3UA/SCTP/IP。BSSAP 包括 BSSMAP（BSS Management Application Part，BSS 管理应用部分）和 DTAP（Direct Transfer Part，直接传输部分）。BSSMAP 是 BSS 与核心网之间的消息。SCCP 是 7 号 CCITT 系统信令的信令连接控制部分，M3UA（Message Transfer Part 3 User Adaptation Layer，消息传送第 3 部分用户适配层）是 SCTP 的改版。

3.2.2　分组交换域

2G 分组交换域的用户面，Gb 接口支持 PCU（Packet Control Unit，分组控制单元）和 SGSN 之间的分组交换。PCU 可以被看作 BSS 附件，可以在比如 BSC 中实现。

Gb 接口上通信业务在虚拟连接 NS－VL（Network Service Virtual Links，网络服务虚拟链路）和 NS－VC（Network Service Virtual Connections，网络服务虚拟连接）上进行。底层传输定义为子网络，子网络最初标准化为帧中继。

3GPP Rel－4 在接口规范中引入了 IP，作为子网络实现帧中继的另一个选项。在基于 IP 的传输中，NS－VL 映射到 IP 端点，NS－VC 包含 IP 源地址 UDP 端口号和目的地址 UDP 端口号之间的连接[31]。用抽象的思想隐藏高层（BSS GPRS 协议）网络服务的实现。

图 3.7 展示了空中接口上和 GERAN 到 SGSN 链路上的用户面协议栈。SGSN 的用户面业务再转发到 GGSN（Gateway GPRS Support Node，网关 GPRS 支持节点），再到 Gi 接口。

图 3.7 展示了 A－mode 和 Iu－mode 接口的 GERAN。最初的 2G/GPRS（Gb－mode）协议用灰色表示。

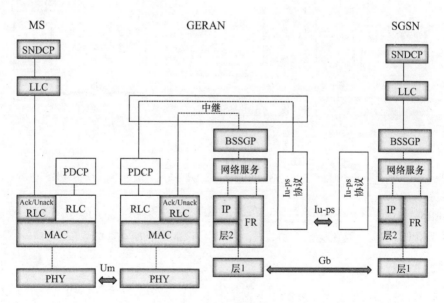

图 3.7　2G 包交换用户面[12]

在 MS 和 SGSN 之间的通信使用的是 SNDCP（Sub Network Dependent Convergence Protocol，子网相关会聚协议）和 LLC（Logical Link Control，逻辑链路控制）协议。LLC 基于 LAPD 和 HDLC（High Level Data Link Control，高级数据链路控制）的概念，支持确认模式和非确认模式。SAPI（Service Acess Point Identifier，服务接入点标识符）用于识别对高层

协议的服务接入点。LLC 包含加密功能，因此，在 MS 和 SGSN 之间的用户数据是加密的。

RLC（Radio Link Control，无线链路控制）层对 LLC 层的 PDU 提供分块和重组的功能，并且同时支持确认模式和非确认模式（在 GSM 04.60 中定义）。确认传输模式，支持对未传输成功的 RLC 数据块选择性重传。

MAC（Medium Access Control，媒体接入控制）层支持物理信道上的逻辑信道传输。物理层信道是专用的或者共享的。MAC 层配置逻辑信道到物理信道的映射关系。

GERAN 和核心网之间的信令协议是 BSSGP，基于 SS7 信令协议栈。BSSGP 提供 RLC/MAC 层到 BSSGP 层之间缓存和参数映射的中继功能。网络服务（IP 或帧中继）传输 BSSGP 的 PDU。另一个与核心网的交互选择是 Iu – mode。

分组交换域控制面的协议栈如图 3.8 所示。

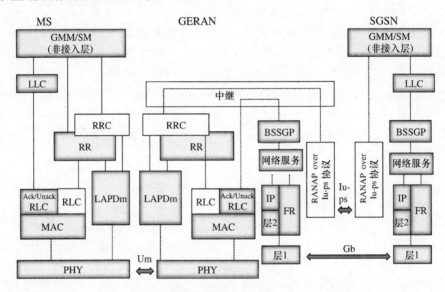

图 3.8　2G 包交换域控制面[12]

图 3.8 显示了 Gb – mode 和 Iu – mode 接口的 GERAN。最初的 2G/ GPRS（Gb – mode）协议显示为灰色。

GERAN 和核心网之间的信令协议是 BSSGP，基于 SS7 信令协议栈。BSSGP 使用的网络服务可以基于帧中继实现，或者基于 IP 协议栈。另一个与核心网的交互选择是 Iu – mode。

3.2.3　Abis

Abis 接口包括用于数据收发的业务信道（TCH）和信令信道（LAPD 信道）。业务信道用于语音和数据传输（例如 GPRS/EDGE）。逻辑信道包括业务信道（TCH），用于传输编码的全速率语音（TCH/F）或者半速率语音（TCH/H），或者 CS 域数据。其他信道，用于发送控制信令，即信令信道。

一个业务信道的容量取决于所使用的编解码器（全速或者半速）以及采用的调制编码方式（MCS）。单个业务信道容量一般为 8kbit/s、16kbit/s 或者 64kbit/s。多个业务信道组合可以实现更高数据传输速率。

Abis 接口上的信令信道包括 BSC – BTS 信令信道和 BSC – MS 信令信道。信令信道容量为 16kbit/s、32kbit/s 或者 64kbit/s。

BTS 和 BSC 之间的 Abis 接口上传输信道是 TDM，参照 ITU – T Blue Book 定义的 G. 703 物理和电气特性。Abis 接口上，业务数据映射到时隙（64kbit/s）或者子时隙（8kbit/s、16kbit/s、32kbit/s）。一个 E1 接口包含 32 个时隙，一个 T1/JT1 接口包含 24 个时隙，每个时隙 64kbit/s。一个 64kbit/s 时隙可以进一步切分为 4 个 16kbit/s 子时隙。在基于 TDM 的 Abis 网络上，数据业务可以优化成多路复用模式，甚至分解到 8kbit/s 粒度的 TDM 多路复用。在 GPRS 和 EDGE 中，Abis 接口定义没有变化。在 3GPP 基于 IP 的数据传输演进中，Abis 接口也没有改变。

可以使用原有的 TDM 电路，也可以以电路模拟的方式将 E1/T1 整帧用分组网传输。存在设备商自己定义的基于 IP 的 Abis 接口解决方案，Abis 接口业务内容就基于 IP 传输。基于 IP 的 Abis 接口没有在 3GPP 中定义。基于 TDM 的 Abis 接口可以在分组网上模拟，例如通过使用基站网关。

基于 TDM 的 Abis 接口对 GPRS/EDGE 尤其低效，因为每个用户的时隙都保持恒定。为了提高利用率和 Abis 接口容量，时隙可以在一个资源池里动态分配，这样数据用户就可以在资源池里共享时隙资源。这种实现方式，用户只在需要使用期间得到时隙资源分配，使用结束后，该时隙资源又可以分配给其他用户使用。这样就提高了 Abis 接口效率，同理，在数据会话的空闲期也可以释放时隙资源。资源池和资源的动态分配可以用不同的实现方案，这在 3GPP 中没有规定。

基于 TDM 的 Abis 接口上的语音业务同样低效。不同速率的语音编解码不能以恒定的速率传输。然而，在 Abis 接口上数据传输速率却是固定的。基于 IP 实现 Abis 接口，可以解决这个问题。

从 QoS 角度考虑，原有的 TDM 网络系统会简单一些。所有业务信道和业务类型都相同对待。所有时隙都顺序传送，只要业务接入网络，就不会存在拥塞。如果 Abis 接口没有时隙可用，会出现堵塞，但这一般不会发生，因为所有的空中接口业务信道（无线时隙）都直接映射到 Abis 接口时隙。

而采用动态灵活的配置优化方案，使得资源动态映射可以动态变化，Abis 接口的使用变得更灵活。但仍不需要区分业务，因为即使所有时隙用于传输也不会有丢包或者造成过大的时延。

3.3 3G

3G 网络同时进行了很多改进。对移动回传网络影响较大的项目如下：
- 3GPP Rel – 4 的基于核心网架构的 MSC 服务器；
- 3GPP Rel – 5 传输网；
- 3GPP Rel – 5 HSDPA；
- 3GPP Rel – 6 HSUPA；
- 3GPP Rel – 7 引入的直达隧道（One tunnel）；

- 3GPP Rel – 7 中 HSDPA 的 64QAM（Quadrature Amplitude Modulation，正交振幅调制）和 HSUPA 的 16QAM；
- 3GPP Rel – 8 中 HSDPA 的 64QAM 和 MIMO（Multiple Input Multiple Output，多输入多输出）；
- 3GPP Rel – 9 中 HSDPA 的 Dual – cell 和 MIMO 组合；
- 3GPP Rel – 9 中 HSUPA Dual – cell；
- 3GPP Rel – 10 中的 4 载波 HSDPA；
- 3GPP Rel – 11 8 载波 HSDPA。

经以上改进后，Rel – 7 版单 UE 下行峰值流量（理论最大值），HSDPA 64QAM 调制，为 21Mbit/s。Rel – 7 版，64QAM 调制，2 × 2 MIMO，可达 42Mbit/s。Dual – cell（2 × 5MHz），MIMO，64QAM 调制，可达 84Mbit/s。采用更多数量的载波聚合，峰值速率也随之增加（4 载波 84Mbit/s，8 载波 168Mbit/s）。但实际中，受终端能力支持限制，一般达不到这么高速率。而且，这里提到的高峰值速率是增强型 HSPA + 网络实现的。

此外，还有大量的对现存网络的改进。

图 3.9 简单描述了 3G 系统架构，着重介绍了 UTRAN 的架构。

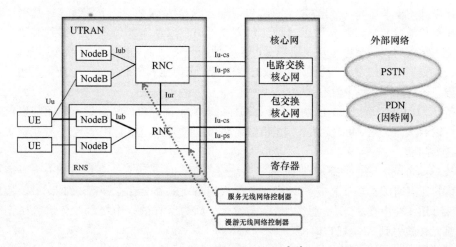

图 3.9　3G 系统和 UTRAN[37]

每个 NodeB 连接到一个 RNC（Radio Network Controller，无线网络控制器），RNC 与核心网交互。Iu – cs 接口承载电路交换业务和控制面（RANAP）。Iu – ps 承载分组交换业务和控制面（RANAP）。

NodeB 与 RNC 的配置是静态的：每个 NodeB 静态指定给一个 RNC。这个配置可以通过管理面配置修改。标准中没有定义动态负载平衡或者 NodeB 和 RNC 的多对多连接。

RNC 对 UE 和 NodeB 有多重功能。对一个 UE，一个 RNC（服务 RNC，SRNC）一直连接到 Iu 链路。漂移 RNC 是除 SRNC 之外的任意一个 RNC。

每个 NodeB 都有一个控制 RNC（CRNC），控制 RNC 负责，配置给它上的所有 NodeB 上的小区无线资源管理。

服务 RNC 连接 RANAP 链路到核心网，并且建立到 UE 的 RRC 信令连接。层 2 处理在

SRNC 中进行，层 2 协议信令经过 DRNC，端点为 SRNC。

　　NodeB 负责空中接口的层 1 处理，这包括信道编码和交织、扩频、加扰等。在 HSPA 协议中，高速 MAC 调度（例如部分无线层 2 协议处理）挪到 NodeB 处理。

　　在随后的 3.3.1 节和 3.3.2 节，只介绍基于 IP 的 UTRAN 接口协议栈。最初 UTRAN 的这些接口都是基于 ATM 定义的。

　　关于 3G 的进一步详细内容，请参阅文献［37 - 40］。

3.3.1　电路交换业务

　　电路交换业务用户平面协议栈，如图 3.10 所示。

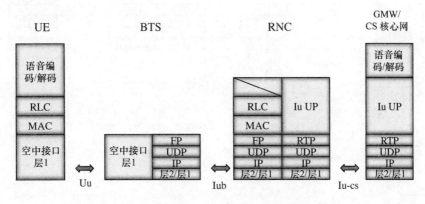

图 3.10　3G 电路交换用户面（语音为例）[36,41]

　　电路交换业务，例如，语音，在 Iub 接口上的协议栈为 FP（Frame Protocol，帧协议）/UDP/IP，这里假设选用的是 IP 传输网。在 UE 和 RNC 中都实现了 RLC/ MAC 层。在 Iu - cs 接口，Iu 到核心网电路交换域的用户面，采用的是 RTP/UDP/IP 协议栈。RTCP 是备选协议。

　　Iu 用户面协议（Iu UP）有两种操作模式：透传模式和预定义长度 SDU 的支持模式。Iu UP 协议更倾向于不识别，也就是透传传输层内容，同样核心网协议也是这样（包括分组交互域和电路交换域）。

　　电路交换域业务的控制面协议栈，如图 3.11 所示。

　　Iub 接口上的 RRC 消息协议结构为 FP/UDP/IP。RLC/MAC 层在 UE 和 RNC 中实现。RANAP 协议用于传输到核心网 MSC 的 NAS 信令。

　　基于 IP 的 Iu 接口，RANAP 基于 SIGTRAN 协议结构，即 SCCP/M3UA/SCTP/IP。

3.3.2　分组交换业务

　　分组交换域用户平面协议如图 3.12 所示，显示的是最初的 3GPP Rel - 99 DCH 信道（专用信道）。HSPA 见 3.3.5 节。无线宽带现今更高效，并且实现高速数据通信的 HSPA，分组交换域不再使用 DCH。

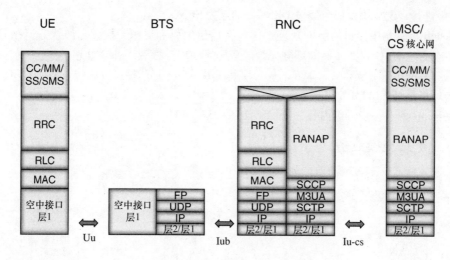

图 3.11　3G 电路交换域控制面[36,41]

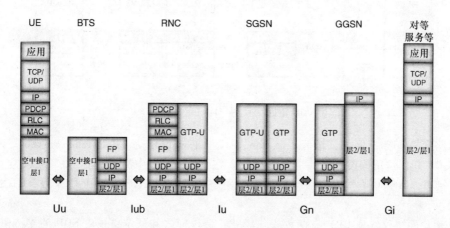

图 3.12　3G 包交换域协议栈[27]（Rel-99 DCH 单通道架构，HSPA 参见 3.3.5 节）

　　一个实例中，UE 实现的是 TCP/UDP 协议栈。对等端则会是 Internet 上的服务器。UT-RAN 接口（Iub 和 Iu）可以选择 IP 传输方式。

　　在无线接入网中，IP 包在 UE 中封装为 PDCP。PDCP 层的终端为 RNC，随后用户数据包在 GPRS 隧道协议（GTP-U）中传输到 SGSN。在 SGSN 和 GGSN 之间也使用 GTP。GGSN 给 UE 分配一个 IP 地址，也提供一个接入点（APN）。

　　PS 域两个显著的改进，即引入一条隧道（也叫直达隧道）的概念和 HSPA。基于直达隧道的定义，在用户面可以忽略到 SGSN 节点。这样，GTP-U 隧道就可以扩展到 RNC 到 GGSN 之间。在控制面，不能忽略 SGSN。这样，在实现上就可以在用户面业务流完全去掉一个网络节点。

　　无线网络的另一个改进是进入 HSDPA 和 HSUPA。MAC 高速调度加入到 NodeB 中。NodeB 同时也负责空中接口的快速调度。

控制面协议栈如图 3.13 所示。

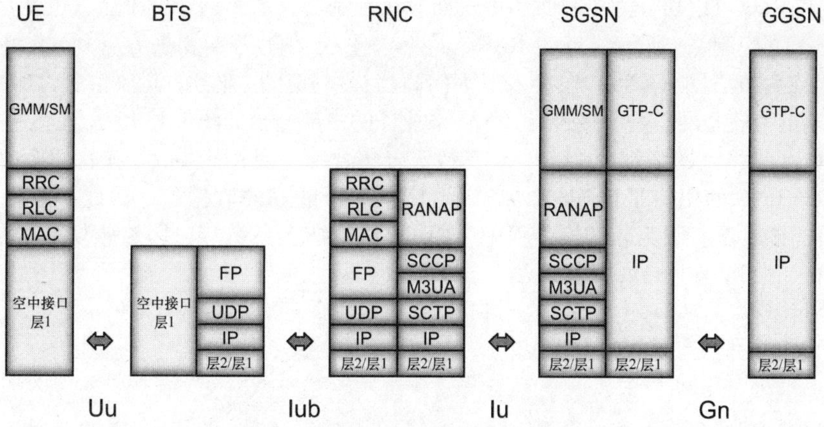

图 3.13　3G 包交换域控制面[27]

Iub 接口的 RRC 消息的协议栈为 FP/UDP/IP。RLC/MAC 层在 UE 和 RNC 中实现。RANAP 传输 NAS 信令到核心网的 SGSN。GTP – C 是 SGSN 到 GGSN 之间控制面协议。

选择基于 IP 的 Iu 接口，RANAP 基于 SIGTRAN 协议栈，即 SCCP/M3UA/SCTP/IP，这与 Iu – cs 接口相同。

3.3.3　3G 空中接口信道

空中接口分为 3 个协议类型：物理层（层 1）、数据链路层（层 2）和网络层（层 3）。层 2 协议包括媒体接入控制（MAC）、无线链路控制（RLC）、数据包汇聚协议（PDCP）和广播多播控制（BMC）。

传输信道取决于层 1 技术，例如，FDD（Frequency Division Duplex，频分复用）或者 TDD（Time Division Duplex，时分复用）。FDD 信道随后介绍。

用户业务映射到信道的方式有多种选择。DCH 是一种方式，例如，电路交换的语音，而且 DCH 还可以传输数据。HS – DSCH 和 E – DCH 可以支持比 DCH 更高的数据传输速率。HS – DSCH 是共享资源，但支持有保障的比特率。在控制面，公用信道（例如 FACH 和 RACH）传输控制信息。

专用信道包括专用信道（DCH）、上行链路或者下行链路、对一个 UE 专用和改进的专用信道（E – DCH）。通常 E – DCH 指高速上行链路信道（HSUPA）。HSUPA 在 NodeB 进行调度，同时支持 H – ARQ 重传功能。

公共传输信道包括随机接入信道（RACH）、传输控制业务的上行链路信道（该信道也可以携带少量用户数据）。转发接入信道（Forward Access Channel，FACH）是公共下行链路信道，发送很少量数据，用于广播和多播信息。广播信道（BCH）是下行链路信道，用于广播系统信息。寻呼信道（PCH）用于寻呼和告示，是下行链路信道。高速下行链路共享信道（HS – DSCH）是下行链路信道，通常是指 HSDPA。HSDPA 在 NodeB 进行调度，同时支持 H – ARQ 重传功能。

服务接入点（SAP）为通信层间提供服务。物理层提供传输信道，MAC 层提供逻辑信道（例如 DCH），RLC 层提供非确认模式、确认模式和透传模式服务，RLC 层服务称为无线承载。在控制面，就是指信令无线承载。

层3和RLC可以切分为控制面和用户面。在控制面，层3的最低子层，也就是RRC协议（无线资源控制），通信终点为RNC。其上一子层功能为重复丢弃（Duplication avoidance），端点为核心网（CN），在接入层为向高层提供接入层业务。高层信令，如移动管理（MM），端点为核心网，是非接入层（NAS）业务的一部分，如图3.13所示。

在3G无线接入网络系统中，RNC支持宏分集合并（见图3.14）。在软切换中，UE同时维持多个RNC的用户平面连接。RNC在其中选择最好的数据流，因此，改善了与UE的用户面链接质量。因为软切换过程中，UE需要维持多条链接，因为软切换增加了移动回传开销。

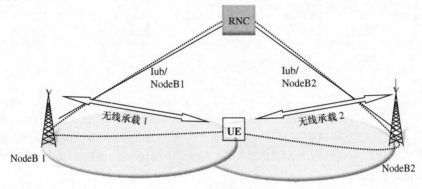

图3.14　软切换分销

图3.14中，端点为RNC的无线承载（天线承载1和天线承载2）组成了空中接口和Iub接口的传输。

3.3.4　FP、MAC和RLC协议

帧协议是在Iub和Iur接口上的无线网络协议，它也在FP控制帧上为服务RNC传输外环功控信息，并且支持时偏校准。

数据以传输块（Transport Blocks，TB）的形式从MAC层传给FP层（帧协议层）。传输到相同传输信道的传输块组成传输块集。传输块集传输的时间间隔称为传输时间间隔（TTI），TTI时长为10ms的倍数。HSPA支持一种更短的TTI（2ms）。

时偏校准可以调制FP下行帧相对空中接口的时序。通过这个流程，NodeB可以指示RNC提前或者延后发送FP帧。NodeB定义了达到时间窗，FP在时间窗内到达。晚到达的帧将错过空中接口时隙，会被丢弃，如图3.15所示。参数值通过NBAP传送给NodeB。

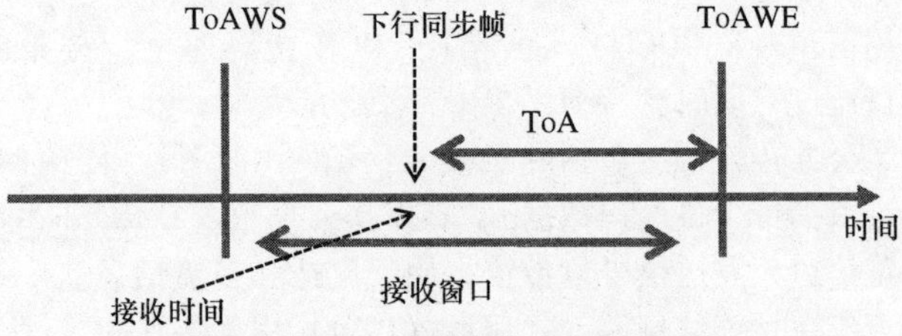

图3.15　到达窗口

到达时间、时间窗起点（ToAWS）和时间窗终点（ToAWE）定义了接收时间窗。

在上行链路，RNC支持宏分集合并。系统帧号（SFN）和连接帧号（CFN）用于合并

前同步不同的合并分支。

FP 包包括包头和数据负载。下行链路 DCH 的 FP 包，如图 3.16 所示。此外，TB 长度不是 8 的倍数时，需要填充比特，成 8 的倍数。

FP 包包含包头 CRC、帧类型 FT（数据包或者控制包）、连接帧号（CFN）、传输格式指示（TFI）、TB、备用扩展（Spare extension）以及可选的负载校验（Payload checksum）。

一个 MAC PDU 映射到一个 TB。连接帧号表示传输块 TB 在下行发送或者上行接收的第一个无线帧号。

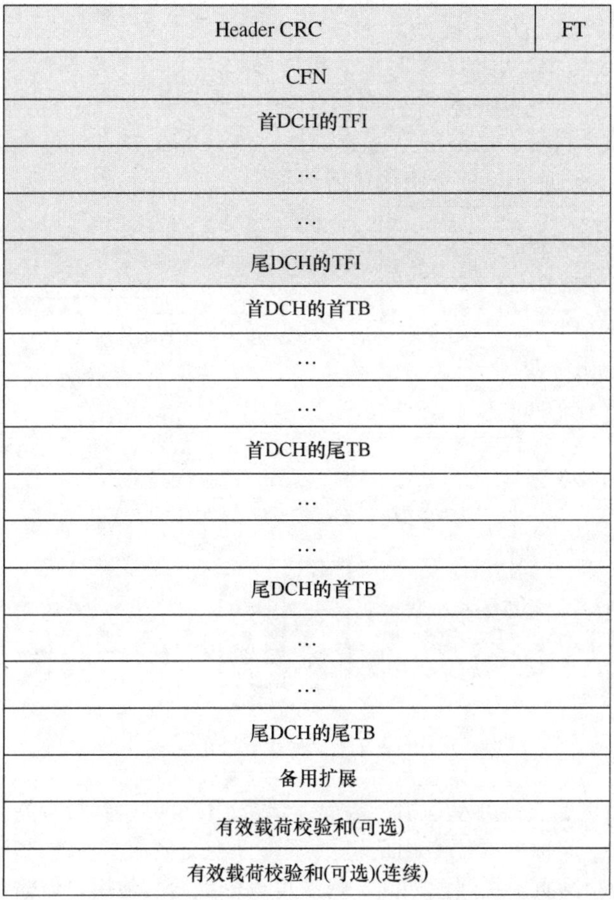

Header CRC	FT
CFN	
首DCH的TFI	
…	
…	
尾DCH的TFI	
首DCH的首TB	
…	
…	
首DCH的尾TB	
…	
…	
尾DCH的首TB	
…	
…	
尾DCH的尾TB	
备用扩展	
有效载荷校验和(可选)	
有效载荷校验和(可选)(连续)	

图 3.16 FP 包[55]（头文件以灰色表示）

外环功控和 TB 的调度（在 RNC 中的 MAC 层调度），使得 Iub 接口上的传输对时延要求苛刻。FP（帧协议）中的控制帧功能可以用于向高层（RRC）指示（超时）失败。例如，一次（超时）失败，通过 RRC 处理，可能导致无线承载终止。在移动回传中的链路中断就是这样的一个（超时）失败实例。取决于定时器或者其他实现方式，（超时）时间一般是 1～几 s，甚至超过 10s。

MAC 层是 RNC 中的调度实体。传输格式定义了物理层在一个 TTI 期间为 MAC 层提供的一个 TB 集的传输格式。一个传输格式集包含所涉及信道的所有传输格式。传输格式指示告诉物理层应该采用哪种传输格式或者属性。属性包括 TB 大小、TB 集大小、每 TTI 的错误保护和 CRC。

此外，MAC 层还有加密功能。对 RLC 透传模式（TM），MAC 层也需要对其加密。

3.3.5 HSDPA（HS – DSCH）和 HSUPA（E – DCH）

HSDPA 和 HSUPA 改变了 UTRAN 内的功能切分。无线接口的调度，由于链路适配和高速调度，切分到了 NodeB，因而不需要 RNC 的快速功率控制。同时引入了高阶调制，以提高数据传输速率。

如图 3.17 所示，NodeB 中包含了一个新的高速 MAC。调度间隔为 2ms，而 Rel – 99 DCH 的 MAC 调度在 RNC 中，调度间隔为 10ms（或者数倍的 10ms）。NodeB 中的高速 MAC 调度实体接收来自移动终端的信道质量指示（CQI）。据此，NodeB 的调度器可以以链路适配快速调整以适应不同的空中接口信道条件。

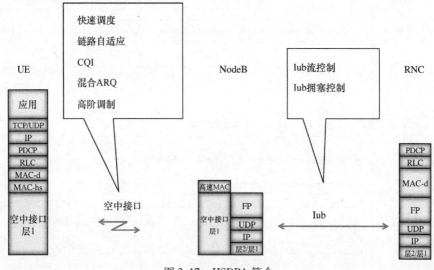

图 3.17　HSDPA 简介

HSDPA 在下行链路支持共享信道。因而，单个 UE 可以达到瞬时高流量，之后可以是另一个用户高流量。这种方式比专用信道更适合分组交换服务。阅读网页大约需要 30s，之后请求打开另一个网页。在阅读期间，资源可以分配给其他用户传输数据。

调度算法包括轮转调度算法、最佳载干比算法以及加权公平调度算法。轮转调度算法是公平的，因为所有用户都可以得到一份带宽。然而，简单轮转调度算法没有考虑信道条件，因而，空中接口容量没有得到很好的利用。最佳载干比算法提升了空中接口容量效率，但在用户间缺少公平性。加权公平调度算法兼顾效率和公平。

HSDPA 支持比特率保障承载（GBR）和非 GBR（non – GBR）。GBR 适宜流和会话服务，非 GBR 适宜后台传输。对非 GBR 承载也会指定标称比特率（nominal bit – rate）。

NodeB 中的高速 MAC 包括混合自动重传请求（H – ARQ）功能，NodeB 能够重传在空中接口丢失的数据包。这个功能可以加速重传以及随之提高传输性能。对 Iub 接口回传，对照 Rel – 99 DCH，源自 RNC 的需求降低了。对基于 HSPA 服务的终端用户，Iub 接口上的低时延依旧很关键。

相比在空中接口丢失的数据包不需要在 RNC 重传，在 Iub 接口丢失的数据包还是需要在 RNC 的 RLC 层重传（假定 RLC 是确认模式）。

对 Iub 接口的帧协议层来说，HSDPA 引入了 HS-DSCH 容量请求和容量分配消息（HSDPA Iub 接口流控）。NodeB 分配从 RNC 通过 Iub 接口发送的容量。目标是在 NodeB 和在 RNC 中的 MAC 实体选择可以发送到高速 MAC 的数据包。容量分配定义，允许发送的数据量，比如 PDU 数量、发送时间区间（在该时间区间，完成所接收数据量的发送）以及最大 PDU 长度。

16-QAM 调制方式，RLC 数据传输速率可达 13Mbit/s（Category 10 终端，使用 15 个码字）。使用 MIMO（Multiple Input Multiple Output，多输入多输出），64-QAM 调制方式以及多个 5MHz 载波后，数据传输速率进一步提升（前面讲过，4 个 5MHz 载波，最高可达 168Mbit/s）。同时，16-QAM 调制方式大于 10Mbit/s 的数据传输速度也超过了 DCH 所能达到数据传输速率的一个数量级以上（假定 DCH 速率为 384kbit/s 作为对比）。

考虑到 NodeB 空中接口升级到 HSDPA、配置及其他因素，这意味着 Iub 接口上的回传数据传输速率可以超过 10Mbit/s。HSDPA 以及一般 3G，允许 Iub 接口独立于空中接口容量单独标注容量。Iub 接口支持的容量可能低于空中接口可以到达的峰值数据传输速率。显然，这时可能发生拥塞，因此需要对 Iub 接口的业务类型排优先级，以使拥塞期间控制信道和实时性业务（语音）不受影响。然而，由于 Iub 接口严重的拥塞，HSPA 服务可能很差。对 HSDPA Iub 接口容量，更多内容请参考文献 [40]。

如果 Iub 接口没有做相应的升级，它很可能成为系统容量严重瓶颈。在较好的无线条件下，基于 HSPA 空中接口配置的数据流量超过 Iub 接口最大流量。这种情况下，由于 Iub 接口的拥塞，系统流量较低。HSPA 空中接口容量的扩容，将不会使用户有更高的数据速率，除非无线回传做了同样的扩容。

当最终不增加 Iub 接口容量就无法解决拥塞问题时，3GPP 组织为解决这个问题定义了拥塞控制功能。这对窄带 Iub 接口性能有显著改善。HSDPA 拥塞控制功能，可以探测到 NodeB 到 RNC 之间 Iub 接口上的时延和丢包。Iub 接口上的 HSDPA 拥塞控制功能，解决了回传的瓶颈，这将在 QoS 相关内容中做进一步阐述。

在引入 HSDPA 时，很多已有的 NodeB 回传是按照 3GPP Rel-99 协议的基于 ATM 的 Iub 接口，建立在 E1/T1/JT1 连接上。由于需要更高的 HSDPA 数据传输速率以及成本控制，增加 E1/T1/JT1 通常在经济性上不可行。另一种解决方法是将 HSDPA 业务挪到并行的 IP/以太网，也就是说，HSDPA 在 IP 上传输而其他业务仍在 ATM 上传输。这也可以减缓前面讨论的拥塞，这种方法如图 3.18 所示。

Iub 接口在 3GPP 看来，是一个逻辑接口，不同的业务类型使用不同的传输协议：HSDPA 用 3GPP Rel-5 IP 传输，Rel-99 DCH 和控制业务（比如 NBAP）用 Rel-99 ATM 协议栈。

HSDPA 提升了下行数据速率。HSUPA（高速上行分组接入）在 3GPP Rel-6 引入了 E-DCH，提升了从 UE 到 NodeB 的上行数据传输速率。E-DCH 如它名字显示的一样是专用信道。E-DCH 借用了 HSDPA 的 H-ARQ 和快速 MAC 调度（10ms 和 2ms）。因为是专用信道，E-DCH 支持快速功率控制和软切换。

使用 HSUPA，NodeB 中的 mac-e 调度器旨在实现高频谱利用率，同时不在小区内引入太高的干扰。

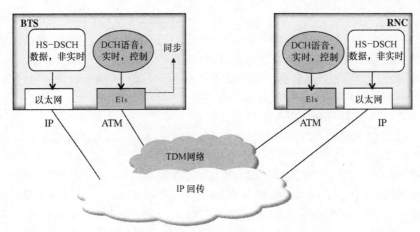

图 3.18 运用 IP/以太网回传高速数据

在 Iub 接口上，帧协议层实现了容量请求和容量配置以及 HSUPA 的拥塞控制功能。

3.3.6 Iub 接口

3G RAN（无线接入网）网络架构如图 3.19 所示。

每个 NodeB 通过 Iub 接口连接到 RNC。从传输的角度看，NodeB 的所有业务直接与 RNC 连接。Iub 接口的物理传输拓扑以及 NodeB 的接入没有在图中描述。通常，传输拓扑不同于无线网络逻辑拓扑。

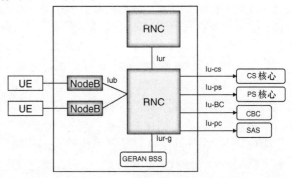

图 3.19 UTRAN 中的接口[37]

RNC 通过 Iu 接口与核心网交互（Iu - cs、Iu - ps、Iu - BC 和 Iu - pc）。Iu - cs 是核心网电路交换域（CS Core）的接口，Iu - ps 是核心网分组交换域（PS Core）的接口，Iu - BC 是小区广播中心（Cell Broadcast Centre，CBC）的接口，Iu - pc 是独立服务移动定位中心（Standalone Serving Mobile Location Centre，SAS）的接口。RNC 也可能连接到 BSS，通过 Iur - g 接口支持 GERAN Iu 模式。

从移动回传角度看，Iub、Iur、Iu - ps 和 Iu - cs，这些接口主要在 UTRAN 中实现。

3G 的 Iub 接口最初在 3GPP Rel - 99 中规定使用 ATM。在 3GPP Rel - 5 中引入了 IP。基于 ATM 协议栈的 Iub 的用户面和控制面如图 3.20 所示。

用户面　　　　　　　控制面(无线网)　　　　　　控制面(传输网)

FP	NBAP	AAL2SIG
AAL2	AAL5	AAL5
ATM	ATM	ATM
层1	层1	层1

图 3.20 基于 ATM 承载的 Iub 接口[54,58]

最初的 3GPP Rel – 99 协议，用户面业务运行在 AAL2/ATMA 上。每个用户承载映射到一个 AAL2 CID（Channel Identifier，频道标识符），这些 AAL2 承载由 AAL2 信令建立。AAL2 信令 VCC（Virtual Circuit Connection，虚拟电路连接）运行在 AAL5/ATM 上。ATM 允许将业务切分成不同特性的 VCC，比如恒定比特率（CBR）业务，实时性可变比特率（rt – VBR）业务和不指定比特率（UBR）业务。

E1、T1、JT1 接口一般使用 ATM 窄带时分复用模式。多个物理接口使用 ATM 反向多路复用技术组合在一起。Sonet/SDH 接口也可以传输 ATM 协议。

可以在 IP 回传网上模拟 ATM 协议的 Iub 接口。例如，ATM 的虚链接可以映射到 MPLS 伪线上，或者整个 E1/T1/JT1 接口业务都映射到 MPLS 伪线上。

Iub 接口基于 IP 的用户面和控制面协议栈如图 3.21 所示。

帧协议是运行在传输层（UDP/IP）上的用户面无线网络层协议。每个用户面承载映射到一个 UDP 端口和一个 IP 地址。基于 IP 的 Iub 接口（UDP/IP 连接）的用户面承载通过 NBAP 信令建立。如果基于 ATM，则不需要特别的信令协议，比如 AAL2。在承载建立阶段，接收端告知 IP 地址，以确定承载端点。

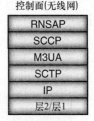

图 3.21　IP Iub 接口[54,58]

NBAP 使用 SCTP/IP 栈。NBAP 是 NodeB 和 RNC 之间的无线网络信令控制面协议。NBAP 流程可用于小区管理。上下行链路与 SCTP 交互方式相同，多个上行链路承载映射到一个流，多个下行承载也映射到一个下行流。RFC3309 定义的校验将被采用。

NBAP 的运行对 NodeB 很重要。如果 IP 连接失败，SCTP 超时，随后的无线网络层开始功能恢复，功能恢复可能是重配或者 NodeB 重启，这将导致这个 NodeB 上的业务中断。

3GPP Rel – 5 对 UTRAN 域接口上的 IP 规定 IPv6 为必选项，而 IPv4 为可选项。但在一个注解说明并不限制只实现 IPv4 的情况，移动网元的 IP 地址不需要对外可路由，因此从寻址的角度考虑 IPv6 并不是必不可少的。使用私有 IPv4 地址即可。

对数据链路层，3GPP UTRAN 规范要求基于 IP 传输的接口应该支持 HDLC 帧格式的 PPP，但在注释中说明不限制其他任何层 2 协议的实现。总之，UTRAN 对 IPv4 和 IPv6 都允许，底层通信（层 2、层 1）没有严格限定。

引入 HSDPA 和 HSUPA，Iub 接口传输协议栈不需要修改。HSDPA 和 HSUPA 应用并非必须使用 IP 传输。但实际上，回传网数据传输速率的提升随后导致 IP 传输的引入。在帧协议层，HSPA 引入了新的 HS – DSCH 帧协议和 E – DCH 帧协议。

3.3.7　Iur 接口

Iur 接口用于 RNC 与相邻 RNC 的互连。基于 IP 的 Iur 接口协议栈如图 3.22 所示。在 Rel – 5 中，3GPP 将 IP 纳入标准。在这之前，Iur 接口协议基于 ATM（3GPP Rel – 99 定义）。

图 3.22　基于 IP 的 Iur 接口[50,54]

3.3.8　Iu – cs 接口

Iu – cs 接口是 UTRAN 到电路交换域核心网的接口。基于 IP 的 Iu – cs 接口协议栈如图

3.23 所示。在 Rel – 5 中，3GPP 将 IP 纳入标准。在这之前，Iu – cs 接口协议基于 ATM（3GPP Rel – 99 定义）。

　　在用户面，采用 RTP，建立在 UDP/IP 上。Iu – cs 接口没有定义 RTP 多路复用。在控制面，RANAP 映射到 SIGTRAN 协议栈，SCCP/M3UA/SCTP/IP。

　　用户面承载标识 ID，包括 IP 地址，通过 RANAP 协议交互。在承载建立阶段，接收节点的通告其 IP 地址，以便承载知道发送终端。

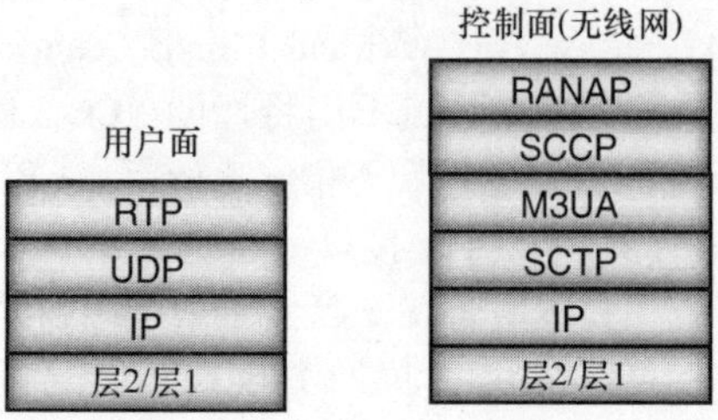

图 3.23　基于 IP 的 Iu – cs 接口[41]

　　3GPP Rel – 5 对 UTRAN 域接口上的 IP 规定 IPv6 为必选项，而 IPv4 为可选项，但在一个注解说明并不限制只实现 IPv4 的情况。

　　对数据链路层，3GPP UTRAN 规范要求基于 IP 传输的接口应该支持 HDLC 帧格式的 PPP，但在注释中说明不限制其他任何层 2 协议的实现。总之，UTRAN 对 IPv4 和 IPv6 都允许，底层通信（层 2、层 1）没有严格限定。

3.3.9　Iu – ps 接口

　　Iu – ps 接口是 UTRAN 到分组交换域核心网的接口。基于 IP 的 Iu – ps 接口协议栈如图 3.24 所示。在 Rel – 5 中，3GPP 将 IP 纳入标准。在这之前，Iu – ps 接口协议基于 ATM（3GPP Rel – 99 定义）。

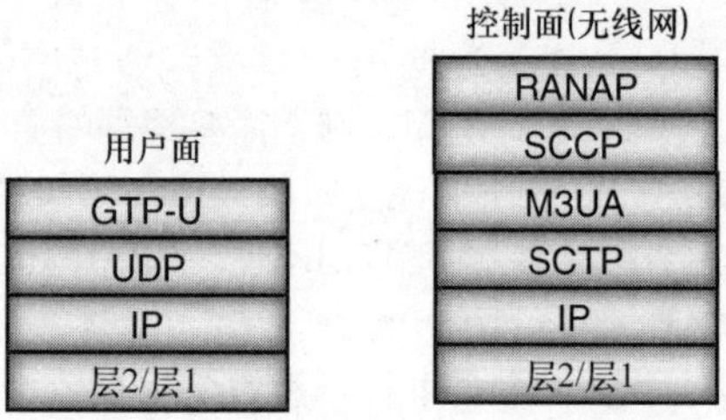

图 3.24　基于 IP 的 Iu – ps 接口[41]

　　3GPP Rel – 5 对 UTRAN 域接口上的 IP 规定 IPv6 为必选项，而 IPv4 为可选项。但在一个注解说明并不限制只实现 IPv4 的情况。

　　用户面承载 ID，包括 IP 地址，通过 RANAP 交互。在承载建立阶段，接收节点通告其 IP 地址，以便承载知道发送终端。

　　对数据链路层，3GPP UTRAN 规范要求基于 IP 传输的接口应该支持 HDLC 帧格式的 PPP，但在注释中说明不限制其他任何层 2 协议的实现（见 3GPP TS 25.414）。总之，UT-RAN 对 IPv4 和 IPv6 都允许，底层通信（层 2、层 1）没有严格限定。

3.3.10　GTP – U 协议

　　GTP – U（GPRS 隧道）协议在 Iu – ps 接口上建立连接 RNC 的用户隧道。GTP 协议有两种形式：GTP – U（用户面）和 GTP – C（控制面）。GTP – C 不用于无线接入网。此外，这个协议有不同的版本。GTP – U 从 Rel – 8 开始定义，v1 版本在 TS29.281 中描述。在 Rel – 8 之前，GTP – U 的原始基准版本在 3GPP TS29.060 中定义。GTP v1 版本协议不需要检测 3386 端口上的 GTP v0 消息，GTP v0 消息被悄无声息地丢掉。

　　GTP – U 隧道用隧道端点标识符（TEID）、IP 地址和 UDP 端口号标识。GTP – U 的 UDP 目的端口号是 2152，而 UDP 源端口号是由发送端配置。

　　隧道端点标识符 TEID 值在无线网中由无线网络控制面协议 RANAP 传递。一个 IP 地址对应一个 GTP – U 协议实体。TEID 允许多路复用多个用户具有不用 QoS 级别的不同分组协议。不同的 GTP – U 端点对应不同的 TEID 值。

在 Iu - ps 接口，3GPP TS29. 281 规定应该支持 IPv6，而且支持 IPv4。Iu 接口规范，3GPP TS 25. 414 规定，对 IP 传输模式，RNC 和核心网网元应支持 IPv6，IPv4 为可选，但注解说明并不限制只实现 IPv4 的情况。然而，在对 RAN 和核心网间交互选择一个公共的协议时，实际上存在矛盾。

GTP - U 报头定义如图 3.25 所示。

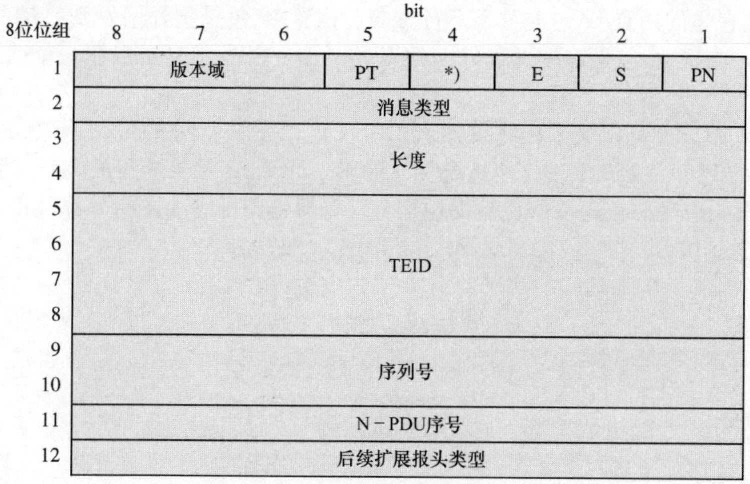

图 3.25 GTP - U 报头[70]

报头最短 8B，必选域有版本域、协议类型（PT）、填充 bit（∗标识，发送端填"0"，接收端忽略）、扩展报头标志（E）、序列号标志（S）、N - PDU 序号标志（PN）、消息类型、长度（Length）和隧道端点标识符（TEID）。可选域有序列号、N - PDU 序号和后续扩展报头类型。

版本域定义了协议的版本号，GTP - U v1，填"1"。协议类型用于区分 GTP（填"1"）和 GTP'（填"0"）协议。

E、S 和 N 标志位，指示是否包含与之对应的报头，E 对应扩展报头，S 对应序列号，PN 对应 N - PDU 序列号。

GTP - U 消息类型如图 3.26 所示。

长度域（Length）表示数据包的字节长度。可选报头被看作数据包部分。

消息 类型	消息
1	回应请求
2	回应响应
26	错误标识符
31	扩展报头支持通告
254	结束标志
255	G-PDU

图 3.26 GTP - U 消息类型[70]

TEID 标识接收实体的端点。TEID 的值在接收侧本地分配。

可选域序列号用于保证数据包传输顺序。N - PDU 序号用于协调确认模式通信和 SG-SN 间路由更新，以及特定系统间切换。下一个扩展报头类型表示后面紧接着的扩展报头类型。

GTP - U 消息支持信令消息和用户面 G - PDU 消息。信令消息用于用户面路径或者隧道管理。用户面 G - PDU 消息用于传输原始的数据包，T - PDU。

信令消息，回应请求和回应响应用于探测对端是否正常运行。回应探测频率由具体实现指定。扩展报头支持通告消息用于指示支持哪种扩展报头。错误标识符已经预先定义，例如通告接收到一个未包含有效上下文（如果是 Iu – ps 接口，即 RAB）的 GTP – U PDU。结束标志表示隧道负载流的结束。隧道上，结束标志之后接收到的 G – PDU 会被默默的丢弃。

用户面消息 G – PDU 结构是 GTP – U 报头以及紧随其后的 T – PDU。T – PDU 是包含在 GTP – U 数据包里的内置 IP 包。对于下行方向，内置 IP 包是从外网发到终端的 IP 包；而对上行方向，内置 IP 包是终端发往外网的 IP 包。G – PDU 消息可以在一个或多个隧道上发送。

3GPP TS TS23.060 定义了在终端或者 GGSN 可以不被拆分的最大内置 IP 包字节数，对 PPP 类型的 PDP 是 1502B，其他情况为 1500B。计算 Iu – ps 链路的 MTU 时，IP、UDP 和 GTP – U 报头应考虑在内以避免数据包切分。如果链路配置为支持外部数据包 MTU，则可以避免数据包切分。

3.4　LTE

3.4.1　架构

LTE 系统架构如图 3.27 所示。

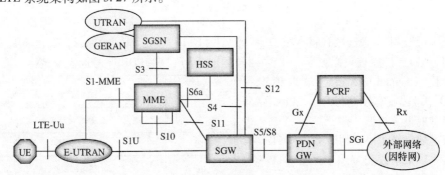

图 3.27　LTE 架构[72]

在 LTE 系统中，无线接入网称作 E – UTRAN（Evolved UTRAN，演进的通用陆地无线接入网）。LTE 是分组交换网络，不支持电路交换业务。电路交换特性的业务，例如语音，也已通过保证比特率的承载支持。核心网分成控制面实体 MME（Mobility Management Entity，移动管理实体）和用户面实体，包含 SGW（Serving Gateway，服务网关）和 PDN GW（Packet Data Network Gateway，分组数据网络网关）。

E – UTRAN 通过 S1 – U 接口在用户面与核心网网元交互，通过 S1 – MME 接口在控制面与核心网网元交互。MME 负责承载管理、UE 签权以及移动性管理。MME 可以认为是 SGSN 的控制面。

SGW 在用户面与无线网（eNodeB）交互。它是 eNodeB 间移动和切换到 2G 和 3G 网络的锚点。SGW 可以看作 SGSN 的用户面。PDN GW 是 LTE 系统与外部网络交互的接口，它给 UE 分配 IP 地址。PDN GW 可以看作 2G 和 3G 网络的 GGSN。

MME 与 HSS（Home Subscriber Server，归属订户服务器）通过 S6a 接口协议连接，

HSS 存储用户签约信息。HSS 也支持用户签权，而不是另外设置一个独立的签权中心。

E – UTRAN 架构如图 3.28 所示。

E – UTRAN 通过 S1 接口与核心网网元交互。S1 接口包括 S1 – MME 接口和 S1 – U 接口，S1 – MME 接口是 eNodeB 与 MME 之间的控制面接口，S1 – U 是 eNodeB 与 SGW 之间的用户面接口。图中用户面和控制面 S1 接口没有分开表示。

为了提高应对核心网节点故障的适应能力，eNodeB 与多个核心网网元连接，如图 3.28 多个并行的 S1 连接所示（右边的 eNodeB）。

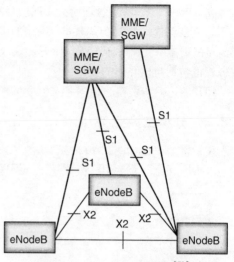

图 3.28　E – UTRAN 架构[73]

在 E – UTRAN 内部，eNodeB 之间通过 X2 接口连接。X2 接口用于切换，这样有重叠覆盖区域的 eNodeB 将通过 X2 接口获益。如果没有配置 X2 接口，将通过 S1 接口切换，因此 X2 接口是可选的。如果配置了 X2 接口，则优先选择 X2 接口切换，而不是 S1 接口切换。X2 接口切换信令过程更简单，而且是丢包更少的切换。

X2 是逻辑接口。在实际移动回传实现中，X2 数据通过一个汇聚节点路由，因为在相邻的 eNodeB 之间直接在物理层连接成本太高。X2 接口包括 X2 切换交互的用户面和控制面业务。虽然 X2 接口的业务量不大，但它是回传设计的一个重要接口。

对比 E – UTRAN 和 3G UTRAN 架构，从移动回传的视角看，它们有很大的差异。第一，E – UTRAN 实际只有一种网元 eNodeB，因此不需要控制器—BTS 之间的接口，这可以满足网络回传的实时性要求。第二，X2 接口直接连接 eNodeB—eNodeB，2G 和 3G 网络没有这样的接口。第三，LTE 本身是个全 IP 网络，其中没有其他标准传输选项，如 3G 的 ATM 协议。

LTE 网元的主要功能总结见表 3.1。

表 3.1　LTE 功能[72]

网元	功能
eNodeB	小区间资源管理
eNodeB	无线承载控制
eNodeB	连接移动控制
eNodeB	无线准入控制
eNodeB	测量配置及规定
eNodeB	动态资源分配（调度）
eNodeB	协议：RRC、PDCP、PLC、MAC、PHY
MME	安全
MME	空闲状态移动性处理
MME	EPS 承载控制
S – GW	移动锚点
P – GW	IP 地址分配
P – GW	数据包过滤

在 LTE 中，eNodeB 管理所有无线网络功能，因为 eNodeB 是 E – UTRAN 无线网络的唯一网络节点。这是 LTE 与 2G、3G 网络的主要区别，在 2G、3G 网络中，无线协议分布在 BTS 和控制器中。而对于 LTE，所有协议（PDCP、RLC、MAC、RRC 等）都在 eNodeB 中实现，也包括与核心网的接口。

LTE 的进一步资料，请参考文献［69 – 71］。

3.4.2　分组交换业务

用户面协议栈如图 3.29 所示。

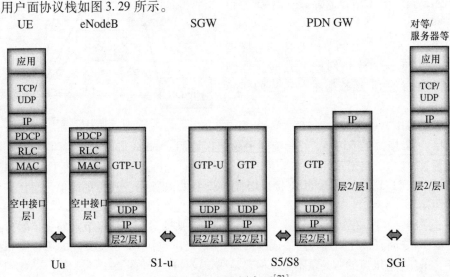

图 3.29　LTE 用户面[73]

来自 UE 的 IP 业务在 Uu 空中接口上用 PDCP/RLC/MAC 协议承载。在 S1u 接口，用户 IP 包用 GTP – U 隧道协议传输。分组数据网关通过 SGi 接口与外部网络（例如因特网）交互。

不同于 2G 和 3G 网络，LTE 的所有空中接口信道都以 eNodeB 为端点。这些信道不需要回传网承载。这很大程度上简化了回传网，因为空中接口性能不直接与回传网关联，这不像 Abis 和 Iub 接口与空中接口耦合。

注：S5/S8 接口有两种选择：其一是 3GPP 协议栈（基于 GTP）；其二是 IETF 移动 IPv6（Proxy Mobile IP）。

Uu 空中接口和 S1 – MME 接口的控制面协议栈如图 3.30 所示。

RRC（Radio Resource Control，无线资源控制）在 eNodeB 中实现，LTE 没有控制器网元。RRC 功能包括无线资源管理功能，比

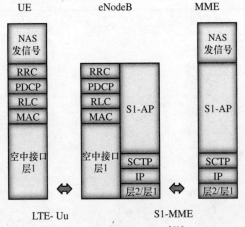

图 3.30　LTE 控制面[73]

如建立和删除无线承载、空中接口准入控制以及切换管理。

PDCP 层包括加密功能以及 IP 报头压缩。用户面 IP 业务和 RRC 信令信息都会被加密。

UE 用非接入层信令（NAS）与 MME 通信，NAS 信令在 eNodeB 也就是 E－UTRAN 中透传。该信令由 eNodeB 转发给 MME。

3.4.3　空中接口

LTE 下行空中接口使用 OFDMA（Orthogonal Frequency Division Multiple Access，正交频分多址），上行使用 SCFDMA（Single－Carrier FDMA，单载波频分多址）。对于上行，相比 OFDM，SCFDMA 可以减少 UE 功耗。这是移动系统的关键设计要求。

OFDMA 在频域分成 15kHz 间隔的子载波。通过配置不同数量的子载波，可以灵活地使用不同带宽的频谱，最大可以使用 20MHz 频谱。相比上一代通信系统，仅带宽一项就可以明显提升数据传输速率（3G WCDMA 带宽是 5MHz，但 HSPA 可能采用双小区和载波聚合。另外，相对 W－CDMA，LTE 可以在频域和时域同时调度。

LTE 采用了自适应调制编码（AMC）。这意味着针对不同的信道条件，将采用不同的调制编码方案，以优化频谱效率和提高网络吞吐能力。当信道质量高时，采用高阶调制，例如 64－QAM，以实现高比特率。其他调制方式，比如 QPSK，尽管数据传输速率较低，但可以提高小区覆盖。编码方案意味着在信息比特中加入冗余比特，以获得编码增益。对不同的信道条件，不同数量的冗余信息用于对应调节。

H－ARQ（Hybrid Automatic Repeat REquest，混合自动重复请求）流程用于对空中接口上没有正确接收的传输块进行重传。

3GPP TS36.306 定义了下行峰值数据传输速率，例如下面的 UE 接收能力（见参考文献 [71]）：

- 类型 3 UE：100 Mbit/s；
- 类型 4 UE：150 Mbit/s；
- 类型 6 和 7 UE（3GPP Rel－10）：300Mbit/s；
- 类型 8 UE（未来接收能力）：3Gbit/s。

具有 300Mbit/s 下行峰值传输速率的 3GPP Rel－10 UE 是第一阶段 LTE 的下一步产品（支持比如载波聚合功能）。类型 8 UE 理论峰值数据传输速率是 3Gbit/s，这要求 100MHz 带宽支持 8 天线的 UE。这在短时间内不会出现在 LTE 市场中。

3.4.4　S1 接口

S1 接口如图 3.31 所示。

eNodeB 通过 S1－U 接口与核心网的用户面直接通信。S1－U 接口的协议栈是基于 UDP/IP

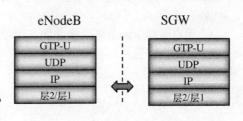

用户面(S1-U)

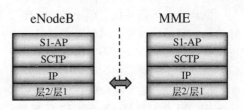

控制面(S1-MME)

图 3.31　用户面和控制面的 S1 接口[75,77,79]

的 GTP – U。IP 层以下协议不是标准规定的，可以是以太网或者 P2P 协议。

在控制面（S1 – MME 接口），S1 – AP 用于连接 eNodeB 和 MME。S1 – AP 协议基于 SCTP/IP。

PDCP 层端点是 eNodeB，这样发送到核心网的业务就失去了保护。部署在 S1 – U 接口的 IPsec 协议为数据业务提供保密、签权和加密服务。

GTP – U 隧道协议承载 IP 包到 SGW。GTP 隧道由 GTPU – TEID 标识。GTP – U 基于 UDP/IP。IP 一般基于以太网，但 3GPP 规范没有限定，因此任何可以承载 IP 层的 L2/L1 都可以使用。

在 LTE 规范中，3GPP TS36.412（信令）和 3GPP TS36.412（数据业务）指定使用 IPv6 和/或 IPv4。GTPv1 用户面规范，3GPP TS29.281 规定 IPv4 为必选，而 IPv6 为可选。而且对 LTE，私有地址可以用于移动网元，因此并没有地址短缺问题上的 IPv6 部署推动力。3GPP TS36.414 规定了 eNodeB 和 EPC 的 IP 层数据包切分。

3.4.5　X2 接口

X2 是可选接口。如果没有配置，则不存在 eNodeB 间的并行通信，不存在 X2 接口切换，这样系统只支持 S1 接口切换。X2 接口的优势是在 eNodeB 间切换时，可以减少信令交互，X2 切换也可以减少丢包，缩短数据业务终端时间，并且也可以减少切换时延。

X2 接口不需要 eNodeB 间的直接物理连接，数据可以通过通用的层 2 或 IP 地址点间高层网络路由。

X2 接口在 eNodeB 间切换过程使用。当切换发送时，下行方式到达的数据可以通过 X2 接口直接发送给目标 eNodeB。这样做的好处是可以减少切换过程中的丢包。上行方向，UE 缓存要发送的数据，直到新的目标 eNodeB 通信可以开始。

X2 用户面和控制面协议栈如图 3.32 所示。eNodeB 之间 X2 接口的控制面协议栈与 S1 – MME 相同。用户面协议是 GTP – U 隧道协议。

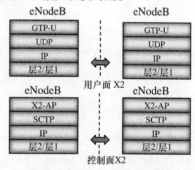

图 3.32　用户面和控制面的
X2 接口[80,82,84]

3.4.6　承载

在 LTE 网络，当 UE 附着到网络或者进入 ECM 连接状态时，将会建立一个默认 EPS 承载。这个承载可以马上用于传送用户业务。UE 也通过这个承载获取到一个 IP 地址。

默认承载可以替代类似于 2G 和 3G 专用信道的，可以消除由于 UE 本身行为的原因而导致的频繁的承载建立和删除。尤其是，对低流量业务，比如对网页保持链接和状态更新可以更高效地进行，而不需要额外信令。如果 UE 一直不活动，默认承载也可以被释放，但不活动状态的时限比 2G 或 3G 更长。

EPS 承载包括无线承载、S1 承载以及 S5/S8 承载（见图 3.33）。无线承载连接 UE 和 eNodeB，S1 承载连接 eNodeB 和 SGW，S5/S8 承载连接 SGW 和 PGW。在端到端服务中，UE 通过 SGi 接口上的外部承载连接到因特网服务器（或者其他服务地址）。

EPS 承载类似于 3G 系统中的 PDP 上下文。3G 无线接入承载对应 LTE 的无线承载和 S1 承载。

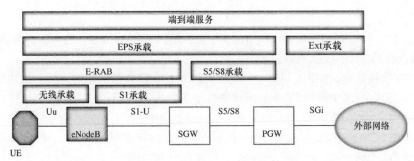

图 3.33　LTE 无线承载[72]

EPS 承载由获取自 MME 的 ID 标识。S1 承载由 MME 建立，是一个 GTP 隧道，用 GTP TEID 标识。eNodeB 建立无线承载。在不活动期间，S1 承载和相关资源将被释放。

S5/S8 承载有两种选项，由 TEID 标识 GTP 或者基于 IETF 的代理移动 IPv6 隧道。S5/S8 承载由 SGW 和 PGW 建立。

承载的建立是由 UE 或者 PDN 发出请求。如果数据是从 PDN 传送到 UE，则由 PGW 发起建立 EPS 承载。建立过程需要经过 PCRF（Policy and Charging Rules Function，策略和计费规则功能实体），根据 QoS 需求，EPS 承载可以是专用承载。如前所述，当 UE 网络附着时，MME 建立一个默认承载。

在 LTE 中，EPS 承载的概念与 QoS 有关。每个承载对应一个 QoS 级别，这个级别由 QCI（Quality of Service Identifier，服务质量标识）标识。QoS 在本书第 2 部分专门内容深入讨论。

3.4.7　移动性管理

当 UE 处于 ECM（EPS Connection Management，EPS 链接管理）空闲状态时，移动性管理很简单。当 UE 处于 ECM 连接状态时，移动性由 eNodeB 切换管理。

MME 追踪 UE 在网络中的位置。当 UE 处于 EMM（EPS Mobility Management，EPS 移动管理）未注册状态时，则不会有 UE 的位置信息。如果 UE 需要发送或者接收数据，则 UE 状态需要转为 EMM 注册态。

UE 可以通过网络附着过程或者追踪区更新，转换为 EMM 注册状态。如果状态切换由来自 PDN GW 的数据触发，则 MME 呼叫 UE。如果 UE 需要在空中接口与 eNodeB 建立 RRC 连接，RRC 建立通过竞争的随机接入过程完成。

UE 发出一个附着请求，由 eNodeB 转发给 MME。HSS 给 MME 提供 UE 合约信息，MME 建立用户面连接（默认 EPS 承载）。PDN GW 为 LTE 终端分配一个 IP 地址。默认 EPS 承载包括无线承载、S1 承载和 S5/S8 承载。S1 承载建立在 GTP – U 隧道上。随着 UE 的 LTE 网络附着，状态转为 EMM 注册态，并且 ECM 连接建立。同时，初始 EPS 默认承载建立，IP 地址发送该 UE。

MME 在追踪区级别上追踪 UE 位置。追踪区由多个小区组成。UE 可以注册到一个或多个追踪区。当 UE 移动到一个没有注册的追踪区时，需要更新 MME（追踪区更新）。通过这种方式，MME 更新到 UE 当前位置。通过呼叫，MME 在需要时可以指令 UE 切换到

ECM 连接状态。

当 UE 是 EMM 注册态时，MME 知道 UE 在追踪区级别的位置。当 UE 是 ECM 连接态时，则可以得到 UE 小区级别的位置。

在 PDN 连接期间，UE 到 PDN – GW 以及 PDN GW 到外部网络的连接是激活的。在不活动期间，ECM 可以切换为 ECM 空闲状态。空闲状态下，UE 依旧保留 IP 地址，以便于需要时很快切回激活状态。

当 UE 在 ECM 连接态时，移动性由切换管理。Intra – eNodeB 切换在同一个 eNodeB 的不同小区间中进行。Inter – eNodeB 切换通过 X2 接口或者 S1 接口进行。

移动锚点的意思是，从外部 PDN 网络看 UE "位置" 不变，但实际上移动系统内部到该 UE 的连接可能已经改变。移动锚点依赖于切换类型。对 Intra – eNodeB 切换（同一个 eNodeB 的不同小区间的切换），锚点是 eNodeB。Inter – eNodeB 切换，锚点是 SGW。对 inter – RAT 切换，锚点也是 SGW。对非 3GPP 系统切换，锚点是 PDN GW。

eNodeB 负责无线资源管理，测量从 UE 上报到 eNodeB。源 eNodeB 负责决策 UE 切换到目标 eNodeB。源 eNodeB 向目标 eNodeB 发起一个切换请求。目标 eNodeB 接受切换（如果可以分配到资源）并且分配一个新 C – RNTI（临时 ID）。接着，UE 与新的目标小区同步。PDCP 序列号在 eNodeB 之间保证数据发送状况—无丢包切换。

如果存在 X2 逻辑接口，Intra – eNodeB 切换通过 X2 接口进行。如果不存在，则通过 S1 接口进行。

当 UE 与 eNodeB 建立 RRC 时，则是 RRC 连接态。当另外有用户面 S1 负载时，则 UE 是 ECM 连接态，这时 MME 和 UE 可以交互信令。这些信令称作 NAS 信令（Non – Access Stratum signal message，非接入层信令消息），在 E – UTRAN 透传。

3.4.8 与 2G 和 3G 共存

移动系统支持在不同 3GPP 无线接入技术（RAT）之间相互切换。初期，LTE 覆盖能力有限，因此 UE 可以同时接受 2G 或者 3G 的无线接入网的服务是有益的。这也要求终端可以支持不同类型的无线接入网。

LTE 与 3G 网络之间的切换，SGW 作为移动锚点。这需要支持新的 S3 和 S4 接口。在控制面，SGSN 通过 S3 接口与 MME 交互，通过 S4 接口与 SGW 交互。S3 和 S4 对 SGSN 都是新接口。而在 RNC 和 SGW 之间可以通过 S12 接口建立一套直通隧道。LTE 与 2G 依照相同的原理交互。

控制面 S3 接口基于 GTP – C，是 GPRS 隧道协议的控制面版本。GTP – C 由 UDP/IP 承载。S4 接口也是基于 GTP – C。

LTE 系统也可以与非 3GPP 网络交互，比如 WiMax，这时移动锚点是 PDN GW。

3.4.9 语音支持

由于 LTE 系统没有电路交换域核心网，因此语音业务需要由其他方式支持。有多种支持方案：第一，语音业务可以用 IMS（IP Multimedia Subsystem，IP 多媒体子系统）的 VoIP 传送。第二，LTE 可以像 IP 网络一样为 VoIP 终端用户提供服务（例如 Skype™），或者提供与 PDN 某处端对端提供的链接。这种方式，可以称作 OTT 解决方案，因为这时移动网络被应用层用户看作透传的 IP 承载。第三，回退到电路交换域（CSFB），终端重定向到 2G 或者 3G 系统使用语音电路交换功能。

另外，LTE 定义了一种 VoLTE 语音业务连续性方案 SRVCC（Single Radio Voice Call Continuity，单无线语音呼叫连续性），解决了当单射频 UE 在 LTE/Pre - LTE 网络和 2G/3G CS 网络之间移动时，如何保证语音呼叫连续性的问题，即保证单射频 UE 在 IMS 控制的 VoIP 语音和 CS 域语音之间的平滑切换。这在 LTE 覆盖有限时很有用。如果可以切换到 2G 或者 3G 系统，LTE 的语音业务就可以在移动到 LTE 覆盖边缘时不至于掉线。

对于 VoLTE/IMS 解决方案，LTE 核心网需要包含 IMS 系统及其接口，终端则需要兼容 VoLTE/IMS 的用户。在初始阶段 LTE 覆盖较弱时，SRVCC 可以解决这个问题。

使用电路交换回退，通过 2G 或者 3G 系统建立电路交换语音通话。在移动系统发起通话时，eNodeB 指令 UE 切换到 2G 或者 3G 网络。当 UE 在 2G 或者 3G 网络时，就在该系统中建立一条电路交换语音通话。从网络发起到 UE 的通话大致相似，LTE 发起寻呼，2G 或者 3G 网络发起电路交换语音会话请求。电路交换回退方案被认为是一种过渡方案，最终语音业务要求是在没有电路交换核心网的情况下实现的。

GSMA 宣称 VoLTE 项目从 2010 年启动。目标是为 LTE 的语音和消息业务开发一种标准方案。GSMA 的提案是基于 IMS 规范支持 LTE 语音业务。

3.4.10　自动配置和自动优化

LTE 系统支持自动配置和自动优化功能。通过自动配置，新的节点可以获得系统操作的基本配置。通过自动优化过程，网络可以通过 UE 和 eNodeB 的测量进行优化。

自动配置可以使系统进入预操作状态，eNodeB 上电以及与骨干网完成连接，但 RF 发射机还未启动。通过自动配置过程，系统基本建立，并且完成初始无线配置。自动配置也会建立 S1 - MME 和 X2 接口。

建立了 S1 - MME 接口，也就意味着 eNodeB 知道远端 MME 地址，以建立 SCTP 联系。至于实现方法，这超出了本章范围，在第 4 章，在获取 IP 地址的一般 IP 网络协议和相关配置内容中会进行讨论。

获得 MME 端点地址后，eNodeB 尝试建立到 MME 的 SCTP 连接。当 SCTP 连接建立成功后，eNodeB 和 MME 就可以进行应用层配置信息交互。这包括，比如追踪区和 PLMN ID 信息。这些初始化工作完成后，S1 - MME 接口建立完成。

ANR（Automatic Neighbor Relation function，自动邻区关系功能）用于自动找寻相邻网络节点。相邻小区关系包含源小区—目标小区关系。每个关系有 3 种属性：禁止删除属性是指相邻关系不能从相邻关系表（NRT）中删除；禁止切换属性是指该关系禁止用于切换；无 X2 接口属性是指 X2 接口不可用。

除了 ANR 功能，O&M 可以修改 NRT 表中的相邻关系及其属性。ANR 功能找寻相邻无线网络节点的方法，请查阅 3GPP TS36.300。

X2 接口的建立过程，类似于 S1 - MME 接口。获得远端 IP 地址后，eNodeB 与远端端点建立一条 SCTP 连接。为获得 X2 接口的远端地址，eNodeB 会利用一些通过 ANR 获得的信息。如果 eNodeB 已经通过 ANR 知道 X2 接口对端的 eNodeB ID，就用 eNodeB ID 识别。eNodeB 发送配置信息到 MME，MME 转发给拥有该 eNodeB ID 的 eNodeB。在回复

消息中会携带传输层地址（IP 地址），发送给 MME。MME 转发这条消息给发出请求的
eNodeB，之后可以进行 SCTP 关系建立。

3.5　小结

移动回传涉及整个移动网络。从逻辑上看，移动网络层可以与传输网层隔离。这需要
在无线网络与传输/回传网之间定义清晰的接口。实际上，相互依赖依然存在：很多回传
网的功能和特性都会影响移动系统性能以及终端用户业务体验。反过来，移动网的特性也
会影响回传设计。

移动系统容量在不断演进。从 2G 以语音为主的移动网络，到 3G/HSPA、HSPA 演进
以及逐渐以宽带连接为主的移动通信系统。随着网络类型的演进，移动回传网也经常需要
扩容。移动宽带价格的逐渐降低、频谱效率的改善以及新的无线技术的高数据传输速率，
促使每人每月网络业务数据消费量暴涨至 MB。3GPP 通过在逻辑接口上定义基于 IP 的协
议栈达到这样的数据流量。

3GPP 通常不规定 IP 层以下的协议。而对 IP 层，3GPP 要求是 IPv4 和 IPv6 以及一些
IPsec 功能。简单总结，从 3GPP 的观点，回传网的层 2/层 1 可以是任何层 2/层 1 技术。而
采用 IPv4 还是 IPv6 是网络实现问题。由于移动网网元可以使用 IPv4 私有地址，也就不再
存在 IPv4 地址短缺问题。

2G 系统，GERAN 与核心网的交互可以基于 IP。另一方面，在 GERAN 内部 BSC – BTS
接口不能采用 IP，唯一符合标准定义的是基于 TDM 的 Abis 接口。一些设备商自定义了 IP
实现，另一种方案是，在基于分组交换的 Abis 接口模拟电路交换业务，这就是在分组网
络上实现基于 TDM 的 Abis 接口。

最初，3G 网络的 UTRAN 接口也是基于 ATM 协议。3GPP Rel – 5 为 UTRAN 所有接口
（Iub、Iur、Iu – cs、Iu – ps）引入了 IP 选项。不同于 2G，UTRAN 内部 RNC – NodeB 之间接
口也可以基于 IP 传输协议。LTE 从一开始就是全 IP 网络，所有接口都仅是基于 IP 定义。

LTE 通过去掉一些网元以及电路交换功能简化了系统架构，并且用基于 IP 的连接优
化了系统。主要益处是提高网络传输速率并降低时延，使得 LTE 更适合移动宽带。而对语
音业务，可以采用不同的方案，包括回退到已部署的 2G/3G 网络的语音会话。

参 考 文 献

[1] 3GPP TS 23.101: 'Universal Mobile Telecommunications System (UMTS): General UMTS Architecture',
    v10.0.0
[2] http://www.3gpp.org/ftp/Inbox/2008_web_files/3GPP_Scopeando310807.pdf, retrieved Oct 2011.
[3] 3GPP Overview of 3GPP Release 99, v0.1.1
[4] 3GPP Overview of 3GPP Release 4, v1.1.2
[5] 3GPP Overview of 3GPP Release 5, v0.1.1
[6] 3GPP Overview of 3GPP Release 6, v0.1.1
[7] 3GPP Overview of 3GPP Release 7, v0.9.15
[8] 3GPP Overview of 3GPP Release 8, v0.2.4
[9] 3GPP Overview of 3GPP Release 9, v0.2.3
[10] 3GPP Overview of 3GPP Release 10, v0.1.2
[11] 3GPP Overview of 3GPP Release 11, v0.0.1

[12] 3GPP TS43.051 GSM/EDGE Radio Access Network (GERAN); Overall Description. v10.0.0

[13] Eberspächer, Vögel, Bettstetter: GSM Switching, Services and Protocols, Second Edition, Wiley 2001.

[14] 3GPP TS 08.01 General Aspects on the BSS-MSC Interface, v8.0.0

[15] 3GPP TS 08.02 BSS-MSC interface; Interface principles, v8.0.0

[16] 3GPP TS 08.04 BSS-MSC interface; Layer 1 specification, v8.0.0

[17] 3GPP TS 08.06 Signalling transport mechanism (BSS - MSC) interface, v8.0.0

[18] 3GPP TS 08.08 MSC-BSS interface; Layer 3 specification v9.0.0

[19] 3GPP TS 08.51 BSC-BTS Interface General Aspects, v8.0.0

[20] 3GPP TS 08.52 BSC-BTS Interface - Interface Principles, v8.0.0.

[21] 3GPP TS 08.54 BSC-BTS Layer 1; Structure of Physical Circuits, v8.0.0

[22] 3GPP TS 08.56 BSC-BTS Layer 2; Specification, v8.0.0

[23] 3GPP TS 08.58 BCS-BTS Interface Layer 3 Specification, v8.6.0

[24] 3GPP TS 48.006 Signalling transport mechanism Specification for the Base Station System - Mobile Services Switching Centre (BSS - MSC) interface, v10.0.0

[25] 3GPP TS 48.103 Base Station System - Media GateWay (BSS-MGW) interface; User plane transport mechanism, v10.0.0

[26] 3GPP TS 29.414 Core network Nb data transport and transport signaling, v10.0.2

[27] 3GPP TS 23.060 General Packet Radio Service (GPRS); Service description. v3.17.0

[28] 3GPP TS 03.64 General Packet Radio Service (GPRS); Overall description of the GPRS radio interface; Stage 2, v8.12.0

[29] 3GPP TS 08.14 General Packet Radio Service (GPRS); (BSS) - (SGSN) interface; Gb interface Layer 1, v8.0.0

[30] 3GPP TS 08.16 General Packet Radio Service (GPRS); (BSS) - (SGSN) interface; Network service, v.8.0.0

[31] 3GPP TS 48.016 General Packet Radio Service (GPRS); Base Station System (BSS) - Serving GPRS Support Node (SGSN) interface; Network service, v10.0.0

[32] 3GPP TS 08.18 General Packet Radio Service (GPRS); (BSS) - (SGSN) BSS GPRS protocol (BSSGP), v8.12.0

[33] 3GPP TS 04.60 General Packet Radio Service (GPRS); (MS) - (BSS) interface; Radio Link Control/Medium Access Control (RLC/MAC) protocol, v8.27.0

[34] 3GPP TS 04.64 MS-SGSN; Logical Link Control (LLC) Layer Specification, v.8.7.0

[35] 3GPP TS 04.65 MS-SGSN; Subnetwork Dependent Convergence Protocol (SNDCP), v8.2.0

[36] 3GPP TS 23.002 Network architecture, v10.4.0

[37] 3GPP TS 25.401 UTRAN overall description (Release 10), v10.2.0

[38] Kaaranen, Ahtiainen, Laitinen, Naghian, Niemi: UMTS Networks, Architecture, Mobility and Services, Second Edition, Wiley 2005

[39] Holma, Toskala: WCDMA for UMTS, 2nd Edition. Wiley, 2002.

[40] Holma, Toskala: WCDMA for UMTS: HSPA evolution and LTE, 5th Edition. Wiley, 2010.

[41] 3GPP TS 25.410 UTRAN Iu interface: General aspects and principles, v10.2.0

[42] 3GPP TS 25.411 UTRAN Iu interface layer 1, v10.1.0

[43] 3GPP TS 25.412 UTRAN Iu interface signalling transport, v10.1.0.

[44] 3GPP TS 25.413 UTRAN Iu interface Radio Access Network Application Part (RANAP) signalling, v10.3.0

[45] 3GPP TS 25.414 UTRAN Iu interface data transport and transport signalling, v10.1.0

[46] 3GPP TS 25.415 UTRAN Iu interface user plane protocols, v10.1.0

[47] 3GPP TS 25.419 UTRAN Iu-BC interface: Service Area Broadcast Protocol (SABP), v10.2.0.

[48] 3GPP TS 25.420 UTRAN Iur interface general aspects and principles, v10.1.0.

[49] 3GPP TS 25.421 UTRAN Iur interface layer 1, v10.1.0

[50] 3GPP TS 25.422 UTRAN Iur interface signalling transport, v10.1.0.

[51] 3GPP TS 25.423 UTRAN Iur interface Radio Network Subsystem Application Part (RNSAP) signalling, v10.4.0.

[52] 3GPP TS 25.424 UTRAN Iur interface data transport&transport signalling for Common Transport Channel data streams, v10.1.0

[53] 3GPP TS 25.425 UTRAN Iur interface user plane protocols for Common Transport Channel data streams, v10.1.0

[54] 3GPP TS 25.426 UTRAN Iur and Iub interface data transport & transport signalling for DCH data streams, v10.1.0.

[55] 3GPP TS 25.427 UTRAN Iub/Iur interface user plane protocol for DCH data streams, v10.1.0

[56] 3GPP TS 25.430 UTRAN Iub Interface: general aspects and principles, v10.1.0.

[57] 3GPP TS 25.431 UTRAN Iub interface Layer 1, v10.1.0

[58] 3GPP TS 25.432 UTRAN Iub interface: signalling transport, v10.1.0.

[59] 3GPP TS 25.433 UTRAN Iub interface Node B Application Part (NBAP) signalling, v10.4.0

[60] 3GPP TS 25.434 UTRAN Iub interface data transport and transport signalling for Common Transport Channel data streams, v10.1.0

[61] 3GPP TS 25.435 UTRAN Iub interface user plane protocols for Common Transport Channel data streams, v10.3.0.

[62] 3GPP TS 25.442 UTRAN implementation-specific O&M transport, v10.1.0

[63] 3GPP TS 29.281 General Packet Radio System (GPRS) Tunnelling Protocol User Plane (GTPv1-U), v10.3.0

[64] 3GPP TS 25.301 Radio Interface Protocol Architecture, v10.0.0

[65] 3GPP TS 25.321 MAC Protocol Specification, v10.4.0

[66] 3GPP TS 25.322 RLC Protocol Specification, v10.1.0

[67] 3GPP TS 25.323 PDCP Protocol Specification, v10.1.0

[68] 3GPP TS 25.324 BMC Protocol Specification, v10.0.0

[69] 3GPP TS 25.331 RRC Protocol Specification, v10.5.0

[70] 3GPP TS29.281 General Packet Radio System (GPRS) Tunnelling Protocol User Plane (GTPv1-U), v10.3.0

[71] 3GPP TS 23.401 General Packet Radio Service (GPRS) enhancements for Evolved Universal Terrestrial Radio Access Network (E-UTRAN) access, v10.5.0

[72] 3GPP TS 36.300 Evolved Universal Terrestrial Radio Access (E-UTRA), Overall description, v10.5.0

[73] 3GPP TS 36.401 Evolved Universal Terrestrial Radio Access Network (E-UTRAN); Architecture description, v10.3.0

[74] Holma, Toskala: LTE for UMTS, Evolution to LTE-Advanced. 2nd Edition. Wiley, 2011

[75] 3GPP TS 36.410 Evolved Universal Terrestrial Radio Access Network (E-UTRAN); S1 general aspects and principles, v10.2.0

[76] 3GPP TS 36.411 Evolved Universal Terrestrial Radio Access Network (E-UTRAN); S1 layer 1, v10.1.0

[77] 3GPP TS 36.412 Evolved Universal Terrestrial Radio Access Network (E-UTRAN); S1 signalling transport, v10.1.0

[78] 3GPP TS 36.413 Evolved Universal Terrestrial Radio Access Network (E-UTRAN); S1 Application Protocol (S1AP), v10.3.0

[79] 3GPP TS 36.414 Evolved Universal Terrestrial Radio Access Network (E-UTRAN); S1 data transport, v10.1.0

[80] 3GPP TS 36.420 Evolved Universal Terrestrial Radio Access Network (E-UTRAN); X2 general aspects and principles, v10.2.0

[81] 3GPP TS 36.421 Evolved Universal Terrestrial Radio Access Network (E-UTRAN); X2 layer 1, v10.0.0

[82] 3GPP TS 36.422 Evolved Universal Terrestrial Radio Access Network (E-UTRAN); X2 signalling transport, v10.1.0

[83] 3GPP TS 36.423 Evolved Universal Terrestrial Radio Access Network (E-UTRAN); X2 Application Protocol (X2AP), v10.3.0

[84] 3GPP TS 36.424 Evolved Universal Terrestrial Radio Access Network (E-UTRAN); X2 data transport, v10.1.0

[85] 3GPP TS 29.275 Proxy Mobile IPv6 (PMIPv6) based Mobility and Tunnelling protocols; Stage 3, v10.3.0

[86] 3GPP TS 23.107 Quality of Service (QoS) concept and architecture, v10.1.0

[87] 3GPP TS 23.203 Policy and charging control architecture, v10.4.0

[88] 3GPP TS 29.061 Interworking between the Public Land Mobile Network (PLMN) supporting packet based services and Packet Data Networks (PDN), v10.4.0

[89] 3GPP TS 23.272 Circuit Switched (CS) fallback in Evolved Packet System (EPS), v10.5.0

[90] GSMA IR.92 IMS Profile for voice and SMS, v4.0

[91] 3GPP TR 36.902 Evolved Universal Terrestrial Radio Access Network (E-UTRAN); Self-configuring and selfoptimizing network (SON) use cases and solutions, v9.3.1

第4章 分组网络

Esa Metsälä

移动回传网络在 3GPP 的概要图中是一条线。在分组网络中，它可能被表示成一朵云。这些都无法给这个主题更深刻的描述。那什么是基于分组的移动回传网络？

在本章中，将讨论前面的问题：移动回传网络提供什么样的服务（4.1 节）、标准（4.2 节），不同层的功能实体和协议：物理层接口（4.3 节）、运行 PPP 的层 2（4.4 节）、运行以太网的层 2（4.5 节）、IP（4.6 节）以及最后讨论的 MPLS 和 IP 应用程序（4.7 节）。在第 5 章中会更多地关注物理层和媒介（微波、光纤、铜缆）以及 MEF 服务。这些就是移动回传网络的构件要素。

4.1 移动回传网络应用

4.1.1 回传服务

无线网络（和核心网一起）为用户提供接入服务：诸如一次移动呼叫、为智能手机提供网络连接等。一个提供移动服务功能的网络，其传输服务是不可或缺的。

在图 4.1 里为无线网络提供的传输服务建模如下：

- 一个综合传输模块，这个模块位于移动网络节点内部；
- 一个回传服务模组，为两个对等的移动网元提供外部的物理接口以及一个中间回传网络。

无论是综合传输模块还是回传服务模组都是为了移动网络应用服务的。

在图 4.1 中，为了无线网络层服务的传输服务由综合传输和回传服务两部分组成。传输服务的入口处位于移动网元中而不是在中间传输网络的节点。这是，例如有特定延迟、丢包率的无线网络层成帧协议中使用的 UDP/IP 的连接性能。所以 UDP/IP 成帧协议的终

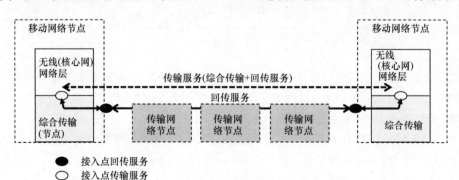

图 4.1　传输服务

端在对等的移动网元内而不在传输网络节点内。

作为移动网络节点的外部连接接口（例如一个 eNB），回传服务使用 IP 层为两个对等的移动网络单元提供连接服务（例如 RNC）。这个回传服务的接入是由移动网元节点的物理接口提供的。中间传输节点可在 IP 层、层 2 或者层 1 层上运行，回传服务可以由多个不同的功能实体提供。

回传服务可以是物理层服务、层 2 服务或 IP 层服务。在对等实体之间需要的是 IP 层连接。回传传输服务由中间传输网络节点提供，或者作为自部署的，或者作为第三方服务提供商的服务。

主题是回传服务。无论如何，传输服务的更大部分的特性取决于回传服务而不是综合传输。综合传输至少是一个终端功能以及无线网络层 PDU 到 UDP/IP 或类似传输承载的映射。

该模型允许讨论在移动网络节点中实现的功能的一部分。此功能也很重要。作为示例，从无线网络层属性到差分服务代码点的 QoS 映射发生在移动网络节点内，实际上这在中间传输节点中是不可能做的，因为无线网络层信息在传输节点中不可用。

用于回传服务的一些方面受无线网络层要求的影响。这取决于所使用的无线接入技术（2G、3G、LTE）：每种无线电接入技术都有其自己的特性。另一部分需求来自最终用户服务。两者都很重要。

除了用户业务之外，移动回传中承载网络控制和管理业务。这包括无线网络层信令、传输层控制协议、O&M 和潜在的同步。这些协议是关键的，因为没有这些功能的服务，用户平面服务也不能被维护。

图 4.2 显示了传输服务的需求，这些需求源于终端用户服务、无线网络层、传输网络控制、同步和 O&M。

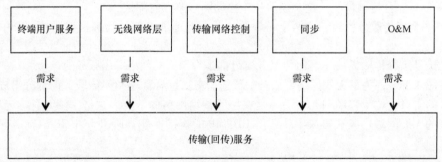

图 4.2　传输服务

如第 3 章所讨论的，当前存在着三代 3GPP 移动系统：2G、3G 和 LTE。在这些系统中，有中间引入的各种增强。移动分组回传支持所有这些系统，提供不同类型的服务，例如：

- 用于 2G BTS 的伪线仿真服务（其本质是 TDM）；
- 用于前 Rel5 3G 移动基站（其本质是 ATM）的伪线仿真服务；
- 本地 IP 3G NodeB 的服务（Rel − 5 及以上）；
- LTE IP 移动基站的服务（从一开始就是全 IP）；
- 控制平面连接；

- 传输控制协议；
- O&M；
- 同步。

基本服务是简单的信息传送：在服务接入点之间及时和无损害地传送更高层协议数据单元。服务作为一个整体可以借助于服务水平协议和规范来帮助描述服务的外部可见特性（延迟、丢包、可用性、安全性等）。

该服务可以从第三方服务提供商租用。它也可以由网络传输部门在内部提供。它通常是两者的组合。在这两种情况下，将回传建模为服务是有用的。它还允许将服务与底层网络技术分离。

4.1.2 接入、聚合和核心

移动网络单元之间的单线传输模型可以通过将回传划分为接入、聚合和核心的区域来代替。在图 4.3 中，示出了接入和聚合层，因为它们对于移动回传是最相关的。

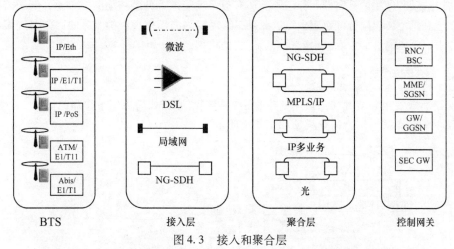

图 4.3 接入和聚合层

网络技术在回传的 3 个段中通常是不同的。在本书中，重点是接入和聚合。对于接入，关键是向 BTS 提供"第一英里"物理连接：支持具有所需特性的业务混合。由于所需的访问线路数量，成本是一个问题。

在聚合边缘，需要更多的功能：高弹性的负载可用性、QoS 映射、潜在的进一步的接入控制以及将接入线路复用和映射到聚合网络中。

4.1.3 3GPP 回传指南

3GPP 对如何建立回传几乎没有指导：使用什么技术和如何使用它。逻辑接口强制使用 IP（IPv4 或 IPv6）。在逻辑接口，IP 以下的层可以是以太网、PPP、ATM 或其他。

在图 4.4 中，移动网元可以连接任意回传层，包括接入，聚合或骨干层。移动网元使用回传的服务。3GPP 规定的协议在移动回传上被透明地承载。在居间的回传网络中，无线网络层和传输网络层之间没有协议交互。

上面指出，移动网元使用回传的服务，服务水平协议（Service Level Agreement，SLA）

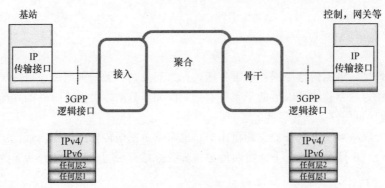

图 4.4　3GPP 逻辑接口

或其他类型的具有回传技术要求的规范是否可以直接从 3GPP 获得。

这对于回传的设计将是非常有用的，然而这样的规范不存在。许多主题依赖于实现：无线层协议选项和使用的计时器、算法等。还有很多功能被拆分到移动网络单元，例如需要为每个单元和每个协议层分配延迟预算。此外，移动网络向用户提供的服务向回传引入服务特定的要求。将所有这些主题映射到单个通用文档将是一项艰巨的任务。

4.1.4　组网和回传

网络通常使用局域网和广域网的模型。一般网络原则如何适用于移动回传？

以一个企业网为例，简化模型如图 4.5 所示。

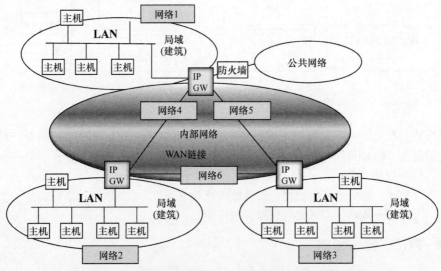

图 4.5　一个简化的企业网（企业网架构可参见文献 [1]）

该模型也与移动回传相关：在分组移动回传中使用的技术来自 IT 信息技术和企业界。协议最初是为这种类型的应用而设计的。

在图 4.5 中，主机连接到局域网（LAN），LAN 可以是单个办公楼，也可以是该建筑物中的楼层或校园区域（具有有限的物理距离）。对于站点之间的通信，需要广域网

（WAN）链路。IP 路由器（IP GW）充当其他站点上网络的网关。每个 WAN 链路被视为自己的网络。

在移动回传应用中使用相同的连网技术。相似之处在于，即使不完全可与主机的数量级相比，BTS 的数量也相当高。为了成本优化，在主机上具有低成本端口以及对于任何 LAN 具有低成本技术是至关重要的。

业务流遵循移动回传中的不同拓扑。在企业网 LAN 中，并非所有流量都需要退出 LAN。主机可以联系 LAN 内的其他主机或服务器，因此通过 LAN 的直接连接是一个好处。在移动回传中，来自 BTS 的所有业务流都被导向远程站点。因此，重点是在移动回传中安排站点到站点链路。这两种应用（企业网和移动回传）也需要具有高可用性、安全性并支持服务的 QoS 的广域连接。

通常，移动回传不能与无线网络共同管理。传输网络的操作责任与无线网络的操作责任分离。这与企业网具有共同性：单个站点和局域网由企业本身管理。服务提供商通常负责广域网（WAN）连接。自然地，可以由企业或由移动运营商（自部署回传）部署整个网络。

在租用服务模型中，BTS 和其他移动网络单元扮演客户设备（Customer Equipment，CE）的角色。在网络中的某一点，移动系统通过提供商边缘（Provider Edge，PE）节点与提供商网络接口。作为示例，微波无线电可以用作由移动运营商管理的"第一英里"接入技术。传输服务的后续分支可以由服务提供商提供。

4.2 标准化

对于网络和传输技术，没有单一的标准化机构。基于字段，相关的标准化论坛有所不同。3GPP 主要引用由其他组织开发的关于传输的现有标准。

在网络领域，许多创新已经被应用到特定产品中。稍后，该特征或其变体可能进入标准化主体，例如 IEEE 或 IETF。也可能是标准中的功能没有直接对应物，这使得该特征是专有的。尽管如此，这种类型的许多特征已经被广泛部署并且已被证明是有用的。

通常，工作在不止一个标准化组织中同时进行。这具有副作用，即标准的内容可能会发生变化，即使协调一致对整个行业也有好处。至少术语通常不同，这仅仅导致混乱。

标准化组织的简要介绍将在后续内容中给出。并不是所有相关的标准化机构都被覆盖，以便将重点放在分组移动回传领域内最重要的活动上。此外，不包括前分组时代的标准化。

4.2.1 IEEE

IEEE（Institute of Electrical and Electronics Engineers，电气电子工程师学会）是一个专业协会，其目标是推进技术创新。除了标准，IEEE 还出版了电气工程、计算机科学和电子学的技术文献。IEEE 包括地区性和专业的组织结构。

IEEE 802 LAN/MAN 标准委员会是以太网 LAN 相关标准的标准化机构，包括类别，如 802.11Bridging & Management（桥接和管理）、802.2Logical Link Control（逻辑链路控制）和 802.3 Ethernet（以太网）。与回传相关的另一示例区域是同步。IEEE 1588 precision timing protocol（精确定时协议）是分组网络中的 BTS 同步的一个替代方案。

4.2.2 IETF

IETF（Internet Engineering Task Force，互联网工程任务组）是一个由网络设计师、研究人员、供应商和网络运营商组成的开放社区。IETF 的目标是使互联网工作更好，有高质量的技术文件。技术工作在工作组进行。互联网号码分配机构（Internet Assigned Numbers Authority，IANA）协调互联网协议的唯一参数值。

有意成为互联网标准的 IETF 规范，被标记为标准跟踪文件。相关出版物是 RFC（征求意见书）和 RFC 草案。并非所有 RFC 都成为互联网标准或最佳现行做法（Best Current Practices，BCP）。演进到标准的 RFC 另外标记有"STDxxx"，同时保持原始的 RFC 号码。发展成为最佳现行做法的 RFC 另外标有"BCPxxx"。

最佳现行做法记录了执行某一操作或过程的最佳方式。非标准追踪规范可以作为信息或实验 RFC 发布。过时的规范可以作为历史 RFC 发布。

与已公布的规范（RFC）相反，因特网草案没有官方规格状态。因特网草案可以在因特网草案目录中被提供非正式意见。除非建议将其作为 RFC 发布，否则 6 个月后将从目录中删除未被更改的互联网草稿。

对于标准跟踪规范，成熟度级别为建议标准、草案标准和因特网标准（注：使用 RFC 6410，2011 年 10 月，成熟度级别减少为两个："建议标准"和"因特网标准"）。对于非标准追踪规范，使用实验、信息和历史的成熟度级别。

由于 RFC 作为标准不太正式和精确（对比 ITU－T），互操作性需要通过来自不同供应商的 RFC 兼容实现的单独的互操作性测试（IOT）来确保。

4.2.3 ISO

国际标准化组织（International Organization for Standardization，ISO）是一个非政府组织和国家标准研究所网络，在不同领域出版国际标准。

最引人注目的 ISO 标准之一是 OSI（Open Systems Interconnection，开放系统互连）模型，定义 OSI 协议分层。在服务提供商网络中广泛使用的另一个是 IS－IS 路由协议，其源在 ISO/IEC JTC 001"信息技术"委员会中，其中子委员会 6 被命名为"JTC 1/SC 6－Telecommunications and information exchange between systems（电信和信息系统之间的交换）"。

4.2.4 ITU－T

ITU（International Telecommunications Union，国际电信联盟）是联合国的一个专门机构。ITU－T，电信标准化部门，涉及广泛的信息和通信技术标准。

移动回传的一些相关 ITU－T 研究组如下：

- TU－T 第 2 研究组 － 服务提供和电信管理的操作方面；
- ITU－T 第 12 研究组 － 性能、QoS 和 QoE；
- ITU－T 第 13 研究组 － 未来网络，包括移动和下一代网络；
- ITU－T 第 15 研究组 － 光传送网络和接入网络基础设施；
- ITU－T 第 16 研究组 － 多媒体编码、系统和应用；
- ITU－T 第 17 研究组 － 安全。

ITU – T 在 2001 年修改了其审批流程，以便通过替代审批流程（Alternative Approval Process，AAP）来满足更快制定标准的需求。然而，也可以使用传统的批准过程（Traditional Approval Process，TAP）。标准化域 04（编号/寻址）和域 11（资费/计费/计费）假设遵循 TAP，其他建议遵循 AAP，但是这可以在相应研究组中做出决定来改变。

4.2.5 MEF

城域以太网论坛（Metro Ethernet Forum，MEF）的目的是制定技术规范和实施协议，以促进全球运营商以太网的互操作性和部署。

与移动回传相关的一些关键文件如下：

- MEF 2 以太网服务保护的要求和框架；
- MEF 3 电路仿真服务定义，框架和城域以太网网络的要求；
- MEF 4 城域以太网网络架构框架第 1 部分：通用框架；
- MEF 6.1 城域以太网服务定义阶段 2；
- MEF 10.2 以太网服务属性阶段 2；
- MEF 11 用户网络接口（UNI）要求和框架；
- MEF 12.1 运营商以太网网络架构框架第 2 部分：以太网服务层 – 基本元素；
- MEF 17 服务 OAM 框架和要求；
- MEF 22 移动回传实施协议（2/09）；
- MEF 23 服务等级第一阶段执行协议。

对于实际运营商以太网网络，移动回传最相关的领域是服务定义和 MEF22。以太网服务属性文档也在 IEEE 802.1Q 标准中引用。

4.2.6 IP/MPLS 论坛

IP/MPLS 论坛的目标是驱动宽带有线解决方案，融合分组网络和下一代 IP 网络规范。规范涉及互操作性、架构和管理。

IP/MPLS 论坛有它的历史作为 ATM 论坛、帧中继论坛和 MPLS 论坛。ATM 论坛加入了 MPLS 和帧中继联盟，成为 IP/MPLS 论坛。宽带论坛的背景是 DSL 论坛。宽带论坛于 2009 年与 IP/MPLS 论坛结合。

IP/MPLS 论坛的技术工作组如下：

- 家庭宽带；
- 端到端架构；
- 光纤接入网络；
- IP/MPLS 和核心；
- 金属传输；
- 运营和网络管理。

论坛已经发布了关于移动回传的 IP/MPLS 相关规范，即"移动回传网络框架和要求中的 MPLS"。在宽带区域上进行的大量工作与移动回传相关，即使在 3GPP 中也没有直接引用。

4.3 物理接口

4.3.1 高数据速率

理论空中接口下行链路（downlink，DL）和上行链路（uplink，UL）中特定无线电技术的单用户峰值速率与以太网端口容量一起显示在图4.6中。这说明了以太网端口的一个主要优点：高容量。

以上显示了以太网的能力。作为eNodeB中的单个端口来扩展容量，并且匹配空中接口的峰值速率。以太网

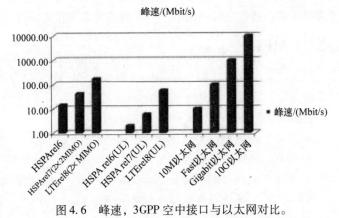

峰速/(Mbit/s)

图4.6 峰速，3GPP空中接口与以太网对比。
峰速是空中接口中单用户理论最大速率
注：不包括HSPA +。

的另一个好处是低成本。由于以太网端口的大量使用，与其他端口（例如Sonet上的分组或E1/T1上的PPP上的IP）相比，路由器和交换机中的每比特成本通常较低。由于这些原因，当将基于IP的BTS连接到分组移动回传时，以太网通常是物理接口端口的第一选择。

4.3.2 以太端口

IEEE标准包括10Mbit/s（10BaseT）、100Mbit/s（快速以太网）、1Gbit/s（千兆以太网）和10Gbit/s的数据传输速率[12]。40Gbit/s和100Gbit/s标准也已经完成。使用以太网，较少需要安装或升级物理端口，通常初始速率100Mbit/s或1Gbit/s是足够的，也满足未来一定程度的增长。单个以太网端口可以支持例如以太网速率100Mbit/s/1000Mbit/s。

对于物理连接，以太网支持双绞线电缆［非屏蔽双绞线（UTP）和屏蔽双绞线（STP）］和光纤接口。在高速下，对双绞线布线有更多要求。

使用双绞线，每个方向使用一对，以支持全双工传输。类似地，两个光纤用于在光纤介质上的全双工传输。双绞线电缆可以支持的场景，例如带有8针的RJ-45连接器，允许使用4根双绞线。然后使用这些电缆对中的至少两个。可能需要更多的对，这取决于传输速率。

当一对双绞线用于发送，另一对用于接收方向时，除非使用自动检测功能，否则需要使用交叉电缆连接两个设备。自动MDI/MDIX检测允许在接收和发送方向之间切换。

双绞线不适合长距离传输，而适用支持站点内部连接，举个例子，在BTS和小区站点路由器之间，或者控制器和控制器站点设备之间。确切的距离取决于速度和电缆类型。

对于光纤接口，具有LC类型的光纤连接器的小型可插拔（Small Form Factor Pluggable，SFP）收发器模块是常见的。光纤可以是多模或单模。激光设备支持短距离（几百米）或长距离（几千米或几十千米）。

以太网是一个通用接口，不仅可用于交换机和路由器等网络设备，也可用于不同类型

的传输和"电信"设备。可以通过光纤、无源光网络、铜缆、SDH/Sonet（包括 NG - SDH）或微波无线电提供到 BTS 的以太网端口，如图 4.7 所示。

另一个观点是在以太网上承载的较高层协议。以太网物理端口和以太网 L2 帧基本上对于较高层协议是不可知的（协议类型字段取决于上层协议），因此例如 IPv4 或 IPv6 可以被携带。

4.3.3 E1/T1/JT1

存在大量支持时分复用（TDM）接口（例如 E1、T1 和 JT1）的电信基础设施，并且这些接口也可以用于本地 IP 业务。然而，与以太网相比，E1 和 T1 的传输速率有限。E1 接口为 2.048Mbit/s，T1/JT1 为 1.544Mbit/s，分别由 32 个和 24 个时隙组成。

最初 Abis 传输被指定为在时分复用的 PCM（脉冲编码调制）接口中携带无线时隙。类似地，许多基于 ATM 的 3G 移动基站通过 E1/T1 线路连接。所以很多基站存在已经安装的 TDM 线路。

关于容量，单个 E1 支持约 120 个语音通道用于 2G（每个 16kbit/s，不考虑信令和 O&M 信道）。这可能足以用于 2G 站点的语音控制的业务混合。然而，它明显地将 HSPA 和 LTE 的峰值速率能力限制为小于 2Mbit/s。虽然 E1 和 T1/JT1 可以支持 2G 的语音网站的容量，但是它们不容易扩展到 HSPA 和 LTE 以及移动宽带应用的高数据传输速率。

低接口容量还意味着由于串行化的额外延迟。例如，当通过 E1（假设 30 个可用时隙）发送 1500 八比特组分组时，这需要 50 个 E1 帧或 $50 \times 125\,\mathrm{ms}$（6.25ms）的延迟。对于较小的分组，额外的延迟仍然相当大。这还意味着小的语音分组需要等待，直到更大的数据分组已经被发送（当然，这可以由 ML - PPP 和多级扩展来解决）。

通过添加 E1/T1 线路（使用 ML - PPP），容量增长，然而在实践中很难超过 8 ~ 16 个 E1/T1。简单地将连接器和电缆装配到 BTS 成为一个问题。这对于小尺寸 BTS 尤其如此，如图 4.7 所示。

用于本地 IP 业务的功能窄带 TDM 接口是可行的，这具有低到适中的容量和显著的延迟的特性。

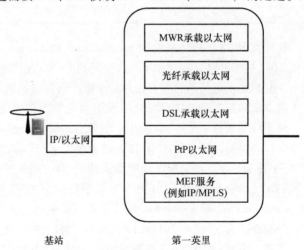

基站   第一英里

图 4.7 BTS 接入第一英里的以太网

在经济上，如果 TDM 基础设施可用，这是有意义的。对于租用线路，成本通常变得令人望而却步。这是市场依赖。

BTS 的窄带 TDM 接口通常连接到单独的传输设备。这可以是用于租用线路或微波无线电室内单元的网络终端（NT）设备。物理 E1/T1 接口本身不是用于长距离传输，虽然长途版本的电接口也存在。

E1 的物理接口是 75Ω 同轴电缆（非对称）或 120Ω 双绞线（对称），T1/JT1 使用双绞线（对称）电缆。E1/T1 接口定义可以在 ITU - T G.703/G.704 和 ANSI T1.403/ T.408 中找到。

E1/T1/JT1 物理接口的一个好处是它还带有同步。通过线路接口获得同步。线路接口时钟必须可跟踪到主参考。整个 TDM 网络通常从单个源获得其定时。

E1/T1 成帧支持信令告警、信号丢失/帧对齐丢失以及远程报警/缺陷指示。当输入信号在一段时间内没有转变（实际上，没有信号）时，检测到信号丢失（Loss Of Signal，LOS）。因此，可以发送报警指示信号（Alarm Indication Signal，AIS）。AIS 是一个全 "1" 的信号。作为对所接收的 AIS 的响应，可以发送远程缺陷指示（Remote Defect Indication，RDI，有时称为远程报警指示，Remote Alarm Indication，RAI）。

点到点协议及其扩展在单独的部分进一步描述。

4.3.4　SDH/Sonet

同步数字体系（Synchronous Digital Hierarchy，SDH）/同步光网络（Sonet）提供的接口速率从 51.84 Mbit/s 到 9953.280 Mbit/s，见表 4.1。

表 4.1　SDH/Sonet 接口速率[18]

接口	物理层速率/(Mbit/s)
STS - 1/STM - 0	51.84
STS - 1/STM - 1	155.52
STS - 1/STM - 4	622.08
STS - 1/STM - 16	2488.320
STS - 1/STM - 64	9953.280

代替将 IP 通过 PPP 映射到 Sonet/SDH（Packet over Sonet，Sonet 承载分组，PoS），下一代 SDH（NG - SDH）增加了对以太网的支持。在这种情况下，Sonet/SDH 作为底层的使用对于客户是不可见的，并且使用标准以太网端口。通常，这是 PoS 的优选选项，因为那时不需要单独布置 PoS 接口。NG - SDH 将在第 5 章中进行探讨。

对于移动回传中的 Sonet 应用上的分组，前两个速率最好与 BTS 站点容量匹配。整个网络接口容量可以用于单个 IP 流，或者多个 E1/T1 可以复用到 155.25Mbit/s 的 STS - 3/STM - 1 速率。在这种情况下，IP 首先使用 ML - PPP 映射到 E1/T1。

BTS 可以直接具有 SDH/STM - 1/VC - 4（虚拟容器）或 Sonet/OC3/STS - 3c SPE（Synchronous Payload Envelope，同步有效载荷包络）接口。VC - 4/STS - 3c SPE 比特率为 150.336 Mbit/s，净速率为 149.760Mbit/s，可以使用 PPP 承载 IP。

或者，STM - 1/STS - 3 的容量可用于复用 63 个 E1（使用用于 E1 的 VC - 12 虚拟容器）或 84 个 T1（使用 T1 的 VT1.5 虚拟支路）。在这种情况下，IP 首先映射到 E1/T1，然后进一步到 SDH/Sonet 结构。使用 Multilink - PPP（多链接 - PPP），可以捆绑多个 E1/T1。在这种情况下，BTS 可以使用 E1/T1 接口连接 SDH/Sonet 多路复用器。

STM - 0 和 STM - 1 接口每个方向使用一根同轴电缆（75Ω）。

光接口分为局内短途（<2km），局间短途（15km）和局间长途（40~80km）。距离是 ITU - T G.957 的目标距离定义。

根据应用、接口比特率和距离，发射器是 LED（发光二极管）发射器或单模或多模激光器。类似地,光纤可以是多模或单模,其中多模仅能够用于短距离。单模具有 1310nm 或 1550nm 的标称波长。在 ITU – T G. 652/G. 653/G. 654/G. 655 中定义了光参数。

Sonet/SDH 具有开销(OH)结构,用于不同级别的 OAM 和报警指示。传输路径由再生段和复用段组成,OAM 可以对这些段起作用。这些功能包括信号丢失(Loss of Signal,LOS)和帧丢失(Loss of Frame,LOF)检测、AIS 和 RDI 以及其他故障指示。对于性能监视,在再生器和复用段级别以及路径级别支持位错误监视。

4.4 PPP 和 ML – PPP

4.4.1 E1/T1/JT1 承载 PPP

PPP 定义了假设全双工通信的封装方法。帧格式是类似 HDLC(高级数据链路控制)。从 3GPP 标准的观点来看,PPP 是层 2 的一个选择,低于作为网络层协议的 IP。PPP 在 HDLC 类帧中定义在 RFC1662 中[25]。

L2 帧格式如图 4.8 所示。

标志用位序列 "01111110" 标记帧的开始。地址字段通常是全 "1" 的广播字段,意味着所有站。控制字段由 "00000011" 组成,如果约定好可以使用其他值。协议指示信息字段中携带的协议。信息包括要发送的数据,并且可以包括填充(incl. Padding)。信息和填充可以包括最多 1500B,这是 MRU(Maximum Receive Unit,最大接收单元)的默认值。其他值可以协商。

B	
1	标志
2	地址
3	控制
4	协议
5	协议
6	信息(填充)
7	…
8	信息(填充)
9	FCS
10	FCS
11	FCS
12	FCS

图 4.8 PPP 帧结构[24]

注:1. 协议域是 1B 或者 2B(图中是 2B)。
2. 帧校验序列域是 2B 或者 8B(图中是 4B)。

帧校验序列(FCS)在整个帧上计算。FCS 默认值是 2B,也可扩展到 4B。在移动回传的情况下,通过相应地标记协议字段,然后包括数据和可选填充,将 IP 封装到 PPP 中。

在 IP 寻址中，PPP 链路可以被视为无编号串行接口（没有分配 IP 地址），或者作为网络。在后一种情况下，除了接口地址之外，网络还消耗一个地址。

在控制平面中，可以使用链路控制协议（Link Control Protocol，LCP）。LCP 功能包括建立、配置和测试连接，其目标是通过参数的自动协商支持易于配置。

使用 PPP 也可以进行认证。为此，可以使用密码认证协议（Password Authentication Protocol，PAP）或质询握手认证协议（Challenge Handshake Authentication Protocol，CHAP）。在拨号上网连接中，因特网服务提供商可以用这种方法来认证用户。

4.4.2　ML – PPP

为了通过基于 E1/T1/JT1 的 PPP 来增加数据传输速率能力，可以组合这些线路中的许多线路来创建更高容量的服务。这是通过使用多链路点对点（Multi – Link Point – to – Point，ML – PPP）协议来实现的。例如将 8 条 E1 线路聚合成一组，在 8×E1 接口上产生 IP/ML – PPP，物理层速率为 8×2.048Mbit/s 或 16.384Mbit/s。可以使用 LCP 协商 ML – PPP。

图 4.9 显示了通过基于 E1/T1 的 TDM 网络连接到 RNC 的基于 IP 的基站应用。

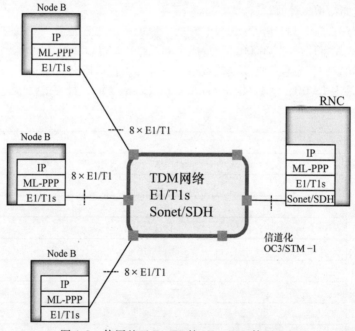

图 4.9　使用基于 E1/T1 的 ML – PPP 的 IP Iub

利用 ML – PPP，多个 E1/T1 线路被聚合成单个更高容量的接口。在该示例中，为每个基站使用 8 个线路。在 TDM 网络中，用 Sonet/SDH 多路复用器收集 E1/T1，使得业务可以通过几个信道化的 STM – 1/OC3 接口而不是大量的 E1/T1 端口与 RNC 对接。

另一种可能性是具有终止 PPP 的 ML – PPP 网关，并支持面向 RNC 的以太网接口。在这种情况下，ML – PPP 网关提供从 E1/T1 基础设施到分组网络的转换。

在 BTS 接入区域中的移动回传应用中，ML – PPP 接口提供高达几十 Mbit/s 的容量，这取决于可用的 TDM 线路的数量。替代使用从 BTS 到控制器的 E1/T1/ JT1 线路，它们可以在聚合设备中终止。该设备对接较高的聚合层（例如带有以太网接口）。

　　利用 ML‑PPP，大分组可以被分段成多个分段，然后通过构成分组的物理链路来传送。如果链路具有不相等的速度，可以优化段大小以匹配链路的速度。

　　对于 ML‑PPP，片段被封装，如图 4.10 中 ML‑PPP 的报头所示。左侧显示长序列字段格式（4B）。短序列格式（2B）在右手侧描绘，可以使用 LCP 协商。003DH 的协议 ID 保留用于 ML‑PPP。ML‑PPP 报头由开始/结束位和序列号字段组成。开始/结束位指示片段是作为数据携带的分组开始还是结束。对于发送的片段，序列字段递增。

标志
地址
控制
协议
协议
开始/结束
序列号
序列号
序列号
信息(填充)
...
信息(填充)
FCS
FCS
FCS
FCS

标志	
地址	
控制	
协议	
协议	
开始/结束	序列号
序列号	
信息(填充)	
...	
信息(填充)	
FCS	
FCS	
FCS	
FCS	

图 4.10　ML‑PPP 报头[28]

注：帧校验序列字段由 2~4B 组成（图中是 4B）。

　　为了减少由于大数据分组对语音的阻塞，可以使用多类别扩展来优化。多类扩展基本上支持运行 ML‑PPP 的多个实例。每个类都在其自己的实例上操作，具有单独的序列编号。这些类由短序列头部中的两个未使用的比特以及长序列头部的 6 个未使用的位中的 4 个来识别。这种布置在短序列头部的情况下允许 4 个类别，在长序列头部的情况下允许 16 个类别。使用类，语音可以与数据分离（作为示例）。

　　PPP 的 IP 控制协议允许配置 IP 层协议参数。这样的选项之一是 IP 报头压缩。报头压缩方法可以是 TCP/IP 的 RFC1144，其包括在原始 IP CP RFC 中。最近，鲁棒性报头压缩（ROHC）定义了用于压缩 IP、UDP、RTP 和 ESP 的总则。

　　报头压缩节省了低速链路上的带宽，因为报头可以被基本上压缩。主要缺点是增加了复杂性和成本。如果针对 3G 实现报头压缩（作为示例），则每个 NodeB 需要完成报头压缩功能的对等物。头压缩是计算密集的并增加了元件的成本。

　　另一个 PPP 支持的在低速链路上提高效率的手段是 PPP 复用[30]。这允许在单个 PPP 帧内复用多个 PPP 封装的分组。PPP 复用增加了一个分隔符以在解复用端分离 PPP 分组。PPP Mux 控制协议用于协商此选项。PPP 复用发生在 ML‑PPP 封装之前，然后被装入 ML‑PPP 包。

4.4.3　基于 Sonet/SDH 的 PPP

　　类似于通过 E1/T1 的 PPP（或 ML‑PPP）承载的 IP，IP 可以被映射到 PPP 并且进一步到 Sonet/SDH 容器，这是因为 Sonet/SDH 本质上是点对点全双工链路。通常该解决方案称为基于 Sonet 的分组。

关于 PPP 运营，Sonet 和 SDH 没有重大差异。如针对 E1/T1/JT1 上的 PPP 所讨论的，都使用 HDLC 类帧。在 STS − 3/STM − 1 接口的情况下，PPP 上的 IP 映射到 Sonet STS − 3c − SPE 或 SDH VC − 4。由于在原始 RFC1619 规范发现的问题，有效载荷在插入 Sonet/SDH 容器之前被加扰。

注意，为了在 Sonet/SDH 网络中传送 IP，NG − SDH 允许使用以太网端口，然后将以太网映射到 Sonet/SDH 容器，可能具有虚连接。

4.5 以太网和电信级以太网

以太网在企业和 LAN 领域的成功实现了低的端口成本，以及用于以太网桥接的基本以太网硬件的低成本。以太网还在企业 LAN 中具有很好的优点，由于广阔的 MAC 地址空间，主机可以在 LAN 内移动，而不需要重新配置 IP 地址。

此外，以太网以其在 LAN 内的自动配置功能而闻名。由于 MAC 地址学习，没有必要安装到目的地的路由或运行路由协议来学习这些路由。相反，网桥将未知帧转发到 LAN 中的所有站，并逐渐自动地了解 MAC 地址所在的端口。

最初的以太网是一种局域网技术，在 1983 年被批准为 IEEE 802.3，支持 10Mbit/s，一般在 IEEE 802 标准中标准化。有点令人困惑的是，以太网同时是层 1（物理层）和层 2（链路层）技术。

自成立以来，以太网（特别是在 L1）已经发展，并且当前的以太网与最初的以太网 LAN 标准有很大的不同。今天，以太网通常不是物理层上的共享介质，而是用一对铜或光纤电缆构建的点对点链路。在中心站点，交换机将所有站连接在一起。

然而，基本的 MAC 桥接和帧转发概念大多保持不变。以太网也因其后向兼容性而闻名：新版本的标准允许与较旧的网桥进行操作。

4.5.1 电信级以太网

城域以太网论坛（Metro Ethernet Forum，MEF）中电信级以太网的 5 个属性是标准化服务、可扩展性、可靠性、服务质量和服务管理[41]。MEF 视图是面向服务的，而不是标准化技术和协议，MEF 专注于表征以太网层的服务、其行为及其属性。功能的实际标准化在 IEEE（本地以太网及其演进）、IETF（用于电信级以太网的基于 MPLS 和 IP 的实现）和 ITU − T（NG − SDH，以太网保护以及许多 OAM 相关功能）中实现。

本地以太网的一个缺点是故障排除和 OAM。以太网没有监视以太网层是否存在连接的方法。在 IP 层没有简单的检查，如"ping"。以太网 OAM 满足了这一需求。

类似地，原始以太网帧缺少 QoS 支持。因此，IEEE 802.1Q 标准引入了服务等级标记的优先级位。对于可扩展性，在服务实例（VLAN）方面，802.1Q 被限制为 12 位字段。IEEE 802.1ad（提供商桥接）增加了另一个 12 位字段，以便客户 VLAN 可以与提供者 VLAN 保持分离。

使用提供商桥接，单个 MAC 地址字段仍然用于客户和提供商地址。为了增强与 MAC

地址相关的可扩展性，IEEE 802.1ah 的骨干桥接提供商（Provider Backbone Bridging，PBB）为提供商（以及其他字段）添加了单独的 MAC 地址字段。

使用本地以太网桥接，冗余交换机拓扑依赖生成树。本地以太网中的层 2 桥接和生成树的组合是其在电信级应用中使用的限制。

在 IETF 中，电信级以太网通过使用 MPLS 和 IP 来寻址：在用户平面中使用 IP 控制平面进行 MPLS 转发。此外，对于 E–LAN（多点）服务，MPLS 核心中的拓扑必须是全网状的，具有分割水平转发。由于这些限制，基于 IETF 的电信以太网不需要 MPLS 核心中的生成树。

如上所述，MEF 服务可以基本上基于任何技术来递送。对于移动回传，移动运营商视图是服务用户的视图。在这种情况下，用户到网络接口，（User to Network Interface，UNI）接口和服务水平协议（Service Level Agreement，SLA）比基础技术更重要。对于服务提供商，服务的实现是必不可少的。移动运营商一般不需要在 UNI 之外知道。然而，了解服务可能如何实现给了对服务及其特征的一些洞察。对于故障排除，它也可能是必要的。

4.5.2 以太网和以太网桥接

局域网的帧结构如图 4.11 所示。

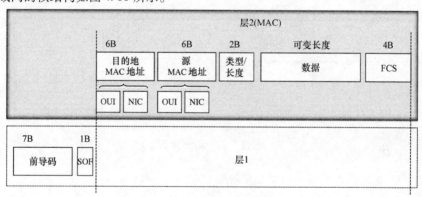

图 4.11 局域网帧结构[12]

在以太网层 2（以太网 MAC 层），报头包括目的地 MAC 地址和源 MAC 地址、以太网类型和长度（以太网 II 帧⊖）和 FCS。在层 1，包括 7B 的前导码和 1B 的帧起始定界符（SOF）。

MAC 地址由组织唯一标识符（Organizationally Unique Identifier，OUI）和唯一网络接口卡（Network Interface Card，NIC）字段组成。这两个字段都是 3 个 8B，并且层 2 MAC 地址总计达 6 个 8B。MAC 寻址支持单播、多播和广播地址。广播地址由所有 1 组成（FFFF FFFF FFFFH）。

MAC 地址没有层次结构。某些 MAC 地址被保留并且具有特殊目的。MAC 地址在层 2 域内是唯一的。

⊖ 根据 IEEE 802.3，如果值小于或等于 1500，以太网类型/长度字段解释为长度。如果值大于或等于 1536（0600H），则该字段解释为类型。实际上，类型解释是常用的。

以太网类型字段包括在以太网 II 帧中。这指示以太网帧承载的协议。例如，8000H 用于 IPv4、86DDH 用于 IPv6、0806H 用于 ARP、8100H 用于 VLAN 标记的帧。报头包括 4B 校验和，其在报头字段和数据（目的地地址、源地址、长度/类型、数据和填充）上计算。错误帧会被丢弃。

以太网桥在 MAC 层上工作，并且对网络级协议是透明的。在移动回传的情况下，网络级协议是 IP。在层 2 之下，可以使用不同的以太网物理层。以太网桥可以在不同的以太网物理段之间转发流量，如图 4.12 所示。

以太网桥是 IEEE 标准中使用的术语。通常以太网交换机可互换使用。多层层 2/层 3 交换机既可用于层 2 桥接，也可用于 IP 转发。桥和交换机都将冲突域限制到端口。

以太网桥接的主要操作如下：

- 基于过滤规则（例如，MAC 地址表）转发层 2 帧；
- 创建过滤规则（通过 MAC 地址学习和/或其他方法）。

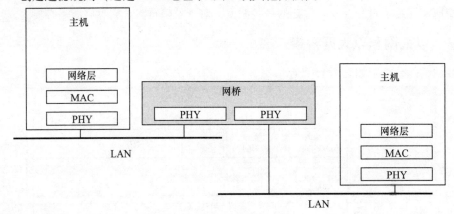

图 4.12 以太网桥接[43]

支持 MAC 地址学习的桥是一个自学习桥。

如果没有过滤规则，网桥在所有端口（除了它来自的端口外）转发接收的帧，这称为洪水。要创建过滤规则，或通过管理平面操作（手动配置），或者通过 MAC 地址学习创建。如果端口被阻塞（例如由于生成树协议），也可进行过滤。此外，主机还可以指示希望用多播注册协议接收的目的地地址。

桥接器通过观察传入帧的源 MAC 地址，并将这些帧与帧来源的端口相关联来学习 MAC 地址。MAC 地址表由 MAC 地址和与那些地址相关联的端口组成。

由于学习能力和由于洪泛功能，不需要预先配置 MAC 地址表。如果 MAC 地址表为空，则帧被洪泛。因此，层 2 帧找到其目的地，前提是该目的地在洪泛域内。当 MAC 地址表具有用于目的地 MAC 地址的条目时，该帧将仅被转发到与 MAC 地址相对应的端口。

未知单播泛洪的缺点是，帧也被转发到没有该帧的接收者的链路，消耗链路上的容量。如果帧回到始发交换机，则未知单播帧或广播帧可能导致广播风暴。在这种情况下，网络的整个广播域出现低吞吐量或无吞吐量的场景。生成树旨在通过阻塞端口来解决此风险，以便消除环路。

在广播风暴期间对拓扑和配置进行故障排除很困难。

因此，必须分析可能导致层 2 环路的配置和故障情况。保持小广播域很有必要。生成树在第 2 部分中"网络弹性"一章讨论。

以太网交换机中的 MAC 地址表可以设置最大条目数。MAC 地址的量因此可以限制网络的大小。MAC 地址表条目也会老化。如果 MAC 地址表较小，应该删除未使用的 MAC 地址，以便为新地址腾出空间。另一方面，快速删除条目导致重新学习"旧"地址。这取决于交换机的实现。

在一些情况下，在定时器到期的时候从 MAC 地址表中移除条目是有用的。当交换机知道链路另一端的设备不可操作时，可以删除相关条目。作为示例，在网络中的保护切换之后，目的地 MAC 地址很可能驻留在不同的端口之后。删除初始条目允许更快地恢复层 2 服务。

4.5.3　以太网链路聚合

在 IEEE 802.1 AX – 2008[44] 中定义的链路聚合支持将多个以太网链路组合成一个组，以太网 MAC 客户端将其视为单个链路。好处是增加容量和弹性，因为单个链路的故障是可以容忍的。链路聚合还允许以太网本身不支持的负载共享（使用多生成树协议时，基于 VLAN 的负载共享除外）。

链路聚合向 MAC 层和 MAC 客户端之间的以太网层 2 添加子层。MAC 客户端与隐藏各个端口的聚合器功能进行通信。端口绑定到聚合器，聚合器负责分发和收集帧。链路聚合控制协议（Link Aggregation Control Protocol，LACP）支持控制和配置操作，例如把端口绑定到聚合器。

如果属于该组的端口已启动，则链路聚合组（Link Aggregation Group，LAG）被视为可操作。当所有端口都关闭时，LAG 变为不工作。可以通过多种方法检测到端口故障。它可能是物理下线（"无信号"）。可通过未能接收 LAC PDU 或其他方式来检测 LACP 故障。

链路需要以相同的速率运行，并且它们需要是全双工的。分配算法将流量分配给各个链路。该算法可以仅基于源和目的地 MAC 地址，但是这可能不提供用于负载分布的足够的信息。该算法还可以使用较高层信息，通常是 IP 地址和端口号。

链路聚合组的 MAC 地址可以与其中一个端口的 MAC 地址相同。

4.5.4　VLAN

在 IEEE 802.1Q 标准里，虚拟局域网（Virtual LAN，VLAN）就被支持。通过 2B（16bit）标签添加到以太网帧，以识别 VLAN（VLAN ID），并且还包括服务等级标记［优先级码点位（PCP）］。添加 VLAN 标记，以太网帧头增加 2B，在计算以太网层的最大传输单元（MTU）时需要考虑这一点。

802.1Q 标准引入的新字段如图 4.13 所示。802.1Q 分配的以太类型为 8100H。

优先级代码点（Priority Code Point，PCP）允许 8 个优先级值。规范格式指示

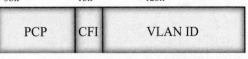

图 4.13　IEEE 802.1Q 报头域[45]

器（Canonical Format Indicator，CFI）用于与令牌环网桥的兼容性。VLAN 标识符（VLAN ID）为 12bit，因此允许总共 4096 个值。

标准 VLAN ID 0 为优先级标记的帧保留：VLAN ID 为 0，但是优先级被编码到优先级

位中。VLAN ID 1 是端口 VLAN ID（PVID）的默认值。保留 FFFH（十进制 4096）的值。

没有 VLAN，一个以太网端口是一个广播域。使用 VLAN，每个 VLAN 都是其自己的广播域，因此未知的以太网帧不会洪泛到其他 VLAN 中。

虚拟 LAN 用于在逻辑上分离业务。例如基于业务类型（语音、数据）或诸如企业部门（制造、会计等）。如果业务目的地为 VLAN，而它不是起源于 VLAN，那么需要路由器。

4.5.5　业务类别

最初的以太网不包括对业务区分的支持，就是根据以太网帧中携带的业务的服务质量需求来标记帧。VLAN 802.1Q 帧包括用于指示服务等级的 3bit（PCP）。PCP 允许以太网交换机通过考虑调度中的标记来提供 QoS 识别业务。

两个最高的 PCP 值 6 和 7 通常保留用于网络控制业务。最高用户业务优先级为 5，其可以使用在语音业务上。优先级位的使用在 QoS 内容中进一步讨论。

4.5.6　VLAN 案例

一个用于 3G 移动基站的 IP Iub 接口示例应用如图 4.14 所示。微波无线链路传输是为基站接入而建立的。以太网交换机（在图 4.14 中命名为 MWR 层 2 交换机）用作第一（前）聚合设备，聚合来自几个基站的业务。

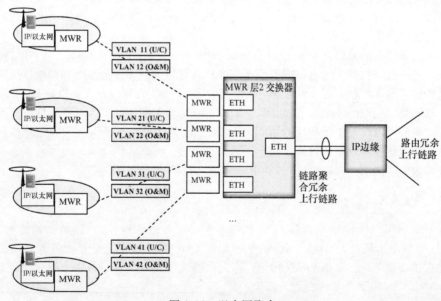

图 4.14　以太网聚合

在图 4.14 中，作为一个可能的应用，VLAN 将 O&M 从用户/控制（U/C）流量逻辑上分离到不同的 VLAN。因为不需要基站互连，每个基站具有专用 VLAN，这增加了隔离并且分离广播域。缺点是额外的配置工作。

一种替代方案是为多个基站共享单个 VLAN。这减少了配置工作，结果是同一广播域在多个站点上扩展。在同一广播域中具有几个站（基站），有在由于某种原因导致层 2 广播风暴的错误情况下，丢失所有站点的连接的风险。

除了通过直接 X2 实现 LTE X2 逻辑接口，不需要 BTS 到 BTS 的连接。X2 通常不被实现为直接 eNodeB – eNodeB 链路，而是经由聚合网络中更高的点来实现。如果希望 X2 连接直接布置在以太网层，则 LTE eNodeB 需要共享相同的 VLAN，使得 eNodeB 可以经由层 2 交换机直接通信。

接入层 2 交换机的微波收集来自基站的业务。交换机具有到 IP 边缘设备的冗余上行链路连接。以太网链路聚合用于交换机上行链路的冗余。从 IP 边缘设备向前，通过 IP 和可能的 MPLS 存在两个或更多个路径。或者，可以将 IP 能力带到预聚集层。

4.5.7　以太 OAM

如何检测以太网链路上的故障？如何确保多个交换机 VLAN 上的连接存在？

以太网的操作，OAM 在 IEEE 和 ITU – T 标准化中得到解决。链路层 OAM 通过单跳目标 OAM 监视到下一个以太网设备的链路正在工作。服务级别 OAM 在 VLAN 级别端到端通过多个网络段甚至在不同的运营商域上工作。服务级性能监控补充了 OAM 解决方案。

图 4.15 显示了 IEEE 802.3 ah 中定义的链路级 OAM。链路 OAM 旨在：

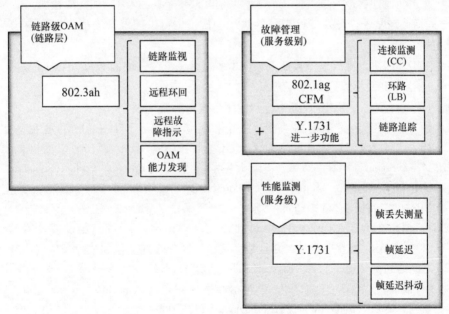

图 4.15　OAM 关键协议

- 远程故障指示；
- 远程环回；
- 链路监视。

关键链路事件是链路故障，即将死机（不可恢复的故障）和关键级别事件。

链路层 OAM 添加位于 MAC 层和 MAC 客户端之间的新子层。如果使用以太网链路聚合，则链路层 OAM 低于以太网链路聚合器功能。

链路 OAM 在作为慢协议模式帧（附件 43B）携带的 OAM 协议数据单元（OAM PDU）中发送。OAM PDU 仅在单个链路跳上传送。它们不由 MAC 层转发。

OAM PDU 使用慢协议的多播地址（01 - 80 - C2 - 00 - 00 - 02）作为目标 MAC 地址。源 MAC 地址是发起帧的网桥端口的单独 MAC 地址。每秒发送至少一个 OAM PDU。

对于服务管理，IEEE 和 ITU - T 都对这些标准做出了贡献。IEEE 802.1ag 和 ITU - T Y.1731 在很大程度上兼容不同的术语，但内容也有一些不同。

服务 OAM 目标是端到端场景。使用维护域（Maintenance Domains，MD），此方面的服务 OAM 功能与 Sonet/SDH 传输网络相当。最多允许 8 级维护域。MD 支持嵌套结构。维护域由单个网络运营商控制。维护点（Maintenance Points，MP）是维护关联端点（Maintenance Association End Points，MEP）或维护域中间点（Maintenance Domain Intermediate Points，MIP）。

连接故障管理旨在将连接故障隔离到单个网桥或 LAN。CFM 实体由 MAC 地址寻址。MP 识别组地址（CCM 和 LTM PDU）以及单独的 MAC 地址。

支持的功能如下：

- 路径发现。路径发现使用链路追踪协议，可以跟踪到特定目标 MAC 地址的路径。
- 使用连通性检查消息（Connectivity Check Messages，CCM）的故障检测。CCM 作为多播被周期性地发送。连续性检查每秒执行一次，也可以配置其他值。规范中包括短至 3.3 ms 的发送间隔。
- 使用环回协议进行故障验证。环回本质上是一个"以太网 Ping"。
- 使用 MEP 的故障通知。

此外，故障恢复在 IEEE 规范中提到使用生成树协议。

ITU - T Y.1731 定义了附加功能。指定报警指示信号 ETH - AIS 和远程缺陷指示 ETH - RDI。其他 Y.L731 功能包括以太网自动保护倒换 ETH - APS、以太网测试信号（Ethernet Test Signal，ETH - Test）、以太网锁定信号（Ethernet Locked Signal，ETH - LCK）、维护通信信道（Maintenance Communication Channel，ETH - MCC）、实验 OAM ETH - EXP 和供应商特定 OAM ETH - VSP。

ETH - APS 在 ITU - T G.8031 中单独规定。ETH 测试可用于在役或非在役诊断。ETH - LCK 指示 MEP 被管理锁定，并且帮助接收器区分管理动作和故障条件。ETH - MCC 是 MEP 之间的通信信道。ETH - EXP 和 ETH - VSP 在 Y.1731 中没有定义。

对于性能监控，ITU - T Y.1731 中包括帧丢失测量（frame loss measurement，ETH - LM）和帧延迟测量（frame delay measurement，ETH - DM）。

4.5.8　提供商桥接

提供商桥接（Provider Bridging，PB）和提供商骨干网桥接（Provider Backbone Bridging，PBB）增强了本地以太网的可扩展性，并将服务提供商的以太网网络与客户的 VLAN 分开。使用 PB 和 PBB，这是通过增强型以太网实现的。

客户网络可以运行生成树、OAM、链路聚合控制协议（Link Aggregation Control Protocol，LACP）或其他控制协议。这些控制协议或者通过服务提供商网络透明地被携带、被阻止或者客户协议实例在服务提供商网络中具有对等实体。

提供商桥接，IEEE 802.1ad 在客户和客户 VLAN 方面提高了以太网的可扩展性。原始

802.1Q，定义了高达 4096 个 VLAN。提供商桥接会为服务提供商的使用添加另一个 VLAN 标记。因此，802.1ad 也被称为"QinQ"。现在，客户 VLAN 对服务提供商的网络是透明的，如图 4.16 所示。

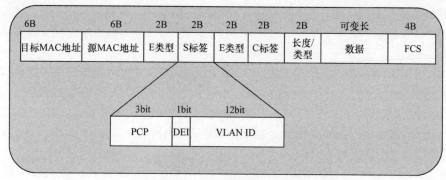

图 4.16　QinQ 帧结构[49]

具有 S 标签的新 QinQ 帧结构基本上重复 802.1Q 结构（如在 C 标签中）。新的以太网类型 88A8H 标记 QinQ 帧（长度/类型）。PCP 是优先级代码点，VLAN ID 与 802.1Q 一样。DEI 是指投标合格指标。C 标签（客户标记）具有与 802.1Q 相同的原始结构。

在固定宽带中，订户可以映射到 C – VLAN/S – VLAN 对。另一个选择是将所有订户映射到一个 S – VLAN。在移动回传中，提供商桥可以将所有 BTS 信令 VLAN 映射到一个 S – VLAN，将所有 BTS 用户平面 VLAN 映射到另一个 S – VLAN 等。

4.5.9　提供商骨干桥接

在 IEEE 802.1ah[46] 中定义了提供者骨干网桥（Provider Backbone Bridges，PBB），并且它通过新的以太网报头进一步增强了以太网能力和可扩展性，该新的以太网报头包括与客户 MAC 源和目的地址分离的提供商 MAC 源和目的地址。由于这个原因，IEEE 802.1ah 也被称为"mac in mac"。此外，还包括一个新的 24 位客户 VLAN 标记。对于 PBB，以太类型是 88E7H。

PBB 的主要优点是客户 MAC 地址学习可以保留在边缘设备。由于提供商单独的 MAC 地址字段，核心网桥不需要知道任何客户 MAC 地址。

4.5.10　基于 MPLS 的电信级以太网

由于 MPLS/IP 通常用于服务提供商网络中，所以在实现 MEF 服务时通常是被选择的技术。点对点（E – Line）服务在 IETF 中定义为虚拟专用线路服务（Virtual Private Wire Service，VPWS）。多点服务（E – LAN）被标准化为虚拟专用 LAN 服务（Virtual Private LAN Service，VPLS）。根多点（E – Tree）可以看作 E – LAN 的变体，其中叶之间的连接被限制。虽然 VPWS 和 VPLS 已经达到 RFC 状态，但根植多点工作正在进行。

4.6　IP 与传输层协议

对于地面传输，3G 和 LTE 规范都为逻辑接口定义了基于 IP 的协议栈；Iub、Iur、Iu –

cs、Iu – ps 用于 3G，S1 和 X2 用于 LTE。对于 2G，在第 3 章，A 和 Gb 已经标准化用于 IP 传输。2G Abis 接口没有标准化的 IP 替代。

基站和其他无线电网络元件（控制器）基本上是具有 IP 栈的主机$^{\ominus}$。RNC，即使它具有基于 IP 的所有逻辑接口，也不是在其端口之间路由 IP 分组的路由器。相反，它实现无线网络层和传输协议栈。对于另一个逻辑接口，新的 IP 分组包被创建（在无线网络处理之后）。

UDP 用作用户平面中的上层协议，控制平面中的 SCTP。中间传输网络可以在接入中使用以太网，用于聚合的 IP 或 MPLS 或这些的组合。在 IP，可以通过路由协议学习路由，或者可以配置静态路由。

关于移动网元如何获得其 IP 地址以及什么是寻址结构的细节在 3GPP 中没有定义。网络和传输标准不在 3GPP 的范围内。

由于移动网络元件必须能够接口标准兼容的分组网络，所以可以假设移动网络元件需要遵守相关的 IETF、IEEE 和其他标准体的定义，即使这些并不总是由 3GPP 提及。

4.6.1　IP

IPv4 是在 RFC 791[55] 定义的，IPv6 在 RFC 2460 规范[56] 中定义。IPv4 和 IPv6 两种协议都与移动回传相关，并且包括在 3GPP 标准中。IPv4 在本书中有一个重点。在本书中，除非特别提及，IP 是指 IPv4。

除了移动回传中存在的 IP 层之外，终端用户应用也使用 IP。用户 IP 层对于移动回传是透明的，因为其被封装在无线网络层协议中。即使移动回传正在使用 IPv4，用户 IP 层也可以是 IPv6。有效地，这两个层（终端用户 IP 和移动回传层 IP）是隔离的。

对于 IP 和 TCP/IP 协议组，可以找到进一步的信息，参见文献 [61 – 63]。下面是与 IP 相关的主要功能的简短摘要。

IP 是无连接的，并且逐跳转发数据包。不需要预先形成或在发送节点和接收节点之间建立任何连接。IP 包可能在途中丢失或重复。接收节点不确认或重新排序接收的数据包，这些都交给高层处理。

IPv4 支持单播、组播和广播转发。对于移动回传，最常见的流量类型从单个节点导向到另一个节点，并且在本质上是点到点的，因此使用单播转发。对于 MBMS（多媒体广播多播服务）多播将具有潜在的益处。

IP 首先被引入用于 UTRAN 的 3GPP Rel – 5，用作移动回传接入传输替代 ATM。对于 Rel – 5，2003 年的 3GPP TR25. 933[64] 记录了将 IP 引入 UTRAN 的动机：

- 支持混合的流量类型，并支持低速链路；
- 万维网的普及；
- 网络设备的价格压力；
- 大多数应用程序将基于 IP；
- 与运行和维护网络协调，这将基于 IP；

　⊖　在核心网络中，GGSN 可以被认为是具有额外的移动网络特定功能的路由器。通常，任何其他移动网络元件也可以建立在路由器平台上并且可以具有路由能力。

- 分组交换允许有效地使用传输资源；
- 层 2 技术的独立性；
- 自动配置和动态路由功能。

在许多情况下，窄带 E1/T1 链路的使用对于移动宽带应用在经济上是不可行的。这是由于需要高数据传输速率、以分组为主的业务混合以及成本压力。在这些情况下，IP 的引入通常与到 BTS 站点的以太网端口的可用性有关。

使用以太网，IP 运行于 100Mbit/s/1Gbit/s/10Gbit/s 以太网端口，单个低成本物理端口提供高容量。在聚合层，例如电信级以太网（IP/MPLS）用于聚合来自 BTS 的接入业务。IP（/ MPLS）网络还可以与诸如住宅固定宽带的其他应用共享。

在第 3 章中，讨论了由 3GPP 为不同的无线接入技术及其逻辑接口规定的协议栈。尽管在如何规定规范方面存在变化，但是 IPv4 和 IPv6 已经包括在 3GPP 规范中，而通常不定义 IP 以下的层（层 2 和物理层）。对于 2G 和 3G，还定义了非 IP 接口。对于这些接口，3GPP 不要求转换到 IP 传输。部分基站可以保持基于 TDM（或 ATM）的逻辑接口，而其他基站已经变为基于 IP 的。

类似地，3G 基站可能使用 ATM Iub 直到 RNC，但是 RNC 使用 IP 传输来连接核心网络（Iu‐cs、Iu‐ps）。移动网络元件（基站和控制器）接口和协议可用性（例如传输接口和协议的数量和类型）明显是特定实现的，这当然可能限制配置选项。对于 LTE，情况更简单，因为 LTE 从一开始就是"全 IP"网络，3GPP Rel‐8，所有逻辑接口仅定义为基于 IP。

另外，在几种情况下，3GPP 规定必须使用 IPSec。关于 IPsec 和回传保护的讨论在第 9 章。

以太网通常用作接入技术。问题是 IP 边缘的位置：第一个 IP 设备到 BTS 有多近。另一个问题是，如果相同的 IP 网络也携带 2G Abis 和可能的 3G ATM/Iub。这些主题不被 3GPP 覆盖并且取决于网络实现。

IPv4 报头如图 4.17 所示。

报头字段如下：

- 版本。版本描述协议的版本，IPv4 或 IPv6。值 4 用于 IPv4，值 6 用于 IPv6。
- 报头长度（Internet Header Length，IHL）。报头长度根据可选标题字段的数量而变化。作为最小值，头部包括 20B。
- DS/ECN。该字段由用于差分服务（Differentiated Services，DS）的 6bit 字段和用于显式拥塞通知（Explicit Congestion Notification，ECN）的 2bit 字段组成。
- 总长度。总长度表示包的总长度，包括头和数据字段。

使用 IPv4 时，如果网络最大传输单元（Maximum Transfer Unit，MTU）小于 IP 分组的长度，则路径上的中间路由器可能需要分段 IP 分组⊖。在以太网中传输所支持的 MTU 大小可能会变化。以太网巨型帧允许高达 9000B，这比以太网通常提到的 1500B 大得多。通常，桥和交换机可以通过配置支持长于 1500B 的帧。

如果网络的 MTU 不支持要发送的分组的大小，则路由器需要将分组分段，即将其分

⊖ IPv6 中，分段（如果需要）由主机而不是中间路由器执行。

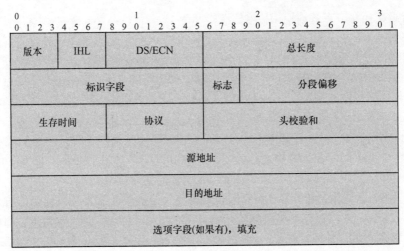

图 4.17　IPv4 报头[55]

成多个部分，使得每个部分的长度小于 MTU 并且分别发送这些分段。片段通过网络传播，直到它们到达接收者，再由接收者将片段组装回单个 IP 分组。

分段是网络性能的一个问题，因为它通常需要在软件中进行分段和重组。这会减慢 IP 转发并消耗设备的资源。

eNodeB 和 3GPP TS36.414 中定义的 EPC（演进分组核心）都需要分段。类似地，RNC 支持 Iu 接口上的 GTP 分组的分段[81]。TS29.281（GTP‑U v1）通过尝试使路径 MTU 与内部 IP 分组大小加上隧道报头（外部 UDP、外部 IP 和 GTP 报头）匹配来指示避免分段。

● 标识字段。标识字段可以与标志和片段偏移字段一起使用以标识原始分组的片段。

● 标志。该字段由 3 个位组成：位 0：保留，必须为零；位 1：不分段（Don't Fragment，DF）；位 2：更多分段（More Fragments，MF）。

● 分段偏移。表示从原始包开始的偏移量。这些字段用于重组。

如果设置了 DF 标志，则数据报（分组）不能被分段。如果网络 MTU 不支持分组大小，则分组被丢弃。

如果分组被分段（DF 标志未设置），则更多分段 MF 被设置。最后一个片段的 MF 设置为 false（值 0）。

● 生存时间。字段提供了防止分组永远在 IP 网络中流通的手段。这可能发生在由于错误配置导致的情况，例如插入导致循环的静态路由。

生存时间最初被设置为某个值（例如 64），然后由路径上的每个路由器递减 1。当字段达到 0 时，数据包被丢弃，并且 ICMP 控制消息返回给发送方。生存时间字段还允许分组可能交叉的路由器的跨度受到限制。例如，它可以设置为 1，在这种情况下，数据包将只能到达下一跳路由器。

注意，GTP‑U 隧道端点不需要改变内部分组 TTL 值。

● 协议。协议字段表示在 IP 上承载的协议。可以是 UDP、TCP、SCTP 等。协议字段在分离同一 IP 主机地址中的不同应用程序时非常有用。

- 头校验和。头校验和仅在 IP 头字段计算。数据部分不包括在计算中。当每个路由器处理 IP 报头并修改它的内容（例如通过递减 TTL 字段）时，在转发分组之前计算新的报头校验和。请注意，在 IPv6 中，不存在校验和。这简化了路由器的任务，因为不需要执行校验和计算。

每个 IP 地址包含网络部分和主机部分。网络地址用于在网络之间传输数据包。

- 源地址。指定 IP 包的发送方。
- 目的地址。定义数据包的接收节点。
- 选项字段。包括可能要求的其他功能，字节填充。

4.6.2 IP 地址和分配

利用 IP 传输、移动网络元件、BTS、控制器和网关使用 IP 地址作为用于移动回传业务的源和目的地址。这些地址都不需要是公共可用路由的 IP 地址（除了一些核心接口之外），因此可以在无线电网络内使用私有地址。因此，通常不存在 IPv4 地址不足的问题。

为了清楚起见，如第 3 章讨论的，通过 GTP – U 和其他协议，终端用户 IP 业务在终端和核心网络之间透明地传送。GGSN/PDN GW 将 IP 地址分配给终端，并充当移动网络和因特网之间的接口。IP 地址分配给移动单元的方式与用户 IP 地址的分配是分开的。对于移动网络单元，IP 地址要么静态配置，要么通过 DHCP（动态主机配置协议）动态分配。

对于 IPv4，私有 IP 地址在 RFC 1918 中定义。

保留供私人使用的网络包括 10. 0. 0. 0 ~ 10. 255. 255. 255、172. 16. 0. 0 ~ 172. 31. 255. 255、192. 168. 0. 0 ~ 192. 168. 255. 255 的地址，如图 4. 18 所示。这些网络可以用于寻址移动网络单元，并且可以灵活地划分网络/主机部分。请参见图 4. 19 中的示例。没有移动网络发起需要遵守地址类边界（类 A、B 或 C 等）。可以使用可变长度子网。由于在 3GPP 中没有定义寻址，这是网络实现的问题。RFC1918 专用地址范围允许超过 1600 万个地址。

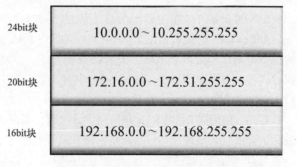

24bit块	10.0.0.0 ~ 10.255.255.255
20bit块	172.16.0.0 ~ 172.31.255.255
16bit块	192.168.0.0 ~ 192.168.255.255

图 4.18　RFC 1918 私有地址范围

给移动网元的 IP 地址应该是唯一的，并且相同的地址不应该用于另一个网元，即使网元在隔离区域中。路由调度在路由决策中利用地址字段的网络前缀部分。

将 IP 地址字段划分为网络前缀和主机字段取决于该网络中的主机数量。IP 寻址计划应涵盖主机数量的预期增长，以避免频繁更改。它应该允许在网络中汇总路由。这优化了路由性能，并通过减少路由器需要维护和交换的条目数来避免路由器中的大量内存消耗。

基站可以包括一个或多个 IP 子网（子网）。对于 LTE，TS36. 414 明确说明了这一点。子网和寻址规划是网络规划和实施的问题。

IP 地址需要分配给移动网元。IP 层连接需要存在于对等实体（例如，3G 基站和 3G RNC）之间的用户、控制、同步和管理平面中。然后，经由移动网络控制平面（NBAP、

RANAP，S1 – AP 的信令）交换包括 IP 地址的用户平面承载 ID。例如，LTE 中利用 IP 地址、端口信息和 GTP – U 来识别 S1 承载隧道端点标识。在承载建立阶段，接收节点通知承载将被执行的 IP 地址。

			网络前缀				主机位
划分10.0.0.0/27～/29 子网							
/29子网掩码			11111111	11111111	11111111	11111	000
子网#1	网络地址	10.0.0.0	00001010	00000000	00000000	00000	000
	第一个主机地址	10.0.0.1	00001010	00000000	00000000	00000	001
	最后一个主机地址	10.0.0.6	00001010	00000000	00000000	00000	110
	广播地址	10.0.0.7	00001010	00000000	00000000	00000	111
子网#2	网络地址	10.0.0.8	00001010	00000000	00000000	00001	000
	第一个主机地址	10.0.0.9	00001010	00000000	00000000	00001	001
	最后一个主机地址	10.0.0.14	00001010	00000000	00000000	00001	110
	广播地址	10.0.0.15	00001010	00000000	00000000	00001	111
子网#3	网络地址	10.0.0.16	00001010	00000000	00000000	00010	000
	第一个主机地址	10.0.0.17	00001010	00000000	00000000	00010	001
	最后一个主机地址	10.0.0.22	00001010	00000000	00000000	00010	110
	广播地址	10.0.0.23	00001010	00000000	00000000	00010	111
子网#4	网络地址	10.0.0.24	00001010	00000000	00000000	00011	000
	第一个主机地址	10.0.0.25	00001010	00000000	00000000	00011	001
	最后一个主机地址	10.0.0.30	00001010	00000000	00000000	00011	110
	广播地址	10.0.0.31	00001010	00000000	00000000	00011	111

图 4.19 网络和主机地址示例

通常，每个 BTS 可以有一个或多个 IP 地址。如果单个 IP 地址用于多个应用（例如用户平面和控制平面），则端口和更高层协议信息可以用于将业务引导到 BTS 内的正确执行点。

BTS 的业务可以在逻辑上分成不同的 VLAN：控制平面、用户平面、管理平面 VLAN 等。每个 VLAN 形成自己的 IP 子网。如果 BTS 接入是基于层 2 以太网的，则这些 VLAN 中的每一个可以连接多个 BTS，或者按逻辑分组，比如控制平面业务映射到同一个 VLAN，或者到各个 BTS 的 VLAN 可以保持与其他 BTS 的 VLAN 分离。这形成点到点结构，并且 VLAN 的数量会增长。

首先，使用层 2 和 VLAN 是网络设计主题，未由 3GPP 定义。静态配置是获取 IP 地址的最简单选项。IP 地址［（包括网络前缀和前缀长度（子网掩码）］和主机部分是手动配置的。

与 IP 寻址相关的另一个主题是使用虚拟地址或环回地址。当 IP 地址绑定到物理端口并且端口失败时，IP 地址不可达，导致服务停机。环回地址仍然可以通过另一个端口访问。

在住宅（固定）互联网接入和公司网络内，通常使用 IP 地址的自动分配。动态主机配置协议（Dynamic Host Configuration Protocol，DHCP）用于获取默认网关的 IP 地址、子网掩码和 IP 地址。基本类似的方法可用于移动回传，但是为了有效地分配地址，可以不随机地选择元素地址。该主题不被 3GPP 覆盖，因此可能存在用于自动分配地址和其他配置信息的不同实现。

通过 DHCP，主机首先发送 DHCP 广播消息（DHCP 发现），该消息到达同一层 2 广播域上的所有设备。第一个路由器（如果不是 DHCP 服务器）应配置为将此消息中继到 DHCP 服务器。DHCP 服务器维护一个地址池，并从该池为主机分配一个地址。

DHCP 服务器给出的地址包括租用时间。租时间是地址被终端节点拥有并可使用的时间段。租用时间的好处是，在定时器到期后，可以为其他节点释放地址。

网络中的 BTS 的总数可以在千个范围或更多。网络管理系统可用于 IP 地址配置。当存在管理平面连接时，可以从中央网络管理系统下载更多参数。

4.6.3　转发

IP 转发是由转发表条目指导的用户平面操作。IP 路由通常与 IP 转发互换使用。转发表将目的地网络与输出接口/下一跳路由器相关联。对于通过以太网媒体（在以太网封装的帧内）传递 IP 分组，还需要下一跳路由器的以太网 MAC 地址。这是通过地址解析协议（Address Resolution Protocol，ARP）获得的。

IP 是无连接的，无需预先连接设置。每个 IP 分组独立于任何其他 IP 分组进行处理。基于拓扑的信息和在到目的地的路上的度量路由器逐跳地转发分组。每个路由器基于可能路由的信息和其具有的其他准则来选择下一跳（到目的地的最佳路径）。

在 IP 层，可以通过使用基于策略的路由来实现更好的路由控制。MPLS 流量工程也解决了这个需求。

转发表可以包括动态和静态条目。到远程网络的路由使用路由协议动态学习，而静态路由通过手动配置输入。对于动态学习的路由和静态路由，转发以相同的方式发生。检查 IP 报头。如果存在到目的网络的路由，则 IP 分组被转发到下一跳路由器。如果没有路由，则丢弃该分组，并向发送方返回错误消息。

转发是单向的。对于返回流量，需要转发表中的另一个条目。业务可以在两个方向上遵循相同的路径，但是它也可以在另一个方向上使用不同的路径。当与防火墙一起使用时，需要考虑不对称路由。

IP 报头包括除了目的地址字段之外还需要检查和处理的多个字段。生存时间字段在沿着到目的地的路径的每一跳处递减。如果其值为零，则丢弃该分组。这防止了数据包永远循环。差分服务（DiffServ，DS）字段指示服务质量。计算校验和包括可选的报头。

最长前缀匹配通常用于确定目的地网络的下一跳。例如，如果目的地址是 10.1.1.1，并且转发表包括 10.1.1.0/24 和 10.1.1.0/28 的条目，后一个用于确定下一跳，因为条目更具体。由于前缀长度不同，所以这些条目，从路由协议观点来看，把网络分隔开。

可以配置默认路由以在没有其他路由时使用。默认路由点通常指向另一个路由器（"最后一个网关"）。这个路由器应该知道更多的目的网络，否则数据包被丢弃。

可以使用路由协议。路由器与其他路由器通信和共享网络的信息。度量用于评估特定路径的吸引力。

通常静态路由也存在于转发表中。一个示例是通过配置输入的默认路由。还可以有到相同目的地的静态路由和动态学习的路由，具有相等长的网络前缀。在这种情况下需要确定优选路由的方式，例如通过偏好（preference）参数。

如果下一跳路由器不可用，则可以移除转发表中的条目。下一跳路由器不可用性可能由链路故障或节点故障引起。如果链路失败，例如由于电缆断开，信号物理丢失，这表明路由器的故障情况。然而，链路故障可能被诸如层 2 以太网交换机或微波无线电链路的中间设备阻塞。在这种情况下，路由协议检测故障。

如果没有路由协议可用，则需要用于检测的替代方式。这些包括双向转发检测（Bidirectional Forwarding Detection，BFD）和层 2 协议，如以太网 OAM。通过物理信号丢失指示来检测故障通常是最快的方法，因为需要 SW 的最少量的处理。

当路由被移除时，可能找到另一个可能不太最佳的路由并且被采取主动转发。

同等成本多路径负载共享技术已经实现。在这种情况下，存在两个（或多个）路由匹配目标网络前缀。所有这些路线可以同时使用。负载共享算法使用例如 UDP 端口以及 IP 源地址，以选择要采取的路径。在故障情况下，负载共享是有利的，因为到目的地的另一路由已经知道并且在使用中。

基于策略的路由除了（或替代）IP 目的地地址还利用 IP 报头的其他字段。基于 IP 源地址（源路由）或基于 DiffServ 字段选择下一跳。基于源的路由可以例如引导来自某端点的业务通过某个接口。在路由确定中的 DiffServ 字段允许 IP 网络面向业务工程网络发展。

服务提供商需要在单个网络上支持多个客户。客户特定的路由通过虚拟路由和转发（Virtual Routing and Forwarding，VRF）功能与其他客户的路由分开。路由协议通告特定于客户的路由。路由是隔离的，不会在 VRF 之间泄漏。提供商网络的路由也保持与所有客户特定路由分离。

BTS 的第一英里接入，通常只有单个物理链路可用。所有业务经由该链路向汇聚层和第一跳网关传输。IP 转发很简单。BTS 的转发表中需要的唯一条目是默认网关的 IP 地址。然后第一个 IP 设备可以具有用于下一跳的多个备选。然而，对于更复杂的拓扑，路由协议提供更多的益处，并且基于通常使用的 IP/MPLS 的聚合/核心网络一般都是用路由协议。

4.6.4 路由协议

路由器需要目的地网络的下一跳路由器/输出接口的信息。此信息通过路由协议动态学习。路由协议从所有其他路由器学习到目的地网络的路由。这些获知的路由被存储在路由表中，在激活的转发配置中选择或来自所有路由信息，或转发表或类似的结构的条目。

3GPP 没有对路由协议的使用，是否使用任何路由协议，如果使用，使用哪个路由协议没有建议。IP 主机，例如 BTS 可以仅具有用于默认网关的静态预配置条目，或者可以运行路由协议。在除了 LTE 之外的 3GPP 系统中，来自 BTS 的接入区域中的所有业务都被寻址到或一个控制器或一个 BSC（2G）或一个 RNC（3G），因此 2G 和 3G 中的逻辑拓扑是中心辐射的。

此外，BTS 通常没有到集线器站点（BSC 或 RNC）的许多路由，相反，它通常有单一的物理链路通向汇聚网络。在更高的汇聚层中，可能存在更多的路由。如果第一 IP 设备在汇聚网络的边缘，BTS 所有业务将转发到默认网关。该网关然后可以使用路由协议来获知到移动网络集线器（BSC 和 RNC）的可用路径。

在 LTE 中，当实现为直接 X2 时，X2 接口在相邻 eNodeB 之间引入水平业务。路由协议可以用于学习到 X2 目的地的路由。通常，代替直接 X2 链路，X2 连接从在网络中较高的站点布置，例如具有 IPsec GW 的站点。如果 X2 以这种方式实现，则所有业务都被转发到集线器站点。

即使移动网元不实现任何路由协议，路由协议也广泛地部署在服务提供商和企业网络中。最可能的核心或骨干传输网络使用一些路由协议，并且如果使用基于 MPLS 的 VPN，MPLS 网络中的路由协议汇聚也影响移动回传中的恢复。

路由协议被分类为链路状态或距离矢量协议。链路状态协议（例如 OSPF 和 IS – IS）维护区域的完整拓扑，并对网络变化做出反应。距离矢量协议依赖于其他路由器用于到达给定目的地网络的最佳路由的信息，而不是保持全拓扑。

另一种分类基于协议在网络中的作用：内部网关协议（Interior Gateway Protocols, IGP）在自治系统内交换路由信息。

路由信息协议（Routing Information Protocol, RIP）是距离矢量路由协议的示例。OSPF 和 IS – IS 是链路状态路由协议。OSPF 以及 IS – IS，建立在 Dijkstra 的最短路径优先算法。

BGP 是距离矢量 EGP。BGP 包括在 MP – BGP 相关 RFC 中定义的扩展。MP – BGP 会应用在例如 MPLS L3 VPN 应用程序中。

4.6.5 DS

在 IETF RFC[88-91] 中包含了两种服务质量模型：差分服务（DiffServ, DS）和集成服务（IntServ）。差分服务基于每跳的服务分离，而不需要信令。集成服务模型假定应用程序将其 QoS 要求传达给网络，然后网络控制所需的资源是否可用，并为其保留信令协议。

3GPP 为 IP 传输定义了使用 IP DS，并且业务类别和 DSCP 之间的映射应是可配置的。

IP 分组报头的 QoS 字段如图 4.20 所示，即原始 RFC791 定义（过时）和 RFC2474 的差分服务定义。

原始 RFC791 包括用于指示 QoS 的 1B 服务字段类型。2bit 为 0（未使用）。由于 RFC791，优先级字段（3bit）和 D（延迟）、T（吞吐量）、R（可靠性）bit 被差分服务字段替换。

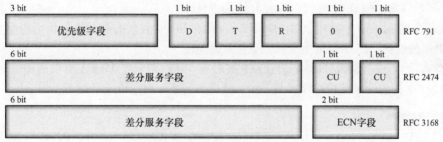

图 4.20　在 IP 分组报头的 QoS 域

RFC2474 定义用于差分服务的这个 1B 字段的 6bit。此 DS 字段与两个未使用的位（CU，当前未使用）一起替换以前类型的服务字段。使用 RFC3168，这两个未使用的位被分配用于显式拥塞通知（Explicit Congestion Notification, ECN）。

4.6.6 ARP

在通过以太网接口发送 IP 数据包之前，需要下一跳路由器的以太网层 2 MAC 地址。在 BTS 可以通过其以太网接口发送任何 IP 分组之前，它需要知道下一跳路由器的 MAC 地址。查询特定 IP 地址的 MAC 地址的协议是 RFC 826[94] 中定义的地址解析协议（Address Resolution Protocol, ARP）。

ARP 是层 2 以太网广播，它要求下一跳 IP 地址的 MAC 地址。拥有 IP 地址的路由器回复并返回其 MAC 地址，然后将该 MAC 地址用作要发送的以太网帧的 L2 目的地址。主机存储 IP 到 MAC 地址的绑定，以避免频繁地请求相同的信息。另一方面，在经过一定时间之后，如果不需要 MAC 地址，则条目超时。如果需要发送新的 IP 报文，则首先发送新的 ARP 请求。

无故 ARP 允许设备主动通知其 MAC 地址，而不必等待首先发送新的 ARP 请求。接收到无故 ARP 的设备可以立即更新其 IP 到 MAC 地址绑定。因此，可以再次到达 IP 地址，而没有额外的延迟。

4.6.7 ICMP

因特网控制消息协议（Internet Control Message Protocol，ICMP）在 RFC 792[95] 中定义。ICMP 是 IP 的组成部分，所有路由器必须支持 ICMP。使用 ICMP 主机和路由器可以报告错误并交换诊断、控制和状态信息。

ICMP 消息可以分为 3 类：
- ICMP 错误消息；
- ICMP 请求消息；
- ICMP 回复消息。

ICMP 错误消息包括目标不可达、源猝死、重定向、超时和参数问题。ICMP 请求消息包括 ICMP 回显、路由器请求、时间戳、信息请求（过时）和地址掩码请求。ICMP 回复消息包括 ICMP 回应应答、路由器通告、时间戳应答、信息应答（过时）和地址掩码应答。

当路由器找不到到目的地的路由时，目的地不可达被发送回源。重定向通知应使用另一个下一跳。当 TTL 到期时，超时时间应发送回源。

Ping 和 Traceroute 是使用 ICMP Echo Request 和 Reply 消息的两个常见应用程序。Ping 测试 IP 层的连接，Traceroute 用于检测数据包的路径。

然而，出于安全原因，ICMP 消息经常被阻止。这也限制了 Ping 工具的适用性。特别是当 ICMP 数据包跨越管理边界（另一个运营商的网络）时，Ping 可能不工作。

4.6.8 UDP

用户数据报协议（User Datagram Protocol，UDP）在 RFC 768 中定义。

UDP 被称为无连接和不可靠，因为它不保证分组的传送，并且没有重传机制。分组还可以不按顺序到达，或者被复制。应用程序需要能够处理这些特性。作为替代，当需要可靠的连接时，可以使用 TCP。

UDP 允许通过 UDP 端口号识别给定 IP 地址的主机内的进程。因此，单个 IP 地址服务于多个通信，其中 UDP 端口号与 IP 地址一起使用，以识别通信端点。

互联网号码分配机构（Internet Assigned Numbers Authority，IANA）已分配了多个端口。

使用 UDP，通常从动态端口区域随机选择端口号（见表 4.2）。

UDP 数据报由 UDP 报头和数据组成。报头（见图 4.21）包括源（16bit）和目标端口号（16bit）、长度字段和校验和（16bit）。长度指示报头和数据的长度。校验和是可选的，通过头和数据计算。

表 4.2　端口编号（www.iana.org）

0 ~ 1023	知名端口，由 IANA 分配
1024 ~ 49151	由 IANA 分配的用户端口（例如注册端口）
49152 ~ 65535	动态端口（专用端口或临时端口），从未分配

利用移动回传应用，UDP 是在用户平面中 IP 上的协议，并且连接无线层协议（Iub 帧协议、Iur 帧协议、Iu 用户平面协议以及 G1 和 X2 上的 GTP - U 协议）。

源端口(16bit)	目标端口(16bit)
长度(16bit)	校验和(16bit)

图 4.21　UDP 报头

3G 无线电接入承载（RAB）用其他信息中的 UDP 端口号来标识。例如，在 Iu 接口中，RAB 的分组被发送到 RNC IP 地址和 UDP 端口。在 LTE 中，EPS 承载由 GTP - U 隧道端点标识符（TE ID）和 IP 地址（源 TE ID、目的地 TE ID）来标识。GTP - U 使用目的 UDP 端口号 2152。

GTP - U 响应消息可以具有与触发消息不同的 UDP 端口和 IP 地址。如果使用状态防火墙，则必须考虑这一点。

4.6.9　RTP

对于 3G 上的 Iu - cs 接口上的 CS 流量，Iu 用户平面使用 RTP/UDP/IP 协议栈。此外，2G 基于 IP 的 A，使用 RTP/UDP/IP。使用源和目的 UDP 端口号以及源和目的 IP 地址来识别传输承载。如果在 RNC 和核心网络中有多个 IP 地址可用，则 RANAP 中给出的地址/端口组合将分组与特定的 RAB 相关联。

实时传输协议（Real - time Transport Protocol，RTP，在 RFC3550 中定义）被设计用于实时数据的端对端传送，例如，交互式音频和视频。UDP 允许复用并且可能使用校验和。RTP 的服务包括有效载荷类型识别、序列编号、时间戳和传递监控。还可以可选地应用 RTCP（RTP 控制协议）。

RTP 报头如图 4.22 所示。

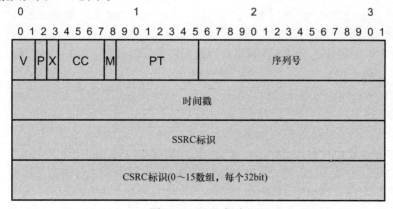

图 4.22　RTP 报头

用于 Iu - cs 报头的域定义和用法在文献［67］中给出：

- V 代表版本。该字段为 2 位长。RFC3550 中定义的版本为 2。值"1"用于第一个草稿版本。默认使用版本 2。
- 填充（P，1bit 字段）。如果该位被设置，则分组在结束处包含填充 1B，它不是有效载荷的一部分。默认不使用填充。
- 扩展（X，1bit 字段）。设置意味着固定报头必须后跟一个报头扩展。默认不使用扩展报头。
- CSRC 计数（CC，4bit），告知固定报头之后的 CSRC 标识符的数量。
- 标记（M，1bit），解释由用户特性定义，旨在允许在分组流中标记帧边界。默认没有贡献来源。
- 有效负载类型（PT，7bit）定义有效负载的格式。使用动态负载类型，值为 96 ~ 127。在接收对等体时，值被忽略。
- 序列号（SN，16bit），由接收器使用来检测分组丢失，并恢复分组序列。初始值应该是随机的，以减轻对加密的已知明文攻击。序列号由 RTP PDU 源提供。接收器可以忽略序列号。它还可以用于关于链路的质量或正确的序列传送的统计。
- 时间戳是一个 32bit 字段，指示有效载荷中第一个 1B 的采样时刻。采样时刻是参考点，以便允许在相同时刻采样的所有媒体的同步呈现。时间戳由 RTP PDU 源提供，使用 16 kHz 的时钟频率。接收器可以忽略时间戳。它还可以用于链路质量的统计，或者它可以用于校正抖动。
- SSRC（标识同步源）标识。在 RTP 会话中，没有两个源应该具有相同的标识符。同步源由 RTP PDU 源提供，并且如果 RTCP 不使用，则宿可以忽略 SSRC。
- 贡献源清单（CSRC）标识。CSRC 清单确定了贡献来源。一个例子是当音频分组混合在一起时，可以在接收器处识别说话者。默认没有贡献来源。

4.6.10　TCP

在移动回传协议栈中，不包括 TCP，因为用户平面在 UDP/IP 上，并且控制平面在 SCTP/IP 上。TCP 仍然可以在管理平面中使用。此外，终端上的许多终端用户应用程序建立在 TCP/IP 之上（诸如使用 http 的 web 浏览）。TCP 的 QoS 相关主题是必不可少的。这些在 QoS 内容中讨论。

TCP 也用作一些 IP 和 MPLS 控制平面协议的可靠传输机制。例如，BGP 和 LDP（标签分发协议）使用 TCP。

TCP 是面向连接的可靠传输协议。除了基本的数据传输，TCP 提供可靠性、流控制、复用和连接。

TCP 报头字段（见图 4.23）如下：

- 源和目标端口。源和目标端口标识发送和接收端口。
- 序列号。有助于接收器对可能被无序接收或可能被复制的段进行重新排序。

基本传输是 1B。将多个 1B 收集到段中，并将其发送。分配序列号以跟踪 1B，使得 TCP 接收器可以从潜在的无序或复制段恢复原始 1B 流。

- 确认号。通过确认号字段，接收器通过指示下一个预期字节的序列号来确认接收的 1B。

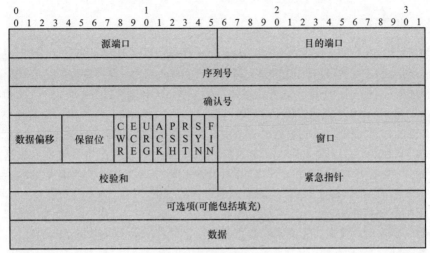

图 4.23　TCP 报头[57]

- 数据偏移。由于可变长度选项，数据偏移字段用于指示 TCP 报头的大小以及相应的数据开始的位置。

下一个字段包括保留位和各个标志。源自 RFC 793 定义的标志如下：

- URG（紧急指针字段有效）；
- ACK（确认字段有效）；
- PSH（推功能）；
- RST（重置连接）；
- SYN（同步序列号）；
- FIN（无更多数据）。

RFC 3168 添加了两个附加位用于向头部显式拥塞通知。这些位被标记：

- CWR（减少拥塞窗口）；
- ECE（ECN 回声）；
- 窗口（告诉这个段的发送者愿意接收的数据字节数）；
- 校验和（是通过伪标头计算的。伪报头如图 4.24 所示。它包括来自 IP 层报头的 96bit，即 IP 层源和目的地址、协议类型以及 TCP 报头和数据的长度。除了来自 IP 层报头的这些字段，TCP 报头和 TCP 数据字段也包括在校验和计算中）。

图 4.24　用于计算校验和的伪标头[57]

图 4.24 中的术语包括：源地址、目标地址、零域、协议类型、TCP 长度、TCP 报头（可变长）、TCP 数据（可变长）。

- 紧急指针（是紧急指针的当前值，指向紧随数据后面的 1B 的序列号，仅在使用 URG 设置的段中解释）；
- 可选项（可能包括填充）；
- 数据部分。

4. 6. 11　SCTP

流控制传输协议（Stream Control Transmission Protocol，SCTP）为基于 IP 的消息提供可靠的传输服务。SCTP 的设计目标之一是支持电信信令（如 SS7），尽管它也可以用于其他目的。

在移动回传中，它用于信令业务。在 3G Iub 中，NBAP 通过 SCTP 承载，在 Iu/Iur 接口中，RANAP 和 RNSAP 类似地依赖于 SCTP。LTE 信令，S1 和 X2 控制平面，是通过 SCTP。

TCP 还通过 IP 提供可靠的服务。一个主要的区别是 TCP 是字节定向的，而 SCTP 是面向消息的。TCP 本质上以段可靠地传输字节。SCTP 指示消息的开始和结束点。这在基于消息事务的信令应用中是有用的。SCTP 还具有在 UDP 或 TCP 中不存在其他的功能：对多宿主主机的支持以及对单个 SCTP 关联中的多个流的支持。

SCTP 的主要特性如下：

- 确认传输用户数据，无错误和非重复；
- 数据分段；
- 在多个流内顺序传递消息；
- 将多个用户消息绑定到单个 SCTP 分组（可选）；
- 多连接在一端或两端的关联。

SCTP 耐洪水和伪装攻击。它还包括避免拥塞功能。

SCTP 是面向连接的，意味着 SCTP 连接需要打开和关闭。连接由 SCTP 关联记录。SCTP 关联可以被视为 SCTP 端点之间的连接。SCTP 端点由 IP 地址和 SCTP 端口表示。

多个流意味着传输可靠分离的消息序列的能力。这些消息序列被称为流，并且流标识符用于分离流。

SCTP 包格式如图 4.25 所示。

SCTP 公共头包括源（2B）和目的地（2B）端口号、验证标签（4B）以及校验和（4B）。分组的数据部分由块组成，块可以是数据块或控制块，块的数量可变。

源端口号(2B)	目的地端口号(2B)
验证标签(4B)	
校验和(4B)	
块1	
…	
块N	

图 4. 25　SCTP 报头[97]

源端口号表示发送方端点的 SCTP 端口号。目的端口号是目标接收者的 SCTP 端口号。验证标签防止攻击者将数据注入现有关联中。它还防止假定在相同端点之间的先前关联的分组被假定为对于当前关联有效。

校验和是在整个 SCTP 数据包（SCTP 公共头和所有块）上计算的。

SCTP 会话启动包括 4 个消息：Init（初始化）、Init – ack（初始化确认）、Cookie – Echo（Cookie 回应）、Cookie – Ack（Cookie – 确认）。这种 4 次握手旨在解决 TCP Syn 攻击。Cookie – Echo 和 CookieAck 也可以携带数据。

4. 6. 12　IPv6

IPv6 的一个主要驱动因素是公共 IPv4 地址的不可用性。公共 IPv4 地址已被分配，并且可用公共地址的可用性（或不可用性）基于地理区域和组织而变化。IPv4 地址是稀缺的资源，并且可能需要几层网络地址转换（Network Address Translation，NAT），这使得网络复杂化，并且也为许多应用引入了问题。

对于移动回传应用，IP 地址不需要是公共的（除了核心网络中的一些接口），因此通常不需要更大的地址空间。IPv6 的使用仍有其他益处，诸如改进的报头结构、链路本地地址的使用、没有广播、中间网络中没有分段等。

即使 IPv4 和 IPv6 都是 IP，它们也是不同的协议。仅 IPv4 设备不能路由 IPv6 数据包。在实践中，许多路由器支持这两种协议。然而将 IPv6 用于网络需要准备和规划。不使用 ARP，需要单独版本的路由协议。校验和从 IPv6 层中删除。IPv6 基本上强制使用 IPsec，但这也需要密钥管理。

图 4.26 显示了 IPv6 报头。版本（4bit）标记协议的版本，6 指 IPv6。流量类（8bit），用于标记 QoS。流标签（20bit）可以用于识别可能需要分组的分组序列，例如特殊的 QoS 处理（实时）。有效载荷长度（16bit）定

版本 (4bit)	流量类 (8bit)	流标签(20bit)	
有效载荷长度(16bit)		下一个报头(8bit)	跳限制(8bit)
源地址(128bit)			
目的地地址(128bit)			

图 4.26　IPv6 报头[50]

义报头字段后的有效载荷的长度。下一个报头（8bit）标识 IPv6 头后面的头。跳限制（8bit）与 IPv4 中的 TTL 相当，在每个转发节点中它减少 1，并且当跳跃限制达到 0 时，丢弃分组。源和目的地地址现在是 128bit 字段，而不是 IPv4 中的 32bit。

4.7　MPLS/IP 应用

在层 2 和层 3 报头之间分配多协议标签交换（MultiProtocol Label Switching, MPLS）标签，使 MPLS 成为"层 2.5"技术。图 4.27 显示了 MPLS 承载 IP 并使用以太网作为层 2 的应用中的 MPLS 协议栈。

MPLS 报头字段是标签、流量类（TC）、堆栈（S）和生存时间（TTL）。

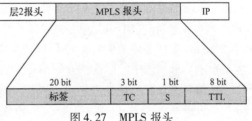

图 4.27　MPLS 报头

标签使用 20bit。对于小区模式 MPLS，ATM VPI/VCI 字段指示标签。类似地，可以使用帧中继 DLCI 信息用作标签。在随后的内容中，重点是具有 20bit 标签的帧模式 MPLS。

TC 用于标记服务质量。该字段最初标记为 EXP - 实验，3bit 用于 QoS 标记。现在的位在 IETF（RFC 5462）中被更准确地命名为流量类。

S 位告诉堆栈中是否有其他标签要处理。

TTL 字段在 IP 中使用。该字段也可以从 IP 层 TTL 字段（TTL 传播）复制。在 MPLS 网络的出口处，输出 IP 分组应当具有等于其在没有标签交换的情况下穿过网络将具有的 TTL 值。

MPLS 的初始驱动是需要加速 IP 转发。当分配标签时，通过检查此标签而不是 IP 报头查找来完成转发决定。分组的转发可以在硬件中实现，因为不需要通过 MPLS 网络中的每个路由器中的 IP 报头字段。从那时起，路由器中的 IP 转发大多数在硬件中执行，因此不存在当初的性能增益。

使 MPLS 在今天具有吸引力是其支持的应用的数量：IP MPLS VPN、层 2 VPN、伪线仿

真、具有快速重新路由的流量工程、传输网络行为（MPLS - TP）等。从技术的角度，IP控制平面是有益的，因为可以使用公共路由协议。对于移动回传，除了在相同 MPLS 网络中的本地 IP 接口（IP - Iub 和 S1/X2）外，遗留接口（TDM - Abis 和 ATM - Iub）的支持通常也是重要的。

除了 RFC 外，对 MPLS 的进一步阅读可参考文献 [105 - 107]。

4.7.1　MPLS 架构

在 MPLS 入口，分组被分类为转发等价类（Forwarding Equivalence Classes，FEC）并且相应地被分配 MPLS 标签。该标签然后表示 FEC。使用标签进行后续转发，因此在下一个 MPLS 路由器中不需要完整的 IP 报头查找。在 MPLS 出口处，原始分组从去除了标签的正确接口发送出去。

MPLS 路由器称为标签交换路由器（Label Switch Routers，LSR）。标签交换路径（Label Switched Path，LSP）是通过 LSR 的路径。入口 LSR 推送 MPLS 标签，并且基于该标签进行转发，直到标签交换路径 LSP 的出口。标签被移除（弹出），并且原始分组在出口处被递送。在中间 LSR 中交换标签。MPLS 支持多级标签，因此可能存在由 n 个标签组成的标签栈。在 MPLS 应用中使用多个标签，例如 MPLS 流量工程（TE）和 MPLS VPN。

在 LSP 中，MPLS 标签可能在出口 LSR 之前已经一跳被移除（弹出），因为出口 LSR 无论如何不再基于标签转发分组。因此，标签可以在出口 LSR 之前由路由器弹出。这种行为称为倒数第二跳弹出（Penultimate - Hop - Popping，PHP）。然而，在一些 MPLS 应用中，直到出口 LSR 都需要标签，否则 LSP 不是连续的。在这种情况下，不能使用倒数第二跳弹出 PHP，并且直到出口 LSR，标签被保留。

在下行请求标签分配中，上游 LSR 请求来自下游 LSR 的标签，下游 LSR 分配标签并通告。在非请求模式中，标签被分配不需要请求，并被通知。LSR 可以获知不是某个 FEC 的下一跳的标签绑定。在自由保留模式中，这些标签被维护。它们在保守保留模式下丢弃。自由保留模式有一个好处，如果它们需要恢复，替代路径的标签已存在。

多协议支持标签分配，例如标签分发协议（Label Distribution Protocol，LDP）、RSVP - TE 和 MP - BGP。如果 MPLS 应用被组合（例如业务工程 VPN），这些协议中的两个或更多个可以分发标签，这形成标签栈。MPLS 转发是基于标签类似的方式，独立于被用于分发标签的协议。

4.7.2　LDP

使用 MPLS，标签的含义必须在 LSR 之间达成一致。RFC 5036 中定义的 LDP 是可用于此目的协议之一。LSP 通过 MPLS 网络建立。在 MPLS 网络入口处，在到 LSP 的映射中使用 IP 层信息（在用于 IP 的 MPLS 使用的情况下）。

LDP 使用 TCP 作为 LDP 会话的基础传输协议。UDP 在初始发现阶段使用。

每个 LSP 对应于转发等价类（Forwarding Equivalence Class，FEC）。FEC 定义哪些分组被映射到哪个 LSP。对于每个 LSP，必须符合 FEC 规范，使得分组可以被识别以映射到 LSP 中。RFC 5036 指定一个 FEC 元素，它是地址前缀。具有与指定前缀匹配的目的地址的数据包被映射到 LSP。

LDP 消息分为 4 类：

- 对等发现；
- 会话管理；
- 标签分发（公告）；
- 通知消息（错误、建议信息）。

Hello 消息有助于发现 LSR。Hello 消息使用 UDP，并作为多播发送到子网中的所有路由器。LSR 发现后，初始化基于 TCP 进行。在初始化之后，两个 LSR 是对等体，并且可以继续交换公告消息。

扩展发现机制有助于发现不直接相连的 LSR。在这种情况下，使用 UDP 的目标 hello 被发送到特定地址，到公知的 LDP 获知端口。

在邻居发现之后，LDP 会话会基于 TCP 建立，并且这个回话会被会话管理消息维护。

通过 IGP（例如 OSPF）可以学习网络的拓扑。LSR 然后本地分配标签到目的地前缀。可以为每个平台或每个接口分配标签。每个平台意味着在所有接口都有一个标签。每个接口意味着接口特定的输入标签。

4.7.3 BGP

与作为内部网关路由协议的 OSPF 和 IS‐IS（中间系统到中间系统，OSI 定义的路由协议）相反，BGP 是外部网关协议。关于移动回传，BGP 的一个应用是 MPLS VPN。

BGP 被设计为连接自治系统（Autonomous System，AS）。BGP 可以处理大量的路由，如整个因特网路由表。使用 BGP，业务流通过多个属性控制。

BGP 在 RFC 4271 边界网关协议 BGP‐4 中定义。BGP‐4 的多协议扩展在 RFC 4760 中定义。BGP 应用包括 IP MPLS VPN（RFC 4364），并使用 BGP 进行 VPLS 自动发现和信令（RFC 4761）。

EBGP（外部 BGP）是指外部对等体之间的 BGP 连接。外部对等体是指不同 AS 中的对等体。IBGP（内部 BGP）是指内部对等体之间的 BGP 连接，即同一个 AS 中的对等体。

BGP 使用 TCP 作为底层传输协议，使用 TCP 端口 179。TCP 支持可靠的传输、分段和排序。TCP 连接在两个 BGP 系统之间打开。

BGP 与其他 BGP 系统交换网络可达性信息。IP 前缀包括在网络级可达性信息（Network Level Reachability Information，NLRI）中。路径包含路径的属性。不可行的路由是被广告但不再可用的路由。

路由由 BGP 更新消息通告。如果多个路由共享相同的路径属性，则可以将多个前缀包括在单个更新消息中。更新消息中撤回路由字段可用于通知路由不再使用。

BGP 消息格式如图 4.28 所示。

标记，16 字节。长度标识消息的长度（包括报头）。消息类型在类型字段中指示：打开、更新、通知和在线。其他消息类型在后面有定义，例如 RFC 2918 路由刷新。

BGP 更新消息字段如图 4.29 所示。

BGP 报头包括在更新消息中。BGP 更新通告可行路由，或撤销路由。撤销路由长度告诉撤销路由字段的长度。撤销路由字段包括前缀长度和网络前缀本身。总路径属性长度是

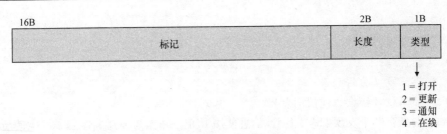

图 4.28　BGP 报头[87]

路径属性字段的长度⊖。

　　每个路径属性是由类型、长度和值（TLV）组成的三元组。属性类型字段由两个 8B 组成：属性标志（1 个 8B）和属性类型代码（1 个 8B）。属性标志的最高位是可选位。如果设置为 1，它是可选的。如果为 0，这是周知的。第二高位是传递位，其告知是否将可选属性携带到其他对等体（传递属性）或不携带（非传递属性）。

　　路径属性可能是周知的强制性、周知的自由选择、可选的传递性或可选的非传递性。所有 BGP 实现必须确

图 4.29　BGP 更新消息[87]

认包括必须周知的属性。在每个 BGP 更新消息中包括周知的强制属性。原点、AS 路径和下一跳是必须知道的属性。可以包括周知的自由属性，但这不是强制的。

　　可选属性不需要被所有 BGP 系统支持。传递可选属性是应该传递给 BGP 对等体的属性。强制路径属性、原点、AS 路径和下一跳需要简要讨论一下。

　　对于路径属性原点，如果通过内部网关协议学习 NLRI，则将值设置为 0。值 1 保留用于 EGP（历史）。值 2 表示不完整，当通过除 IGP 或 EGP 之外的其他方式学习 NLRI 时，使用这种方式。路径属性 AS 路径告诉传播路由信息的 AS。基本上每个路由器都添加自己的 AS 号，这样路由器可以检测到潜在的环路。AS 路径应该不包含自己的 AS。

　　下一跳属性定义应该用于下一跳的 IP 地址，用于包括在更新消息的 NLRI 字段中的目的地。

　　BGP 中的度量基本上由路径属性组成，而不是简单的度量，如 OSPF 中的开销。这允许更多信息和更灵活地选择最佳路径。

　　用于自治系统之间的公共互联网的 BGP 可以进一步利用路由反射器和联盟来缩放。

4.7.4　MPLS Ping

　　Ping 和 Traceroute 应用程序需要 MPLS 转发，因为单独的 IP 层工具不一定验证 MPLS

　　⊖　还包括网络层可达信息 NLRI，包含要更新的地址前缀列表，每一个地址前缀单元由一个 LV 二元组成，其编码填写方法与撤销路由的填写方法相同。——译者注

层上存在连接。

RFC 4379 定义了 MPLS 回显请求和 MPLS 回显回应，可用于 MPLS_Ping 和 MPLS_Trac-eroute 应用。MPLS 回显请求是一个 UDP 数据包，在 IP 报头中 TTL 为 1。为 MPLS 回显请求保留的目的 UDP 端口为 3503。LSP Ping 可用于测试用户平面的连接性，其思想是 LSP Ping 通过与 MPLS 用户平面（FEC）相同的路径传播。

4.7.5 MPLS 层 3 VPN 和 MP – BGP

MPLS 层 3 VPN 或 IP MPLS VPN 是一种灵活的工具，可用于不同的连接需求。它可以说是提供"点到云"连接：CE 连接到 PE。通过 PE，可以达到其他网络。

这种类型的特性在移动回传中是有用的。当实现基本基础设施（"云"）时，可以直接添加其他站点，或根据需要安排与其他站点的连接。根据需要，可以支持所有站点或站点的子集之间的连接。典型情况如图 4.30 所示。

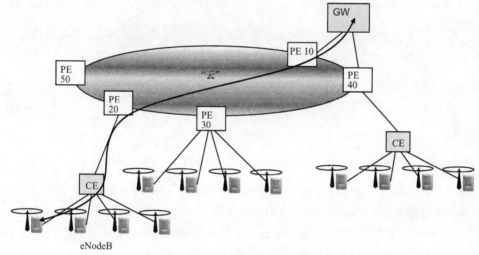

图 4.30　移动回传的层 3 VPN 应用例子

在图 4.30 中，从 eNodeB 到 GW 的示例连接用实线绘制。eNodeB 经由汇聚路由器（在左侧的客户边缘 CE）或直接地到提供商边缘 PE 设备（如对于 PE30）连接到 GW。在第一种情况下，CE 设备与 PE 对等。在第二种情况下，eNodeB 直接与 PE 对等（然后 eNodeB 作为 CE 的角色）。在 eNodeB 和 PE 之间，以太网设备和微波无线电可以存在于接入网络中。这些节点在 PE – CE 路由对等中不可见。PE – CE 路由协议，例如 OSPF，用于在 PE 和 CE 之间分布路由。也可以使用其他路由协议以及静态路由。

对于弹性，关键站点（如 GW）是双宿主。也可以支持任何其他站点的双归。

用于在 PE 设备之间交换客户前缀的路由协议是多协议 BGP（MP – BGP）。MP – BGP 支持携带除基本 IPv4 之外的前缀的扩展。在 IP MPLS VPN 应用中，客户前缀附加了路由标识符（Route Distinguisher，RD），创建了一个 VPNv4 地址族。类似地，对于 IPv6，可以创建 VPNv6 地址族。VPNv6 地址族允许核心路由器不知道 IPv6，因此在移动网络中引入 IPv6 是一种可能性，特别是在 MPLS 网络已经存在的情况下。

IP MPLS 虚拟专用网（Virtual Private Network，VPN）意味着可以为多个客户共享服务提供商（Service Provider，SP）基础设施。每个客户都提供了一个 IP 层连接到他的网站，并且几乎每个客户似乎都有自己的网络。然而，服务提供商的网络设备和链路被共享以供若干客户使用。

在 IP MPLS VPN 模型中，客户边缘（CE）路由器与服务提供商边缘（PE）设备对等。CE 向 PE 发送路由信息，PE 路由器与该 VPN 的其他 PE 设备共享 VPN 路由信息。哪些路由被广告和接受，由 BGP 导出和导入路由目标控制。

MPLS 核心路由器（P 路由器）不需要知道客户网络。MPLS PE 和 P 路由器在 MPLS 网络内运行内部网关协议（IGP），例如 OSPF（这不与客户 IGP 交互）。

图 4.31 显示了两个客户，Alfa 和 Beta。客户 Alfa 的边缘设备是 CE A1 和 CE A2，客户 Beta 分别是 CE B1 和 CE B2。创建两个单独的 VPN：一个用于 Alfa；另一个用于 Beta（VPN A 和 VPN B）。提供商的边缘设备 PE x 和 PE y 使用 MP - iBGP 交换客户路由信息。

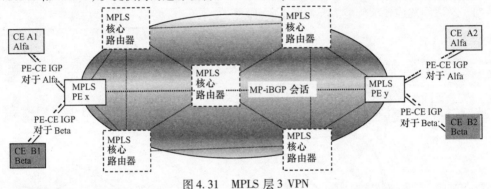

图 4.31　MPLS 层 3 VPN

VPN A 相关的路由信息通过 PE x 和 PE y 之间的 MP - iBGP 交换，并且进一步重新分配到用于 Alfa 的设备 CE A1 和 CE A2 的 PE - CE 协议中。类似地，Beta 的设备具有对 VPN B 中的 CE B1 和 CE B2 已知的网络的可达性。Alfa 和 Beta 之间没有连接，因为 VPN 路由信息保持在该 VPN 内：VPN A 的路由不通告给 VPN B，反之亦然。

路由信息通过使用 VPN 路由和转发（VRF）表在 PE 中保持分离。VRF 保持特定于客户的客户路由信息。因此，单个 PE 节点可以支持彼此隔离的多个客户网络。

在用户平面中，转发是基于 MPLS 核心中的标签。使用两个标签，外层标签或 LSP 隧道标签由 MPLS 核心使用。此标签由 LDP 分发。核心路由器根据这个外层标签交换传入的数据包。使用倒数第二跳弹出（Penultimate Hop Popping，PHP），外部标签在笔末端链接被删除，并且内部标签暴露于出口 PE。

内部标签或 VPN 标签用于出口 PE，并由 MP - BGP 分发。出口 PE 将内层标签与 VPN 关联，删除标签，并将 IP 报文从正确的出接口转发到 CE。

对于 IP MPLS VPN 应用，在 MP - BGP 中定义了新的地址族，VPN - IPv4 地址族。VPN - IPv4 地址由 12B 组成：8B 的路由标识符（Route Distinguisher，RD）字段和 4B 的 IPv4 地址。新的 VPN - IPv4 地址对于每个 VPN 是唯一的，即使将使用相同的 IPv4 地址。从 CE 学到的路由被导出到 MP - BGP，然后将路由分发到需要它们的 PE。

路由学习由路由目标（Route Target，RT）属性控制。这允许分别定义安装到每个 VRF 有哪些路由。每个 VRF 具有一个或多个 RT 属性，并且每个路由具有一组路由目标。

在 BGP 中，路由目标作为扩展的社区路由目标承载，结构与 RD 相同。

PE 为 MP – BGP 分配 MPLS 标签，使用自己的地址作为 BGP 的下一跳地址。地址采用 VPN – IPv4 格式，RD 值为 0。PE 设备之间的业务将随着分配的标签流动，并且标签在另一个 PE 上弹出。

通过 MPLS 在 LSP 级别支持弹性。IGP 在故障情况下重新路由流量。由于自由保留模式，另一个 LSP 的标签可能已经存在。另外，当新的路径计算正在进行时，MPLS 流量工程快速重路由可以用于转发流量。

在服务提供商 MPLS 网络中，与客户网络接口的设备是 PE 设备，而其他路由器是 P 路由器，其没有看到客户路由。这简化了 P 路由器的作用，因为它们可以专注于基于标签转发流量，但不需要交换和存储客户路由。

CE – PE 链路是附接电路。附接电路可以作为 VLAN，然后它指导 VRF 的选择。路由协议可以用于 PE 学习 CE 前缀。

路由协议可以是 BGP、OSPF 或 IS – IS，或另一些其他协议。或者，可以使用静态路由。显然，路由协议的选择需要在客户和服务提供商之间达成一致。对于客户，如果路由协议可以与客户网络中已经使用的协议相同，则是有益的。服务提供商可能对控制在PE – CE 协议和 MP – BGP 之间重新分布的路由感兴趣。

从故障恢复（取决于位置）现在也受到 MP – BGP 和 MPLS 核心的融合的影响。这个主题在本书的第 7 章中将很快重新讨论。

IP MPLS VPN 支持大规模部署。需要在 PE 设备之间具有完全网状的 MP – BGP 会话引入了限制。对于较大的部署，使用路由反射器（RR）。每个 PE 保持与路由反射器的会话，而不是与其他 PE 的专用会话。路由反射器负责在 PE 之间分发路由信息。为了避免单个故障点，RR 被复制。

应用的特性，例如如图 4.31 所示，似乎与移动回传的需求相匹配：

- 活配置 IP 层连接；
- 支持 IPv4 和 IPv6；
- 大型部署的可扩展性；
- 链路和节点的电信级弹性；
- 进一步应用基于 MPLS 的应用的可能性：MPLS TE 快速重路由等。

潜在的缺点是由于对等，客户与服务提供商共享路由。所以客户网络是在 IP 层不完全在客户的控制下，而恢复也依赖于提供商的网络运行。

4.7.6 伪线仿真

伪线仿真架构组件如图 4.32 所示。

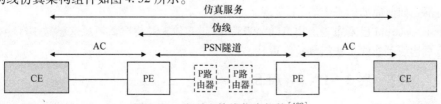

图 4.32 边到边伪线仿真架构[100]

客户设备（例如 BTS）利用附接电路（Attachment circuit，AC）连接到 MPLS 提供商边缘（Provider Edge，PE）设备。PE 路由器将附件电路映射到在另一端的 PE 路由器处运行的伪线。提供了两个客户边缘（Customer Edge，CE）之间的端到端仿真服务。

PSN 隧道用于通过可能在两个 PE 设备之间的任何 P 路由器在 MPLS 网络内路由业务。P 路由器不需要知道在 PSN 隧道内携带的伪线。P 路由器只根据 MPLS 标签路由流量。

伪线可以携带一个或多个附接电路。附接电路可以是分组（例如以太网帧）、信元（ATM 信元）、结构化或非结构化比特流（SDH/Sonet 或窄带 E1/T1/JT1）。

边缘到边缘伪线仿真（Pseudowire Emulation Edge to Edge，PWE3）的应用如图 4.33 所示。

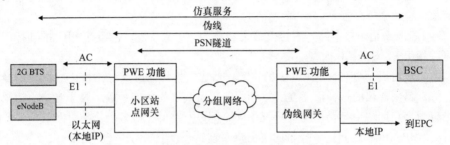

图 4.33　仿真一个分组网络上的 2G BTS[119]

AC 是来自 2G BTS 的 E1。该电路由小区站点网关映射到伪线 PW。使用伪线网关（例如路由器）在 BSC 站点处执行伪线，并且将 E1 传递到 BSC。来自 eNodeB 的本地 IP 业务在相同的分组网络上承载。分组网络可以基于 MPLS/IP。在 PW 网关，该流量被转发到分组核心。

在 BTS 站点，使用小区站点网关支持 PWE 功能。或者，PW 功能可以集成到 eNodeB。在这种情况下，eNodeB 支持的 PWE 功能不是 3GPP 功能的一部分。相反，它是集成到 eNodeB 元件中的附加传输特征。

对于 2G 系统，隧道的使用不应以任何方式可见，这意味着隧道的服务质量、可用性和其他特性需要满足 2G 系统 Abis 要求。

伪线可以用 LDP 或 BGP 信号（见 4.7.7 节）。PSN 隧道标签被分配，由 LDP 在 4.7.2 节中讨论的 IGP 指导下进行。

因为在融合到分组交换网络时所具有的优势，PWE3 解决方案是一种替代方案。通过 PSN 承载本地 TDM 业务需要 PSN 网络支持所需的可用性、同步、安全性、服务质量和其他要求。例如，在 PSN 中的服务中断现在对于 2G 也是明显的。

可以为基于 ATM NodeB 实现类似的 PWE 解决方案。这里，伪线携带 ATM 信元通过 PSN 而不是如前面的例子中的 E1 实现。

Draft – martini 已发布为历史 RFC 4905，通过 MPLS 封装层 2 帧。这已被 RFC 4447 和伪线仿真边缘到边缘工作组规范所取代。

4.7.7　MPLS 层 2 VPN – VPLS

MPLS 层 2 VPN 包括虚拟专线服务（Virtual Private Wire Service，VPWS）和虚拟专用

LAN 服务（Virtual Private LAN Service，VPLS）。使用 VPLS 可以实现城域以太网服务（E - LAN）。基础技术，具有 LDP/BGP 和 IP 控制平面的 MPLS，对于 MEF 服务的用户是不可见的。自然移动运营商自部署 VPLS 也是一个选择。

VPLS 定义了客户设备（CE）之间的多点连接。用户将 VPLS 视为连接 CE 的 LAN，这可通过 WAN 实现，如图 4.34 所示。虚拟交换实例（Virtual Switch Instance，VSI）在 PE 设备中实现以太网桥接功能。

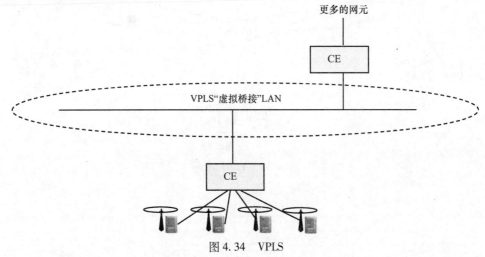

图 4.34　VPLS

VPLS 部署一般可能是由于多个原因。企业区域中的一些应用程序明确需要层 2 连接。类似地，如果与服务提供商的 IP 层对等是问题，则层 2 服务是一个替代方案。

与之前讨论的 IP MPLS VPN 的基本区别是，现在 CE 设备不与 IP 层的服务提供商对等。提供商不涉及客户的 IP 路由。使用 IP MPLS VPN，客户边缘（CE）设备与提供商交换路由信息。使用 VPLS，可以使用任何客户路由协议，选择独立于提供商。层 2 VPN 对其承载的协议也是透明的。可以通过 VPLS 支持 IPv6。

VPLS 模拟 LAN，具有网桥的特性。支持 MAC 地址学习和未知单播/广播洪泛特性，VPLS 实例也是广播域。图 4.35 显示了未知单播洪泛（虚线箭头）的情况，然后基于学习的 MAC 地址（实线箭头）转发。

以太网帧中的 IP 分组被封装，从 BTS 经由 AC 到达 MPLS PE。AC 通过伪线将客户框架连接到另一端的 AC。使用两个（或更多个）标签。内部标签是虚拟信道（Virtual Channel，VC）标签，标识隧道内的流量。隧道由外部 MPLS 标签标识，但是通常它也可以不是基于 MPLS 的隧道。

转发基于边缘处的 MAC 地址学习（MPLS PE）。未知的单播和广播帧被洪泛，并且客户流量通过伪线被复制到其他 MPLS PE。其他 PE 不是将业务反射回其他伪线，而是仅朝向 CE（水平分割规则）。伪线在 PSN（分组交换网络）隧道（图 4.36 中的 LSP）内传播。每个 PE 逻辑上看到每个目的地的树拓扑，因此没有环路。分割视图规则与全网状拓扑一起确保没有循环。由于这些规则，不需要在 MPLS 核心中运行生成树。

当在 PE 设备处已经学习到目的地 MAC 地址时，可以相应地仅将流量转发到正确的伪

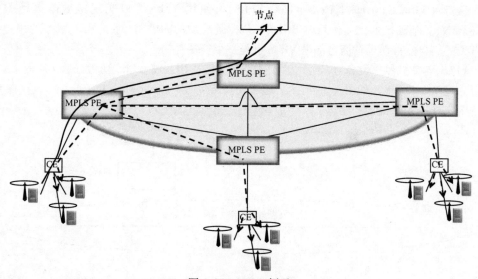

图 4.35   VPLS 例子

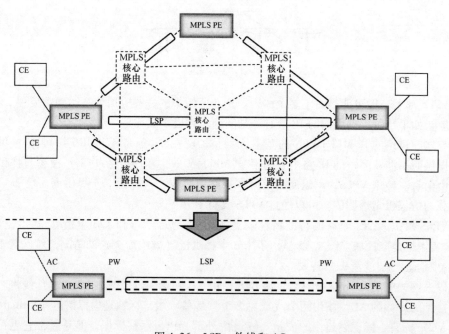

图 4.36   LSP、伪线和 AC

线并且进一步到达目的地（标记为节点）。这由图 4.35 中的实线箭头指示。

利用 MPLS/IP 核心，VPLS 可以在更大的距离上扩展层 2 服务。物理距离不限制尺度。由于节点共享每个 VPLS 实例的广播域，一个站点上的故障和错误配置可能会影响其他站点。如果由于某种原因发送过多的广播或未知单播帧，则这可能导致所有站点上的服务中断。类似地，如果在一个站点上意外地创建了层 2 环路，则所有站点可以关闭，直到情况被纠正。

提供商的 MPLS/IP 网络中的弹性通过 MPLS 和 IP 功能实现。IP 控制平面（一些 IGP）在 MPLS 域内操作。

在 VPLS 实现中，来自客户的以太网帧被映射到伪线，这在 LSP 中进一步承载。每个 MPLS PE 路由器用携带伪线的 LSP 连接到每个其他 MPLS PE 路由器，从而创建全网状伪线。

对于伪线信令，可以使用 LDP 或 BGP。RFC 4762 定义了 LDP 的使用。使用 LDP，在 PE 之间建立目标 LDP 会话（全网状）。VC 标签然后通过 LDP 分配和通信。RFC 4761 规定使用 BGP 自动发现和信令。

注意，虚拟专线服务（Virtual Private Wire Service，VPWS）类似地使用用于伪线的内部标签（VC 标签）和用于 PSN 隧道的外部标签，然而支持点对点连接而不是多点。由于点对点的性质，不需要 VSI。VPWS 实现 E – Line 类型的服务。

在更大的 VPLS 网络中，因为全网状的性质，出现了一个问题。有 N 个 PE 节点，就需要对 PE 上的虚拟交换机 $N \times (N-1)$ 个伪线。同时需要类似量的控制平面 LDP 会话，因为在控制平面中需要 LDP 会话的全网以建立伪线。

可分级 VPLS（Hierarchical – VPLS，H – VPLS）可以提高可扩展性。使用 H – VPLS，拓扑被改变，使得当核仍然是全网状时，每个核 PE 节点具有朝向接入的中心辐射拓扑。

在图 4.37 中，VPLS 域通过隧道技术进一步扩展到接入层。MPLS N – PE 连接到 U – PE。在 N – PE 和 U – PE 之间建立单个伪线（每个 VPLS 实例）。

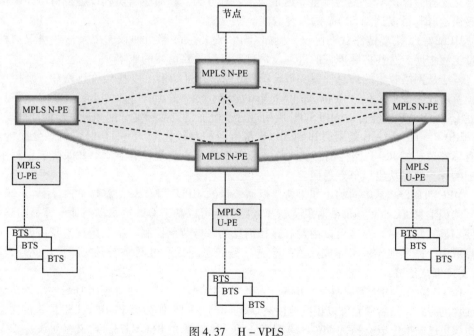

图 4.37　H – VPLS

另一种方法是使用以太网作为访问方法。添加标签以指示提供商的 VLAN（P – VLAN）。每个 P – VLAN 然后映射到 VPLS 实例。

对于移动回传应用，在层 2 处没有明确的连接需要。应用（无线电网络协议）被映射到 IP 并且需要 IP 层连接。使用任何层 2 是可能的，当然包括 VPWS 或 VPLS 服务。

一般来说，不需要 VPLS 类型的多点连接。典型的拓扑是具有控制器（RNC 或 BSC）或 GW（在 LTE 的情况下是 SGW、MME 或 IPSec GW）作为集线器的集群和辐射。在直接 X2（LTE）的情况下，叶只需要通信。对于使用 VPLS 的潜在直接 X2 实现，一个主题是广播域的大小，另一个主题是相对于无线电网络拓扑将 eNodeB 分配到不同的 VLAN（VPLS 实例）。

4.7.8　MPLS – TE

流量工程（Traffic Engineering，TE）提供了有效管理网络资源的工具。RFC 2702 MPLS 流量工程，记录了因特网流量工程的目标，"促进高效可靠的网络操作，同时优化网络资源利用率和流量性能"。流量工程可以在数据包丢失、延迟、吞吐量和执行方面增强 QoS 的服务水平协议（Service Level Agreements，SLA）。通过将流量更均匀地分布到路径中，可以更有效地利用资源，使得存在较少的过度利用或未充分利用的链路。

使用 OSPF 或其他内部网关协议的 IP 路由主要使用一个度量：成本。此度量用于计算到达目标的最短路径。不考虑网络的流量负载、容量或拥塞，多个业务流可以由最短路径优先（Shortest Path First，SPF）算法导向到相同的链路，导致拥塞。这些缺点可以通过负载共享和基于策略的路由在不同程度上通过本地 IP 来解决。MPLS TE 基于标签交换路径（Label Switched Paths，LSP）创建虚拟拓扑，并且可以根据所选择的标准通过这些路径来引导业务。

还可以使用业务工程 LSP 实现快速保护方案。MPLS TE 快速重路由 FRR 功能允许通过预先配置的保护 LSP 传送流量。这定义了两种方法：一对一备份和设施备份。如果检测足够快，FRR 可以达到 50 ms 的恢复时间。

MPLS – TE 需要链路状态协议，例如 OSPF 或 IS – IS 路由协议，以及这些协议的相关流量工程扩展。这些扩展携带的进一步信息不仅仅是路由器的成本。

基于从网络收集的信息计算 MPLS LSP 路径，并且如果可以找到可行路径，则使用资源预留协议 – 业务工程（Resource ReserVation Protocol – Traffic Engineering，RSVP – TE）来建立 LSP。RSVP 已经针对 MPLS TE 应用进行了增强，包括标签分配和进一步的功能。

RSVP – TE 路径消息用通知到 MPLS 路由器的路径，RSVP – TE 保留消息分配标签。具有标签请求的 RSVP 路径消息从入口节点向下游节点发送，并且 RSVP 保留消息利用所分配的标签信息从出口节点返回。

MPLS TE LSP 是单向的。如果希望返回流量的 MPLS TE LSP，需要单独分配。

路径消息 Explicit_ route 对象支持显式路由。可以基于 QoS 要求动态地计算显式路由。当使用显式路由时，路径可以由发起路径消息的入口节点控制。路径计算本身可以由入口节点或由一些其他元件来完成。另一个选项是静态配置通过网络的显式路径。此外，RS-VP 支持带宽预留。

RSVP 最初是用于集成服务（IntServ）框架来构建块，其包括将应用 QoS 要求传达给网络元件的方式，然后网元可以相应地控制 QoS。RSVP – TE 作为用于 MPLS LSP 隧道的控制平面协议也已被推广以支持除 MPLS 应用之外的。该扩展在 RFC 3473，广义多协议标签交换（GMPLS）RSVP – TE 扩展中定义，控制平面称为 G – MPLS。该广义控制平面可以覆盖例如 Sonet/SDH、波长和空间切换（例如将输入端口切换到输出端口）。

MPLS – TE 可以与其他 MPLS 应用（如伪线仿真与 MPLS 层 2 和层 3 VPN）一起用于 PSN 隧道。在这种情况下，它使用 RSVP – TE 将标签强加到 MPLS 标签栈。

利用移动回传，MPLS - TE 能应用在传输网络汇聚/核心域中，用于保障业务、保证 QoS 以及用于快速保护切换（快速重路由，FRR）。如果移动运营商已经部署 MPLS，这些特征可能是重要的。如果移动运营商没有 MPLS，并且依赖于传输服务提供商的服务，则 MPLS TE 特征不是直接可见的。在服务提供商网络中，MPLS TE 可以用于传递传输服务，即使技术本身对于服务用户不可见。

4.7.9　MPLS - TP

传统的基于 TDM 的 Sonet/SDH 提供了被默默支撑的传输网络（由网络管理系统），并且包括操作、管理和维护功能。MPLS 传输规范（MPLS - Transport Profile，MPLS - TP）在其主要方面符合标准 MPLS/IP，但它也面向连接，包括 OAM 特性，并支持快速保护交换。本质上，它使用 MPLS/IP 桥接 Sonet/SDH，从两者导入特性。控制平面协议是可选的，因此可以以类似于 Sonet/SDH 的方式经由 NMS 静态地管理 MPLS - TP。然而，它也可以依赖于 GMPLS，意味着 RSVP - TE 和具有 TE 扩展的链路状态路由协议。用户业务可以是本地 IP 或伪线。

MPLS - TP 的标准化正在 IETF 中进行。ITU - T 参与定义 T - MPLS（传输 MPLS），但是在 MPLS - TP 的 IETF 工作组内继续相互协商标准化之后。

利用 MPLS - TP，OAM 与 LSP 或伪线中的用户信号一起在带内传播。OAM 可以进行故障检测、诊断、维护或其他功能。特别是对于 MPLS - TP，已经考虑了性能监控、自动保护交换和管理以及信令信道等新功能。

在 RFC 5586 中，除了 MPLS 伪线之外，伪线关联信道报头（Associated Channel Header，ACH）被概括为包括 MPLS - TP LSP 和 MPLS 部分。为了识别 G - ACH 的目的，MPLS 保留标签值之一（标签 13）被分配为一般关联标签（General Associated Label，GAL）。以前，RFC 3032 将标签值 14 定义为 OΛM 警报标签，但对于 MPLS - TP GAL，值为 13。

4.8　小结

传输可以被建模为对无线电网络的服务：由集成传输和回传服务移动网元组成。回传服务的要求源自终端用户服务和来自无线网络层功能。对于回传，需要考虑所有业务类型：用户平面、控制平面、O&M、同步和传输层控制协议。不同的无线网络技术基站将回传网络与不同的回传协议接入：TDM、ATM 或 IP。

移动网络需要用于基站的高容量接入线路，以便传送空中接口上支持的数据传输速率。在汇聚层中需要灵活性和通用性，因为所需的服务特定于在基站中使用的无线电技术。MPLS 被讨论作为支持本地 IP 服务以及用于传统 TDM 和 ATM 接口的伪线仿真服务的一个替代方案。

通常网络协议运行在局域网（LAN）或广域网（WAN）。每个基站需要与对等元件（控制器、GW 或控制平面实体）的城域或广域连接。对于广域连接，高可用性、安全性和 QoS 是必不可少的，这些需要运营商级服务。

利用基站中的以太网端口，可以使用单个物理端口支持高容量。在以太网端口上传送高容量的服务可以被实现，例如微波无线电、点对点以太网、下一代 Sonet/SDH、DSL、光纤/ xWDM 或 IP/MPLS。同时，TDM 网络中的容量可以通过将 IP 映射到 TDM 结构（通过 E1/T1 的 PPP）而被使用。

参 考 文 献

[1] Froom, Sivasubramanian, Frahim: Building Cisco Multilayer Switched Networks, 4th Edition. Cisco Press, 2007.

[2] http://www.ieee.org/index.html?WT.mc_id=hpf_logo, retrieved August 2011

[3] IETF RFC 2026, BCP9 The Internet Standards Process, Revision 3

[4] IETF RFC 2029, BCP11 The Organizations Involved in the IETF Standards Process

[5] IETF RFC 6410 Reducing the Standards Track to Two Maturity Levels

[6] http://www.ietf.org/, retrieved August 2011

[7] http://www.iso.org/iso/home.html, retrieved August 2011

[8] http://www.itu.int/en/Pages/default.aspx, retrieved August 2011

[9] ITU-T, Resolution 1 – Rules of procedure of the ITU Telecommunication Standardization Sector (ITU-T), October 2008

[10] http://metroethernetforum.org/index.php, retrieved August 2011, October 2011.

[11] http://www.broadband-forum.org/index.php, retrieved August 2011

[12] IEEE 802.3-2008 IEEE Standard for Information technology - Telecommunications and information exchange between systems - Local and metropolitan area networks. Specific requirements. Part 3: Carrier sense multiple access with Collision Detection (CSMA/CD) Access Method and Physical Layer Specifications

[13] ANSI T1.403 Network-to-Customer Installation - DS1 Metallic Interface specification

[14] ANSI T1.408 Integrated Services Digital Network (ISDN). Primary Rate - Customer Installation Metallic Interfaces. Layer 1 Specification

[15] ITU-T G.703 Physical/electrical characteristics of hierarchical digital interfaces

[16] ITU-T G.704 Synchronous frame structures used at 1544,6312, 2048, 8448 and 44 736 kbit/s hierarchical levels

[17] ITU-T G.775 Loss of Signal (LOS), Alarm Indication Signal (AIS) and Remote Defect Indication (RDI) defect detection and clearance criteria for PDH signals

[18] ITU-T G.707 Network node interface for the synchronous digital hierarchy (SDH)

[19] ITU-T G.957 Optical interfaces for equipments and systems relating to the synchronous digital hierarchy

[20] ITU-T G.652 Characteristics of a single-mode optical fibre and cable

[21] ITU-T G.653 Characteristics of a dispersion-shifted single-mode optical fibre and cable

[22] ITU-T G.654 Characteristics of a cut-off shifted single-mode optical fibre and cable

[23] ITU-T G.655 Characteristics of a non-zero dispersion-shifted single-mode optical fibre and cable

[24] IETF RFC 1661, STD 51 The Point-to-Point Protocol (PPP)

[25] IETF RFC 1662 PPP in HDLC-like Framing

[26] IETF RFC 1334 PPP Authentication Protocols (Obsoleted by RFC 1994)

[27] IETF RFC 1994 PPP Challenge Handshake Authentication Protocol (CHAP)

[28] IETF RFC 1990 The PPP Multilink Protocol (MP).

[29] IETF RFC 2686 The Multi-Class Extension to Multi-Link PPP

[30] IETF RFC 1332 IP v4 in IPCP

[31] IETF RFC 1144 TCP/IP Compression for Low-Speed Serial Links

[32] IETF RFC 3544 IP Header Compression over PPP

[33] IETF RFC 3241 Robust Header Compression (ROHC) over PPP

[34] IETF RFC 3095 Robust Header Compression (ROHC):Framework and four profiles: RTP, UDP, ESP, and uncompressed

[35] IETF RFC 4815 Robust Header Compression (ROHC): Corrections and Clarifications to RFC 3095

[36] IETF RFC 3843 Robust Header Compression (ROHC): A Compression Profile for IP

[37] IETF RFC 2507 IP Header Compression

[38] IETF RFC 2508 Compressing IP/UDP/RTP Headers for Low-Speed Serial Links

[39] IETF RFC 3545 Enhanced Compressed RTP (CRTP) for Links with High Delay, Packet Loss and Reordering

[40] IETF RFC 3153 PPP Multiplexing

[41] IETF RFC 2615 PPP over SONET/SDH

[42] www.metroethernetforum.org, retrieved October 2011

[43] IEEE 802.1D-2004 IEEE Standard for Local and metropolitan area networks, Media Access Control (MAC) Bridges

[44] IEEE 802.1AX-2008 IEEE Standard for Local and metropolitan area networks, Link Aggregation

[45] IEEE 802.1Q-2005 IEEE Standard for Local and metropolitan area networks, Virtual Bridged Local Area Networks

[46] IEEE 802.1ah-2008 IEEE Standard for Local and metropolitan area networks, Virtual Bridged Local Area Networks. Amendment 7: Provider Backbone Bridges

[47] IEEE 802.1ag-2007 IEEE Standard for Local and metropolitan area networks, Virtual Bridged Local Area Networks. Amendment 5: Connectivity Fault Management

[48] ITU-T Y.1731 OAM functions and mechanisms for Ethernet based networks

[49] IEEE 802.1ad-2005 IEEE Standard for Local and metropolitan area networks Virtual Bridged Local Area Networks. Amendment 4: Provider Bridges

[50] IETF RFC 4026 Provider Provisioned Virtual Private Network (VPN) Terminology

[51] IETF RFC 4664 Framework for Layer 2 Virtual Private Networks (L2VPNs)

[52] IETF RFC 4665 Service Requirements for Layer 2 Provider-Provisioned Virtual Private Networks

[53] IETF RFC 4761 Virtual Private LAN Service (VPLS) Using BGP for Auto-Discovery and Signaling

[54] IETF RFC 4762 Virtual Private LAN Service (VPLS) Using Label Distribution Protocol (LDP) Signaling

[55] IETF RFC 791, STD 5, Internet Protocol (IP)

[56] IETF RFC 2460 Internet Protocol, Version 6 (IPv6) Specification

[57] IETF RFC 793, STD 7, Transmission Control Protocol

[58] IETF RFC 768, STD 6, User Datagram Protocol (UDP)

[59] IETF RFC 1812 Requirements for IP Version 4 Routers

[60] IETF RFC 1122, STD 3, Requirements for Internet Hosts - Communication Layers

[61] Comer: Internetworking With TCP/IP Volume 1: Principles Protocols, and Architecture. 5th edition. Prentice-Hall, 2006.

[62] Stevens: TCP/IP Illustrated, Volume 1: The Protocols. Addison-Wesley, 1994,

[63] Teare, Paquet: Building Scalable Cisco Internetworks. Third edition. Cisco Press, 2007.

[64] 3GPP TR25.933 IP transport in UTRAN (Release 5), v 5.4.0

[65] 3GPP TS 25.426 UTRAN Iur and Iub interface data transport & transport signalling for DCH data streams, v10.1.0

[66] 3GPP TS 25.434 UTRAN Iub interface data transport and transport signalling for Common Transport Channel data streams, v10.1.0

[67] 3GPP TS 25.414 UTRAN Iu interface data transport and transport signalling, v10.1.0

[68] 3GPP TS29.281 General Packet Radio System (GPRS) Tunnelling Protocol User Plane (GTPv1-U), v10.3.0

[69] 3GPP TS 36.412 Evolved Universal Terrestrial Radio Access Network (E-UTRAN); S1 signalling transport, v10.1.0

[70] 3GPP TS 36.414 Evolved Universal Terrestrial Radio Acccss Network (E-UTRAN); S1 data transport, v10.1.0

[71] 3GPP TS 36.422 Evolved Universal Terrestrial Radio Access Network (E-UTRAN); X2 signalling transport, v10.1.0

[72] 3GPP TS 36.424 Evolved Universal Terrestrial Radio Access Network (E-UTRAN); X2 data transport, v10.1.0

[73] IETF RFC 1918, BCP 5, Address Allocation for Private Internets

[74] IETF RFC 4632, BCP122, Classless Inter-domain Routing (CIDR): the Internet Address Assignment and Aggregation Plan

[75] IETF RFC 3021 Using 31-Bit Prefixes on IPv4 Point-to-Point Links

[76] IETF RFC 2131 Dynamic Host Configuration Protocol

[77] IETF RFC 2132 DHCP Options and BOOTP Vendor Extensions

[78] IETF RFC 3046 DHCP Relay Agent Information Option

[79] IETF RFC 2991 Multipath Issues in Unicast and Multicast Next-Hop Selection

[80] IETF RFC 2992 Analysis of an Equal-Cost Multi-Path Algorithm

[81] Huitema: Routing in the Internet. 2nd Edition. Prentice-Hall, 1999.

[82] IETF RFC 2328, STD 54, OSPF Version 2

[83] IETF RFC 5340 OSPF for IPv6

[84] IETF RFC 5838 Support of Address Families in OSPFv3

[85] IETF RFC 1142 OSI IS-IS Intra-domain Routing Protocol (Reprinted ISO 10589: 'Intermediate System to Intermediate System intradomain routeing information exchange protocol for use in conjunction with the protocol for providing the connectionlessmode network service (ISO 8473)' ISO/IEC 10589:2002)

[86] IETF RFC 2453, STD 56, RIP Version 2

[87] IETF RFC 4271 A Border Gateway Protocol-4 (BGP-4)

[88] IETF RFC 2475 An Architecture for Differentiated Services

[89] IETF RFC 2474 Definition of the Differentiated Services Field (DS Field) in the IPv4 and IPv6 Headers

[90] IETF RFC 3168 The Addition of ECN to IP

[91] IETF RFC 1633 Integrated Services in the Internet Architecture: an Overview

[92] Wang: Internet QoS. Architectures and Mechanisms for Quality of Service. Morgan Kaufmann Publishers, 2001

[93] IETF RFC 3260 New Terminology and Clarifications for Diffserv (Informational)

[94] IETF RFC 826, STD 37, Address Resolution Protocol (ARP)

[95] IETF RFC 792, STD 5, Internet Control Message Protocol (ICMP)

[96] IETF RFC 3550, STD 64, RTP: A Transport Protocol for Real-Time Applications

[97] IETF RFC 4960 Stream Control Transmission Protocol

[98] Stewart, Xie: Stream Control Transmission Protocol (SCTP), A Reference Guide. Addison-Wesley, 2002

[99] IETF RFC 4443 Internet Control Message Protocol (ICMPv6) for the Internet Protocol Version 6 (IPv6) Specification

[100] IETF RFC 3031 MPLS Architecture

[101] IETF RFC 3032 MPLS Label Stack Encoding

[102] IETF RFC 3443 Time To Live (TTL) Processing in Multi-Protocol Label Switching (MPLS) Networks

[103] IETF RFC 3270 MPLS Support of Differentiated Services

[104] IETF RFC 5462 Multiprotocol Label Switching (MPLS) Label Stack Entry: 'EXP' Field Renamed to 'Traffic Class' Field

[105] De Ghein: MPLS Fundamentals. Cisco Press, 2006

[106] Minei, Lucek: MPLS Enabled Applications. Second Edition. Wiley, 2008

[107] Guichard, Le Faucheur, Vassuer: Definitive MPLS Network Designs. Cisco Press, 2005.

[108] IETF RFC 5036 LDP Specification

[109] IETF RFC 4760 Multiprotocol Extensions for BGP-4

[110] IETF RFC 2918 Route Refresh Capability for BGP-4

[111] IETF RFC 4364 BGP/MPLS IP Virtual Private Networks (VPNs) (Obsoletes RFC 2547)

[112] IETF RFC 4456 BGP Route Reflection: An Alternative to Full Mesh Internal BGP (IBGP)

[113] IETF RFC 5065 Autonomous System Confederations for BGP

[114] IETF RFC 4026 Provider Provisioned Virtual Private Network (VPN) Terminology

[115] IETF RFC 4379 Detecting MPLS Data Plane Failures

[116] IETF RFC 4576 Using a Link State Advertisement (LSA) Options Bit to Prevent Looping in BGP/MPLS IP Virtual Private Networks (VPNs)

[117] IETF RFC 4577 OSPF as the Provider/Customer Edge Protocol for BGP/MPLS IP Virtual Private Networks (VPNs)

[118] IETF RFC 3916 Requirements for Pseudo-Wire Emulation Edge-to-Edge (PWE3)

[119] IETF RFC 3985 Pseudo Wire Emulation Edge-to-Edge (PWE3) Architecture

[120] IETF RFC 4447 PWE3 Using LDP

[121] IETF RFC 4448 Encapsulation Methods for Transport of Ethernet over MPLS Networks

[122] IETF RFC 4553 Structure-Agnostic TDM over Packet (SAToP)

[123] IETF RFC 4717 Encapsulation for ATM over MPLS

[124] IETF RFC 5086 Structure-Aware Time Division Multiplexed (TDM) Circuit Emulation Service over Packet Switched Network (CESoPSN)

[125] IETF RFC 4664 Framework for Layer 2 Virtual Private Networks (L2VPNs)

[126] IETF RFC 4448 Encapsulation Methods for Transport of Ethernet over MPLS Networks

[127] IETF RFC 3209 Extensions to RSVP for LSP Tunnels

[128] IETF RFC 3473 Generalized Multi-Protocol Label Switching (GMPLS) Signaling Resource ReserVation Protocol-Traffic Engineering (RSVP-TE) Extensions

[129] IETF RFC 4090 Fast Reroute Extensions to RSVP-TE for LSP Tunnels

[130] IETF RFC 2702 Requirements for Traffic Engineering Over MPLS

[131] IETF RFC 5305 IS-IS Extensions for Traffic Engineering

[132] IETF RFC 3630 Traffic Engineering (TE) Extensions to OSPF Version 2

[133] IETF RFC 5317 JWT report on MPLS architectural considerations

[134] IETF RRC 5586 MPLS Generic Associated Channel

[135] IETF RFC 5654 MPLS-TP requirements

[136] IETF RFC 5718 An In-band data communication network for the MPLS Transport Profile Virtual Circuit Connectivity Verification (VCCV)

[137] IETF RFC 5085 Pseudowire Virtual Circuit Connectivity Verification (VCCV): A Control Channel for Pseudowires

[138] IETF RFC 4385 Pseudowire Emulation Edge-to-Edge (PWE3) Control Word for Use over an MPLS PSN

[139] IETF RFC 3429 Assignment of the 'OAM Alert Label' for Multiprotocol Label Switching Architecture (MPLS) Operation and Maintenance (OAM) Functions (informational)

第 5 章　回传传输技术

Jouko Kapanen、Jyri Putkonen 和 Juha Salmelin

移动回传（Mobile BackHaul，MBH）是一种连接移动基站和无线网络控制器以及网关和服务器的传输网络。它的建构模块通常与固定接入及其传输网络相同，尤其是骨干网和汇集节点模块。并且在接入与固定接入网络相似的系统和设备时，移动回传需要适应这种骨干网的需求。回传网络是一种固定网络和移动网络汇合处的网络实现。通常，有线 MBH 接入使用的网络设备首先在固定网络开发使用，然后再应用到 MBH 网络。在无线接入中，例如微波无线（MicroWave Radio，MWR）解决方案，无线回传是主要市场并推动微波无线网络的发展，这就是说 MWR 解决方案通常一开始就是用于 MBH，不需要做太多的适配。

本章首先介绍传输系统和网络的一般特性，主要讲无线网络特有的优势。接着，讨论用于 MBH 网络的典型系统，从无线接入，到有线接入系统（铜线和光纤系统），再接着，简要介绍 MBH 网络的上层连接系统。本章从关于 MBH 解决方案的建构模块类型思考展开，介绍由电信运营商提供以及由终端用户共享的服务及解决方案。

5.1　传输系统

5.1.1　OSI 模型

对于网络，现在也是对所有传输网络的讨论，通常是从不同分层的解决方案开始，例如一种层 2 接入解决方案或者层 3 对某种骨干网的解决方案。这些层直接或间接是指最初对数据传输的层开发模型。

开放系统交互（Open System Interwoking，OSI）模型是由国际标准化组织（International Standardization Organization，ISO）在几十年前创建（见表 5.1）。它定义了数据在开放系统中的数据转移方式，并在电信和数据通信系统抽象中得到广泛应用。系统分为 7 层，每一层只与其上一层或者下一层通信，并与系统中其他同层间通信。数据通路上所有相关设备功能映射同一层。ISO 和其他标准化组织，例如 IEEE，对这些层开发协议标准。

可能有些人会说最初的 OSI 模型现在已经过时，一些协议很难归类到某个特定的层。但它在建立网络概念时仍是一个有效工具。例如，以太网交换机通常认为是层 2 功能而 IP 路由器是层 3 功能。一些协议如 IP/MPLS 处于两层之间。

在 MBH 网络中不同层的作用以及一个功能置于哪个层，通常从正反两方面进行广泛讨论。

5.1.2　接入方案

频分双工（FDD）是一种通过将上下行传输方向分置在不同频域的通信方式。时分双

表 5.1　ISO OSI 层[25]

举例		层	数据单元	功能
层7	应用层	数据	用户界面，数据显示	HTTP，Firefox，愤怒的小鸟，网络管理
层6	表示层		不同应用（计算机）的格式间的数据转换	.wav 到 .mp3，EBCDIC 到 ASCII
层5	会话层		每个应用的多个连接的组织和管理	Web 打开，Telnet
层4	传输层	分段	形成数据流，数据恢复，重传	IP 通道，TCP，UDP
层3	网络层	数据包/分组	传输数据报，管理连接，路由	IP，IGMP，X.25，RRC，Q.931（ISDN）
层2	数据链路层	帧	排列 bit 以适宜物理层电路传输，流控，bit 检错	MAC，以太网，HDLC，ATM，LLC
层1	物理层	bit	物理电气特性，传输媒介	IEEE 802.3，FDDI，QPSK 调制，G.703，SDH

工（TDD）是在时间上分隔传输的通信方式，但切换非常快，所以从终端用户的来看，这种连接被认为是双工而不是单工。

双工是指一个信道上的双向通信同时进行。单工通信也进行双向通信，但双向通信不是同时进行。广播类型的单向通信被称作单工通信和单向半双工通信。

多址接入是一种可以使多个用户共享传输信道容量的方法。时分多址接入（TDMA）方式，多个用户共享同一个信道，每个用户在时域占用一小段时间帧。多用户复用切换非常快，这样在数据业务看上去好像是连续的。这种应用尤其适宜数据传输，数据可以被分成不连续的数据包流或者数据帧流。高层 ISO 层协议为应用需要合并数据。现在，TDMA主要用在数据传输。

频分多址接入（FDMA）方式在频域上切分不同用户或者服务的业务。所有数据流在时间域上可以同时进行，但业务数据传输可以基于数据包进行。这种方法大多用在原有的微波无线链接和一些光纤传输系统。

码分多址接入（CDMA）方式从 WCDMA 无线接口之后广为人知。所有用户在相同的无线频率上同时进行通信，但通过不同的正交码区分。

一种重要的分类方式是面向连接和无连接。后一种是指在通信的两个节点间不需要事先信令协商。前一种通信方式的一个例子是准同步数字体系（Plesiochronous Digital Hierarchy，PDH），这种通信方式随后介绍；后一种通信方式的一个例子是 IP（Internet Protocol，互联网协议）。PDH 也被称作电路交换，因为在通信开始前，通信节点之间先形成通常是层1 的电路信道。IP 连接是分组交换通信。分组之间发送是相互独立的，同一个层1 隧道可以承载不同的源数据地址到不同的目的数据地址的数据分组。有很多称之为虚拟电路交换的媒介协议。ATM 协议就是一个例子，可以用于多个数据分组或者小区但只建立一个连接。

5.1.3　PDH

数字多路复用用于建立特定的发送部分到终端用户之间的数字信号连接。几乎所有的数字通信网络都基于标准化数字层级。

准同步数字体系（Plesiochronous Digital Hierarchy，PDH）是用于大多数接入汇集传输网络的 TDM 技术。准同步意思是"几乎同步"。在一个大 PDH 网络中，不同的数据流具有相同的标称传输速率，但不完全同步[1]。

现在，PDH 网络是以前电信网络的遗存网络技术。PDH 的基本单元是一个数字语音信道。使用脉冲编码调制（PCM）技术调制模拟语音信号每秒钟采集 8000 个 8bit 的样点。这些 bit 用 HDB3 编码方式编码成 64kbit/s 的 bit 序列。这些语音信道一般不会单独传输，它们会逐字节多路复用（例如 TDM）形成基本速率 PDH 系统。欧洲（CEPT/ETSI 区域）基本速率为 2048kbit/s，称之为 E1；日本称为 J1，速率为 1544kbit/s；美国称为 T1，速率为 1544kbit/s，如图 5.1 所示。E1 包含 30 个 64kbit/s 信道和两个时隙，例如用于信令传输、帧同步以及报警指示。每帧长度为 $32 \times 8bit = 256bit$。一个整个 E1 帧发送速率必须与基本信号（层 0）速率相同，基本信号帧长设定为 125μs。T1（DSI）帧包含 24 个基本信道，每帧另外包含 1bit 用于帧同步。

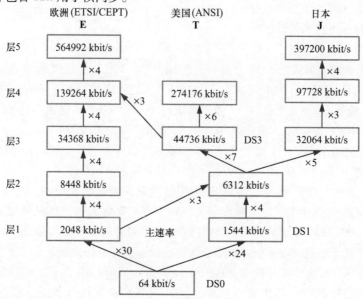

图 5.1　PDH 在不同标准中的层级比特率

低级别的数据流多路复用产生高级别 PDH 速率。高一级速率稍微高于低级输入比特率与信道数的乘积。这里需要一些填充及调整 bit，这是因为数据流到达 PDH 网元不会是严格同时到达，这需要帧间做一些调整。子帧必须是透传，不能改变它们的准同步时钟。

PDH 的一个优点是连续的比特流的承载不仅对传输节点同步，也对移动基站同步。数据速率是由产生数据的设备的时钟控制。2.048Mbit/s 的同步误差要求为 $\pm 50 \times 10^{-6}$，但 BTS 的同步要求更高。第 6 章将讲述更多同步内容。

TDM 系统一个缺点是固定的帧结构。而 IP 和以太分组网络可以利用网络负载的统计数据，而多路复用 PDH 不管是否需要都需要预留信道。尤其对移动数据业务，会随着地理位置、用户和服务变化，这会导致拥塞或者容量浪费。更多关于分组回传的优势参见第 4 章。

连接到更早的 2G 系统的互连设备速率下调到 8kbit/s 级别以改善传输效率，而当使用 2Mbit/s 帧时只填充部分 bit 位置。

5.1.4　SDH

同步数字架构（Synchronous Digital Hierarchy，SDH）是一种可以使 PDH 速率传输同步，并且是数字层级扩展到更高速率的机制。SDH 是 ITU 发布的国际版本的标准，而Sonet 是美国版本标准。这两个标准在实现上很相似，这使得 SDH 和 Sonet 之间在任何速率上的互操作非常简单。

相比 PDH，SDH 的优点在于：

- 支持足够高的传输速率可以满足现在核心网数据业务的需要；
- 同步网络可以提供精确定时；
- 相比 PDH 网络，增加/删除功能更简便；
- 在网元和网络级别可靠性更高；
- 是全球标准，互连性更好；
- 支持更多客户协议。

SDH 的基本传输格式是 STM–1（同步传输模式，1 级）。每级 SDH 传输速率是低级别速率的整数倍。STM–1 帧长为 125μs。SONET 与之对应的是 STS–3c（同步传输信号，3 级，级联）或者 OC3c（光载波，3 级，级联）。Sonet 的基本传输速率是 STS–1/OC–1，51.840Mbit/s/50.112Mbit/s，也称作 STM–0。数据传输开销为 3.4%。

有 3 种方法将 1544kbit/s 和 2048kbit/s 的基本传输速率信号分别映射到VC–11和VC–12 上，ITU–T 定义的 G.707，异步方式、比特同步和字节同步方式。

如图 5.2 所示，PDH 信号同步到 SDH 传输速率，需要填充一些 bit。指针用于调整 PDH 和 SDH 之间的速率差异。SDH 多路复用时，不需要填充 bit。PDH 传输速率通过固定大小的容器（C）映射到 STM 帧。在 SDH 线路上承载容器时，需要增加一些额外开销用于传输告警和管理信息。如果信息数据输入比较慢，则容器的剩余部分填充额外的填充比特。填充过程称为映射。线路开销（Path Over Head，POH）用于定义 SDH 网络中的一条通路。一个容器和 POH 一起构成一个通过 SDH 网络传输到 PDH 数据接收点的虚拟容器

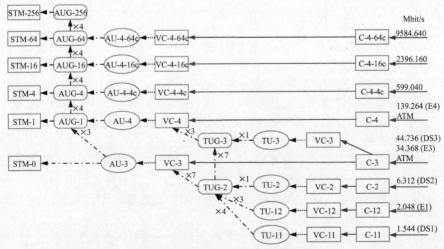

图 5.2　SDH/Sonet 速率和复合层级

(Virtual Container，VC)。接下来，当管理单元指针（Administrative Unit，AU）加入到帧中时，管理单元进入 SDH 帧层级结构。AU 指针指示 VC 的第一个字节的位置，并允许 VC 在 STM 帧内的任意位置，这使得 VC 转换成 AU。支路单元（Tributary Unit，TU）用于将低级别 PDH 信号多路复用成 VC－4。每个 TU－n 都有对应的 VC－n，VC－n 借助 TU－n 指针映射成 VC－4。同级 AU 或者多个低级别 AU 组成的管理单元组（Administrative Unit Group，AUG）多路复用成一个 STM 信号。

　　图 5.2 中的"c"表示串联的或者单一的信道，是指整个负载传输速率用于传输一个数据流，而不是指 E－传输速率或者 T－传输速率。其余传输链接都建立了信道。一个信道化链接的负载传输速率可以分成多个标准化帧和结构的低速率信道。例如，OC－48 链路可以分成 4 个 OC－12 信道。这个例子中一个小区或者分组流的数据传输速率被各自信道的带宽限制。

表 5.2　STM、Sonet 和光载波数据传输速率

SDH 信号	Sonet 信号	光纤级	线路传输速率 /（Mbit/s）	数据传输速率 /（Mbit/s）
STM－256	STS－768	OC－768	39813.120	38486.016
STM－64	STS－192	OC－192	9953.280	9621.504
STM－16	STS－48	OC－48	2488.320	2405.376
STM－4	STS－12	OC－12	622.080	601.344
STM－1	STS－3	OC－3	155.520	150.336
（STM－0）	STS－1	OC－1	51.840	50.112

以太网传输负载报头在整个帧的最开始传输。SDH 报头被视作额外开销，交错插入在负载数据中。交织可以降低时延。数据经过 SDH 节点会被延迟最多 32μs。SDH 帧在图 5.3 示出。

　　图 5.4 显示了 SDH 网络部分结构。SDH 网络的最小可管理实体是再生段。每个有重复器功能的节点监视再生段性能。每个产生器终端处理 SDH 帧的再

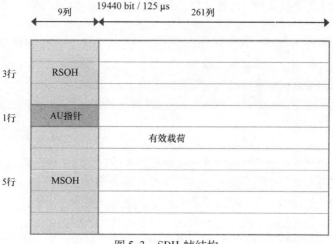

图 5.3　SDH 帧结构

生段开销（Regenerator Section Over Head，RSOH）部分（见图 5.3），并重新计算新的内容。下一级更大的可管理实体是复用段，两个复用器之间的 SDH 网络部分。复用段开销（Multiplex Section Over Head，MSOH）用于 OAM&P 信息相关的复用段部分。段开销也包含指针，指针用于定义容器在负载数据中的位置。用于对齐非同步负载数据。

　　在 SDH 中，所有数据流都是同步的。来自多个分支的数据流以字节交叉成一个更高级别的数据流。在一个复用 SDH 帧中，信道在帧中有固定位置。这样可以从多路复用的数据流中通过挑出特定字节的方式或丢弃一个信道，而不需要像 PDH 那样将整个数据流

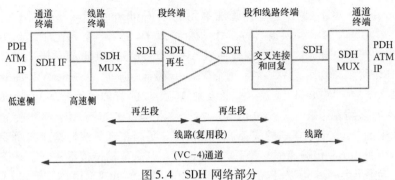

图 5.4　SDH 网络部分

降级拆分。

在 SDH 网络中，甚至可以有两种不同的时钟。SDH 提供负载指针以容忍相位和频率上的差异。这可以甚至在网络不同步时保持数据同步。负载指针指示 VC 负载和 STM 帧之间的帧级别偏移。这个指针指示 VC 在负载中第一个字节的位置，这使得 VC 可以放置在 STM 帧中的任意位置。SDH 网络中的所有网络节点都进行指针处理，网络中有独立的时钟参考的网络。这个同步网络负责分发同步信息给需要同步操作的网元。

5.1.5　SDH 保护

SDH 网络的一个优势是其中大量的保护，尤其是环路保护机制。术语 1 + 1 保护是指两个传输信道持续的相互提供保护。如果主要信道失败，则远端（接收端）通过保护性切换选择保护信道。在 1:1 保护（更一般的是 $M:N$）模式中，源端只通过可用信道（或者 N 个可用信道）发送数据，而保护信道（或者 M 个备用链接）处于备用状态。保护信道可以用于一些其他（次要）业务。当发生故障时，两端同时切换到保护信道。通常 $M:N$ 保护模式在传输源数据时更有效，而 1 + 1 模式运行更快些。$M:N$ 保护也要求保护网元之间的信令信道协商所使用的路径。保护的实现可以是基于链接或者基于路径。SDH 的接口也可以被保护。

保护技术可以从多个维度归类：线性保护或者环路保护、路径保护或者子网络保护以及双向保护或者单向保护。线性保护可以在网络中的任意两点之间进行，可以保护一个中间节点，其中的一段，一条线路或者端到端的传输路径（见图 5.4）。环路保护是一种很有效的保护方式，可以提高故障适应能力，并还有其他益处。

通常故障适应性切换被认为是双向性的，但无向的切换有切换迅速的优点，可以避免不必要的额外的业务中断，并且实现简单。双向切换的优点是易于管理，并且没有两个方向间的时延不平衡情况。

告警指示信号（Alarm Indicator Signal，AIS）是 PDH 和 SDH 系统中用于指示信号丢失（Loss Of Signal，LOS）或者帧丢失的机制。一旦 LOS 节点向更高层系统发送的数据为全 "1"，这说明发生了 AIS。远程故障指示（Remote Defect Indicator，RDI）是在 AIS 或者信号失败被检测到时的路径级指示。

自动保护切换（Automatic Protection Switching，APS）自动探测工作信道故障，故障发生时将业务切换到保护信道（源端）以及选择在保护信道接收业务（接收端）。在故障恢复后，也会切回到工作信道。APS 可应用于任何线路。在 SDH/Sonet 网络，APS 功能预留了一条相同容量的信道作为保护信道。SDH 的 APS 是无方向性的。

子网连接保护（Sub Network Connection Protection，SNCP）是 SDH 网络的一种 1 + 1 保护机制。可以部署成环形、点对点型或者网状拓扑。SNCP 是用于物理交互接口的多路复用段保护（Multiplex Section Protection，MSP）的辅助保护机制。SNCP 功能在 Sonet 网络中的对等功能是单向通道倒换环（Unidirectional Path Switched Ring，UPSR）。复用段共享保护环（Multiplex Section Shared Protection ring，MS – SP ring）提供一种共享保护模式。复用段专用保护环（Multiplex Section Dedicated Protection ring，MS – DP ring）主要提供专用信道保护模式。

在共享保护模式中，每个复用段均衡地承载工作信道，一旦发生故障，所有段都可以在保护信道上承载。这种方式，保护信道容量在环路段上共享。

双向环有两条在相对方向上传输的共享的光纤。为了在正常操作条件下利用保护信道的附加容量，这个容量可以用于传输低优先级业务。保护业务是在故障情况下切换至保护信道的业务，或者强制在保护信道传输。非优先的非保护业务（Non – preemptive Unprotected Traffic，NUT）是非关键业务，不需要保护机制，不受保护机制影响。额外业务是运行在保护信道上的尽力而为（best effort）业务或者后台业务，在保护信道占用时，可能被阻塞。

5.1.6 OTH

ITU – TG.709 定义了一种光传输网络（Optical Transport Network，OTN）上数据传输的方式。这是一种标准化的在密集型光波复用（Dense Wavelength Division Multiplexing，DWDM）系统上透传服务的方式（见 5.3.2.1 节），也称之为光传输体系（Optical Transport Hierarchy，OTH）标准[3]。

透传是指负载可以是任意用户信号（SDH/Sonet、以太网、SAN 等）。OTN 的概述和一般网络架构见 ITU – T G.871/Y.1301[10]。

OTH 提供了全时钟透明性、性能监控（Performance Monitoring，PM）开销以及前向纠错（Forward Error Correction，FEC），以提高数据接收性能。在 OTH 网络中，有端到端独立的用户信号管理、监控和保护机制，并且还有用户信号非介入式监控。

OTH 信号记作 OTUk（$k = 1, 2\cdots$），用于承载表 5.3 中列出的多种用户信号。推荐定义了负载（OTUk）、开销结构、高级纠错和光传输网络的管理与维护（OAM&P）功能。

10GBASE – R 定义了 10.3Gbit/s 的以太网帧结构。这个速率与 SDH/Sonet 网络传输速率不匹配，但与 OTN 网络完全匹配（见表 5.2）。光纤信道（Fiber Channel，FC）是 Gbit/s 传输速率网络技术，主要用于存储区域网络（Storage Area Networks，SAN）。

表 5.3 G.709 OTN 传输速率

客户端信号	OTN 线信号	OTUk 线路传输速率 /（Gbit/s）	OPUk 负载传输速率 /（Gbit/s）	相位精度 （×10^{-6}）
STM – 16/STS – 48	OTU1	2.666057	2.488320	±20
STM – 64/STS – 192	OTU2	10.709225	10.037629	±20
10GBASE – R/10GFC	OTU2e	11.095727	10.356012	±100
STS – 768/STM – 256	OTU3	43.018413	40.150519	±20
达到 4 10GBASE – R	OTU3e2	44.583355	41.611131	±100
100GBASE – R	OTU4	111.809973	100.376298	±20

OTN 网络在移动回传中的优势是光纤巨大的容量。

5.1.7　NG – SDH

现在，SDH/Sonet 被认为是一种遗存系统，不是数据传输的最优传输方式，因为它是 TDM 技术，是面向连接的，并且（重）配置不灵活。当预见到数据业务将会增长时，促使大家利用这个遗留的网络更高效地应对数据业务暴涨。这需要提高大的高容量网络（城域网）带宽管理和服务提供的灵活性，提高灵活性和运营效率，但同时最大程度利用现有网络。SDH/Sonet 网络的可提供高带宽容量的能力是其用于互联网的主要原因。

下一代 SDH 为现有网络引入 3 个属性：虚级联（Virtual Concatenation，VC）、通用成帧规程（Generic Framing Procedure，GFP）和链路容量调节方案（Link Capacity Adjustment Scheme，LCAS）。

GFP 在 ITU – T G. 7041 中定义，定义多种数据业务对 SDH 的标准映射和替代方案，最有名应用是以太映射到 10Gbit/s。虚级联（VCAT，ITU – T G. 707）可以在现有的 SDH 网络中配置可变带宽增量管道，而无需改变现有的网络基础。每个管道具有自己的容量并可分布通过多条光纤。链路容量调节方案（LCAS，ITU – T G. 7042）允许在服务过程中调节带宽。也允许业务使用保护带宽。弹性分组环（RPR）技术中也提供相同的特性。

PoS（Sonet/SDH 承载上的分组），是一种在同步光网络上承载 IP 数据的技术。IETF PoS 阐述了在 Sonet/SDH 链路上的 PPP 封装。PPP 设计用作点对点链接，适用于 Sonet/SDH 链接，这可以提供点对点电路甚至环路拓扑。PoS 帧映射到 Sonet/SDH 帧，基本传输速率为 149. 760Mbit/s。现在多数 WAN 应用中，带有 PoS 接口的路由器通过 ADM 连接到 Sonet 承载环路。

多业务提供平台（Multi Service Provisioning Platform，MSPP）是最早的在遗存 SDH/Sonet 网上承载以太网业务的方案之一。MSPP 节点提供不同技术的多个接口以及 ADM 功能，也提供互连功能以处理多个骨干网。

5.1.8　ATM

ATM（Asynchronous Transfer Mode，异步传输模式）是一种使用异步分组传输的电路交换技术。它使用异步时分多路复用，将数据编码成 53B 固定长度的单元。这不同于，比如，IP 或者以太网使用的变长分组或者帧的技术。ATM 系统主要工作在数据链路层，使用 PDH 或者 SDH 物理层协议。ATM 网络速率可达 10Gbit/s。

ATM 提供多种数据链路层服务，但它在与更流行的 IP 和以太网络竞争中落败。它是一种可以同时处理传统的高吞吐量数据业务和实时性，低时延业务，比如语音和视频的网络。ATM 使用面向连接模式，这要求在实际数据交换开始前必须建立两个端点之间的虚拟电路。

最初，ATM 被选为 3G WCDMA 无线接入网（Radio Access Networks，RAN）的传输协议，而现在越来越多的新 3G BTS 回传连接是基于 IP。B – ISDN 也定义使用 ATM 传输，但这种网络现存不多。

ATM 使用 ATM 适配层（ATM Adaptation Layers，AAL）支持不同的非 ATM 业务。ATM 在网络上使用虚路径（Virtual Path，VP）和虚信道建立虚电路（Virtual Circuit，

VC）。每个 ATM 单元拥有一个虚路径标识（Virtual Path Identifier，VPI）和一个虚信道标识（Virtual Channel Identifier，VCI），它们一起标识用于连接的虚电路。在这个单元穿过了 ATM 网络的过程中，通过改变 VPI/VCI 值进行切换。这个过程称为标签交换。通过这种方式，业务从一端到达另一端总是经过相同的路由。

当一个 ATM 电路建立时，每一个电路上的交换点都被通知了连接的业务类型。这称作业务合约，是 ATM QoS 机制的基础。

5.1.9　混合 TDM/分组传输

移动回传网络正在从 TDM 时代转向基于全分组技术。这个转变的逐步发生有多个原因：

- 利用遗存网络投资；
- PDH/SDH 携带精确同步；
- PDH/SDH 能保证关键业务的特定的带宽和时延；
- 分组网络成本优势，分组网络可以利用统计复合，复用传输尽力保证业务。

为了利用现有物理层投资，IP/以太网数据可以像 5.1.7 节 NG SDH 内容讨论的映射到 PDH/SDH 帧，也可以在分组网上建立虚 PDH 电路。这种方式，需要在数据接收端和发送端（BTS 以及控制器/网关）模拟数据终端。

伪线仿真（PWE）是通过分组交换网络（IP/以太/MPLS）透传 TDM 信号（E1 或者 T1）的一种方法。分组交换网络承载电路仿真，（Circuit Emulation over Packet Switched Net，CESoP）是通过 IP/以太网/MPLS 传输网络承载 TDM 业务的一种伪线仿真技术。PWE3（端到端的伪线仿真）是 IETF 发起为服务提供商定义的伪线架构（在 RFC 3985 中定义）。伪线仿真在第 4 章也有讨论。

5.2　无线回传技术

传输中的无线等价于点对点微波无线链路。微波无线（MWR）在各级传输网络中已经应用了几十年，在短距离或者长距离回传。在数字通信时期主要数据结构是 PDH 和 SDH，现在是以太网。在 2～15GHz 无线频率，大部分频带分配给固定业务，更新的城市应用使用 18～38GHz 频段。接入部分典型的容量通常为 2～16×2Mbit/s，而国家主干网容量为 140Mbit/s，即 STM－1 或者 STM－4。过去骨干网安装通常是大工程：很高、很稳固的天线杆，巨大的抛物面天线，巨大的无线和安装在有空调器的专业机房的基带机柜。

由于数据传输速率的巨大增长，上层网络（核心网）采用光纤传输。而由于无线传输系统在无线域的优点，移动回传网络接入部分广泛采用无线传输系统。这就需要实现移动和固网汇接，汇接部分也属于无线回传。

全球超过 55% 的 MBH 物理连接基于微波通信，2010 年 MBH 总产量的 64% 基于 TDM、TDM/以太网双模和分组微波（见第 2 章）。由于 LTE/LTE－A 时代移动数据传输速率的增长，移动手持终端到 BTS（eNB）的距离会缩短，每平方千米的数据传输容量会大大增加，尤其在城市区域。大传输容量通过光纤传输到聚居建筑物，但不能达到每一个小基站。微波无线技术容量将增加到 1Gbit/s 的量级，而新的毫米波技术将提供更宽的带宽，将达到10Gbit/s的容量以及更密集的无线网络。

5.2.1　无线波传播

在无线传输连接中，无线波会面临多种需要仔细考虑以及精心计划的异常情况。无线电波传播的相关问题如下：

- 自由路径损耗衰减，例如由传输距离导致；
- 大气衰减；
- 衍射衰落，由于传播路径上障碍物的阻塞；
- 多径或者波束散焦造成的衰落；
- 由于地面或者其他表面反射造成的多径衰落；
- 大气中的雨滴或者固体颗粒造成的衰减；
- 衍射造成的接收终端到达角和发射终端发射角的变化；
- 由于多径或者天气状况引起的交叉极化鉴别度（XPD）的降低；
- 多径传播中的频率选择性衰落和延迟造成的信号失真。

在无线电波从发送端到接收端传播过程中，其强度会降低。视距函数的信号强度衰减称为自由空间的基本传输损耗（FSL），可以根据式（5.1）计算：

$$FSL = 32.45 + 20 \log_{10}(f) + 20 \log_{10}(d) [dB] \tag{5.1}$$

式中，f的单位是 MHz；d的单位是 km。

根据式（5.1）可知，距离每增加10倍，信号强度降低20dB。多径非视距情况的距离每增加10倍衰减35～40dB。

两个端点间无线路径实际上不是只有一条，无线电波频率能量在空间椭球面的传播由菲涅尔带（Fresnel-zone）定义（见图5.6a）。链路设计必须保证在正常障碍条件下能保证大约一半菲涅尔带半径。在低频和长距离传输中需要考虑补偿大气折射的影响。

菲涅尔带半径 d_1、d_2 根据式（5.2）计算：

$$r_F = 17.3 \sqrt{\frac{d_1 d_2}{fd}} [m] \tag{5.2}$$

式中，半径 r 的单位是 m；距离 d 的单位是 km；频率单位是 GHz。

如果菲涅尔带内有障碍物，则附加衰减由式（5.3）估算：

$$L_{ad} = -20 \frac{c}{r_F} + 10 [dB] \tag{5.3}$$

视距上一个相对较小的障碍造成 10dB 的附加衰减。电磁波的弯曲、散焦以及衍射减弱是信号衰落，是长距离通信低频无线电波的损耗的主要原因（见图5.5）。

多径传播造成的选择性衰落会随着大气条件的改变而改变。选择性衰落造成的信号变形只能通过合适的无线解调技术和减少多径反射的链路覆盖设计补偿和还原。无线覆

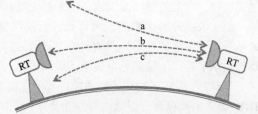

图 5.5　大气折射变化导致的微波传播的弯曲
（散焦。a：正常大气折射；b：负折射；c：超折射）

盖参数和无线覆盖传输输出大小与损耗系数计算方法请参阅文献［24］。

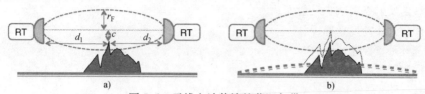

图 5.6　无线电波传输的菲涅尔带

a）距离 d_1、d_2 上的障碍物限制了 c 的清晰度，并引起了衍射衰减

b）大气的次折射放大了视线传播上的障碍

电磁波在大气中传播会由于气体和水蒸气衰减，如图 5.7 所示。在 10 ~ 15GHz，气体和水蒸气衰减可以忽略，在 22GHz 达到局部最大值，这是水分子引起的第一个放射峰。气体衰减在低频段很低，在 60GHz 达到一个峰值，这是氧气分子造成的衰减，大约是 15dB/km。气体造成的衰减比较恒定、变化较小，而水蒸气造成的衰减变化较大。

无线电信号也受到雨的衰减，这是一个不同的统计现象。低于大约 10GHz 的信号的雨衰可以忽略不计，但是在较高的频率和短的时间段内，雨水是通信中断的主要原因。ITU – RP.837 – 4 建议包含不同地理区域的降水率（mm/h）和中断超过 0.01%

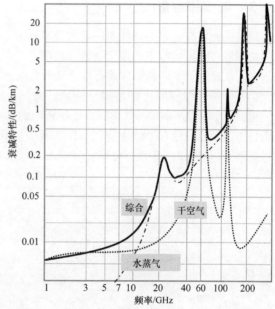

图 5.7　大气气体特性衰减（ITU – R P.676 – 8）

可能时间的地图（每年 53min 或每月 4min）。数字也可以扩展到其他百分比。一旦知道由雨强作为频率函数自变量引起的衰减，则可以计算所需的平坦衰落余量。将余量用于链路预算工具，以优化微波中继段站距、天线尺寸、发射功率和其他参数。

99% 的典型的降水率可用值范围是从欧洲大陆的 40mm/h 到远东的 100mm/h。无线链路设计使得链路强度可以对抗这样高的附加衰减。当然，如果其他更高或者更低降水率可以获得并需要估算，也可以计算其衰减补偿值。

慢平缓衰落和快频选衰落影响在链路设计时都必须考虑。有很多技术可用于降低这些影响，其中大多数可以同时降低这两种影响。同样的技术也通常可以减轻交叉极化识别度的影响。这些可以归类为不需要分集接收或者发送的技术，以及需要分集的技术。从投资经济性考虑，在可能的情况下避免使用分集技术都是值得的。

为了减少不采用分集技术情况下的多径衰落影响，可以采用下列技术：

● 增大方向性；

● 减少平面反射影响；

- 遮挡反射点；
- 移走反射点以减少反射面；
- 优化天线高度选择；
- 选择垂直极化；
- 使用天线辨别；
- 减少路径。

　　也存在安装相关的信号损耗，比如天线校准、天线杆的晃动、射频电缆和接头衰减。天线罩上的积雪也会造成较高电磁波频带的衰减。

5.2.2　频率和容量

　　微波无线电在选择的频段占一定的带宽传输。频带和带宽都是技术设计参数，但当地频谱规划管理会影响频率的使用和许可费用。

　　图 5.8 显示了不同调制方式可以达到的数据传输速率。数据传输速率越高，信号带宽越大，每个符号传输的比特越多（例如，调制阶数越高）。越高阶的调制需要越强的信号，也就越容易受干扰影响。BPSK 是很鲁棒的调制方式，仅传 2bit。1024QAM 是很高阶的调整方法，目前仅在微波中应用。图 5.8 中显示了其他调制方式达到 1024QAM 相同的信号质量可以降低的 dB 数。可见，64QAM 要求的信号强度大约比 QPSK 高 12dB。

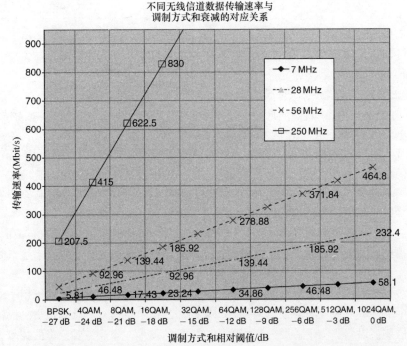

图 5.8　不同的无线信道带宽下无线数据传输速率与调制方式的对应关系

　　全球 7 ~ 28MHz 的带宽在主要频段普遍容易得到。56MHz 带宽的信道数量非常有限，并且可能已经分配给主要运营商使用了。250MHz 带宽的信道可以在最新的 40 ~ 90GHz 的高容量频带中获得，但目前还没有这个频段的应用产品。

　　图 5.8 中也显示了自适应调制（AM）的作用，AM 是现代微波通信的常用技术。当无线链路不好时，例如，由于雨，AM 算法调整调制方式降低容量以保持通信链路。这在移动网络中是有益的，因为连接断开也使得基站控制断开。当链路质量恢复时，BTS 重新同步会占用一段时间，但如果至少可以调度最小容量，控制就可以维持。这对 TDM 回传比较棘手，但对基于分组的回传（以太网/IP），通过合适的 QoS 流程就可以处理这种变化的信道。更低级的服务类型（尽力而为）会被最先丢掉。

　　传统的多数点对点无线链路使用 FDD 双工模式，很多国家的频率规划也是基于 FDD。每一个无线覆盖段占用一对频段，在上下行两个方向上带宽相等。TDD 模式也被开发运用，主要用于点对面连接。现有的信道增加信道容量的一项技术是使用双极化。这需要一项专项的电磁波技术：交叉极化干扰抵消（XPIC）技术。双极化可用于极化分集以及多输入多输出（Multi Input Multi Output，MIMO）。

　　表 5.4 显示了无线服务的频谱分配。这是 ITU Region 1 的一般分配表格，没有详细指定每个国家的频谱分配使用。频谱分配规划的实施应该遵守国际指导原则，但由各自国家官方管理。频谱牌照分配原则各有不同。表 5.4 也给出了 CEPT 区域的频带使用信息以及典型的微波无线覆盖距离。

表 5.4　无线服务的频谱分配

频段/GHz		带宽/GHz	可用信道带宽/MHz	CEPT 国家的使用	典型覆盖距离/km
5900	7100	1200	3.5/7/14/20/30/40/60/80	很多	55
7125	8500	1375	7/14/28/56	很多	53
10000	10680	680	3.5/7/14/28/56	中等	40
10700	12500	1800	28/40/56/80	中等	40
12750	13250	500	3.5/7/14/28/56	很多	25
14500	15350	850	3.5/7/14/28/56	很多	23
17700	9700	2000	13.75/27.5/55	很多	20
21200	22000	800	3.5/7/14/28/56/112	很少	
22000	23600	1600	3.5/7/14/28/56/112	很多	14
24200	24500	300		很少	
24500	26500	2000	3.5/7/14/28/56/112	很多	9
27500	29500	2000	3.5/7/14/28/56/112	中等	4
31000	31300	300	3.5/7/14/28	很少	
31800	33400	1600	3.5/7/14/28/56/112 + 块	中等	3
37000	39000	2000	3.5/7/14/28/56/112	很多	5
40500	43500	3000	7/14/28/56/112 + 块	很少	3
48500	50200	1700	3.5/7/14/28		
51400	52600	1200	3.5/7/14/28/56		2
55780	57000	1220	3.5/7/14/28/56		
57000	59000	2000	50/100	很少	
59300	2000	2700	—		
61000	61500	500			
64000	66000	2000	50~2500	很少	3
71000	76000	5000	250~2250/4500	很少	2
81000	86000	5000		很少	
92000	95000	3000		很少	
	总计	46325			

　　低频段 6~13GHz 一般分配用于农村长距离覆盖地区。无线覆盖距离为几十千米。一些国家甚至规定了 10GHz 以下的最小覆盖规定以保证频谱使用效率。较早分配的 6GHz 以下的长距离回传频带相对现代移动通信带宽太窄，其中很多已经对移动业务做了重新规划。

23～38GHz 频谱常用在城市无线布网。无线覆盖距离为 5～15km。天线更小,很适合城市 BTS 安装。宽频带 (28MHz/56MHz) 数量很有限,很多城市这些频带开始分配紧张。

在很多国家新的在 32～42GHz 频段的频带开始开放以缓解高容量回传网 (LTE) 的需求。50～90GHz 的毫米波也正在走向应用。例如 57～66GHz 和 71～94GHz 的频段正在考虑用于将来小站 (small cell) 的无线回传。这些频段在很多国家已经或者准备做频率规划。商用半导体技术已经可用,并且降低该技术成本的研究计划正在进行中。根据 ITU－R 的频谱规划,直到 400GHz 的频段考虑用于无线技术。40～275GHz 总共有 131GHz 固定业务频带分配。可获得多个 5～10GHz 连续频带 (成对/不成对),这些频带可以支持超过 10Gbit/s 的传输速率。

移动回传网对 10GHz 以下的频带也很感兴趣。这可以以 WLAN 和移动 BTS 的低成本的硬件提供非视距或者近似视距的通信回传环境。缺点是有限的频谱和不断增长的应用。例如,5.8GHz 的 RLAN 使用的 250MHz 的带宽。甚至 BTS/eNodeB 本身及其占用的频带可以用于回传。这项技术称为中继或者带内或者带外回传。这使得无线网络可以中继扩展,并在只采用一种通信技术时,使得网络规划更容易。缺点是回传耗尽了宝贵的移动频谱。

评估无线链路总成本时,一项关键因素是频谱牌照费用。一般是每年缴费,传统的点对点无线通信是按每一跳缴费。不同国家牌照费用相差很大,从很低的费用到使微波无线用户承受较高费用的市场拍卖价格。牌照价格一般与国家规划的每个无线发射器的频谱干扰协调有关。从费用角度考虑非授权的频带是不错的选择。但另一方面,没有协调也使得回传网络能否正常工作的风险增高。一些国家在一些频段上引入了轻便许可系统,用户可以以先到先服务的方式预约网络应用许可。

5.2.3 网络拓扑

无线链路技术的基本拓扑是点对点、一对多以及多对多。点对点链接建立在两点之间(近端和远端),使用窄波形,称为笔形波束 (见图 5.9)。在两端点之间一定存在视线(LOS) 传播。FDD 可以进行双工通信。至今点对点拓扑仍是 MBH 网络中最常用的 MWR 网络拓扑,点对点 MWR 链路依据基站密度及位置形成不同网络层级的拓扑,一般环形或其他封闭的拓扑可以提供网络级的保护 (有另外一种基站连接的选择)。

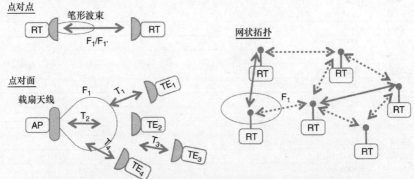

图 5.9　无线网络拓扑示例:点对点、点对面、面对面/网状拓扑
(RT:无线终端;TE:终端设备;AP:接入点)

一对多拓扑或者构架也称为点对面,因为 PMP AP 作为移动基站可以提供一种简单方式的覆盖。一般 AP 价格是终端设备的 3～5 倍。接入技术通常采用 TDD,这可以对每个

TE 自适应调节不同的瞬时容量。采用 PMP MW（点对面微波）系统的主要问题是视线连接的要求——实际场景很难保证基站覆盖范围内都有视线连接（LOS）。

多对多或者网状拓扑可以使复杂的网络利用分组传输协议以提供高级的负载分担、路由和保护。现在网状拓扑并没有在 MBH 大规模使用，这项技术和所能带来的收益正在研究中。

较大的微波无线网络拓扑一般分类为树状、链状、星状和环状，或者以上形式的混合。一般大多数微波无线链路网络为树状拓扑。树状拓扑中主干线的高流量分流到叶节点中，这是一种得到广泛验证的建网方式。树状拓扑对主干线有更高的可靠性要求。一些树状拓扑的分支可能是包含多个链路的链接。在星状拓扑中，流量从一点分散到多个方向。环状拓扑可以看作两个端点连接的链条结构。环状拓扑是一种可以为网络提供冗余保护的有效方法，但也需要相应的协议。

频段是否可获得、接入方法（FDD/TDD）以及地理条件也会限制网络拓扑的选择。

宽带无线接入（BWA）系统是一对多拓扑的典型应用，这可以在特定的地理区域内提供固定的无线接入。

网状拓扑通常用在像 WLAN 这样的用户无线接入系统。

5.2.4　可用性和故障可恢复性

为了提供硬件故障的保护，微波无线安装时配置了备份系统（见图 5.10）。这是典型的 1：1 配置，一旦工作的无线设备故障，备份无线设备（TRX）马上接管无线业务。工作设备和备份无线设备使用相同的频率信道。在无线交互的另一端不需要做切换，但控制信道应该指示切换丢失的信息。

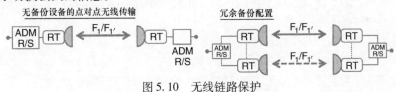

图 5.10　无线链路保护

一般，平均故障时间（MTTF）越短，无线设备置于户外相对置于机房内，修理成本越高。

无线设备每个覆盖单位区域的保护方法是分集方法，一般配置方法是 1 + 1，常用方法如下（见图 5.11）：

- 空间分集（Space Diversity，SD）：两个天线垂直方向分开。
- 频率分集（Frequency Diversity，FD）或者极化分集（Polarization Diversity，PD）：一个天线使用两个频段或者两个极化方向。
- 路径分集（Route Diversity，RD）：保护路径在水平方向分开。

其中只有 RD 是对抗雨衰的有效方式。其他方式主要用于对抗低频段多径绕射衰落（见 5.2.1 节）。设备保护和无线覆盖单位区域保护可以组合保护，例如，分集备份模式。在第 9 章有更多的有关无线回传故障恢复的介绍。由于设备及安装成本考虑，分集和故障恢复配置可能在 MBH 接入网中应用减少，也可能是因为移动网络本身故障恢复能力。而在主干网络仍使用 $N + 1$ 冗余备份保护。

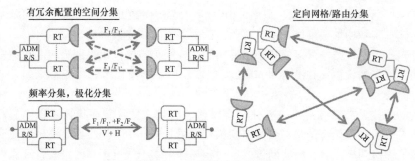

图 5.11　无线链路分集配置

以太网环结构可以提供多点连接可靠性保护，但同时协议必须避免死循环。以太网环的两个基本规则如下：

- 开环：链路保护时，阻塞故障链路；
- 闭环：链路保护时，忽略生成树协议，重新定向业务。

现在由于很多以太环网协议，一些是标准定义的，一些是自定义的。一般支持的典型的以太网环类型有单环、重叠环和结合环（环上节点有公共节点）。以太网环保护（Ethernet Ring Protection，ERP）是层 2 机制，使用控制 VLAN 监视和控制 VLAN 的数据负载。VLAN 上每个负载在控制 VLAN 上传输，控制 VLAN 由一个主交换机管理。正常运行中，ERP 管理终结 ERP 负载包以避免循环发送。链路故障发现是通过①回送数据包在环路上停止循环或者②ERP 探测交换机上报探测到的链路故障。

ERP 建议（G. 8032/Y. 1344）为以太网环形拓扑定义了自动保护切换（APS）。环路保护是通过一个时刻所有业务流只能在一个方向传输实现的。以太环网支持多环网络，其中包含组合环网。APS 协议也用于环网规划。在特殊条件下，以太环网故障后切换时间要求小于很短的 50ms。

5.2.5　性能

无线链路设计的其中一个步骤是设定整体回传网络可以达到的目标水平。对大的电信网络的一些推荐方案可以查阅 T – REC – G. 826 或者 G. 828。对数据网络和移动回传，最后几米所能达到的目标水平是优化网络成本和用户体验的关键。在考虑用户，移动业务要求的整体网络可达到的水平与运营成本之间往往在做一个平衡。

无线链路性能指示在 ITU – T G. 826 中定义。错误块是其中一个或多个有比特错误的数据块。一个路径上的连续比特形成一个数据块。全路径上的误码秒是指在间隔周期能发生 1 个或者多个错误块或至少发生过一次错误，以 s 为单位。一个连接中，ES 也可能是发生了信号丢失（Loss Of Signal，LOS）或者告警指示信号（Alarm Indication Signal，AIS）。严重误码秒（Severely Errored Second，SES）是指 1s 内误块率大于等于 30% 或者至少发生一次错误。SES 是 ES 的子集。背景码组误码（Background Block Error，BBE）的发生不计入 SES，例如，在很好的信号条件下，发生的零星错误数据块[9]。

这些标准的性能数据一般在每个通信节点记录，用于反映无线回传链路质量。这些参数也在端到端路径上监控，也可以用于服务等级协议（Service Level Agreement，SLA）一致性验证。

与各个性能参数相关的测量时间是误码秒率（Errored Second Ratio，ESR）、严重误码秒率（Severely Errored Second Ratio，SESR）和背景码组差错率（Background Block Error Ratio，BBER）。也有对基于 SDH 和 ATM 的小区传输误码性能定义。

5.2.6　其他无线技术

提到高容量通信，一项常提到的无线技术是自由空间光（Free Space Optical，FSO）通信。这是使用高阶调制的激光束通信的方法。尽管没有在移动回传中获得市场份额，FSO 产品和应用已经在高容量数据网络中出现了很长时间。主要原因是笨重的设备、昂贵的技术以及由于大气（雾）衰减导致的低可用性。

卫星通信也用于一些场景的移动回传中。典型的应用是地广人稀的区域，这些地区其他通信系统一般比卫星通信成本更高。地球同步卫星通信并不是好的选择，因为这需要地面站（增加回传容量）以及通信延迟太长。目前，已经有提议中距离地球轨道（Medium Earth Orbit，MEO）卫星提供的回传容量，其链路预算和时延可以满足 MBH 需求。

5.3　有线回传技术

5.3.1　DSL 技术

数字用户线路（Digital Subscriber Line，DSL）技术利用最初安装用于普通老式电话业务（Plain Old Telephone Service，POTS）的现有铜线来进行数据传输。DSL 用于接入传输，为家庭计算机用户提供 IP 服务，但它也是非常常见的回传技术。DSL 用户线路被称为环路，并且它通常是电缆对，但是大多数 DSL 变体也可以组合（捆绑）几对。不同 xDSL 技术的覆盖范围和最大容量根据环路传输速率、噪声条件与调制与编码的复杂性而有所不同，见表 5.5。

表 5.5　一些 DSL 技术的特性（ITUG. 991、G. 992、G. 993）

名称	参考标准	最高速率 下行/上行/（Mbit/s）	同步/ 异步	环路 长度	对数	捆绑
ADSL	ANSI T1. 413 Issue 2 ITU G. 992. 1 Annex A	8. 0/1. 0 12. 0/1. 3	A	5km	1	是
ADSL2 +	ITU G. 992. 5 Annex M	24. 0/3. 5	A	9km	1	32
SHDSL	ITU G. 991. 2	2. 3/2. 3	S	3km	2	4
VDSL	ITU G. 993. 1	52/16	A	1200m	1	
VDSL2	ITU G. 993. 2	250/4	S + A	50m ~ 5km		

最常见的技术是不对称数字用户线路（Asymmetric Digital Subscriber Line，ADSL）。它对欧洲和北美有不同的标准，而最新的 ADSL + 更加协调。它使用与 POTS 相同的线路，但 DSL 滤波器允许相同的铜线用于语音和数据传输。容量是不对称的，到 BTS 或客户驻地的下行链路方向大于上行链路容量，配置是星形的。客户端设备（CPE）体积小、价格便宜，而称为数字用户线路接入多路复用器（Digital Subscriber Line Access Multiplexer，DSLAM）的网络端通常终接几十或几百条接入线路，并通过 ATM/IP/SDH 接口连接到数据网络。G. bond 扩展能力可以倍增到 48Mbit/s/6Mbit/s。

单对高速数字用户线（Single - Pair High - speed Digital Subscriber Line，SHDSL）是一

种对称 DSL 技术。SHDSL 占用整个带宽用于数据传输，POTS 语音业务在同一条铜线上是不可能的。HDSL 在铜线对可用且容量需求合理时在回传建构中很流行，因为它直接提供 E1/T1、ATM 和以太网传输。SHDSL 标准是 ITU – T G. 991. 2，它也被称为 G. SHDSL。更新的版本称为 G. SHDSL. bis 或 SHDSL. bis。对于单对安装，SHDSL 具有高达 2304 kbit/s 的对称数据传输速率。两对特性可以替代地用于通过保持低数据传输速率来增加范围。将每对的数据传输速率减半将提供与单对线相似的速度，同时增加误差/噪声容限。使用 2 个或多达 4 个铜对可以实现更高的数据传输速率。

非常高的比特率数字用户线（Very high bit rate Digital Subscriber Line，VDSL）是可用的最快的技术。它使得可配置的上行/下行速度超过 100Mbit/s（几百米的环路）。VDSL 通常用作"光纤扩展"以将 FTTB 进一步传送到家庭或 BTS 站点。当站点传输速率不是很高时，对于 LTE eNodeB 传输速率是足够的，或者对于每个 eNodeB 仅具有少量用户的小型小区站点来说足够。

铜线既不稳定，也不是无干扰信号路径。通常在连接开始时系统协商线路速率，但电磁干扰可以干扰信号，从而导致错误。它取决于 DSL 调制解调器实现能够很好地适应情况和改变流量模式的能力。由于重叠交织，为了同步的目的，在控制中保持分组时间延迟变化也可能是挑战。

图 5. 12 显示了使用 VDSL2 链路从 IP – DSLAM 节点到 CPE 的测量上行链路和下行链路传输速率。在有和没有串扰的情况下进行测量。在较短的距离上，劣化导致干扰更差。

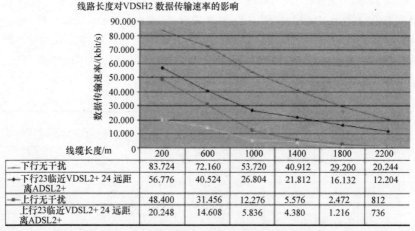

线缆长度/m	200	600	1000	1400	1800	2200
下行无干扰	83.724	72.160	53.720	40.912	29.200	20.244
下行23临近VDSL2+ 24 远距离ADSL2+	56.776	40.524	26.804	21.812	16.132	12.204
上行无干扰	48.400	31.456	12.276	5.576	2.472	812
上行23临近VDSL2+ 24 远距离ADSL2+	20.248	14.608	5.836	4.380	1.216	736

图 5. 12　线路长度对 VDSL2 数据传输速率的影响

有几种先进的方法来进一步提高 DSL 的性能。动态频谱管理包括诸如传输速率适配和近/远串扰消除的方法。简单的方法是平衡一对电缆中的信号频谱，更复杂的方法对一个节点和一堆电缆中的所有并行信号进行处理。它们需要在中心局端进行大量的信号处理，并且通常在终端中进行一些处理。VDSL 矢量是比特率从 100Mbit/s 电平增加到超过 200Mbit/s 电平的一个很好的例子。在实验室中已经证明了在铜对上高达 1Gbit/s 的 DSL 传输速率。

对绑定是将两个或更多个并行铜线组合以提供更大带宽的技术。在典型的铜电缆安装中，通常存在多个备用对。越来越多的家庭和办公楼用户正在移动到无线应用，留下对

MBH 使用。这些铜线对可以使用，只要它们有效。对于当前的 MBH 容量要求，它是新敷设的光纤的可行的替代。在评估可行性时，诸如配对的可达性和中心局设备的要求等因素也很重要。

5.3.2 光技术

光纤是一种细的高度透明被包覆的管，其中调制的激光传输数据。现代光纤具有约 0.2dB/km 的衰减，意味着 100km 运行衰减信号仅 20dB，其位于许多光学系统的链路预算中。光纤构成电缆。

多模光纤具有较大的芯（典型地为 50μm），允许使用廉价的连接器、光发射器和接收器。多模光纤材料更昂贵，并且有色散限制信号带宽并导致衰减。单模光纤更薄（通常 < 10μm）。它允许更宽的带宽和更低的衰减，但需要更昂贵的组件和互连方法。

连接光纤需要特殊的设备和技能。一旦光纤连接器安装在光纤端，连接可以像任何其他电缆那样执行。光学系统的优势在于能够将移动网络中的处理密集型设备集中到几个中心局。

光纤传输利用具有低衰减的某些波长范围，称为窗口，并避免那些具有自然高衰减的波长。第一个窗口在 800 ~ 900nm。在第二个窗口 1300nm 光纤衰减和色散低得多，使长距离可能。由于广泛可用的放大器和低光纤衰减，现在最常使用在 1500nm 的第三窗口。如果在介质中存在 OH 分子，氢氧化物在约 1400nm 处引起高衰减峰。

5.3.2.1 波分复用

波分复用（Wavelength Division Multiplexing, WDM）是在同一光纤中利用若干光波长的技术。基本上，它是 FDM 技术，但在光谱中通常使用"波长"或 λ 而不是频率。每个波长是专用于某个用户或服务的信道（见图 5.13）。

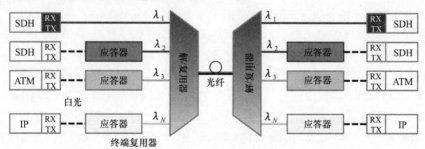

图 5.13 WDM 解/复用

在没有波长（光）复用的情况下，整个频谱必须转换为电信号并以常规方式（例如 SDH）进行复用。光电光（OEO）转换减小了活动节点之间的长度，并增加了成本和复杂性。光复用是一种被动操作。通过可能甚至数千千米的整个传输路径所需的唯一活动组件是光放大器。

粗波分复用器（Coarse WDM, CWDM）使用宽波长范围 1270 ~ 1610nm 大的波长间隔。ITU – T G. 694. 2 定义了 18 个信道。由于宽松的精度要求，CWDM 的范围限制在大约 60km，适合于 2.5Gbit/s 的传输速率。SFP TRX 模块可用于 CWDM，可将现有系统升级到此技术。CWDM 还用于使用双向收发器（BiDi SFP）在单个光纤中发送上行和下行光信号。典型地，发射机（激光器）是相当频率相干的，但接收机具有更宽的频带。这就是为什么在解复用器中需要频率选择滤波器来拾取仅需要的信道。

密集WDM（DWDM）使用C波段和L波段（1530~1620nm）波长，使得能够达到更长的距离。DWDM系统范围从40个通道或"色彩"，100 GHz栅格到160通道，25 GHz通道带宽。ITU-T G.694.1定义了DWDM的频率栅格。系统使用具有能够处理TX和RX方向的应答器和复用器的光纤对。收发器是光发射器和接收器的组合。它可以将电信号直接转换为所需波长或包含所有波长的"灰色光"。应答器是一个波长转换器，调谐到光纤网络侧的有用通道，并从客户端系统接收灰色光或电信号。

可重配置光分插复用器（ROADM）是一个光分插复用器，可以远程配置为切换来自光信号的多个波长的流量。这允许从WDM系统添加或删除数据信道，而不需要OEO。

5.3.2.2 PON

无源光网络（Passive Optical Network，PON）是一种点对多点光纤接入技术，使用无源光分路器为多个端点提供服务。用于PON的集中点或中心局称为光线路终端（Optical Line Terminal，OLT），而端点是光网络单元（Optical Network Units，ONU）。在移动回传使用中，ONU也可以被称为蜂窝回传单元（Cellular Backhaul Unit，CBU）。点对多点光纤树和分支选项称为光分配网络（Optical Distribution Network，ODN）。

与使用点对点光链路（见表5.6）相比，需要使用较少的光纤和较少的中央设备。典型的拆分是每个OLT 16~128个ONU。下行信号被广播，即每个ONU可以"看到"该信号。这可能需要编码/加密。上行信号使用多址协议（通常是TDMA，其导致更高的上行延迟）组合。OLT测量到ONU的距离，以便为上行通信提供时隙分配。

GPON（ITU-T G.984）网络现已在全球众多网络中部署。ITU G.987定义了10Gbit/s下行和2.5Gbit/s上行的10G-PON（或XG-PON）。帧接近GPON，并设计为在同一网络中共存。由于分离器的衰减，该范围通常限于几十千米的几分之一，并分裂为32。

以太网PON（EPON或GEPON）和10G-EPON作为第一英里（EFM）定义中以太网的一部分。EPON使用具有对称1Gbit/s上行和下行传输速率的标准以太网帧。10Gbit/s EPON支持在一个波长上同时工作10Gbit/s，在单独的波长上工作1Gbit/s。10G-PON波长不同于GPON和EPON，允许它与任一千兆位PON在同一光纤上共存。EPON是全球最广泛部署的PON技术。EPON也是DOCSIS提供EPON（DPoE）规范的一部分。DPoE使EPON OLTact像DOCSIS电缆调制解调器。此外，DPoE支持MEF 9和14以太网服务。

表5.6 PON技术对比（基于标准）

	EPON	GPON	10G-PON	WDM-PON
标准	IEEE 802.3ah	ITU G984	ITU G.987 IEEE 802.3av	无
用户/PON 系统带宽	32768 最多 1Gbit/s	128 最多 下行 2.5Gbit/s 上行 1.25Gbit/s	下行 100Gbit/s 上行 10、1Gbit/s	32 用户 < 1Tbit/s
平均用户带宽	67Mbit/s	120Mbit/s	250Mbit/s	1Gbit/s
帧类型	以太网	GPON 压缩	以太网	不可知

波分复用PON（WDM-PON）利用若干波长。它为每个ONU分配一个或多个专用波长或连接波长以改变传输容量。没有WDM-PON标准可用，但一些供应商正在努力。

5.3.3 以太网接口

最常见的数据访问连接是 10Mbit/s/100Mbit/s/1000Mbit/s 以太网。通常所有速度都由相同的接口卡支持。与 DSL 布线相反，以太网使用基于其可承载的最大速度分类的特殊电缆。电缆的关键是最小化对之间的串扰。以太网标准摘要见表 5.7 和表 5.8。

表 5.7 快速以太网（FE, 100Mbit/s）标准，MM = 多模，SM = 单模

缩写	媒介	最长距离	描述
100BASE – T	铜线		FE 双绞线的基础（到 5 类）
100BASE – TX	铜线，2 对	每段 100m	FE 双绞线主流，5 类线或以上
100BASE – FX	光纤，配对 MM	400m 单工	通过两条光纤传输的 1300nm 近红外（NIR）波长，一条用于接收，另一条用于传输
100BASE – BX	光前，单 SM	双工 2km，40km	多路复用器将信号分为发射和接收波长 1310nm/1550nm。下游终端使用 1550nm 和上行 1310nm 波长
100BASE – LX10	光纤，对 SM	名义 10km	1310nm 波长

表 5.8 千兆以太网（GE, 1Gbit/s）标准，MM = 多模，SM = 单模

缩写	媒介	最长距离	描述
1000BASE – T	铜线，4 对	100m	GE 双绞线基础，5e 线或以上
1000BASE – TX	铜线，2 对	100m	GE6 类或以上
1000BASE – SX	光纤，对 MM	220 ~ 550m	770 ~ 860nm 激光波长
1000BASE – LX	光纤，MM/SM	多模 550m，单模 5km	1270 ~ 1355nm 激光波长
1000BASE – BX10	光纤，单 SM	10km	1490nm 下行和 1310nm 上行
1000BASE – ZX	光纤，SM	70 ~ 100km	非标准接口，使用 1550 nm 的高质量单模光纤

Cat 5 是长达 100m 长的快速以太网（100Mbit/s）电缆。电缆、终端和验证在 ANSI/TIA/EIA – 568 A 或 B 中规定。标准连接器称为 RJ – 45 或 8P8C 模块连接器。类别 5e 是增强版本。今天安装的基本电缆类型为 Cat 6 或更高。Cat 6 电缆适用于千兆以太网速度，电缆长度可达 50m。长度取决于安装的速率和总质量，如果以最大速度为目标，则必须验证带宽。使用 Cat – 6a 电缆可以达到 100m 的 10GBASET 连接。甚至更宽的带宽 Cat 7 电缆标准已经被定义，但是今天没有广泛使用。

10BASE – T 和 100BASE – T 使用两对线，使用 1 个分离器两条 100BASE – T 的线能通过一根电缆传输。100BASE – FX 使用 SC、ST、LC、MTRJ 或 MIC 连接器。LC 和 SC 连接器是最常用的连接器。然而，电信现场安装和外部设备（OSP）需要质量过硬的光纤连接器，如 BX5。电信设备倾向于使用低衰减的高质量电缆，而短程数据通信使用低成本的电缆。

以太网卡可能具有单独的可拆卸千兆位接口转换器（Gigabit Interface Converters，GBIC），其执行到铜或光纤的接口功能。它使更容易更换传输介质，交换损坏的接口和管理备件。事实上的接口模块现在是一个小型可插拔（Small Form – Factor Pluggable，SFP）模块。模块不完全兼容，并且一些供应商可能具有供应商的锁定特征，其仅强制使用专有模块。

5.3.4 EFM

第一英里以太网（Ethernet in the First Mile，EFM）中的以太网是修订 IEEE 802.3ah –

2004 标准中的一组以太网标准的名称。它是一组附加规范，允许用户通过各种介质运行以太网协议，例如一对电话线和单根光纤（见表 5.9）。

其他扩展包括 100BASE – LX10、100BASE – BX10 和 1000BASE – BX10。这些扩展使得 EFM 端口类型更适合在接入网络和移动回传中使用。

表 5.9   802.3 附录 EFM

缩写	媒介	最长距离	描述
2BASE – TL	铜线，POTS	2.7km	基于 SHDSL，在距离为 2.7km 的 POTS 导线上达到 5.696Mbit/s（可变）
10PASS – TS	铜线，POTS	100m	基于 VDSL，在距离为 750m 的 POTS 上达到 10Mbit/s（可变）
1000BASE – LX10	光纤，配对单模	10km	单波长 1270～1355nm，高质量的布线
1000BASE – PX10	光纤，单模	10km	EPON 可达 16 个用户
1000BASE – PX20		20km	EPON 可达 16 个用户

5.3.5   DOCSIS

电缆数据服务接口规范（Data Over Cable Service Interface Specification，DOCSIS）是一种使用调制的 RF 信号在电缆 – 电视网络上传输数据的方法。它首先被美国标准化，也有一个欧洲版本称为 EuroDOCSIS。DOCSIS 的第一版本主要用于有线电视信号传输，但后来包括对互联网流量支持的改进。该服务允许在电缆系统头端（中心局或集线器）和全同轴或混合光纤同轴电缆上的电缆网络上的客户位置之间双向传输数据。端接口被称为电缆调制解调器终端系统（Cable Modem Termination System，CMTS）和客户端设备电缆调制解调器（Cable Modem，CM）。跨版本兼容性已在所有版本的 DOCSIS 中维护[19]。

CMTS 和 CM 之间的最大光/电距离在每个方向上为 160km（100mile）。它使用 6MHz RF 信道，速度为 38Mbit/s 下行和 27Mbit/s 上行链路。可以绑定信道，使得下一代 8 载波绑定高达 304Mbit/s。

因为有线电视线在人口稠密地区的高渗透率和高速度，DOCSIS 是一种潜在的最后一英里移动回传接入方法，但是它没有被广泛使用。

5.4   汇聚和骨干层

如本章开头所述，在 MBH 上层中使用的传输系统，即在汇聚和骨干网中，类似于在固定网络中使用的传输系统。MBH 汇聚网络的特点是它不仅传输比特，而且处理和组合来自大量源的业务流。

在传统网络中，聚合站点可以是具有大的公共 PDH/SDH 复用器的几个微波无线电装置的开始点。在 2G 或低容量 3G 移动网络中，甚至聚合级别中的第一跳由无线链路实现。在升级的网络中，它们已被包括分组交换能力的新的 NG – SDH/MSPP 节点部分（或全部）替换。在传统汇聚网络中，比特率为 STM – 1～STM – 16，在骨干网络中通常是 STM – 16，在少数情况下也是 STM – 64；在高容量网络中，这些信号可以是光复用的，即 DWDM 用于增加光纤容量。拓扑地，这些网络通常是环，使得备选路径总是可用的并且可以应用快速保护切换。

在较新的基于分组的汇聚和骨干网络中，主要元件是路由器（IP 或 IP/MPLS），以太网交换机和将它们连接在一起的第 1 层传输链路。在最简单的情况下，连接链路仅仅是路由器和/或以太网交换机的光接口之间的暗光纤，在这两种情况下最常见的是高速以太网接口（1G、10G 或更高的比特率）。典型的路由器和交换机具有几十 Gbit/s 接口卡，可以处理多种协议并且是高度冗余的。它们形成用于到 IP 服务的传输网络连接的存在点（Points Of Presence，POP），并且还在网络云的边缘中用作边缘路由器。

在其他情况下，可能存在广泛的光网络、光层、连接路由器和交换机所在的站点；在这些情况下，连接可以基于 DWDM 系统中的波长，通过该光网络路由以连接所需的路由器/交换机接口。这些网络中的能力可以显著高于上述传统网络中的能力；在汇聚网络已经达到 10Gbit/s 以及在骨干网络达到 $n \times 10G$ 或 $n \times 40G$，甚至更高。同样在这些网络中，替代路由通常存在于所有重要节点之间；然而，由于分组交换，拓扑不限于环，而是部分网格类型。

5.5　移动回传专线服务

租用线路服务是移动运营商在 MBH 网络中实现传输连接的一种替代方案。传统的 TDM 租用线路（即 PDH E1 和 T1）已经从第一移动网络（2G、GSM）开始使用，但是向基于分组的技术和更高 MBH 比特率的过渡已经导致 TDM 租用线路逐渐被以太网服务。基于图 2.10（MBH 网络中基于分组的技术）的预测，并假设大多数有线连接和 5% ~ 10% 的无线连接（即基于 MWR 的）是租用的，可以得出结论，现在和在不久的将来，超过 50% 的所有 MBH 连接将被租用。

有几个租赁案例，如图 5.14 所示。如果租赁提供商是现任的并且连接是 TDM，即 E1/T1，则通常很容易从 BTS 站点开始向移动核心租用整个连接。接入链路可以使用 DSL、光纤或 MWR（图 5.14 中的情况 2）。独立传输提供商也可以从 BTS 站点开始提供租赁服务，但是他们必须从现任提供商的接入网络租用铜线。这些非现有提供商还具有接入光纤，但是与现有提供商相比通常覆盖范围非常有限。移动运营商还可以建立部分拥有/部分租用的网络，例如使得他仅拥有访问权并租赁其余的（情况 3 和 4）。

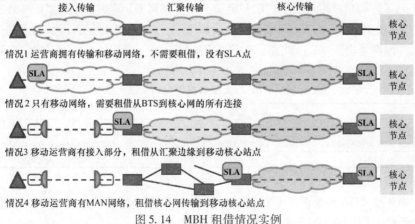

图 5.14　MBH 租借情况实例

光纤租赁可能是租赁连接的最传统方式。存在所谓的暗光纤提供者和可以搜索自由光纤束的数据库。在一些国家，在共享移动网络的部分中可能存在监管限制。在一些国家法规规定共享移动网络的部分，可能是给予其他运营商部分的容量（光纤），也可能是限制竞争。

5.5.1 以太服务和 SLA（MEF）

MEF（城域以太网论坛）是一个全球工业联盟，其使命是加速全球采用运营商级以太网网络和服务。MEF 已经将运营商以太网定义为无处不在的、标准化的电信级服务和网络，由 5 个属性定义，区分运营商以太网和熟悉的基于以太网的 LAN：

- 标准化服务；
- 可扩展性；
- 可靠性；
- 服务质量；
- 服务管理。

争议是，使用这组属性，可以保证服务对移动回传足够好，而成本保持控制。

MEF 制定技术规范和实施协议，以促进运营商以太网的互操作性和部署。

5.5.1.1 UNI 和 EVC

用户到网络接口（User to Network Interface，UNI）是服务提供商和客户之间的物理接口（端口），并且实现客户和服务提供商之间的分界。

以太网虚拟连接（Ethernet Virtual Connection，EVC）是两个或多个 UNI 的关联。EVC 是连接客户站点（UNI）的服务容器（见图 5.15）。

图 5.15　点到点（E-line）以太服务例子

5.5.1.2 以太网服务定义

MEF 已经在两个技术规范中指定和定义了以太网服务；MEF 6.1"以太网服务定义-阶段 2"[20]，在 MEF 10.2 以太网服务属性阶段 2"[21,22]中定义的服务属性和参数来创建 3 种通用以太网服务类型（E-线路、E-LAN 和 E-树），它们进一步用于定义实际的以太网服务（如 EPL、EVP-LAN 等）（见表 5.10）。

表 5.10　MEF 以太服务类型和相关以太服务

服务类型	基于端口（多到一绑定）	基于 VLAN（复合服务）
E-线路（点到点 EVC）	以太专线（EPL）	以太虚拟专线（EVPL）
E-LAN（多点对多点 EVC）	以太局域网（EP-LAN）	以太虚拟局域网（EVP-LAN）
E-树（树形多点 EVC）	以太树形（EP-树）	以太虚拟树（EVP-树）

以太网专线服务

以太网专线（EPL）是两个 UNI 之间的基于端口的点对点服务。没有服务复用可能性，因此每个单独的 EVC 在 UNI 需要自己的端口（见图 5.16）。

以太网虚拟专线服务

　　EVL 是两个 UNI 之间基于 VLAN 的服务。由于在 UNI 处的服务复用可能性，需要更少的端口（例如在控制器/ GW 站点），如图 5.17 所示。

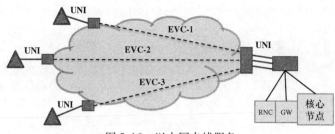

图 5.16　以太网专线服务

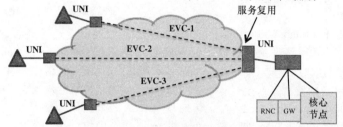

图 5.17　以太网虚拟专线服务

以太网专用 LAN 服务

　　以太网专用 LAN（EP－LAN）是在 EVC 的两个或更多个 UNI 之间基于端口的多点到多点 LAN（局域网）服务。没有服务复用可能性，因此每个单独的 EVC 在 UNI 需要自己的端口（例如，在用户、管理和控制平面都有自己的 EVC 的情况下）（见图 5.18）。

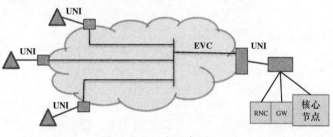

图 5.18　以太网专用 LAN

以太网虚拟专用 LAN

　　以太网虚拟专用 LAN（EVP－LAN）是 EVC 的两个或更多个 UNI 之间的基于 VLAN 的多点到多点 LAN 服务。由于在 UNI 的服务复用可能性，需要更少的端口（例如控制器/ GW 站点）。

以太网私有树服务

　　以太网专用树（EP－树）是在一个根 UNI 和 EVC 的一个或多个叶 UNI 之间的基于端口的点对多点服务。没有服务复用可能性，因此每个单独的 EVC 在 UNI 上需要自己的端口（例如，在这种情况下，存在用于用户、管理和控制平面的自己的 EVC）（见图 5.19）。

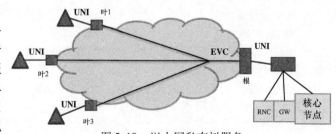

图 5.19　以太网私有树服务

以太网虚拟专用树服务

　　以太网虚拟专用树（EVP－树）是在一个根 UNI 和 EVC 的一个或多个叶 UNI 之间基

于 VLAN 的点对多点服务。由于在 UNI 处的服务复用可能性，需要更少的端口（例如在控制器/ GW 站点）。

5.5.1.3 SLA 和服务属性

服务水平协议（Service Level Agreement，SLA）是服务提供商和客户（订户）之间的商业和法律合同，指定服务水平（QoS）承诺和相关业务协议（例如 SLA 违规的租赁和补偿）。

服务级别规范（Service Level Specification，SLS）定义要满足 SLA 一致性的服务属性（例如带宽配置文件和服务性能）。

5.5.1.4 BWP

带宽配置文件（Band Width Profile，BWP）是一组参数，定义了例如如何在传输网络入口点（UNI）限制和整理流量。带宽配置参数是承诺信息速率（Committed Information Rate，CIR）、过量信息速率（Excess Information Rate，EIR）、承诺突发大小（Committed Burst Size，CBS）、额外突发大小（Excess Burst Size，EBS）、颜色模式（Color Mode，CM）和耦合标志（Coupling Flag，CF）。

入口 UNI 带宽文件强制（即计量、颜色标记和管制操作）由所谓的"两速率，三色标记"（trTCM）令牌桶算法实现。使用参数 CM 和 CF 确定 trTCM 工作模式：

- 如果设置了 CM，传入的用户包必须预先着色为绿色或黄色。如果未设置 CM，则不检查传入的用户包颜色。
- 如果 CF 被设置，黄色用户分组可以利用未使用的绿色令牌。如果未设置 CF，则绿色和黄色令牌桶独立工作。

有两种实际操作模式（CM/CF 组合）：

- 色盲模式（强制），当 CM 未设置（使 CF 可忽略）时：只要有绿色令牌可用，就将用户分组声明为 CIR，然后分别到 EIR，或者在超过总 BW（CIR + EIR）限制的时候丢弃。
- 颜色感知模式，当设置 CM 和 CF 时：用户分组被预先分配（着色）到 CIR 或 EIR，未使用的绿色令牌可以用于 EIR。

CIR 定义了具有所需 QoS 的网络传输业务的速率，而 EIR 定义了在没有任何 SLA 保证的情况下在网络中转发超过 CIR 的业务的速率，即对应的性能目标无效，对于 EIR 和分组可以在运营商网络内拥塞的情况下被丢弃。CBS 是被认为是符合业务的分组突发的最大量，并且 EBS 是在没有保证的情况下发送的 CBS 之上的分组突发的大小。基于这些参数，UNI 处的计量功能可以对每个分组采取 3 个不同的决定（色盲模式）：

- 如果流量速率低于 CIR，则该分组被认为是符合带宽配置文件，并且被标记为绿色，并在网络中转发。
- 超过 CIR 但是低于 EIR 的分组被标记为黄色，并且在没有 SLA 保证（作为"尽力而为业务"）的网络中转发。
- 最后，超过 EIR 的分组被标记为红色，通常这些分组被立即丢弃。

带宽配置文件可以根据 UNI（端口），每 EVC（VLAN）或每服务等级（VLAN 和 CoS）（见图 5.20）进行定义。

有关 BW 配置文件参数及其使用的更多详细信息，请参见 8.3.10 节（MEF 服务中的 QoS）。

5.5.1.5 服务性能

服务等级的服务性能由 CoS 性能目标以及帧延迟（Frame Delay，FD）、帧延迟变化（Frame Delay Variation，FDV）和帧丢失率（Frame Loss Rate，FLR）来定义。

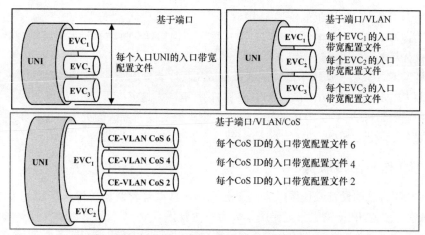

图 5.20　在 MEF 10.2 中定义的 3 种带宽配置场景

在表 5.11 中，带宽配置和服务性能属性已经被合并到为 MBH 提出的 4 个服务等级模型[23]。

表 5.11　移动回传中的服务分类模型（MEF22）

分类服务名	带宽配置	服务等级性能		
		FD	FDV	FLR
甚高（H+）	CIR > 0 EIR = 0	A_{FD}	A_{FDV}	A_{FLR}
高（H）	CIR > 0 EIR ≥ 0	B_{FD}	B_{FDV}	B_{FLR}
中等（M）	CIR > 0 EIR ≥ 0	C_{FD}	C_{FDV}	C_{FLR}
低（L）	CIR > = 0 EIR ≥ 0 *	D_{FD}	D_{FDV}	D_{FLR}

注：A≤B≤C≤D 并且 A_{FDV} 越小越好；*：不允许 CIR 和 EIR 同时为 0，这种配置未被服务帧定义。

5.5.2　租用以太网服务

以太网服务由所有主要服务提供商以点对点（E–线路）、点对多点（E–树）和任意到任意（E–LAN）配置提供。

今天，服务提供商正在使用平台的混合来提供他们的以太网服务，包括传统 Sonet/SDH 平台（用于以太网专线服务）和基于 MPLS 的平台（在某些情况下仅用于 E–LAN 服务）。许多运营商打算在未来 3～5 年内从 Sonet/SDH 迁移到基于 MPLS 的平台。

以太网 SLA 通常基于与运营商的 IP VPN 服务相同的性能目标，主要是作为与 IP VPN 的以太网交互，其中包括帧延迟、帧丢失率、帧延迟变化服务属性。在许多情况下，运营商提供的 SLA 的性能目标相对宽松，通常是因为当前缺失端到端 SLA 验证的能力。然而，目前趋势是服务提供商现在在客户站点上部署智能网络接口设备（NID），以改进站点到站点（端到端）SLA，这会具有更好的测量和监控。

提供的不同 Cos 类型的数量因国家和以太网服务提供商而异。在大多数情况下，有 3 种或 4 种 CoS 类型可用，但在某些情况下，只有 1 个 CoS 或甚至多达 7 个 CoS。4–CoS 提供的一个示例：

- 实时 CoS – 例如用于低延迟 VoIP。
- 关键 CoS – 用于其他低延迟数据应用程序，例如具有抖动和延迟保证的视频。
- 优先级 CoS – 用于优先级数据应用。
- 标准 CoS 类型 – 适用于低优先级数据应用程序，如电子邮件和网络浏览。

城域以太网服务的可用性在其地理范围内仍然有限，这取决于可用光纤的数量。虽然服务提供商在城市地区部署更多的光纤，但它们也扩展了接入方法的类型，包括铜缆（EoC、铜线以太网）、微波、SDSL 和无线宽带服务，作为光纤部署的低成本替代品。

5.5.3　IP 作为回传服务

除了购买自己的设备或租赁以太网服务之外，移动运营商还可以选择租用 IP 连接作为回传服务。商业 IP 传输服务主要用于大容量大规模（WAN）网络、LAN 连接和国际连接，但也可用于回传。它们可以为核心网络连接提供可行的替代方案。通常使用有线技术（例如 OC – 3/12/48 或 100/1G/10G 以太网）来访问 IP 服务。服务提供商还可以引入其他接入方法，如铜线（DSL）和微波无线电，使该产品更加可用。IP VPN SLA 通常基于运营商的以太网服务具有相同的度量。

IP 连接的一个好处是它对于较低级别的传输是不可知的。较低层可以是 SDH/Sonet、ATM 或为提供商提供灵活性的本地以太网。这种灵活性体现在容量、服务提供时间和客户（回传）变更请求的反应时间方面。更容易管理有利于控制运营费用。协议可以基于固定容量或基于消费。服务类可以用于将尽力而为业务的成本保持在合理的水平，同时还根据需要提供运营商级路由基础设施。当连接基于 IP 路由并且存在许多链路技术时，服务更快地配置和重新配置。

5.6　小结

在本章中，考虑了用于构建 MBH 网络的传输技术、系统和其他构建块。无线解决方案，即 MWR 无线电，在较低的接入中尤其是在到基站站点的最后一英里链路中非常普遍，其中它们的份额超过所有传输解决方案的 50%。有线解决方案用于其余的基站站点，光接入逐渐增加其在接入速度中的作用，其过渡的速度受到电缆敷设所需的大量投资的限制。在汇聚层和 MBH 的核心层，光传输是最常见的解决方案，并且在容量高的情况下，构建 DWDM 系统或本地分组光层。基于新分组的 MBH 网络中，所有网络层业务、汇聚、路由和保护（弹性）都基于层 2 或层 3 节点，即以太网交换机和/或 IP/MPLS 路由器；在最高容量的骨干层中，光学层也可以部分地处理这些功能。

回传网络是移动运营商的巨大投资。利用既有网络和做出正确的技术选择，支持未来的 4G + 移动宽带网络是成功的关键。回传技术还必须提供优化运营费用和设置适当级别的用户体验的机会。最后一英里是固定传输和移动回传网络之间的主要区别，特别是在移动小区尺寸缩小的未来。

参 考 文 献

[1] ITU-T G.703, Physical/electrical characteristics of hierarchical digital interfaces
[2] ITU-T G.707, Network Node Interface for the Synchronous Digital Hicrarchy (SDH)
[3] ITU-T G.709, Interfaces for the Optical Transport Network (OTN)
[4] ITU-T G.781, Structure of Recommendations on Equipment for the Synchronous Digital Hierarchy (SDH)
[5] ITU-T G.783, Characteristics of Synchronous Digital Hierarchy (SDH) Equipment Functional Blocks
[6] ITU-T G.803, Architecture of Transport Networks Based on the Synchronous Digital Hierarchy (SDH)
[7] ITU-T G.804, ATM cell mapping into plesiochronous digital hierarchy (PDH)
[8] ITU-T G.821, Error performance of an international digital connection operating at a bit rate below the primary rate and forming part of an Integrated Services Digital Network
[9] ITU-T G.826, End-to-end error performance parameters and objectives for international, constant bit-rate digital paths and connections
[10] ITU-T G.871/Y.1301, Framework of Optical Transport Network Recommendations
[11] ITU-T G.872, Architecture of optical transport networks
[12] ANSI T1.105, SONET – Basic Description including Multiplex Structure, Rates and Formats
[13] ANSI T1.105.02, SONET – Payload Mappings
[14] ANSI T1.105.04, SONET – Data Communication Channel Protocol and Architectures
[15] ANSI T1.105.06, SONET – Physical Layer Specifications
[16] IETF RFC2615, PPP over SONET/SDH
[17] IETF RFC1661, The Point-to-Point Protocol (PPP)
[18] IETF RFC1662, PPP in HDLC-like Framing
[19] Data-Over-Cable Service Interface Specifications: Cable Modem to Customer Premise Equipment Interface Specification. 2008
[20] MEF 6.1, Ethernet Services Definitions - Phase 2, April 2008
[21] MEF 10.2, Ethernet Services Attributes Phase 2, October (27) 2009
[22] MEF 10.2.1, Performance Attributes Amendment to MEF 10.2, January (25) 2011
[23] MEF 22.1, Mobile Backhaul Implementation Agreement Phase 2, January 2012
[24] ITU-R P.530, Propagation data and prediction methods required for the design of terrestrial line-of-sight systems, (10/2009)
[25] ISO/IEC 7498-1 : 1994(E) http://standards.iso.org/ittf/

第 2 部分
移动回传特性

第6章 同 步

Antti Pietiläinen 和 Juha Salmelin

蜂窝网络中，同步一直是一个关键问题，并且在此单一问题上已经投入大量的时间和精力。甚至通信行业同步领域每年都会安排年会讨论该问题。本章中，在几乎所有的案例中，"通信"指的是蜂窝网络。

6.1 蜂窝网络同步基本要素

6.1.1 频率精度

在蜂窝网络中，频率准确度要求显然比消除相邻频率干扰的要求更高。当 UE 准备从一个基站切换到另一个基站时，UE 测量来自邻基站的接收信号。为了达到切换的目的，在不中断语音业务、数据业务的情况下，UE 必须在很短的时间内调谐到邻基站的无线频率。由于没有时间微调谐，基站使用的参考频率必须精确对齐。WCDMA 软切换的场景中，UE 在相同频率上同时接收来自邻基站不同码字的信号。因此，基站的频率需要几乎一样。随着频差的抬升、信噪比的降低，接收来自两个基站的无失真信号的概率降低。频差进一步扩大时，切换完全失败。

UE 移动时，由于多普勒效应，UE 见到的基站频率会发生偏移。当接近或远离基站时，频率相应增加或者减少。现存的 GSM 系统中，UE 必须考虑多普勒频移才能达到在 900MHz 250km/h、1800MHz 130km/h 的速度要求。上述两种情况与大约 250Hz 的频偏相一致[1]。WCDMA 系统在 2100MHz 的频点上设计时速为 250km/h，对应的频偏为 591Hz[2]。所有的场景下，宏基站的设计精度为 50ppb（ppb：10 亿分之一，10^{-9}），微基站的设计精度为 100ppb。综合上述信息，可以总结出表 6.1。虽然频偏的大部分用于补偿多普勒效应产生的频移，但是仍旧有相当比例的频偏用于补偿基站频率失真。

相应地，对 WCDMA 和 LTE 系统来说，在 0.67ms 和 1ms 这样如此短的时间内，频率必须满足 50ppb 的需求，因此对信号的抖动和相位噪声有相当严格的要求。

表 6.1 频偏容忍度和许可速度

类型		GSM 900MHz	GSM 1800MHz	WCDMA 2100MHz
移动	系统最大偏移量	295Hz	340Hz	591Hz
宏基站	速度和多普勒 贡献 0.05ppm	250km/h 和 250Hz 45Hz	230km/h 和 250Hz 90Hz	250km/h 和 486Hz 105Hz
微基站	速度和多普勒 贡献 0.1ppm	205km/h 和 205Hz 90Hz	80km/h 和 160Hz 180Hz	196km/h 和 381Hz 210Hz

6. 1. 2　时间精度

6. 1. 2. 1　CDMA

尽管 CDMA 系统要求时间同步，却是频分双工（Frequency Division Duplex，FDD）系统。同一频点上的不同信号能通过正交沃什（Walsh）码分离出来。如果码序列在时间上对齐，那么将保留码的正交性。

6. 1. 2. 2　TDD 系统

时分双工（Time Division Duplex，TDD）系统像 Mobil WiMAX、WCDMA TDD 和 LTE TDD 要求时间同步。网络中有几个原因去同步上、下行信号发射。如果一个基站在监听移动台，同时另一个邻站在高功率发射信号，基站可能会互相干扰。如果两个 UE 互相距离很近，并且被不同的基站服务，UE 之间可能也会产生互相干扰。由于距离的原因，基站接收到非服务小区 UE 的功率太大以至于服务小区 UE 无法被解调。当然，如果 UE 知道何时去测量目标基站，切换会更容易。并且切换不需要中断信号发射。对解调同时来自不同基站的信号来说，基站发射信号需要同步。

6. 1. 2. 3　SFN

下行方向使用单频网络（Single - Frequency Network，SFN）技术，例如多媒体广播多播系统（Multimedia Broadcast Multicast System，MBMS）。多于一个基站传输相同的信号。传输在时域与频域中同步，因此来自于所有发射机的相同符号被同时接收。

6. 1. 2. 4　E911 Phase II OTDOA 位置测定

从 2012 年 9 月份开始 E911 Phase II 生效。美国和加拿大使用 E911。对基于手持设备的定位技术，定位精度要求如下：67% 的呼叫在 50m 以内；95% 的呼叫在 150m 以内。观察达到时间差（Observed Time Difference Of Arrival，OTDOA）中，手持设备对来自支持手持设备定位技术的基站发射的信号时间进行测量（基于网络的定位技术中，要求如下：67% 的呼叫在 100m 以内；95% 的呼叫在 300m 以内）。电磁场里在 170ns 的时间内移动 50m，510ns 的时间内移动 150m。很难给定一个时间误差预算，但是在基站中分配一个 ±200ns 基准时间误差是在合情合理的范围内。

注意，一部分手持设备安装了 GSP 接收机。在没有 OTDOA 的情况下，这种设备能知道自己的位置。进一步说，安装 GPS 设备的位置信息能被使用来校正 OTDOA 测量。安装 GPS 的手持设备每两次更新基准时间误差稳定在 100ns 之内，所以足以用来校正 OTDOA 测量。这意味着一个稳定的参考频率对达到足够的精度要求是必要的。

6. 1. 2. 5　需求总结

表 6. 2 总结了不同系统的同步需求。一个通用的定义时间误差方法是在一个名义值上给定对称误差边界，例如 ±3μs。从另一方面看，3GPP 中定义的时间误差是任何有重复覆盖区域的同频小区对之间的最大时间差异。为了使这种误差边界与通用方法相当，3GPP 中的数字需要被 2 整除，然后加上前缀符号 ±。

出于完整性的原因，本书中给出了 CDMA、WiMAX、OTDOA 的需求，本书中的其他内容将不再进行讨论。

从表 6. 2 中可以看出，最广泛使用的蜂窝小区系统在空中接口要求达到 ±50ppb 的精度。大部分精度在基站内被消耗。给无线频率合成使用的参考频率预留一个典型的值，大约是 1/3 的精度，16ppb。

表 6.2　不同系统的同步需求[3-9]

	空中接口的频率精度	空中接口的时延要求
GSM	±50ppb Pico：100ppb	未知
WCDMA/TD - SCDMA（包括：HSPA）	±50ppb 中等/本地系统：100ppb Femto：250ppb	FDD：未知 MBMS：±20ms TDD/TD - SCDMA：±1.5μs
CDMA IS - 95A，1x，1xEV - DO	±50ppb	±3μs 标准操作 ±10μs 延缓 8h
移动 WiMAX[①]	±15ppb	±0.5 ~ ±0.7μs
LTE FDD	±50ppb[②]	未知 MBMS SFN：达到几 μs
LTE TDD	±50ppb	±1.5μs：小区半径≤3km 且家庭基站不使用网络监听作为同步元 ±5μs：小区半径≥3km 且家庭基站不使用网络监听作为同步元 ±1.5μs：小区半径≤500m，家庭基站使用网络监听作为同步元 ±（1.33μs + 传播时延）/2：小区半径 >500m，家庭基站使用网络监听作为同步元
OTDOA，E911 Phase II Sep 2012	未知	大约 200ns

① WiMAX 参数：1024 个 OFDM 载波，BW 10 MHz，循环前缀比率 1:8，RF 载波 3.5 GHz。
② 如果位置确定系统可以使用配备有 GPS 接收器的手机校准，则时间精度要求降低为频率稳定性要求，其中校准之间的相位漂移可以不大于约 100ns。

6.2　TDM 网络中的频域同步

当前使用的有 3 种类型的时分复用 TDM 技术：准同步数字体系（Plesiochronous Digital Hierarchy，PDH）、同步数字体系（Synchronous Digital Hierarchy，SDH）或者同步光网络（Synchronous optical network，Sonet），相当于北美标准 SDH 和光传输网络（Optical Transport Network，OTN）。Sonet 需求已经成为 SDH 规格的一部分。

6.2.1　TDM 网络中的同步架构

图 6.1 描述了同步网络架构。SDH/Sonet 在物理层执行同步，也就是说物理信号的时钟频率同步到同一个中心参考点。PDH 场景下，不同比特率的信号不被互相同步，但是在网络中承载客户信号，比如 E1、2Mbit/s，以便于保持信号频率。OTN 类似于 PDH，当网络上承载客户 TDM 信号时，它们保持频率不变。

通常网络由一个主参考时钟中央同步。像基站和控制器这类移动网络节点接收来自于传输网的同步。使用环状结果是为了保护的目的。例如，图 6.1 中，右侧环同步链终止于环的底部节点。然而，如果环左侧的链接断开，来自于右侧的同步链将被转发到失去同步

的左侧节点。下面对 PDH 和 SDH
进行描述。

6.2.2   PDH

　　传统上讲，链接一端的时钟
是自由振荡，也就是说，它没有
和网络同步。另一端被锁定到第
一端。然而，由于最大允许的频率
误差受限，为了接收数据，接收机
受信号制约。例如，对 2.048Mbit/s
的信号，频率精度极限是 ±50ppm；
对 1.544Mbit/s 的信号，频率精度
极限是 ±32ppm。另一个更重要的
频率精度限制的原因是多个单路信
号复用成为一个更大比特率单路信

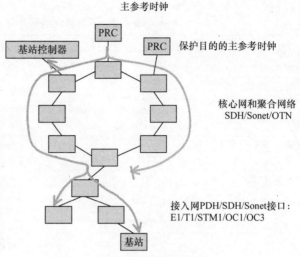

图 6.1　同步网络架构

号的需求。构造更大比特率信号以便于有时隙供各个单路信号保留使用。为了填充几乎正确
的保留时隙并且决不能超出为每个支路预留的最大比特率，频率误差极限需要准确定义。超
出这个极限将导致数据丢失。现在，大多数 PDH 网络从一个中心参考点获取参考频率，就像
SDH 一样，具体参见下面介绍。蜂窝网络中，这是一个需求。关于 PDH 同步的问题，ITU –
T 的提案是 G.823 和 G.824。在很大程度上，尤其是 2Mbit/s PDH 体系结构复用到更高 PDH
比特率的情况已消失。相反，信号直接被复用到 SDH 容器中。

6.2.3   SDH/Sonet

　　当设计 SDH（北美 Sonet）网络时，一个目标就是降低复用和解复用。每一个 PDH 复
用级别中，为了在另一端解复用单路数据，更高一级知道在低级别中的哪个比特率对应时
隙被使用。然而下一级的复用不知道这些内容。因而，每一个节点需要一个复用器去添加
或者提取小比特率信号。每一个 SDH/Sonet 复用级准确知道被客户信号使用的比特。通过
紧密地同步所有 SDH/Sonet 层，时间损失对应的频率与名义频率的差值非常小。主参考时
钟［PRC，北美：主参考源（PRS）］可能与名义频率偏移仅仅 ±0.01ppb。PRC 在 ITU – T
提案 G.811 中定义。

　　2.048Mbit/s 体系中，SDH 节点中的时钟被称为 SDH 设备时钟（SDH Equipment
Clock，SEC）并在 G.813 中有详细描述。一行中最大可以有 20 个 SEC。如果在两个最大
20 SEC 链之间存在一个同步供给单元（Synchronization Supply Unit，SSU）时钟（G.812，
类型 I），一个同步链上的 SEC 数量可以达到 60 个。SSU 的总数是 10 个。1.544Mbit/s 体系
中，SDH 设备时钟是 SEC 选项 2 时钟。G.823 中规定了抖动和漂移网络极限，2.048Mbit/s
体系的漂移在 G.824 中规定，G.824 中也规定了 1.544Mbit/s 的漂移情况，SDH 抖动在 G.825
中规定。0.171 和 0.172 分别描述了 PDH 和 SDH 测试设备。

　　正如图 6.1 中所示的关系那样，当出现环保护路径同步时，需要一个指示下一个时钟
由于当前时钟同步丢失质量不可接受的消息机制。因此，如果有可用时钟，下一个时钟将

知道如何选取另外一个时钟输入。为了指示时钟质量，ITU 在 G.781 中定义了 SSM（同步状态消息）和时钟选择原则；G.783 中定义了功能块；G.707/Y.1322 中规定了 SDH 帧中 SSM 的映射关系。

6.2.4　ATM

异步传输模式（Asynchronous Transfer Mode，ATM）作为 WCDMA 的传输协议，并且在第一个十年中处于主导地位。为了在传输网络中传输 ATM 信元，它们被囊括在 PDH 或者 SDH/Sonet 帧中，并且也承载同步信元。在无线网络控制器（Radio Network Controller，RNC）中，由于 ATM 信元通常被直接囊括于 SDH/Sonet 帧中，没有端到端的 PDH 层。这种情况忽略了一个可用的选择，即 PDH 中，即使 SDH/Sonet 网络没有很好的同步，移动运营商的准确频率也能在 SDH/Sonet 网络中被异步传输。

6.2.5　OTN

OTN 被用于承载 2.5Gbit/s 或者更高传输速率的数据流，高层数据使用光波作为载体。其他的传输协议是 OTN 的客户端。由于 SDH 已经定义了一个同步体系，替代定义一个新的 OTN 同步体系结构，OTN 对已经同步的客户端信号进行透传。最终 SDH 客户端在没有累计太大抖动和漂移的条件下通过成千上万个 OTN 节点。

6.3　分组网中的频域同步

自从 IP 诞生，IP 包就在通信网络中传输。一直到 20 世纪末，办公室之间的物理层连接还是模拟、PDH、SDH 或者 Sonet 3 种传统通信技术中的一种。然而 90 年代末引入的光以太网接口改变了现状。现今，通信路由器中最普遍的接口是以太网接口。由于蜂窝基站的带宽需求低，由于移动网络长时间内一直保持使用既有传输网，是保有既有传输网的最后堡垒。高速包接入（High-Speed Packet Access，HSPA）技术和每月固定费用支出业务迅速扩大了带宽需求，并且 PDH 接入不能按比例扩大。以太网在每比特价格问题上作为"救世主"出现，但是这伴随另外一个问题的出现：同步。

以太网已经被设计成一种低成本即插即用型技术。以太网与 IP 组合更友好地适配于更高层，并且在分组网络中已经成为主流的链路层与物理层技术。以太网内部，桥接几乎完全替代中继器。相应地，以太网本身跨距仅是一个单链路，在接收端端口调整时钟。过去十年的早些年，把已经接收到的时钟连接到输出端口（比如 SDH/Sonet）的想法已经在使用，同时同步以太网标准正在制定中。然而，从开始该标准的项目立项，直到网络所有单元部分都支持该标准协议需要花去很长时间。幸运的是，对于使用的蜂窝传输以太网，通信中的分组时间技术的开发开始得更早，比如自适应时钟恢复（Adaptive Clock Recovery，ACR）、网络时间协议（Network Time Protocol，NTP）的精度实现和面向通信的精度时间协议（Precision Time Protocol，PTP）。这些协议能独立运行于物理层之上，因而不需要路径支持能承载同步信号。

6.3.1　ACR

当网络边缘比如基站仍旧使用 PDH 传输时，以太网首先被小区回传网络使用，因此需要在分组网络中承载 PDH 帧。像 SaToP[10] 和 CESoPSN[11] 这些伪线将被使用。上述两种情况下，分组速率是固定的，典型的是 1000pps（包/s），并且接收端有足够的信息恢复同步。这两个规格具有使用 RTP 给数据包打时间戳的选择。然而，由于固定的分组速率，这个选择对时钟恢复不是必需的。

6.3.2 NTP

NTP 是拥有 1/4 个世纪的老协议，设计目的是为了完成因特网上的时间同步。已经被更新了很多版本。版本 4 已经在 2010 年 12 月出版[12]。NTP 被设计运行在软件中，就像其他软件应用那样类似直接接入网络层。根据最新的版本，新算法扩展承载在 LAN 上的潜在精度到几十微秒。

考虑到基站频率同步，这个精度将占用大部分非确定性预算。因而，传统 NTP 是一个不太准确的方法且不能用其作为移动网络同步使用。然而，NTPv4 提到接入物理层的可能性，并且在时间戳相关帧中定义了相关位置。近些年，已经出现了带有硬件助手的 NTP 设备。

图 6.2 中展示了通信实现的协议栈。

图 6.2 NTP 协议栈

基站一般具有以太网接口。NTP 使用承载在单播 IP 上的 UDP 传输层。最上面的三层在端到端的承载里，通常以太网层截止于 IP 和 MPLS 路由器。

图 6.3 描绘了分组发送。如果使用 NTP 算法，在一簇由单个消息之间能用 2s 时间间距分离的 8 条消息中，从时间查询主时间。为了最大化精度，此算法从一簇消息中选择最可用的信息。消息簇的间隔可以在 16s ~ 36h 变化。时间戳 $t_1 \sim t_4$ 表示两条消息的接收和发送时刻。

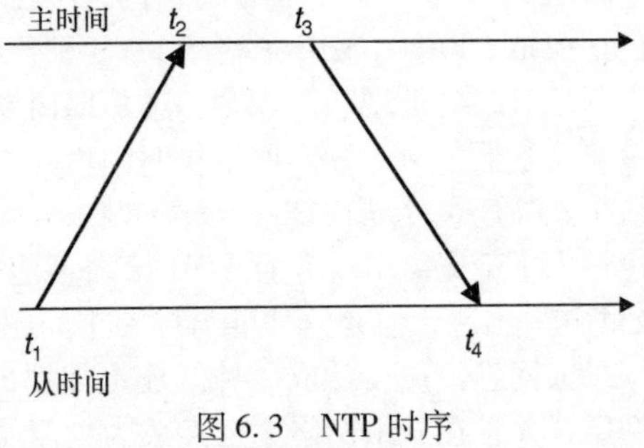

图 6.3 NTP 时序

假定前向和后向时间延迟相等，那么从时间误差为

$$\Delta = t_{slave} - t_{master} = [(t_1 - t_2) + (t_4 - t_3)]/2 \tag{6.1}$$

时间误差被用于时钟调整算法。当分组速率很低时，为了满足基站精度要求，存在一个使用更高分组速率的专有实现。

6.3.3 PTP

最初设计精确时间协议（Precision Time Protocol，PTP）[13] 是为了满足相当高的时间同步精度，比如工业自动化和测量技术。NTP 不能满足该需求，因而 PTP 出现了。第一版的 PTP 包括了必要的硬件时间戳定义（本质上是在消息中的时间戳）、路径支撑（边界时钟，BC）、建立自动时钟体系（最好主时钟算法，BMCA）和比 NTP 更快的最大分组速率，1pps。

当电信同步领域开始为小区回传开发分组时间同步时，NTP 是一个相当不错的选择。然而，为了完全遵从 NTP 标准，分组速率和算法都受限。因而，几家电信公司协同开发了 PTPv2。一方面，为了满足高速率的性能优化需求，PTP 分组发送可以被裁剪。另一方面，PTP 没有限制具体的时钟算法，比如为了满足基站同步，允许开发具体的算法。前面已经说过，专有 NTP 算法仍旧可以达到同样的精度要求，但是 PTP 标准通过使用路径支撑也能达到高的时间精度要求，已经证明 PTP 比 NTP 更有未来。

当所有节点支持 PTP（全路径支撑）时，PTPv1 使用一个保留的多播地址进行广播。节点不需要知道它们邻近节点的 IP 地址，并且节点基于物理连接而不是协议地址来创建时钟体系。这种单链路广播方案类似几个包括层级构建的协议，例如层 3 的路由协议和层 2 的生成树协议。当通信中需要分组时间协议时，路径支撑不能只是想象。因而，业界开发了 IP 单播方案并且分组速率满足所有通信的需求，比如达到 64pps。由于有很多不同的利益与 PTPv2 相关，所以标准中充满了大量选项，几乎两倍于 PTPv1。为了帮助通信实现者，协议准备了一个资料性附录 A.9 "单播网络或者没有 PTP 桥接和路由的实现推荐"。最后各方达成一致，附录作为第一个搬迁 PTP 时钟的通信实现。

图 6.4 描述了在没有路径支撑的频率传输场景下的协议栈例子。这个例子中，使用了 PTPv2 附录 D "IPV4 上基于用户数据报的 PTP 传输"。正如 NTP 中，端到端承载了最上层的 3 个协议。这个例子中，移动运营商的基站传输基于以太网。移动运营商租用运行在 MPLS 网络上的 L2VPN。通信中，移动运营商有很少量的 IP 路由器，所以以太网层不能端到端生成。

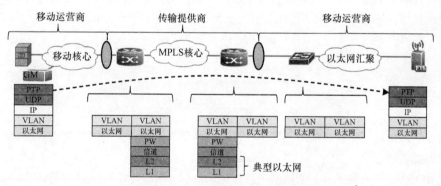

图 6.4　没有路径支持的频域同步协议栈

PTP 中的同步原理和 NTP 中的同步原理相同。如图 6.5 所示，一个打时间戳的上游消息和一个下游消息。一开始 NTP 使用了客户端 - 服务器方案，然而 PTP 没有。起初，代替等待来自从端的请求，只要该主端没有遇到来自其他主端更高优先级的请求，该 PTP 主端发送同步包请求给多播地址。为了使能 PTP 单播操作，使用了一个新的消息组，信令消息去请求来自主端的单播消息。通知消息通告主端时钟族，并且从端状态机进入从端状态时接收这些消息是有必要的。进入从端状态之后，从端开始使用时间消息来同步。

由于请求消息是 10B 长并且许多能被插入形成单条消息，如果发现合适，3 条请求消息可以放在同一条信令消息中发送。

如果主端没有一个实时的硬件时间戳，则跟随（Follow _ Up）消息是必要的。使用 Follow _ Up 消息时，时间分组传输产生并且把对应的时间信息通过软件处理放入 Follow _ Up

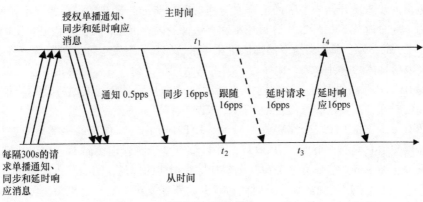

图 6.5　PTP 信令

消息中，足以检测主端时间。算法已经将时间误差考虑进去的条件下，从端足以知道 Delay_Req 消息的准确传输时间，因此对于 Delay_Req 消息来说，没有对应的 Follow_Up 消息。收发时间有相关性的两条消息是事件消息，剩余其他消息是常规消息。由于 Follow_Up 消息本身的收发时间非必需的，即使 Follow_Up 消息包含了时间戳，它们也不是事件消息。

在使用时间消息方面，协议提供了一些灵活性。可以决定使用所有 4 个时间戳或者仅仅使用被包含在两个事件消息之一的两个时间戳。如果仅仅使用 SYNC 消息，将消耗最小的带宽和功率。通常来说，使用双向消息产生最好的结果但是消耗最大的资源。大体上来说，上游方向比下游方向有更轻的负荷，因此仅仅使用上游方向消息更有吸引力。

在式(6.2)~式(6.4)中分别给出了在上游、下游、双向场景下相位反馈伺服系统最小化到零的方差函数：

$$\Delta = t_2 - t_1 \tag{6.2}$$

$$\Delta = t_3 - t_4 \tag{6.3}$$

$$\Delta = \frac{(t_2 - t_1) + (t_3 - t_4)}{2} \tag{6.4}$$

当误差函数最小化后，单向场景下，存在一个单向常时间误差。只要当频率同步达标后，这些都不重要。

表 6.3 概况了单播模型下使用的消息。UDP 端口 319 指示事件消息并且 320 端口映射到常规消息。

表 6.3　PTP 消息类型和协议层信息

消息类型	PTP 时钟使用的典型速率	目的 IP 地址	目的 UDP 端口	源 IP 地址	源 UDP 端口[①]
请求单播传输的信令消息	每隔 250s 一次	主端口单播地址	320	从端口单播地址	320
通知	1/2pps	从端口单播地址	320	主端口单播地址	320
同步	16~64pps	从端口单播地址	319	主端口单播地址	319
跟随	16~64pps	从端口单播地址	320	主端口单播地址	320
延时请求	16~64pps	主端口单播地址	319	从端口单播地址	319
延时响应	16~64pps	从端口单播地址	320	主端口单播地址	320

① IEEE 1588 中没有具体化，但是通常在源端和目的端使用同样的端口号。

6.3.4 频域同步的 ITU PTP 通信框架

电信框架与附录 A.9 非常相近。分组收发与图 6.5 内容完全一样。对应的协议栈是 PTP/UDP/IPv4。表 6.4 中列出了对应的差异。

表 6.4 通信行业中使用的两种 PTP 框架中的 PTP 消息差异

	附录 A.9	G.8265.1
框架识别符（所有 PTP 消息的源端口识别域中的最初 6B）	00 − 1B − 19 − 00 − 01 − 00[①]，为了使用延时请求 − 响应应答机制的默认 PTP 框架，版本 1.0[②]	00 − 19 − A7 − 00 − 01 − 00，没有来自网络计时支持的频率分布 ITU − T PTP 框架，版本 1.0[②]
域号（存在于所有的 PTP 消息头）	默认值：0，配置范围：0 ~ 127	默认值：4，配置范围：4 ~ 23
时钟族（通知消息主时钟域的第一字节）	6 ~ 58	80 ~ 110 G.8265 定义了 G.781 质量等级到 PTP 时钟族的映射
请求单播传输，授权周期	10 ~ 1000s，默认值：300s	60 ~ 1000s，默认值：300s
通知消息	1/8 ~ 8/s，默认值：1/2/s	1/16 ~ 8/s，默认值：1/2/s
同步消息	1/2 ~ 128/s，默认值：16/s	1/8 ~ 128/s，默认值：没具体化
延时响应消息	1/64 ~ 128/s，默认值：16/s	1/8 ~ 128/s，默认值：没具体化

① 当框架识别符为 00 − 1B − 19 − 00 − 02 − 00 时，附录 A.9 也允许使用对等延时机制。该选项可能在遵从附录 A.9 的相关设备中没有实现。

② 该版本号适用于框架。在两种情况下，PTP 的版本号都是 2。

IEEE 1558 − 2008 描述的默认框架中，如果在一个每次仅仅有一个主时钟处于激活状态的系统中，主时钟冗余是基础。如果首选的主时钟失败了，那么按照优先级排序的第二个主时钟将继续工作。每一个从端单独下载主时钟的单播模型中，为了给所有的基站提供服务，需要同时运行多个主时钟，如图 6.6 所示。更进一步，可以运行一个额外的主时钟作为当前激活主时钟的备份。G.8265.1 定义了一个从端获取主时钟优先级表的时钟冗余架构。为了知道每一个主时钟的精度是否足够，它们使用通知消息轮询所有的主时钟。如果首选的主时钟失败了，那么从端开始从冗余的主时钟中请求时间消息。

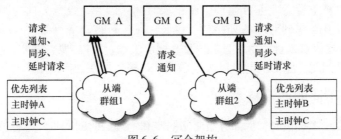

图 6.6 冗余架构

如果从端群组庞大，来自两个从端群组的通知消息轮询可能会大大加重主时钟源的负担。因而，只要首选主时钟轮询成功，标准允许不轮询其他空闲主时钟。G.8265.1 协议中描述的冗余机制在附录 A.9 中被实现。因此，从功能上来讲，这两个版本是相同的。

电信框架规定使用 IPv4。因而，IPv6 不被允许。然而，使用基于 IEEE 1558 – 2008 附录 E 的 IPv6 实现协议更直接明了。

6.3.5 同步以太网

某种程度上，同步以太网的设计遵循了 SDH 设计原理。因而，正如 SDH 的同步网络（见图 6.1），同步以太网拥有类似的同步网络。

IEEE 802.3 工作组标准化了以太网，并且具体化了限制条件，例如对多数以太网接口要求 100ppm 时间精度。ITU 已经工作在提高时间精度以及从输入到输出转发同步这些领域。为了提高时间精度，SDH 场景下，需要同步状态消息。由于 802.1 桥不能转发这些消息，使用 IEEE 802.3 慢协议族是一个合适的选择。现今，IEEE 802.3 允许创建具体的组织特定慢协议（Organization Specific Slow Protocols，OSSP）。ITU 定义了一个承载状态消息的地方，被称为以太网同步分组收发信道（Ethernet Synchronization Messaging Channel，ESMC）。ESMC 的原理与服务于 SDH 的 SSM 一样。同步保护转换与数据业务的生成树协议保护转换互相独立运行。

就 MTIE 和 TDEV 而言，G.8261 定义了网络限制，这些将在后面描述。EEC – 选项 1 时钟（同步以太网设备时钟）与 SEC 时钟（SDH 设备时钟）有同样的规格。EEC – 选项 2 时钟与 SEC 选项 2 时钟有相同的规格。提案 G.8262 具体化了 EEC 时钟，G.8264 描述了 ESMC 消息。

同步路径上允许的连续同步 EEC 选项 1 节点的数量与 SEC 选项 1 时钟的数量相同，都是 20。从原理上讲，添加一个 SSU 用以连接到下一个 EEC。

6.3.5.1 OTN

类似于 SDH 作为客户信令，OTN 对以太网客户透明并且 OTN 定义了一种方式以便于同步以太网时间信令在可接受的抖动和漂移极限范围内。参考文献［14］中描述了这些方面。已经证明，同步以太网能穿越数以十计的 OTN 节点而没有引入更大的累积抖动和漂移。

6.3.5.2 单向同步以太网连接

当多数以太网接口要求如图 6.1 中描述的同步方向转换时，同步方向能被迅速改变，但是也有些例外。1Gbit/s 和 10Gbit/s 铜接口中（1000BASE – T 和 10GBASE – T），链路两端有相同的频率。一端一直被选择作为主端，另一端作为从端。同步方向通过接口的自动协商参数完成。然而，变换方向要求在不同的方向上设置参数并且重置接口。一个串联链接中有几个接口被重置，业务可能被中断很长时间。因此，设置方向为半永久式的。注意，单向问题没有考虑到对应的光接口。然而，对运行被动光网络（Passive Optical Network，PON）传输协议来说，由于首端一直是同步主端，所以 PON 就同步而言也是单向网络。但这些不是问题，因为从同步层次考虑，PON 被使用在面向网络的小区边缘。

6.3.6 链接不同的同步技术

当不同同步技术链接时，例如分组时间同步和物理层时间同步，每种技术必须考虑该技术占用一定比例的时间漂移。当考虑连接不同的同步技术时，鼓励读者去研究 G.8261 中列出的不同部署案例。

6.3.7 ITU 分组网络中与频域同步相关的推荐总结

6.3.7.1 G.8260，分组网络同步的定义和术语

从 G.810 提案（同步网络定义和术语）开始主要考虑分组计时，并且这些定义也适用于同步以太网。G.8260 包括关于分组计时测度的附录。

6.3.7.2 G.8261/Y.1361，分组网络的计时与同步

分组网络中的计时指南。该提案描述了电路仿真业务、同步以太网的计时以及包含不同网络部署极限条件下的分组计时。进一步，该提案定义了分组计时的测试用例。

6.3.7.3 G.8261.1，适用于基于分组方式的分组延时变化网络极限

该提案具体描述了依赖于参考模型的分组延时变化的网络极限。第一版基于假设参考模型 1 - 主从之间有 10 个节点的网络模型，而产生的网络极限（HRM - 1）。除了 3 个链接是 10Gbit/s 光纤链接之外，其他链接都是 1Gbit/s 光线链接。

6.3.7.4 G.8262/Y.1363，同步以太网设备从时钟的计时特性

该提案与 G.813 非常相似，G.813 是 SDH 从时钟（SEC）的计时特性。创建同步以太网的意图是与基于 G.813 的现存同步网络进行互操作。

6.3.7.5 G.8263，基于设备时钟（PEC）分组与基于服务时钟（PSC）分组的计时特性

该提案描述了 PEC - M，分组主时钟；PEC - S，分组从时钟；PEC - B，合并分组主时钟和从时钟。

6.3.7.6 G.8264/Y.1364，通过分组网络的计时信息分布

该提案描述了以太网同步分组收发信道和参考资源选择机制。

6.3.7.7 G.8265/Y.1365，基于分组的频率交付的架构和需求

该提案描述了使用基于分组方法的频率分布公共框架，也适用于 PTP 和 NTP。

6.3.7.8 G.8265.1/Y.1365.1，频率同步的精准时间协议电信概括

频率分布的 ITU PTP 概要定义。

6.3.7.9 承载在光网络上的同步以太网和测试

G.709/Y.1331，关于映射客户端到 OTN 和对应的抖动及漂移规格的 OTN 接口提案，G.8251，OTN 内的抖动和漂移控制提案，这些提案保证了允许承载在 OTN 上的同步网络有最小的累积时间抖动和最小的累积时间漂移。O.174，基于同步网络技术的数字系统抖动和漂移测试设备，描述了同步网络相关的规格。

6.3.8 TICTOC

从 2006 年开始，IETF 的 TICTOC（Timing over IP Connection and Transfer of Clock，基于 IP 连接的计时和时钟传输）工作组已经开始运行。该工作组考虑在本地 IP 以及 MPLS 的 IP 分组网络中高精度的时间和频率分布。这部分和 ITU - T 15 研究组的项目 13（网络同步和时间分布性能）的日程重叠。早期的文档已经过时。当前，TICTOC 有两个有效的工作组文档：一个是 MPLS 网络上传输 PTP 分组（1558）；另一个是精密时间协议版本 2（PTPv2）管理信息基础（MIB）。

第一个定义了 MPLS 网络上传输 PTP 分组的方法。这些方法允许端口级别的 PTP 分组消息识别，允许 MPLS 设备中端口级别的 PDU 处理。相关的因特网草案中描述了建立对应的伪线和标签交换路径。在传输频率的场景下，由于伪线上承载 PTP 数据可以达到足够的

同步质量，该方法通常不需要被使用。在时间/相位传输或者更严格的频率同步需求条件下，为了确保对称路径以及过滤通路上的 PDV，该方法可能有用。然而，每一个节点都支持协议的情况下，接下来的 ITU PTP 时间框架，可能是一个更好的选择，参见 6.7.2 节。MIB 文档定义了为管理 PTP 设备而使用的管理对象。网络管理协议也可以使用这些管理对象。

6.4　TDM 网络和同步以太网中的同步测度

图 6.7 中描绘了基于物理层信令的时钟。比较器比较时钟输入和时钟输出。在相位比较器的情况下，在长时间运行过程中，输出端将输出与输入同等数量的时钟周期。因而该时钟被称为锁相环（Phase – Locked Loop，PLL）。另一个方法是比较输入与输出的频率。对基站来说，只要频率误差保持在 16pps 范围内，相位累积误差不是一个问题，所以锁相不是必需的。

正如 TDM 规格允许大的短期频率误差，如图 6.7 所示，需要一个低通滤波器对输入的相位或频率做平均计算。最通常使用的参考标准是 2Mbit/s 业务信号需要 1000s 的平均计算。因此，滤波时间常数应该有同等的数量级。

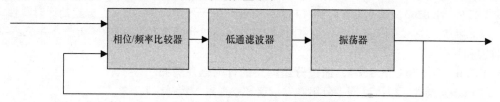

图 6.7　基于时钟的 TDM 功能模型

6.4.1　稳定性测度

开始进入测量之前，先梳理一下频率误差和相位误差的关系。本章中依赖于上下文使用频率误差或者相位误差。简单地讲，一段时间内的累积相位误差等于频率误差乘以时间周期长度。频率误差是测量频率与参考频率的差异除以参考频率。由于除数与被除数都使用单位 Hz，所以结果没有单位，但是相位误差的单位是 s。典型地，ppm 和 ppb 用来表示频率误差的数量级。

虽然相位误差和频率误差有直接的关系，但是有时候使用相位误差比频率误差更自然。例如，之所以非常自然的用相位误差去测量一个短时噪声，是因为，基本上来说，一个上升沿或者下降沿产生时间不准确。因为需要长时间才能看到晶体振荡器滴答太快或者太慢并且累积相位误差依赖于上千个时钟周期，所以长期变化是频率误差导向的。

时钟源有短期和中期频率/相位噪声。另一方面，当通信信号穿越网络，与最初的原始信号相比较，几个机制能引起频率/相位的短期和中期波动。只要累计相位误差不太大，即使这意味着比允许的平均值更大的短期频率误差，波动也是可以接受的。因而，需要一个依赖于观测间隔且不同波动量的具体测量。在通信领域，波动分为两类：抖动和漂移。周期性的相位/频率噪声低于 0.1s 被称为抖动，高于 0.1s 被称为漂移。

ITU – T G. 810 描述了 TDM 同步测度。最重要的测量是测量漂移的最大时间间隔误差（Maximum Time Interval Error，MTIE），它描述了基于参考时钟的时间漂移。MTIE 图的 x

轴是 τ，观察间隔宽度，以 s 来度量。MTIE（τ）的 y 轴是该观察窗口内的最大时间漂移。因而，MTIE 是相位测量，相对应的单位是 s。例如，为了查找 10s 观察窗口的最大时间漂移，在整个测量数据（24h）中滑行 10s 窗口，即可找到最大值。在每一个占据 24h 测量数据的窗口长度的点记录该观察窗口内的最大和最小时间误差的时间差。最大记录的时间差表示在那个特殊观察间隔（τ）的 MTIE，MTIE 从如下的离散测量采样中估计得到：

$$\mathrm{MTIE}(n\tau_0) \cong \max_{1 \leqslant k \leqslant N-n} \left(\max_{k \leqslant i \leqslant k+n} x(i) - \min_{k \leqslant i \leqslant k+n} x(i) \right), \ n = 1,2,\cdots,N-1 \tag{6.5}$$

式中，$n\tau_0 = \tau$ 是观察间隔（或者观察窗口）；$x(i)$ 是时间误差；$n + 1$ 是观测间隔的采样数；τ_0 是采样间隔；N 是整个测量中的总采样数。图 6.8 显示了 N 个采样数据上滑行窗口为 $\tau = n\tau_0$ 的观测窗口的滑行。

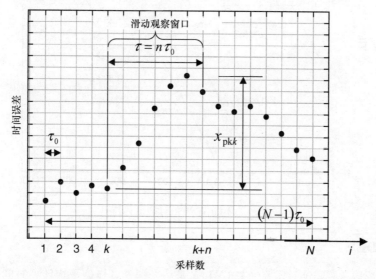

图 6.8　变量 $x_{\mathrm{pk}k}$ 是在观察窗口第 k 个位置的峰峰值 x_i。MTIE（τ）是当观察窗口在数据上滑动时第 $N - n$ 个位置上观察窗口的最大 $x_{\mathrm{pk}k}$ 值

正如名字所示，MTIE 决定了一个测量中发生的最大漂移。因而，使用该参考曲线尤为方便查找对应的极限值。图 6.9 展示了几个最常用的参考曲线。分别是 2.048Mbit/s 业务曲线、1.544Mbit/s 网络曲线和 SED 曲线。这些曲线指示了与参考时钟相比较的最大允许时钟漂移。若仔细查看规格说明书，2.048Mbit/s 漂移的测量实际上是 MRTIE。然后，如果 2.048Mbit/s 信号同步到 PRC 而不是自由振荡，MRTIE = MTIE。

6.4.2　TDM 漂移规格与基站时钟准确性的关系

漂移曲线可以与蜂窝基站 16ppb 频率稳定性规格相提并论。漂移极限决定了 TDM 信号对基站同步的适用性。这个极限考虑了短期相位变化。例如，G.823 业务曲线允许在 0.1s 的观察间隔中 40ppm 的频率误差。甚至对短时观察窗口来说，基站时钟需求是 16ppb，因此 2Mbit/s 业务接口漂移将是 3 个数量级高。由于与基站同步的 TDM 信号是锁相到 PRC 时钟，所以长期平均误差有 0.01ppb 那么低。因而，通过平均计算一段足够长时间的参考信号能满足基站需求。

最常使用的参考信号是 2.048Mbit/s PDH 业务信号。G. 823 中的 5.2.1 节对漂移做了具体说明。从图 6.9 中能推断出通过平均计算 1125s 的信号，能达到 16ppb 的要求。进一步细致分析，能看到 G. 823 曲线，在 18μs 水平上，截止于 1000s，允许 18ppb 的长期漂移。但是锁相时钟在同方向上不会漂移很长时间，因此通过平均计算 1000s 能安全达到 16ppb。通过把 1.544Mbit/s 信号作为参考信号，只要平均计算 525s 就能达到 16ppb 的精度。最后，如果使用满足 SEC 曲线的信号作为参考信号，只要平均计算 125s 就能达到足够的频率稳定性。

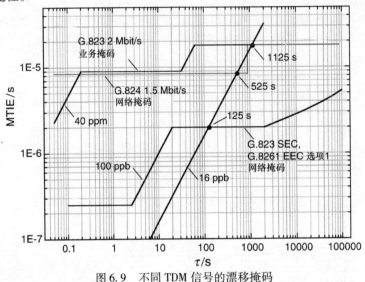

图 6.9   不同 TDM 信号的漂移掩码

6.4.3   TDEV

在通信领域，时间绝对偏差（TDEV）又是一个测量。作为平均计算时间功能，它描述了时钟的时间稳定性。该测量来源于修正 Allan 方差（Modified Allan Deviation, MDEV）。作为平均计算时间功能，MDEV 按序描述时钟的频率稳定性，例如使用 MDEV 去互相比较主频率参考。TDEV 由类似于 MTIE 的滑动窗组成，并且把 TDEV 曲线画成窗口宽度的函数。然后，代替寻找窗口中的最大值，TDEV 测量 3 个连续滑动平均计算窗口的差异。估计器计算公式为

$$\text{TDEV}(n\tau_0) \cong \sqrt{\frac{1}{6n^2(N-3n+1)}\sum_{j=1}^{N-3n+1}\left[\sum_{i=j}^{n+j-1}(x_{i+2n}-2x_{i+n}+x_i)\right]^2}$$

$$n-1,2,\cdots,\text{整数部分}\left(\frac{N}{3}\right) \tag{6.6}$$

式中，$n\tau_0 = \tau$ 是平均计算窗口大小；$x(i)$ 是时间误差；n 是平均计算窗口间隔的采样数；τ_0 是采样间隔；N 是整个测量过程中的采样总数。

图 6.10 展示了 N 个采样数据上长度为 $\tau = n\tau_0$ 的滑动窗口，有两个平均计算过程。首先，平均计算每一个灰色列指示的时间窗口内容，这个出现在公式的方括号中。其次，外部和平均了滑过整体数据的平均计算窗口二次方差计算。

注意到如下关系：

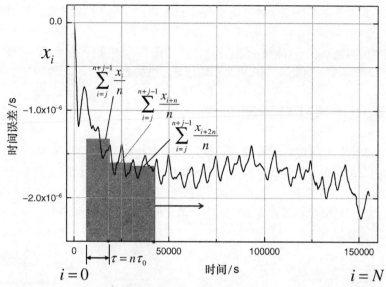

图 6.10　TDEV 函数描述

$$x_{i+2n} - 2x_{i+n} + x_i = (x_{i+2n} - x_{i+n}) - (x_{i+n} - x_i) \tag{6.7}$$

式中，x_i、x_{i+n} 和 x_{i+2n} 分别代表了左、中、右窗口，并且能看到测量信息检测到连续平均时间窗口的时间差是如何变化的。

　　这个与测量基于时间 $n\tau_0$ 的频率误差一致。因而，有一个常量频率误差的时钟，TDEV $=0$。另一方面，有一个高频率/相位噪声的时钟将产生高的 TDEV 值。TDEV 和 MDEV 的关系非常简单：

$$\text{TDEV}(n\tau_0) = \frac{n\tau_0}{\sqrt{3}} \text{MDEV}(n\tau_0) \tag{6.8}$$

图 6.11 描绘了图 6.10 中显示的时钟时间误差的 TDEV。能看到相位噪声水平与滑动

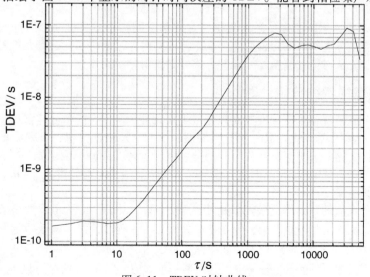

图 6.11　TDEV 时钟曲线

窗口之间的函数关系是如何变化的。该曲线显示在 10s 以下的滑动间隔，平均噪声水平是 0.2ns。更大的时间间隔中，平均噪声水平增长到大约 100ns。当与图 6.10 中的时间误差变量比较这些值时能发现，在对应的时间比例下，图 6.10 中的某些时间误差变化比 TDEV 显示的值大 10 倍还多，这是由 TDEV 的平均计算属性决定的。

6.5 分组同步基础与测度

参见 6.5.1 节，自适应时钟恢复的场景下，交织功能负责把 TDM 帧映射到分组，并保证以精确的分组速率发送伪线分组。NTP 和 PTP 场景下，移动网络运营商在中心位置运行几个时间服务器。典型地，一个单独的主时钟服务几百个基站，为每个基站提供单独的定时分组流。传输网络可以被视为云，它不知道定时流，如图 6.12 所示。基站中的时钟恢复算法起着关键作用。

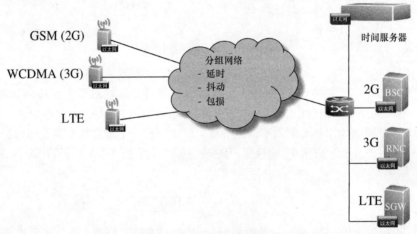

图 6.12　分组计时架构

TDM 网络中，相位漂移是微秒级别，这使基站同步相对直接。分组计时方面，分组的延时变化就是分组网络的相位变化。基于传输网的分组延时变化达到几微秒，高达2~3个数量级。首先从讨论克服精度问题的方案开始讲解分组同步原理。

6.5.1 频域同步的分组计时原理

对传输时间来说，主时钟发送时间分组到从时钟。至少有两个分组需要携带频率，如图 6.13 所示。要么是事先知道时间分组周期，比如自适应恢复时钟，要么就是时间分组被打上时间戳，比如 PTP。如果两个时间分组发送间隔是 1000s，接收两个消息之间的从时钟应该正好走 1000s。如果从时钟走了 999.99999s，说明从时钟慢了 10ppb，故应该提高 10ppb 的频率。

分组经历大量的延时情况，例如由于队列原因，如图 6.14 所示。如果第一个分组延时 2ms 并且第二个分组延时 4ms，那么延时差是 2ms。所以，接收两个数据分组的时间间隔是 1000.002s。正如前述的例子，如果从时钟慢了 10ppb，从时钟需要走 1000.00199s。频率比例计算产生 +1990ppb 的频率误差而不是正确值 -10ppb。明显，这个例子中，频率误差计算精度远远不能满足要求，因而需要其他方法来计算误差。

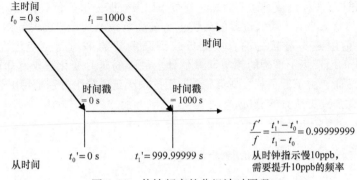

$$\frac{f'}{f} = \frac{t_1' - t_0'}{t_1 - t_0} = 0.99999999$$

从时钟指示慢10ppb,
需要提升10ppb的频率

图 6.13 传输频率的分组计时原理

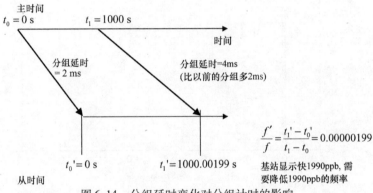

$$\frac{f'}{f} = \frac{t_1' - t_0'}{t_1 - t_0} = 0.00000199$$

基站显示快1990ppb,需
要降低1990ppb的频率

图 6.14 分组延时变化对分组计时的影响

下面观测分组的延时分布以便于查清楚是否能通过选取一定比例的时间分组来提升频率误差计算。为了获取延时分布作为负载的函数,构建了一个由 5 个以太网交换点组成的网络,如图 6.15 的测量网络所示。考虑到移动传输网络的树形结构以及到达基站的业务数据在中间节点被分流的情况,需要组织数据流以便于这些数据能仿真移动传输网的数据。由于 5 个节点链与平均网络节点长度相比特别短,因此使用总计 6 万数据测量点的两份拷贝来生成比平均值大两倍的延时值,通过这种方式仿真更长的链路。首先为了去除两份拷贝数据的相关性,需要保留第二份拷贝数据点的顺序关系。这种近似可能不是首选,但是或许能得到足够精确的结果。

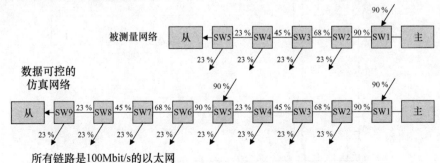

所有链路是100Mbit/s的以太网

图 6.15 测量和仿真网络。负载处于高负载状态。中等负载状态下,
负载相应的是 50%、38%、25% 和 13%

图 6.16 描述了 3 种负载条件下的延时分布。如果数据分组的负载在极限范围内变化，延时不确定性将是 2.8ms（最低负载的最快包与最高负载的最慢包的时间差）。正如之前得出的结论，精度是不可接受的。从低负载到高负载的平均延时变化会好很多，是 0.7ms，但是仍旧会产生不准确的频率误差估计。最小的延时变化仅仅有 0.005ms。这个变化足够小。然而，由于低负载和高负载情况下的最小延时分组分别是每次测量中各自的最快分组，因此需要更认真的分析。

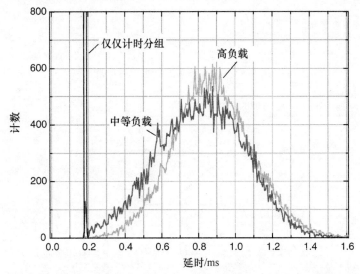

图 6.16　最小、平均和最大延时：低负载 – 0.180ms、0.185ms 和 0.190ms；
中等负载 – 0.179ms、0.810ms 和 1.73ms；高负载 – 0.184ms、0.888ms 和 3.01ms

图 6.17 显示，仅仅是计时分组的情况下，所有 6 万个数据分组被限定在 0.01ms 的范围内。同时，在 0.01ms 的范围内，中等负载的情况下存在 200 个分组，高负载的情况下仅仅有 10 个分组存在。

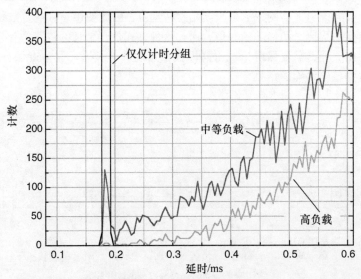

图 6.17　测量的低延时尾

　　图 6.18 显示了累计分组数是如何成为延时函数的 1%、0.2% 和 0.03% 内的延时分别随着负载 0.22ms、0.11ms 和 0.045ms 的变化而变化。如果百分比内的延时平均计算，百分比内的延时不同于最小延时，分别是 0.17ms、0.08ms 和 0.02ms。这表明平均计算降低了由于延时变化引起的误差。在测量网络中，最小延时非常稳定。在这种情况下，选择越来越小比例的包能提升性能。然而，一些传输技术，像 VDSL，即使没有任何负载，仍然有延时噪声。针对这种场景，取代进一步降低百分比，最好是使用略微大一些的百分比去获取更多分组来进行平均计算。使用 1% 作为一个初始的折中值。虽然使用了小的选择百分比，但是为了得到足够数量的快速分组，使用 16pps ~ 128pps 的典型大包速率。

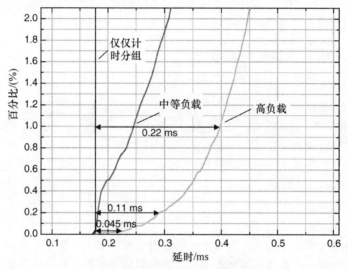

图 6.18　分组作为延时函数累加

　　正如图 6.18 所示，通过使用更快的分组以及评价计算分组信息，能得到更精确的频率误差估计。经过分组选择和平均计算后，基于负载的 0.17ms 延时变化将产生 170ppb 的误差。非常不幸的是，这个误差在一段较长时间内稳定出现，进而导致早期提出的时钟平均计算算法中使用的 1000s 时间不够长，因而需要提升平均计算时间到 10000s 才能达到 16ppb 的误差水平。100Mbit/s 链接的长链在电信行业已经成为历史。多数链接有 1Gbit/s 或者 10Gbit/s 的容量。已经说过，尤其是无线网络可能达到一个连接中有大约 10 个更小容量的微波无线链接下一跳。然而，在这种多个下一跳的长链路中仍旧非常确定带宽高于 100Mbit/s。

　　图 6.19 展示了分组时钟的功能模型。与基于 TDM 的时钟模型相比较，如图 6.7 所示，基于分组的时钟有额外的两个部分：本地时钟比例因子和分组选择。晶体振荡器输出驱动本地时间步长，分组选择器使用本地时间信息进行分组选择。与本地时间相比拥有最大时间戳的分组是能最快地选择出来。此外，比较器时钟也改变。使用一个时间比例因子比较器去替代相位比较器或者频率比较器。正如基于 TDM 的时钟，比较器时钟的输出实际上可以是一个频率误差信号而不是时间误差信号。

　　分组同步系统中的平均计算时间可能会很长。这个时间段内，温度可能变化 10 多℃从而引起晶体振荡器频率漂移对算法来说太快而不能及时响应，并且也影响分组选择。因

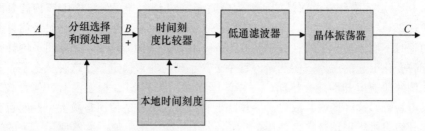

图 6.19　基于时钟分组的函数模型。点 A 计时分组进入时钟，点 B 执行了分组选择和
预处理，最后在点 C 输出

此，基于晶体振荡器对环境条件的响应，必须裁剪平均计算时间。

6.5.2　频域同步的报文延时测度

正如以前所显示的，TDM 测
量的原始素材是时钟的时间误
差。对分组时钟来说，计时分组
的延时变化引起时间误差。因
而，对相应的分组计时测量来
说，能直接使用分组延时作为原
始数据。例如，使用图 6.20 中的
建立方式，能测量延时。由于两

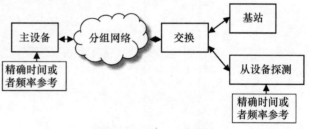

图 6.20　分组延时测量

端的准确时间参考或者频率参考，图 6.5 中的所有时间戳 $t_1 \sim t_4$ 都是准确的，并且都能被
探测从端知道。如果这个参考是频率参考，那么绝对延时不能计算得到。然而在频率同步
的例子中，这些并不重要。

正如早期提到的，对基于分组的频率同步来说，分组选择尤为关键。因而，在分组选
择中一直引入基于分组的频率同步测量。如图 6.21 所示，有两种选择方式：一种是测量
计算本身集成分组选择；另外一种是分组预选取并且创建一个作为实际测量基础的新数
据集。

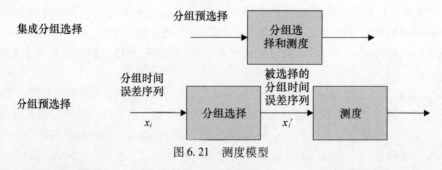

图 6.21　测度模型

第二个选择模型与多个分组时钟的选择模型类似。因而，在分组延时变化（Packet
Delay Variation，PDV）公差规格方面，通常使用该模型。由于本书内容限制，仅在如下内
容中讨论该模型。

网络负载通常是 PDV 的最主要影响。负载有一个强 24h 循环模式。因而，典型地，

延时测量持续至少 24h。分组时间误差序列包含几十万～几百万的数据采样。对分组选择来说，使用同等长度的时间窗口依次分割采样数据，并且从这些分割组中选择一定比例的最快分组。为了从每一个时间窗口中产生一个单一的延时值，平均计算被选择的延时。这个是最通常被使用的预处理方法。也有其他方案，但不在这里讨论。图 6.22 显示了被选择分组时间误差序列与原始序列相比明显有更小的延时噪声。

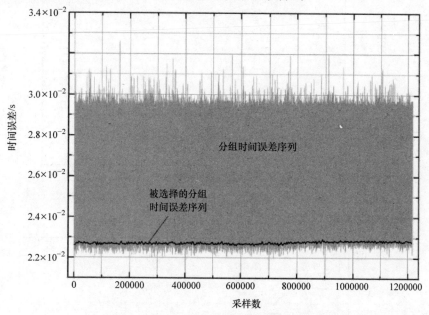

图 6.22　时间误差序列和被选择的时间误差序列

6.5.2.1　TDEV

比如，预处理后 TDEV 或者 MDEV 能被计算。被选择分组时间误差序列的 TDEV 值与高于时钟算法平均计算性能的 τ 值点的分组时钟计算得到的 TDEV 值完全一致，具体如图 6.23 所示。虽然预处理延时计算得到的 TDEV 值很好地估计了时钟输出的 TDEV 值，但是不考虑使用这种测量方法作为分组时钟的公差规范。这是因为 TDEV 平均计算了整个测量周期内的扰动，并且不能描述最大可允许的扰动。

6.5.2.2　MATIE 和 MAFE

正如图 6.23 所示，两条曲线几乎重叠。也就是说，在滑动窗口（图 6.10 的灰色列）内的平均计算与分组时钟出现的平均计算相类似。因而，可以设想使用两个相邻平均计算窗口的相位差异估计在微调算法中使用相应平均计算的时钟相位变化，如图 6.24 所示。通过滑动两个窗口以及计算最大差异（而不是平均计算作为 TDEV 的外部和），获取最大相位变化估计或者最大频率误差。

使用式（6.9）去计算预处理延时序列用以得到最大相位改变或者最大平均时间间隔误差：

$$\text{MATIE}(n\tau_0) \cong \max_{1 \leqslant k \leqslant N-2n+1} \frac{1}{n} \left| \sum_{i=k}^{n+k-1} (x'_{i+n} - x'_i) \right|, \ n = 1, 2, \cdots, \text{整数部分}(N/2) \quad (6.9)$$

当与 MTIE 和 TDEV 公式相对比时，发现 MATIE 是由两者混合而成。最大平均频率误差由式（6.10）计算得到：

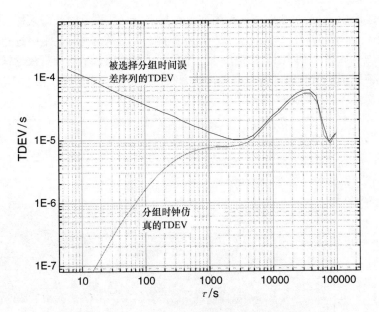

图 6.23 分组时间误差和分组时钟的 TDEV

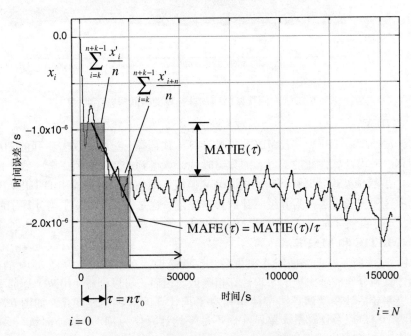

图 6.24 MATIE 和 MAFE 计算原理

$$\mathrm{MAFE}(n\tau_0) \cong \frac{\max\limits_{1 \leqslant k \leqslant N-2n+1} \frac{1}{n} \left| \sum\limits_{i=k}^{n+k-1} (x'_{i+n} - x'_i) \right|}{n\tau_0}, \quad n = 1,2,\cdots,整数部分(N/2) \quad (6.10)$$

图 6.25 显示了类似于图 6.22 中的分组延时序列的计算曲线。正如在 TDEV 的情形下，从被选择分组时间误差序列和分组时钟计算得到的曲线在 τ 值位于时钟过滤能力之上

互相完全一致。请注意，对基站内部时钟来说时钟的频率未定型并不足够。刚好一个例子显示了这种相关性。被选择分组延时序列上，针对不同的过滤频段进行时钟仿真测试。观察到源于每一个时钟的最大频率误差（$\tau_{estimate}$）存在线性关系，但不是像 PLL 滤波时间常数那样的 1:1 关系。因而，原则上讲，时钟最大频率误差能从时钟的时间常数和被选择分组时间误差序列的 MAFE 曲线中估计出来。

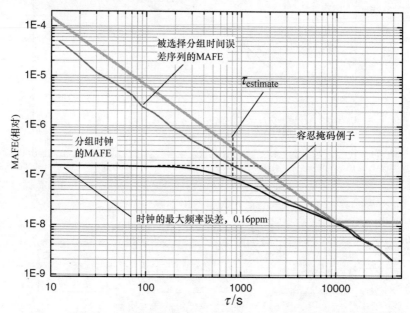

图 6.25　被选择分组时间误差序列和分组时钟的 MAFE

浅灰色曲线是这种延时噪声级别条件下能达到 16ppb 精度的时钟容忍曲线的一个例子。大约需要 10000s 平均计算的能力。因而，在曲线的 10000s 处存在一个拐点。对给定的延时抖动和晶体振荡器漂移边界条件，精度级别处在 12ppb 上。斜率能在影响算法的时间比例因子中体现出对噪声的限制。

6.5.2.3　pktfilteredMTIE

TDM 网络中，最经常使用的测量是 MTIE。因此，如果能在公差规范中使用 MTIE，它将是测量的选择。图 6.26 中描绘了各种各样的 MTIE 曲线。很明显地看出，直接应用被选择分组时间误差序列的 MTIE 和应用时钟输出上的对应计算不相关。

然而，如果首先在被选择时间误差序列中应用滑动窗口，形势急剧变化。为了达到这个目的，在测量模型中再增加一个功能模块，"带宽滤波"，如图 6.27 所示。图 6.26 中的 pktfilteredMTIE 曲线描绘了应用于已使用 1500s 平均计算滤波处理过的数据的 MTIE 计算。带宽滤波公式或多或少是直接从 TDEV、MATIE 和 MAFE 公式中的滑动平均计算窗口中复制过来的，具体为

$$y_i = \frac{1}{n}\sum_{j=i}^{n+i-1}(x'_j),\ i = 1,2,\cdots,N-n+1 \tag{6.11}$$

式中，变量 x'_j 和 y_i 分别是被选择和被过滤分组时间误差序列。

其他变量与 TDEV 公式，式（6.6）相一致。式（6.11）中使用的标记略微不同于 G.8260 中使用的标记，但是计算值仍旧相同。可以得出结论，pktfilteredMTIE 对测试防止

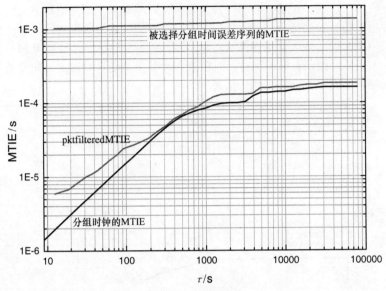

图 6.26   MTIE 曲线

图 6.27   使用带宽滤波的测度模型

扩展到更长时间间隔的 MTIE 曲线来说非常有用，比如 G.824 1.5Mbit/s 网络曲线和 G.823 SEC 曲线，如图 6.9 所示。

6.5.2.4   底层延时报文分布

度量过程中并且在最快分组的特定距离内，如果所有被选择的分组合适，就能定义需要保证 16ppb 的最大平均计算时间。例如，图 6.28 中，如果没有滤波，为了保持在 16ppb 误差以下 0 ~ 150μs 延时的斜率可能出现在 9375s 处或者更低位置。如果在更小的时间内出现振荡，为了保持在 16ppb 斜率以下，需要对延时进行滤波处理。对滤波器来说，最困难的情形是比 9375s 略微

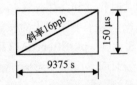

图 6.28   基础延时分组传播

短并且拥有最大 150μs 振幅的长斜率。通过使用约 9500s 的平均计算窗口，能确保没有任何可能的底层延时场景引起比 16ppb 更大的频率偏差。

基于定义了这样的延时窗口，具体化了网络限制。参见 6.3.7.3 节考虑到 HRM – 1 的网络限制，G.8261.1 中采纳了这种方法。网络限制要求在每一个 200s 的选择窗口中，为了满足 PDV 限制要求，至少有 1% 的分组位于来自于测量的最快分组的 150μs 范围内。

这种方法简洁明了，因而直接作为一个测量方法被使用。实际中由于底层延时的最差场景绝不会出现，所以这种方法有些保守。分组延时一直有更容易滤波的短期变化。由于底层延时分布方法不能区分短期变化和长期变化，所有由较长时间平均计算得到的延时场景不需要被这种测量方法所接受。尽管参考模型很简单，但是 150μs 这个值受到很多质疑并且可能被修订。

6.5.3 双通道消息处理

为了达到简化的目的，讨论分组延时测量就像仅仅使用单通道计时业务。不管是使用正向还是反向分组，都应该用同样的公式。两个方向都使用计时分组的情况下，需要考虑两个方向的延时测量。首先，在两个方向上，独立执行被选择分组的预处理过程。接着，计算每一对预处理的正向和反向延时差，再除以 2：

$$x'_i = \frac{x'_{\text{forward}_i} - x'_{\text{reverse}_i}}{2} \tag{6.12}$$

式（6.12）中，双向权重是相同的。可以进一步调整公式去适应非对称权重，甚至动态权重。

6.5.4 延时跳动

如果两个端点之间的路由改变了，那么对应的延时也改变了。典型的延时跳动是从几十微秒到几毫秒。依赖于延时样式的频谱分布，好的时钟能接受从 1ms 到几百微秒的最小延时变化。因而，需要把几毫秒的变化当作特殊例子对待。因为几十微秒的跳动包含了很难滤波去除的低频部分，并且一定比例的可用延时变化预算会被相应的吃掉，所以尽量避免这种跳动。为了去除相对大和相对小的延时跳动影响，分组时钟需要有非线性特性。庆幸的是，一天内的延时跳动很低，因而算法能依赖于时间的低重复率。

对期望扩展到成百上千秒的观察间隔去满足 MTIE 限制的时钟来说，比如 G. 823 SEC 和 G. 824 1.5Mbit/s 网络极限，延时跳动尤其复杂。一天内，SEC 的变化极限就是几微秒，如图 6.9 所示。为了检测仅仅几微秒的延时跳动，一个可能性是使用非常稳定的晶体振荡器。如果能确保延时跳动是对称的，也就是说在正向和反向分组计时数据流经历相同的跳动，就会出现另一种可能性。双向消息处理是必需的，并且算法必须给予双向相同的权重。这种情况下，不需要延时跳动检测方案。

6.5.5 测试报文计时从端

图 6.20 展示了网络中测量分组延时的测试架构。图 6.29 描述了测试分组时钟的架构，由延时测量生成的 PDV 文件上传到加扰模拟器中。在分组时钟测试中，创建一致并且可重复的条件是必需的。因而，对计算不同的时钟质量来说，加扰模拟器是非常关键的。

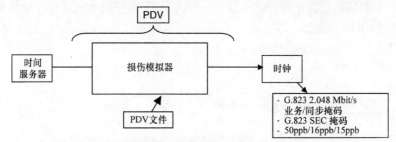

图 6.29 搭建分组时钟测试

模拟器厂商给他们的客户尤其是 ITU 测试用例创建了延时文件。

ITU 测试用例

G. 8261 附录 Ⅵ，描述了包含 10 个有 Gbit/s 接口的以太网交换机的参考网络的各种测试用例。为了在计时分组的传输路径上创建延时变化，以不同方式加载网络。交换机被加载到 80% 的负载，如果所有的交换机同时加载，这是相当高的负载。现实环境下，平均负载相当低，但是另一方面，节点链条相当长。

最具挑战的双通道同步测试用例是 TC13 和 TC14。TC13 在正向上有 80% 的 1h 周期和 20% 负载，相应的，反向上有 50% 的 0.5h 偏移周期和 10% 负载。图 6.30 展示了分别从正向、反向和双向计算得来的 MAFE 曲线（使用 16ppb 的分组速率，来自 60s 窗口的 1% 预选）。正向和双向用例的场景下，厂商 B 的延时文件更具有挑战性，并且厂商 A 的反向延时文件比相对应厂商 B 的文件更有挑战性。

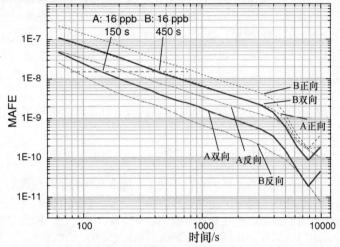

图 6.30　TC13 的 MAFE 曲线。A：设备商 A，B：设备商 B

这两个用例中，通过时长小于 500s 的平均计算，双通道时钟保持在 16ppb 的频率误差内。这是个相当短的时间，实际上，时间越短越需要从 2Mbit/s PDH 信号中准确、可靠地提取 16ppb 精度。因此，需要更加严格的测试用例。

6.6　分组计时网络的拇指规则

在写作本节的时候，还没有彻底研究清楚复杂网络中的延时变化影响如何满足计时精度要求下的估计延时。通过在不同负载条件下执行多节点的延时测量来评估网络。不幸的是，刚建立完成的网络，网络负载远远小于后来的某个时间点。然而，MAFE 和 pktfilteredMTIE 来自于位于极限和延时变化的边界量化结果。如果在后来的测量中边界值明显变小了，那么某些连接点需要升级了。

迄今为止，经验说明如果分组计时从端足够好，不需要把时间服务器部署到传输网边缘。图 6.31 中的路径是商业部署的一部分。有两个铜/光纤以太网连接，随后是 10 个分组微波无线（MWR）链接。

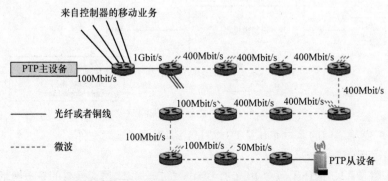

图 6.31　一个在商业 MWR 回传部署中的路径例子

虽然上述实现能很好地工作，但是不能认为所有这种实现都能运行。下面给出一个 16ppb 时钟精度的 G.823 2Mbit/s 业务示例规范集。这些值与图 6.25 中显示的 10000s MAFE 拐点分组时钟相匹配。

- 单向延时最大值应该是 < 100ms。
- 抖动 < 5ms。
- 包损 < 2%。
- 时钟分组数据流应该有最高优先级或者至少与真实业务有同等优先级并且接受加速转发 QoS。
- 高优先级业务带宽共享应该约是 60% 或者更少。
- 最大下一跳数目为 20。
- 最大微波下一跳数目为 10。这种场景下，下一跳总数应该小于 15。
- 如果链路很长，沿着链路沿线的平均负载不应该持续超过 50%。
- 延时跳动数应该限制在每天几次。

为了满足包括长时间观察间隔的时钟稳定性需求，比如 G.824 1.5Mbit/s 曲线或者 G.823 SEC 曲线，需要制定严格、明确的规则。拥有 1Gbit/s 连接点的 10 个下一跳链路的 ITU 测试用例架构应该是可以接受的。上面描述的长 MWR 链路使用 FDD 技术，该技术在链路的双向都是激活的并且能持续使能好的分组计时性能。然而，市场上也有使用 TDD 无线技术的。这种情况下，每一个方向需要等待一半时间，这个在分组计时上能引起潜在的问题。尤其是一条链路的多个 TDD 节点对分组计时来说有风险。

SHDSL（单对高速数字用户线）和 VDSL（高比特率数字用户线）作为移动回传链路已经幸存下来，同时 PDH 正在淘汰中。除了与点对点光接口相比较低比特率的网络外，没有哪一个 DSL 技术在穿越分组计时上有大问题。

PON 持续运行在下游方向，但是 TDM 技术使用在上游方向。因而，在上游方向的底层延时有很大的噪声，通常下游方向更平滑。

6.7 时间同步

见表 6.2，有几个蜂窝系统要求时间同步。最广泛部署时间同步系统的是被全球几百万用户使用的 CDMA 系统。期待 LTE 的 TDD 版本将流行起来。如果 TDD 流行起来，未来几年时间同步基站数量将急剧增长。目前，主要使用 GPS 进行时间同步。希望未来由于网络计时的优点将使用 PTP 进行同步。

6.7.1 GNSS

直到现今，时间同步蜂窝系统仍旧纯粹依赖于美国政府运营的 GPS（全球定位系统）。然而，在 2011 年 10 月，又一个 GNSS（全球卫星导航系统）和俄罗斯的 GLONASS 已经对全球运营。伽利略系统计划在 2014～2019 年运营。在中国，局域的北斗导航系统计划在 2020 年之前扩展成全球系统。在印度，一个定位系统正在开发中。当前，GNSS 接收器设备商至少增加了接收 GLONASS 信号的能力。

精确的定位基于精确的时间同步，能比 100ns 更好地在精度上追溯时间，这个精度远远高于蜂窝系统需求。为了自动获取准确频率，接收器需要接收来自至少 4 个卫星的信号。因而，GPS 信号要求能看到大部分天空，尤其是为了让在建筑物内或者街谷内的基站运行，这种方式有些昂贵。也已经提到对人为干扰的脆弱性和由于政治形势而产生的商业信号被关闭的小风险性。某些运营商通过提升本地晶体振荡器成本来要求延缓周期达到24h。由于更精密的接收器进入市场，所以期待天线安装成本下降。改进这种情况的另一种方法是 A－GPS（辅助 GPS）。通过使用轨道信息，接收器能更容易地锁定弱信号。获取到接收器的位置之后，即使只从一个卫星接收到信号，也能得到精确时间。

6.7.2　时间同步中的 PTP

正如之前所说，最初设计 PTP 就是为了精确时间同步。为了达到蜂窝系统要求的微秒级精度，边界时钟规格做了详细阐述。如果所有中间节点都安装了边界时钟，如图 6.32 所示，那么任何节点计时分组都将不经历排队等待现象。PTP 标准具体化了几个可供选择的方法在通信网络中创建时间同步链。例如，协议映射可能是承载在以太网上的 PTP 或者 PTP 承载于基于 IPv4（IPv6）的 UDP 上，要么是基于端到端，要么是基于对等延时机制来执行延时请求。因而，ITU 正工作在 PTP 时间同步框架上。下述提案已经被考虑，只有 G.8271 在 2012 年 2 月完成，其他提案内容是可以变化的。

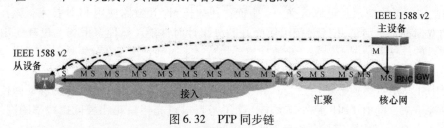

图 6.32　PTP 同步链

G.8271 分组网络中的时间和相位同步特征；

G.8271.1 对时间/相位的网络需求；

G.8272 PRTC（主参考时钟）；

G.8273 报文时间/相位时钟：框架和时钟基础；

G.8273.1 主时钟；

G.8273.2 边界时钟；

G.8275 时间/相位的报文架构；

G.8275.1 时间/相位的 PTP 框架。

6.8　小结

同步领域内，从 TDM 到分组网络的切换要求有深入的研究、开发设计和标准活动。通过定义被期待广泛采纳的新时间同步蜂窝技术，又引起了一组密集活动。在频率同步的例子中，有两种选择。对应路径中没有现场支持的情况下，可以在同步以太网和基于分组技术，例如 PTP，两者中选一个。不管网络负载如何，同步以太网能提供高质量同步。对租赁线路运营商来说，需要路径现场支持是一个缺点。另一个问题是与合理时间范围内为了保护切换目的不能改变同步方向的 1Gbit/s 和 10Gbit/s 铜线以太网链接有关。原理上，因为 PTP 不需要在线支持，所以从第一天开始就能在所有的分组网络中使用。然而，由于大负载变化加上更多数量的下一跳可能导致超出性能极限，所以存在某些风险。但是根据前两年 PTP 部署情况来看，PTP 可靠性非常好。

长时间以来，时间同步已经成为 CDMA 网络中的一个基本需求。近几年时间内，LTE 和逐渐增长的微蜂窝使得同步基站数量快速增长，提升了基于网络的同步需求。这种情况下，PTP 是仅有的基于实际网络的选择。然而，使用 PTP 和频率同步情况非常不一样，所以频率和时间框架不能混在一起。写作本书时，电信领域考虑 PTP 时间框架的工作仍旧没有太大进展。

参 考 文 献

[1] 3GPP TR 45.050, 'Background for Radio Frequency (RF) requirements'.

[2] 3GPP TR 25.951, 'FDD Base Station (BS) classification'.

[3] 3GPP TS 45.010, Technical Specification Group GSM/EDGE Radio Access Network; Radio subsystem synchronization

[4] 3GPP TS 25.104, 'Technical Specification Group Radio Access Network; Base Station (BS) radio transmission and reception (FDD)'.

[5] 3GPP2 C.S0002-D, 'Physical Layer Standard for cdma2000 Spread Spectrum Systems'.

[6] IEEE 802.16-2009, 'Air Interface for Broadband Wireless Access Systems'.

[7] ETSI TR 101 190, 'Implementation guidelines for DVB terrestrial services; Transmission aspects'.

[8] 3GPP TS 36.133 'Evolved Universal Terrestrial Radio Access (E-UTRA); Requirements for support of radio resource management'.

[9] Federal Communications Commission FCC 07-166, 'Report and order', 11-2007.

[10] RFC 4553, 'Structure-Agnostic Time Division Multiplexing (TDM) over Packet (SAToP)', IETF, June 2006.

[11] RFC 5086, 'Structure-Aware Time Division Multiplexed (TDM) Circuit Emulation Service over Packet Switched Network (CESoPSN)', IETF, December 2007.

[12] RFC 5905, 'Network Time Protocol Version 4: Protocol and Algorithms Specification', IETF, June 2010.

[13] IEEE 1588-2008, 'IEEE Standard for a Precision Clock Synchronization Protocol for Networked Measurement and Control Systems', IEEE March 2008.

[14] Jean-Loup Ferrant, Geoffrey M. Garner, Michael Mayer, Juergen Rahn, Silvana Rodrigues, and Stefano Ruffini, 'OTN Timing Aspects', IEEE Communications Magazine, September 2010.

第7章　网络弹性

Esa Metsälä

7.1　简介

正如在文献［1］中所使用的，网络弹性定义为在网络故障期间根据包损情况、链路连接性能以及 QoS 的可维护。这引出了下面关键的两个方面：①网络故障是维护服务；②在预定义的 QoS 内。

当链路和节点出现故障时，从移动回传协议的每一层开始查看它们都能提供哪些服务。本章关注点是承载在物理层上面的协议层：本地以太网（7.2 节）、电信级以太网（7.3 节）、IP（7.4 节）和 MPLS（7.5 节）。

7.6 节讨论接入层弹性，7.7 节讨论无线接入网—核心网接口弹性。

7.1.1　重建与保护

网络恢复能被分解为重建和保护两类[2,3]。当网络出现故障时，重建依赖于新链路的激活，而保护交换使用预配置的链路。这两种机制提升了网络弹性并且两种方案都在分组网络中部署使用。

图 7.1 列出了两种方案。左图显示当网络故障发生时，在预配置备份路径上产生保护交换。右图显示当网络故障发生时，会触发路由协议重新去寻址找到一个新的激活路径（虚线箭头）。在路由协议帮助下选择新的路径（最优路径选择）。

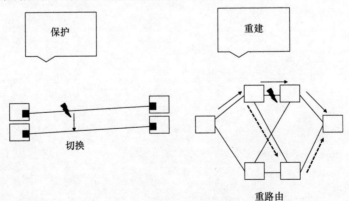

图 7.1　保护和重建例子

典型地，Sonet/SDH 支持扩展的、众所周知的在小于或者大约 50ms 时间区间内恢复的网络交换方法。虽然 50ms 对许多应用来说不是硬性指标，但是这已经设置为传输网络的性能标准。并且在移动回传中有这种例子：依赖于移动网络的实现和参数化，在几百毫秒甚至几秒之后，呼叫和上下文丢失。一直使用像 50ms 这样的快速恢复有益于提升网络的可用性。

Sonet/SDH 的快速保护交换类型在以太网层也被支持，参见 ITU – T G. 8031 和 G. 8032。生成树作为在以太网层的 LAN 特征是可用的，但是不能被用在广域网的恢复解决方案中。

路由协议通过交换关于目的网络的可达性的信息使能重建。当链路或者节点出现故障时，计算/选择得到新的最优路径，并且业务流通过该路径进行重建。通常来说，重路由比保护交换花费更多的时间。内部网关协议（Interior Gateway Protocol，IGP）依赖于因子数目，并且支持从亚秒到几秒的时间恢复。

MPLS TE 快速重路由（Fast Reroute，FRR）和类似的 IP FRR 产生的恢复时间与 Sonet/SDH 相当。FRR 依赖于一个重新计算的备份路径。类似地，MPLS – TP 也支持 50ms 恢复，且依赖于检测时间和其他内容。

来自于 Sonet/SDH 的许多熟悉概念在描述传输网行为的网络技术中被重新使用：扩展 OAM、快速恢复、面向连接本质（潜在决定性的）。MPLS – TP 就是这种例子。

7.1.2 恢复

在 RFC 3469[3] 中，Sharma 和 Hellstrand 提出了 MPLS 恢复周期时间，如图 7.2 所示。该模型适用于通用的恢复架构，也适用于移动回传的传输层恢复架构。

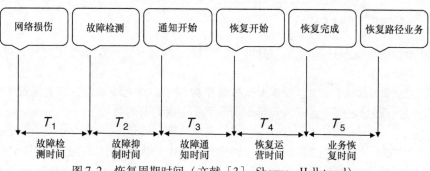

图 7.2 恢复周期时间（文献 [3]，Sharma，Hellstrand）

时间 T_1 之后，网络故障导致检测到错误。该故障被进一步传播之前，已经过了时间 T_2。传播到下一个设备花费时间 T_3，之后网络开始恢复，花费时间 T_4。时间 T_5 过后，业务完全恢复。

很清楚，依赖于不同类型的故障、检测、网络拓扑等，不同的恢复机制花费不同数量的时间。故障恢复是协议和技术相互依赖的。

7.1.3 可用性

通常使用多少个 9 来表达可用性：例如 99.99%（4 个"9"）的可用性表示系统只有 0.01% 的时间是不可用的。以一年来计算，假定一年 365 天，每天 24h，99.99% 的可用性意味着一年有 52.56min 的服务是不可用的。图 7.3 展示了其他值。

使用 5 个"9"或者更多个"9"来表示更高的可用性。5 个"9"意味着一年有 5.26min 的时间是不可用的。

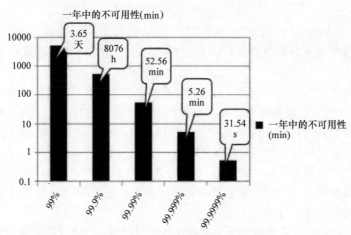

图 7.3　一年中的不可用时间

使用两个变量定义可用性：两次故障之间的可用性（MTBF）和修复故障的平均时间（MTTR）[4,5]：

$$可用性 = MTBF/(MTBF + MTTR)$$

为了使计算有意义，MTBF 和 MTTR 应该包括所有相关因素，不仅仅是硬件错误，也包含软件错误和任何配置错误等。不可用性由计划中断和非计划中断两部分构成。

7.1.4　MTBF 和 MTTR

可用性由两个变量计算表达：MTBF 和 MTTR。假定有这两个未确定的值，可用性会变成什么样子呢？

在文献［2］和［1］中，列举了一些值作为例子。对光缆来说，首先需要对光缆切断（CC）进行测量定义。定义为一年中光缆遭受一次切断的数量[5]：

$$MTBF = (1 年/光缆长度) * CC$$

对 CC 来说，在文献［2］和［1］中考虑了 450 ~ 800km 的值。使用 800km 的 CC 作为一个例子。使用这个值和 10km 光缆（城域），计算产生了一个 0.7×10^6 h 的 MTBF 值。另外，表 7.1 中列举了使用 MTBF 的节点故障和修复时间（MTTR）的估计值。

表 7.1　某些传输网络节点和链路的可用性例子。基于文献［2］和［1］以及微波链路可用性信息

组件	MTBF/h	MTTR/h	组件可用性	"9" 的可用性
IP 接口卡	10^5	2	0.99998	4 + 个 9
IP 路由器	10^6	2	0.999998	5 + 个 9
Sonet/SDH ADM	10^6	4	0.999996	5 + 个 9
WDM OXC/OADM	10^6	6	0.999994	5 + 个 9
光纤（1km）	7.0×10^6	24	0.999997	5 + 个 9
光纤（10km）	0.70×10^6	24	0.999966	4 + 个 9
光纤（300km）	0.23×10^5	24	0.998974	3 个 9
微波链路（可用性目标）①			0.9999①	4 个 9

① 为了达到可用性设计微波链路（由两种无线组成）。为了满足目标，需要考虑天线大小、下一跳长度、调制以及其他因素。

表 7.1 是一个例子。很明显，网络节点的实际值与设备相关，CC 值依赖于网络，MTTR 值依赖于运营商。即使实际值有些细节上的差别，但是明确的一个结论是，网络链接对不可用性起到实质性的作用。几十千米的光纤链接比网络节点更容易产生故障。此外，光缆需要更长时间的修复时间。

实际上，与设计冗余路由配置相比，安排冗余链路通常很昂贵并且是更耗时的任务。

应该把表 7.1 中的列（组件可用性）作为一个单独的组件进行可用性考量。不考虑系统中其他组件的影响。提供了组件之间可用性的比较依据。

7.1.5　提升可用性

假定表 7.1 的估计值不变，通过做哪些事情能提升可用性呢？

从可用性来看，应该首先考虑网络链接。而后在移动网络中，即使组件级别的可用性已经非常高了，但是服务于大规模节点的节点也非常关键。因此必须考虑依赖关系，并且聚焦于最关键的节点和链路上。参考如图 7.4 所示的 3G RAN 网络拓扑。

逻辑拓扑结果如图 7.4 虚线所示，每一个 NodeB 需要连接到 RNC 上。很明显，RNC 是一个单独的故障点，也是 RNC 站址设备和连接 RNC 到移动回传的汇聚点。这些点的任何一个故障都会导致大规模的 NodeB 故障。

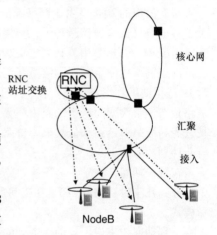

图 7.4　3G RAN 网络拓扑

类似地，除非备份，否则来自许多站点（20～50 个基站）汇聚业务的汇聚节点、路由器和交换机是单点故障点。即使一个高可用性的节点作为一个组件，它的故障同样会导致大量的 BTS 不可用。汇聚层故障的影响比单个 BTS 接入链路影响大，除非部署冗余组件。

在 LTE 网络中，无线网络仅仅包含一个节点，eNodeB。去除了中央无线链路控制元（BSC 或者 RNC），这样规避了单故障点。这个是 LTE 架构扁平化收益之一。

尤其在回传的汇聚点和核心网节点，LTE 的物理传输拓扑类似于图 7.4 中的 3G RAN。来自于多个 eNodeB 的业务在传输到核心网（SGW 和 MME）之前被汇聚。汇聚节点与 2G、3G 的控制器一样，特别关键。在 LTE 系统中，常常存在服务于大量 eNodeB 的安全网关。

万一链路有故障，安排冗余的路径对提升可用性是一个非常有效的工具。假定能创建表 7.1 中的 10km 光缆冗余链路，且拥有 50ms 的恢复时间。比如，这个由 Sonet/SDH 保护或者 MPLS FRR 完成。自然地，链路仍旧需要修复，但是这次没有影响可用性的修复时间发生。在没有具体的紧急任务的情况下，会产生很少的运营费用。

现在，MTTR 值是 50ms，而不是 24h。由于有更短的 MTTR 值，对可用来说，有了实质的提升。精确的计算需要考虑额外的单个链路、修复路径的节点以及故障率等。

7.1.6　网络故障

在真实网络中，很少会公开可用的关于网络故障类型和故障原因的信息。在 Sprint IP

骨干网中，Markopoulou 等人[6] 已经出版了故障相关信息，并且描述了这些故障的特征。虽然在很多方面一个国家范围内的骨干网不能比喻成移动回传，但是回顾这些主要发现是很有用的。在文献［7］中，Kuusela 等人分析了 IP 网络宕机（路由器故障）。

Sprint 骨干网使用 IP 重建，并且在下层（光缆）没有部署保护。拥有高度网络化的 IP 网络。使用 IS – IS 协议，通过 IS – IS 计算替代路由来实现重建。有可能备份路由产生拥塞，在这种情况下可能发生丢包现象，并且临时路由环路也是可以的。正常运行期间，由于没有队列延时和微不足道的抖动，上报遇到的 QoS 对象。

所有故障的 20% 是由于网络维护引起的。剩下的 80% 中（不可计划故障），大约 30% 关于多链路（共享链路故障），大约 70% 仅仅影响单链路。进一步地，把共享链路故障分为路由器相关、光缆相关和未定义。

由于网络故障后需要网络重新汇聚，所以与单个的长时间故障相比，频繁的短期故障对 IP 链接的不利影响更大。在一个工作很顺畅的重建网络中，当网络汇聚之后，与由于链路状态经常改变而产生的路由频繁重计算相比，重建对网络连接几乎没有影响。链路也被分为高故障率链路和低故障率链路。高故障率链路（所有链路的 2.5%）几乎占据了所有非计划故障的 1/3。

在维护期间，由于人为干扰、路由重启等，需要经历长时间的网络宕机（几分钟、几十分钟到几小时）。这些都是在夜间最不繁忙的时间进行网络维护。移动网络也是这种操作模式。

对移动回传来说，与前面提到的几个案例相比，存在几个关键不同。第一，接入网拓扑是树状拓扑而不是网状结构。树状拓扑中，至少在汇聚节点前，通常对连接线路没有可用的备份物理链接。第二，这些案例展示了使用 IS – IS 的 IP 重建结果。移动骨干网比许多保护和重建更特殊。

7.1.7　人为错误

已经考虑了节点和链路故障。在这些基础设备工作后，很容易遇到节点故障（由于供电限制，HW 或者 SW 故障等）或者电缆偶尔被切断。不容易建模的内容是在人为执行任务时发生故障，比如网络计划、运维、节点配置、软件升级等。很多情况下，网络宕机是由于这种类型的错误所致。

通过投资高可用性、冗余网络节点和保护链路能把网络可用性提到一个高度。同时，在人、能力、流程、工具和运维练习上的投入也是需要的。

需要考虑的一个重要话题是，当网络组件提升了弹性后，网络复杂度增加到什么级别。随着复杂度的增加，配置和运维导致的故障可能性增加。尤其是当多协议层引入时或者运维本身的机制就不好懂、没有文档化，恢复机制就会变得复杂。

7.2　本地以太网和弹性

本地以太网、MAC 地址学习、未知单播帧溢出和基于弹性的生成树，这些内容都是在局部区域内使用的。相应地，在城域和广域分别专注于电信以太网和弹性。那么为什么要进一步讨论本地以太网呢？

首先，BTS 或者控制器站址可以部署冗余的层 2 交换。在这个站址内的 LAN，可能需要使用本地以太网功能。一个原因是费用：在层 2 网桥的以太网端口比路由器上的以太网端口价格便宜。并且对高可用性来说，冗余交换是必需的。

正如 E-LAN 服务仿真 L2 网桥，所以回顾 L2 网桥如何工作是很有意义的。作为一个支持弹性的可能，MEF 定义中也包括了快速生成树协议（Rapid Spanning Tree Protocol，RSTP）。

7.2.1　以太网桥接

在以太网层（层 2）中，本地以太网桥接依赖于 MAC 地址学习、未知单播业务溢出和确保无循环拓扑的生成树协议。使用这个方法，存在单激活拓扑，并且不可能有负载共享。在冗余的层 2 拓扑中，通过生成树计算一个新的无循环层 2 拓扑产生重建。结果是一个树状拓扑：来自所有基站（叶节点）的业务都经过根节点。

在层 2 桥接中，一次只能有一个单一的层 2 转发路径。如果两个以太网网桥被连接并且存在一种方式是层 2 帧能找到回到原始网桥的通路（通过不同的端口），那么就形成一个环。未知单播帧和广播帧在所有端口都被溢出。如果有环存在，在配置修改之前，层 2 帧就会无止境地循环。

多路径存在的最初原因是网络弹性。如果主链路出现故障，替代链路可以承载业务。类似地，如果网桥出现故障，可以通过另一个网桥支持上行连接。在这些情况下，为了规避环的存在，需要阻塞一个或者多个端口。为了达到这个目的，IEEE 提出把生成树作为标准化控制协议[8]。如果一个链路出现故障，为了减轻故障带来的影响，需要改变现存层 2 拓扑并且改变被阻塞的端口到转发状态。

随着层 2 广播域（VLAN）规模的增长，在 VLAN 中的每一个站都接收其他站的帧，位置单播和广播帧溢出变得更明显。这种业务的一部分是基本的控制面业务。ARP 就是一个例子，需要初期创建 IP 地址到 MAC 地址的绑定。虽然未知单播业务很少，但是广播业务一直存在。在广播域中的站的数量是受限的。

生成树有许多版本。进一步说，一些经常被使用的版本，虽然没有被 IEEE 标准化，但是已经被专利化了。并且，该协议中引入了一些增强作为设备的具体功能[9]。在 IEEE 802.1d 中定义了初始的生成树协议。RSTP、IEEE 802.1w[10]，通过根网桥的快速选择和连接到主机的网桥端口状态快速改变提升了协议性能。MSTP、IEEE 802.1s[11]，支持多达 64 个生成树实例。每一个实例都能有一个不同的根网桥，允许基于负载共享的 VLAN。

7.2.2　生成树操作

虽然每一个版本都有自己的特性，但是基本行为是类似的。生成树通过阻塞有效地转发配置端口创建了一个逻辑拓扑树，它是一个有效的距离矢量协议。没有哪一个网桥对网络有一个全局视图。

网桥协议数据单元（Bridge Protocol Data Unit，BPDU）是网桥交换控制帧。BPDU 类型包括 BPDU 配置和 BPDU 拓扑改变通知。图 7.5 中显示了一个 BPDU 的配置结构。

生成树依赖于持续接收 BDPU 的原理。生成树的目标是校正拓扑。如果网络和链路仍旧处于运行状态，但是 BPDU 丢失，那么当一个阻塞端口状态变为转发状态时，可能会产生一个环。

选择一个网桥作为根网桥。网桥 ID 定义了哪一个网桥是根网桥。网桥 ID 包含了一个网桥优先级子域和一个网桥 MAC 地址。最低优先级的网桥是根网桥。优先级域是一个可配置的 16bit 域（默认值是 32768）。如果网桥的优先级域相同，拥有最小 MAC 地址的网桥是根网桥。

由于所有的业务都经过根网桥进而存在于广播域中（VLAN），所以选择根网桥尤为重要。对每一个域，必须要有一个单一的根网桥（在 MSTP 中，可以对不同的实例配置不同的根网桥。每一个实例包含不同的 VLAN 选项）。

每一个非根网桥都会选择最低成本路径到根网桥。根据从其他网桥接收到的信息，计算出最低成本路径。在获取最低成本之前，每一个网桥沿途都会添加自己的成本到根网桥。拥有到根网桥最低成本的端口成为激活端口（根端口）。任何其他到该端口的端口状态都是阻塞状态。在每一个 LAN 分段中，有一个单一的指派端口是处于转发状态。

成本是基于链路容量的。图 7.6 展示了默认的成本值。

RSTP 定义了新的端口角色：替代和备份端口。根端口和指派端口是转发态，其他端口（替代、备份和非使能端口）是不使用态。

IEEE 802.1d – 1998 使用了阻塞、监听、学习、转发和非使能这些端口状态。在 RSTP 中，非使能、阻塞和监听这些端口状态被映射到不使用状态，因此，RSTP 有 3 种状态：不使用、学习和转发[8]。图 7.7 展示了一个拓扑例子。

状态之间的转换由定时器、最大存在时间和转发延时控制。

字节	
1	协议识别符
2	协议版本识别符
3	
4	类型
5	标识
6	根识别符
7	
8	
9	
10	
11	
12	
13	
14	根路径成本
15	
16	
17	
18	桥识别符
19	
20	
21	
22	
23	
24	
25	
26	端口识别符
27	
28	消息持续时间
29	
30	最大持续时间
31	
32	时间
33	
34	转发时延
35	

图 7.5 BPDU[8] 配置

带宽	成本
<100kbit/s	200000000
1Mbit/s	20000000
10Mbit/s	2000000
100Mbit/s	200000
1Gbit/s	20000
10Gbit/s	2000
100Gbit/s	200
1Tbit/s	20
10Tbit/s	2

图 7.6 基于带宽的链路成本[8]

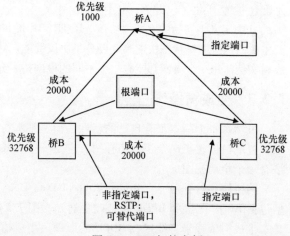

图 7.7 STP 拓扑实例

监听状态中，网桥监听来自其他网桥的 BPDU 消息。监听状态下，生成树已经选择了一个端口作为激活端口（要么是指派端口，要么是根端口），但是该端口临时处于不使用态。

学习状态下，网桥开始工作于它之前监听的源 MAC 地址表。当网桥开始转发数据时，这种方式可以减少溢出量。

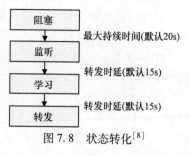

图 7.8 状态转化[8]

使用假定的定时器默认值，过渡态将花费如下时间：最大老化时间 + 2 × 转发延时或者 20s + 2 × 15s = 50s。具体如图 7.8 所示。

对网桥端口连接到主机的 RSTP 来说，可以省略监听和学习状态。这使网桥端口转换到转发状态变得更快。类似地，在 BPDU 中支持建议标识和同意标识，操作将变得更快。

对 RSTP 来说，也使用阻塞端口发送用于保活目地的 BPDU 帧。连续错过 3 个默认值是 2s 的 BPDU Hello 帧，将产生一个 6s 的检测时间。把连续错过 BPDU 看作链路或者网桥故障，替代最大 20s 时长，将大大减少故障检测时间。依赖于这种场景，能完成进一步的优化。

使用 MSTP，可以完成基于负载共享功能的 VLAN。业务被拆分进入不同的 VLAN 并且把 VLAN 配置成不同的 MSTP 实例。每一个实例有不同的根网桥，进而有不同的拓扑。在任何单一 VLAN 中，所有的业务遵从同样的路径。

7.3 电信级以太网

7.3.1 电信以太网

可靠性是在 MEF[12] 中定义的电信级以太网属性之一。对移动回传来说，电信级以太网的可靠性是如何实现的呢？

服务提供商分发 MEF 服务。供应商网络是电信级别的，并且自己选择技术来建立网络弹性。用户通过 UNI 接口查看相关服务，如图 7.9 所示。

图 7.9 供应商网络和客户网络

供应商网络从客户网络中分离出来，并且供应商的网络弹性部署对客户不可见。类似地，客户网络弹性对供应商网络也不可见。

标准化更强调电信级以太网与本地以太网解决方案不同这些论题。从服务用户的角度看，可用性仅仅是服务的一个属性。如何实现可用性是供应商的事情。

在供应商网络中，城域以太网服务的可用性可能被很多技术所支持。在 Sonet/SDH 的情况下，Sonet/SDH 层中使用保护交换。对通常使用的 TDM 来说，静态的、固定的容量分配是一个缺点。NG – SDH 的虚级联特性使网络更灵活，但是根本问题仍旧存在。

以太网链路聚合常常会帮助完成电信级网络弹性。由于 MAC 层看不到聚合连接的单个链路，在不引入 MAC 层的条件下，可以支持端口冗余。

ITU‒T 为以太网定义了两个保护交换标准：G. 8031 和 G. 8032，目的是给以太网提供网络弹性。

IETF 层 2 VPN 工作组创建了一系列说明书，定义了如何在 IP/MPLS 网络中实现层 2 服务。VPLS 定义了多点服务（E‒LAN），而 VPWS 定义了点对点（E‒线路）的以太网服务。恢复是基于 IP 和 MPLS 的。

7.3.2　MEF 服务

对 MEF 服务的使用者来说，可用性和 QoS 是这些服务的属性，并且这些比保护或者恢复是如何实现的更重要。在服务级别说明书中定义了需要提供的 QoS 和可用性级别，这些是服务级别协议的一部分。UNI 中的服务属性是本质。

对服务供应商来说，实现弹性是一个关键问题。正如 MEF 抱怨的那样，以太网服务可以运行在不同的技术上，但是网络弹性却与供应商使用的技术有关。它也依赖于服务类型、E‒线路、E‒LAN 或者 E‒树。比如以太网承载在 Sonet/SDH 上、以太网承载在 MPLS 上、以太网承载在 DSL 上和点对点以太网。对以太网层，在 MEF[13] 中提到了链路聚合和 RSTP。

由于 MEF 主要从服务视角看问题，所以可用性是用来在客户和供应商之间谈判的属性。服务级别说明书（SLS）[14] 中囊括了该属性，如图 7.10 所示。

属性值是谈判的焦点之一。MEF 中定义了具体的服务集（Class of Service，CoS），这种方式允许每一个 CoS 类型分离可用性。

对服务使用者来说，在 SLS 中定义的可用性是一个主要考量工具。基本上来说，如果 BTS 或者其他客户设备需要一个更高的 MEF 服务可用性，那么这是需要和供应商谈判的一个话题。

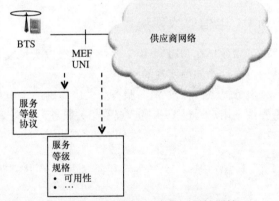

图 7.10　在 MEF SLS 中的可用性属性

7.3.3　以太网 OAM

以太网 OAM（运行、管理和维护）提供了故障检测而不是本身恢复。对 MEF 服务来说，它是一个检测故障和监控连接的工具。以太网 OAM 可以作为保护交换的触发器。在 IEEE 中，生成树用来恢复网络。

在第 4 章中介绍了以太网 OAM。图 7.11 给出了一个应用例子。在 BTS 和 IP 路由器之间，服务供应商提供了以太网服务。以太网链接 OAM[15] 监控从 BTS 到 PE 设备的第一英里。对单一下一跳应用来说，OAM 链接很合适，因此在 PE 设备端终止 OAM 链接。

同样场景下，一个使用 CFM 的例子如图 7.12 所示。移动运营商配置了到 BTS 和对等实例的维护端点（Maintenance End Point，MEP），因而能使用连接监控。移动运营商把 PE 看作维护中间点（Maintenance Intermediate Point，MIP）。然而，供应商网络没有接入到客

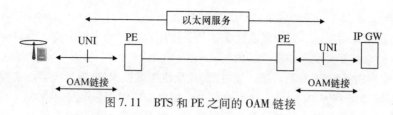

图 7.11 BTS 和 PE 之间的 OAM 链接

户网络中。

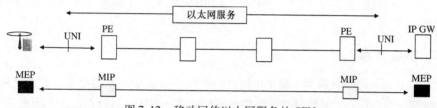

图 7.12 移动回传以太网服务的 CFM

对连接监控消息来说，周期性发送连接校验消息（Connectivity Check Messages，CCM）。为了快速检测故障，消息间隔可以是 3.3ms 短。数值是可配的。如果 3 个 CCM 消息丢失，检测到故障。结果告警产生，另外以太网自动保护交换应用可以把以太网 OAM 作为触发器去触发自动保护。提到的最小值（3.3ms 的消息间隔）有些激进。如果链路不是持续的正常运行而是时断时续，很容易触发错误的自动保护。

在以太网层持续使用 CCM 作为保活，可以把以太网环回比作 ping：要求 MEP 或者 MIP 应答。以太网链路跟踪与跟踪路由应用一致。CFM 协议与服务（VLAN）和维护域相关。

在故障不能及时恢复的场景下，比如保护交换，以太网级的 ping 和路由跟踪对解决问题会有帮助。这个缩短了查找失败链路或者网桥的时间，因此提升了网络的可用性。

以太网连接和故障管理支持级联维护域。维护域允许客户和供应商网络分离。服务供应商可以在自己的维护域中使用连接性和故障管理，在自己的网络中去监控以太网层的连接性——假定使用以太网技术提供服务。如果使用 MPLS 提供服务（或者 NG - SDH），服务供应商应使用 Sonet/SDH 或者 MPLS 层 OAM 机制而不是以太网 OAM。

7.4 IP 层

7.4.1 VRRP

虚拟路由器冗余协议（Virtual Router Redundancy Protocol，VRRP）允许两个或者更多的独立路由器分别作为一个单一的虚拟路由器连接到主机上。VRRP 组中，一个路由器一直处于激活态，其他路由器处于非激活态。发送来自主机的 IP 分组到 VRRP 组的虚拟 IP 地址的默认网关。VRRP[17]（RFC 5798）支持 IPv4 和 IPv6。

VRRP 组由一个主虚拟路由器和一个或者多个备份虚拟路由器组成。在 VRRP 组的路由器之间发送 VRRP 消息。IPv4 中，主路由器使用一个带有 112 协议号的 IP 多播地址 222.0.0.18 发送 VRRP 广播消息。IPv6 中，分配的多播地址是 FF02：0：0：0：0：0：0：

12，112 作为 IPv6 下一个包包头的 IANA 分配数值。

在主路由器失效期间，选择最高优先级的备份路由器作为主路由器。当最初的主路由器恢复之后，它又要扮演主路由器的角色。

VRRP 主路由器响应 ARP 请求（IPv4），并且使用虚拟 MAC 地址应答。这种方式允许保留相同的 IP 地址和 MAC 地址，而不管哪一个路由器成为主虚拟路由器。

在 VRRP 中，一个单一的路由器处于激活态，而其他路由器是非激活态。对承载在所有路由器上的负载平衡来说，可以创建多个 VRRP 组，每一个组有一个不同的 VRRP 主虚拟路由器。

7.4.2 负载共享

IP 的好处之一是在负载共享配置中同时有存在多条激活链路的能力。通过这种方式，与部分链路处于空闲态、其他链路处于拥塞态的激活—非激活运行相比，IP 能更有效地使用网络。

由于恢复迅速，万一故障发生，负载共享也能降低网络宕机时间。如果链路的某条故障，那么其他链路也能继续使用，是因为这些链路已经在激活转发表中。

由于转发是单向的，所以回路可能不同。因此，对于负载共享来说，返回业务可能使用不同的链路。对所有的设备都有这种问题。状态防火墙就是一个很好的例子。

例如 OSPF 和 IS－IS 路由协议支持均衡成本多路径。当到达同一个目的地的多径拥有同样的成本时，负载平衡算法给链路分配业务。在 RFC 2991[18] 和 RFC 2991[19] 中讨论负载共享。

存在两种类型的负载平衡：基于分组的负载平衡和基于流的负载平衡。分组负载平衡算法转发每一个分组个体到外向链路，比如以轮转方式。这种方式的缺点是由于链路上不同的传输时延可能导致分组乱序到达。还有，路径上 MTU 可能不同。因而常常首选基于流的负载平衡算法。

基于流的负载平衡使用 IP 分组头域去识别流，例如源端和目的端地址以及协议类型（3 元组）。另外，也可以使用层 4 端口（5 元组）。没有具体化相应算法。回忆第 3 章，对 GTP－U 来说，UDP 目的端口是 2152，同时发送节点在本地分配源端口。因此，比如在 S1－U（eNodeB－SGW）接口上，负载共享依赖于实现。

7.4.3 路由协议

IP 控制面意味着可以使用任何路由协议：OSPF、IS－IS、RIP、BGP 等。IP 控制面板知道冗余链接拓扑，当网络中的链接或者节点出现故障时，IP 会转发给故障节点或者链接网络弹性。当 MPLS 也使用 IP 控制面时，MPLS 会受益于路由提供的网络弹性。路由协议的具体操作不同。对恢复来说，首先需要检测故障。可以使用物理或者链路层指示、路由协议或者专用协议（BFD）进行检测。第二，必须通知到其他网络节点。第三，需要计算新的拓扑（在 OSPF 和 IS－IS 情况下，最短路径优先算法）。最后，需要采纳新的拓扑为激活转发。

距离矢量路由协议（比如 RIP）周期性发送更新。链路状态路由协议（比如 OSPF 和 IS－IS）响应触发更新的变化（链路丢失）。依赖于应用，链路状态协议更有吸引力。

距离矢量协议不维护一个完整的网络拓扑。在某些场景下，随着测度的增强，也会遇到计数到无穷大的问题：在两个路由器之间来回广播路由。故障发生之后，直到测度（比如下一跳数）到达最大值才能完成汇聚，两个路由器才能得出目的地不可到达的结论。通过水平分割（不广播回相同的路由）和有损翻转（广播回有最大度量的路由）来处理计数到无穷大这个问题。参见路由协议[20]。

由于快速响应，对快速恢复来说，链路状态协议是首选。对潜在的业务工程应用来说，也需要 OSPF 或者 IS – IS。通常来说，链路状态协议的主要缺点是它们比距离矢量协议更复杂。7.4.4 节中，将具体描述 OSPF 协议。

7.4.4 OSPF

开放最短路径首选（Open Shortest Path Firs，OSPF）支持骨干区域和非骨干区域两级架构区域。在一个区域内维护全拓扑，并且只能从其他区域获取很少的有用信息。一次变化之后，在一个区域内，链路状态广播（Link State Advertisements，LSA）被溢出，随后路由器更新它们的链路状态数据库（Link State Databases，LSD）。因此路由器运行戴克斯特拉（Dijkstra）最短路径首选算法。该算法把路由器本身看作根，选择到目的地的最短路径，并且把结果存储到 OSPF 路由表中。本质上讲，OSPF 由 3 个子协议组成：Hello、Exchange 和 Flo。

RFC 2328（OSPF v2）[21]定义了 OSPF 的 IPv4 版本，RFC 5340（OSPF v3）[22]定义了 IPv6 版本。RFC 5838[23]把非 IPv6 地址族添加到 OSPF v3 中。一个典型的例子就是 IPv4。

然而，本节主要基于 OSPF v2 版本，是因为在很多情况下 OSPF v3 使用相同的概念和过程。一个差别是 OSPF v3 是基于链路运行的。需要使用链路本地寻址。注意到，虽然这里不进一步讨论 IS – IS，但是 IS – IS 在许多方面也可以比作 OSPF。

本质上，OSPF 使用 3 个子协议：Hello、Exchange 和 Flooding。Hello 协议监控链路可用性、建立和维护邻接链路关系，并且在需要时（广播或者非广播多接入网络）选择指定或者备份指定的路由器。Exchange 协议提出邻接关系并且同步数据库。最后，初始化同步完成之后，使用 Flooding 协议去更新数据库。OSPF 把成本作为测度，并且对每一个网络链接来说这个值是管理员可配的。这个成本能反映出带宽或者延时或者仅仅是为了满足网络管理员的喜好而配置的。为了满足业务工程应用（OSPF – TE），OSPF 已经得到了增强。在 OSPF – TE 测度中，额外支持像链路带宽之类的参数。

OSPF 运行在一个自治系统内———一个管理域内。

链路状态协议（比如 OSPF）的一个优势是在网络中响应变化的能力，比如链路故障。在链路状态广播消息（LSA）中传播链路状态信息。在一个区域内，把 LSA 传送给所有的路由器，网络的变化会触发该传送。

因此，所有路由器有一个完整的区域拓扑，包括链路状态。OSPF 路由器从 LSA 的消息中搜集这类信息并且存放到 LSDB 中。链路状态数据库维护一个区域的完整链路状态信息。运行最短路径首选算法去选择到达每一个目的网络的最短路径，把结果存储在 OSPF 路由表中。

OSPF LSA 承载网络和子网掩码信息，并且允许可变长的子网划分。使用最长前缀匹配路由。

大网络被划为几个区域。区域边缘的路由器拥有一个特殊的角色,为路由器连接的每一个区域维护一个独立的 LSDB。类型 1 和类型 2 的 LSA 不能传输到其他区域。相反,来自其他区域的类型 3 (总结性 LSA) 可以在网络中广播。区域间的路由通过 OSPF 骨干(区域 0) 产生。

外部 LSA 通知外部 AS 路由。

当网络有变化时会触发 LSA,比如路由器接口故障。即使 LSA 的内容没有改变,LSRefreshTime 定时器(说明书规定 30min) 过后,LSA 也会周期性刷新。如果没有刷新,最大老化时间(60min)过后,LSA 就被老化移出。

承载 LSA 作为 OSPF 分组。OSPF 分组如下:

- Hello 包;
- 数据库描述;
- 链路状态请求;
- 链路状态更新;
- 链路状态确认。

除了 Hello 包,为了发现和维护邻接关系,所有的 OSPF 分组可以承载一列 LSA。Hello 协议包括需要路由器达成一致的 HelloInterval 和 RouterDeadInterval 参数。RouterDead-Interval 意思是当没有收到一个 Hello 分组之后,直到宣布邻接路由器死亡,本路由器的等待时间。RouterDeadInterval 是由多个 HelloInverval 组成的。如果使用 Hello 包检测故障,这个参数值非常重要。

数据库描述总结了数据库内容,并且在邻接关系初始化时使用。链路状态请求分组请求过时的 LSA。当数据库已经同步后,就完成了全邻接关系。

链路状态更新实现了 LSA 传播。一个单链路状态更新分组可能包括几个 LSA。链路状态确认分组对 LSA 进行确认。由于确认的存在,LSA 的传输是可靠的。LSA 消息头被包含在链路状态确认消息的信息域中。

LSA 格式依赖于 LSA 类型。LSA 类型包括(列表不全):

- 类型 1 路由器 LSA:描述路由器接口状态,包括它们的成本。
- 类型 2 网络 LSA:描述隶属于网络的路由器。
- 类型 3 和类型 4 汇总 LSA:描述连接到其他区域的路由。类型 3 LSA 描述了连接到网络的路由,类型 4 是连接到 ASBR(自治系统边界路由器)的路由。
- 类型 5 外部 AS LSA:来自于 ASBR。自治系统边界路由器创建类型 5 和类型 7 的外部 LSA。

图 7.13 中显示了 LSA 头(20B)。

头域如下:

- LS 老化:从 LSA 开始计时,以 s 为单位。

- 选项:指示可供选择的 OSPF 能力(具体参见 RFC)。

- LS 类型:(参见前文,类型 1 路由器、类型 2 网络 LSA 等)。

图 7.13 LSA 头

- 链路状态 ID：依赖于 LS 类型。
- 广播路由器：路由器 ID。
- LS 序列号：用于检测老的或者重复的 LSA。
- LS 校验和：除了 LS 老化域之外，在整个 LSA 内容和头上计算得到的校验和。
- 长度：包含在头中的长度。

OSPF 分组直接运行在协议号为 89 的 IP 上。发送 OSPF Hello 分组到 AllSPFRouters 的多播地址（224.0.0.5）上。AllDRouters（224.0.0.6）地址参照指定路由器和备份指定路由器。为了确保这些分组不被转发，把 TTL（存活时间）域设置为 1。

OSPF 分组是控制信息量的，因而在不同的服务架构下，通过把分组标记为网络互连控制提供的优先级。

图 7.14 显示了 OSPF 分组头。

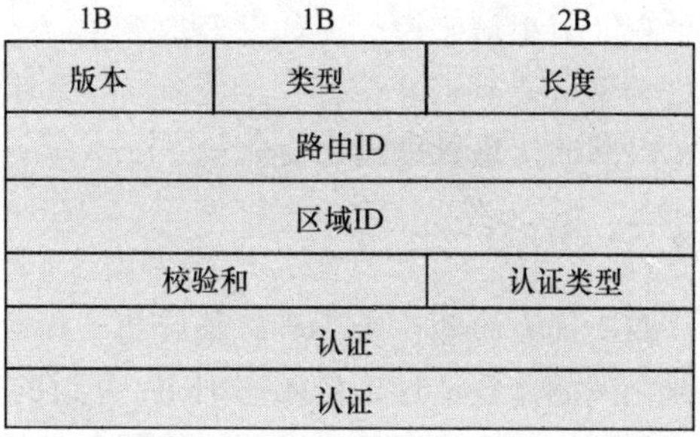

OSPF 报文头域如下：

- 版本：意思是 OSPF 协议的版本，在 RFC 2382 中是 2（对 IPv6 来说，版本是 3）。
- OSPF 报文类型（参见前面描述）。
- 长度：OSPF 报文长度，包括报文头。
- 区域 ID：OSPF 域识别标识。
- 校验和：除了认证域和数据内容，由 OSPF 报文头计算得到的校验和。

1B	1B	2B
版本	类型	长度
路由ID		
区域ID		
校验和		认证类型
认证		
认证		

图 7.14 OSPF 分组头

- 认证类别（Authentication type）：指示了认证类型，随后的域保留下来作为认证使用：0 意味着没有认证；1 意味着简单认证，比如密码认证；2 意味着加密认证。RFC 2328 定义了 MD5 的使用。

RFC 5709[24] 定义了额外的认证选项：

- HMAC – SHA – 1；
- HMAC – SHA – 256；
- HMAC – SHA – 384；
- HMAC – SHA – 512。

RFC 5709 的实现中要求 HMAC – SHA – 256 是必选项。

恢复的时间依赖于几个因素：检测、LSA 传播、SPF 计算、路由表更新，并且在转发中恢复。对一个快速恢复来说，应该立即广播 LSA。然后在 LSA 广播之前，可能需要一个保护时间。

定义了两种类型的定时器：事件定时器和周期定时器。当检测到一个事件后，使用事件定时器。当定时器终止后，开始处理该事件。不立即处理事件的好处是在不稳定链路情况下允许有一段保护时间。对每一个单独事件的立即响应将导致每次链路改变时都需要一次 LSA 广播。很自然，该定时器的缺点是需要更长的时间使网络汇聚。在老的 RFC 文献中，该定时器的粒度是 1s。

当路由器接收到 LSA 时，它们更新 LSDB 中的信息。更新完后，计算 SPF 算法。处理时间依赖于网络大小，路由器、网络和链接的数目。为了加速汇聚，在网络中不使用的信息不会被传送。基本上来说，整个区域接收相同的信息。使用根域会限制外部的 LSA 传送。如果仅仅有一个单一出口点，该区域可以配置成根域。存在许多根域的变种，也允许进一步降低 LSA。

周期性定时器定义了需要周期性发送分组的时间间隔，比如 OSPF Hello 分组。对这种定时器来说，类似的粒度也是 1s。实际中，也支持更小的值。对快速检测来说，替代优化 Hello 分组的时间间隔，可以使用 BFD。依靠 OSPF Hello 分组并且依赖于参数值，这种检测在秒级别的范围内完成。使用 BFD，能达到亚秒级别的检测。

对 SPF 算法的计算来说，它有益于让 LSDB 仅仅包含真正需要的路由。如果 LSDB 拥有大量信息，也会被频繁地修改，SPF 也会频繁地计算，并且花费更多时间。通过在区域边界路由器（Area Border Routers，ABR）使用简化路由能减少来自其他 OSPF 区域的信息。通常，ABR 把来自其他区域的信息简化，并且在类型 3 简化 LSA 中不提供完整的拓扑信息。对根域来说，正如已经提到的，不允许外部 LSA，但是仍旧可以接收其他信息。网络类型（点到点、广播、NBMA、点到多点或者虚拟链路）的选择也影响 LSDB 的大小。LSA 内部的信息量也随之变化。

7.4.5 BFD

双向转发检测作为一种轻量级的承载在层 2 或者层 1 上的故障检测机制。它检测 IP 转发元之间的路径活性。依赖于 Hello 分组的路由协议响应有些慢。对快速检测来说，BFD 是一种很好的选择。路由协议能使用 BFD 去快速检测路径上的故障。

本质上，BFD 也是一种 Hello 协议。消息在两个端点之间周期性地传输。如果一端没有收到来自另一端的消息，就假定在转发路径上的某个位置出现故障。BFD 控制分组和 BFD 应答分组被定义。

BFD 支持几个不同的操作模式。在异步模式下，系统周期性地传输分组。如果在某段时间内没有收到分组，就假定发生故障。在需求模式下，假定存在监控连接的通路，并且控制分组只按需发送。在这种情况下，等系统回到静态模式后，交换 BFD 消息。此外，应答模式允许应答来自其他系统的消息。如果没有收到很多这种消息，就假定故障产生。

BFD 支持 4 种不同的状态。Admin down 意味着管理性质的宕机。其他状态是 Down、Init 和 Up。

RFC 5881 具体描述了在单一的下一跳上 IPv4 和 IPv6 版本的 BFD，RFC 5883 描述了多下一跳的情况[26,27]。单一下一跳 BFD 监控到下一跳路由器的路径，多下一跳 BFD 监控多个下一跳上的路径。BFD 被封装在 UDP 分组中。使用 IP 源地址和目的地址以及 UDP 端口识别 BFD 会话。对 BFD 控制帧来说，单一下一跳 BFD 使用 UDP 目的端口 3784，对 BFD 应答分组来说是端口 3785。

BFD 支持认证。认证选择是简单的密码、MD5 或者 SHA - 1。

7.4.6 进一步讨论

典型地，已经提到的 OSPF RouterDeadInterval 是 HelloInterval 的 4 倍。BFD 依赖于轻量级的 Hello 分组。当链路出现故障时（光缆被偶尔拉断或者站点断电等），不能发送任何消息并且通过丢失 Hellos 分组检测故障。

使用 BFD，一种更激进的检测方式成为可能并且从缩短恢复时间中收益。有时候，链路可能不稳定：比如状态不是永久的宕机，但在成为一种稳定状态前来回振荡。在短的间隔时间内让状态改变在网络中广播会导致 LSA 溢出（在 OSPF 情况下），随之产生 SPF 计算。很明显，检测不应该太激进。并且数值依赖于网络。

对 BGP 来说，在 RFC 2439[28] 中定义了网络路由衰减。每次当路由被撤销时，每个路由的网络优良指数加一。基于这个数值，对那些不稳定的路由来说抑制了变化。潜在的假设是，未来，不稳定的路由有一个很高的概率去除这些不稳定性。

另一方面，在稳定的网络中，RFC 4136（稳定拓扑中，OSPF 刷新和广播减少）中建立 LSA 广播，例如每隔 30min，不是必需的。这个将减少 OSPF 控制业务。这个实现依赖于在 RFC 1793 中定义的 LSA 指示消息中的 Do Not Age 位。

另一个问题是包损。例如由于拥塞，如果 Hello 分组丢失了，将发生什么呢？在 RouterDeadInterval 时间间隔内没有收到 Hello 分组会触发邻接宕机声明。在文献［31］中，提议根据 Hello 分组丢失率来调整 RouterDeadInterval 的值。如果由于拥塞 Hello 分组丢失，那这种方式降低误检率。然而如果把 OSPF 标记成网络控制（参见本书的 QoS 内容）并且做相应的处理，Hello 分组不应该首先遭受拥塞处理。

进一步的课题是，在网络拥塞情况下，即使 Hello 分组穿越了网络，用户服务也可能会很糟糕。在移动回传的案例中，用户是无线网络层应用。

为了检测 QoS 损伤（延时增加和包损），需要性能测量。RFC 4656 定义了一个单通道激活测量协议（One-Way Active Measurement Protocol，OWAMP）[32]，以及 RFC 5357[33] 双通道激活测量协议（Two-Way Active Measurement Protocol，TWAMP）。使用 QoS 监控对这些协议支持激活测量。测量分组延时（来回程时间）和包损，一个是 TWAMP 发送者，另一个是响应者。在移动回传中，例如，使用 TWAMP 去估计基站和控制器/GW 的 QoS。

图 7.15 描绘了一个在移动回传中的 TWAMP 应用。一个 TWAMP 发送者（图 7.15 中的基站）发送携带传输序列号和时间戳的初始 UDP/IP 分组。一个 TWAMP 响应者（例如，路由器/网关）应答并且添加它的发送序列号和时间戳。作为一种选择，小区站点路由器也能支持 TWAMP 功能。

TWAMP 支持基于如 DSCP 指示的 QoS 测量集，这个也很重要。如果网络拥塞发生，虽然语音和控制信令不受影响，但是背景业务可能遭受延时。

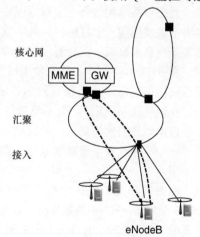

图 7.15 TWAMP 应用例子

也可以使用 TWAMP 去监控 SLA。然而，很难检测出违例的 SLA。Benlarbi[34] 和 Kilpi[35] 讨论了 IP SLA。

7.4.7 无循环替换

使用 IP 路由协议，通常使用单一最优路径。网络改变会引起新的最优路径的重新计算和选择，依赖于网络大小，会导致花费大量时间。

如果提前计算好第二个最优路径，以便于当最优路径故障时，路由器立即知道应该使用哪一个下一跳，这样能减少恢复时间。很明显，第二个最优路径必须是无循环的。

RFC 5286[36]定义了 IP 快速重路由 – 类似于 MPLS FRR 的操作。目的是保护承载在 MPLS/LDP 网络上的 IP 单播业务。实现了计算备份无循环下一跳，并且使用它去缓解故障。路由协议的汇聚仍然在背后产生。在汇聚期间，转发业务到备份的下一跳。这个降低了汇聚过程中的分组丢失。

除了 MPLS FRR 之外，一个非标准化的路由协议增强内部网关协议（EIGRP）包含了一个可用的定义[37]。

7.5　MPLS 弹性

接下来的几节中讨论 MPLS 相关的网络弹性。深入阅读，请参阅由 De Ghein[38]、Minei 和 Lucek 以及 Guichard[39]，Le Faucheur 和 Vasseur［40］提供的文献。

7.5.1　标签分配

使用 IP 转发，LDP 指定 MPLS 标签到目标网络。通过 IGP 获取目标网络信息。

对标签分配来说，存在两种类型的操作模式：按需提供下游和主动提供下游。在两种情况下，本地分配标签以及 LDP 分发本地指定的标签到上游节点。在按需提供下游模式下，仅仅把分配标签作为一个请求响应。在主动提供下游模式下，不需要具体的请求，下游 LSR 会分配标签到所有它所知道的目标网络上。

当把标签分配给每一个目标网络并且所有的上游邻接点都知道该标签，上游的 LSR 如何决定去使用同一个目标网络的多重标签？使用保守标签，不被请求的保留标签将不会被保留。在自由模式下，所有接收到的标签都会被保存下来。

在 RFC 3037[42]中，假定使用保守标签的按需提供下游模式下，当标签是稀缺资源时，应该使用保留标签并且相应的标签应该保留下来。ATM 和小区模式 – MPLS 就是一个例子。在帧模式 MPLS 下，就不是这种情况。标准允许所有的组合。

自由标签的优势是，一旦故障，让已经分配的标签指向下一个 LSR。如果目标网络通过另一个链路或者节点就能到达，首先不需要使用 LDP 交换标签信息，标签已经有效并且可用。

在图 7. 16 中，每一个 LSR 都已经在本地分配了一个目标网络标签（10. 0. 0. 0/26）。LSR δ 给定了一个 68 的标签值并且连接到目的网络 10. 0. 0. 0/26，这个值由 LDP 通知到两个上游邻接点 LSR，β 和 γ。这个例子使用了基于平台的标签空间：同样的标签由 LSR δ 在所有的接口中直接广播。

类似地，LSR δ 和 LSR γ 在本地选择一个标签值并且把这个值广播到 LSR α。β 分配的值是 223，γ 是 33。LSR α 收到这两个标签值。现在 α 应该使用标签 223 到 β 呢，还是使用标签 33 到 γ 呢？这是由 IGP 选择指定。在自由模式下，即使只有一个值被 IGP 选中，但是 α 存储两个值。

假定 IGP 首选 β 作为下一跳。此时，LSR α 把 223 标签入栈，并且给 β 转发打上标签的 IP 分组。如果到 Beta 的链路失败，会发生什么情况呢？由于链路改变（链路故障），需

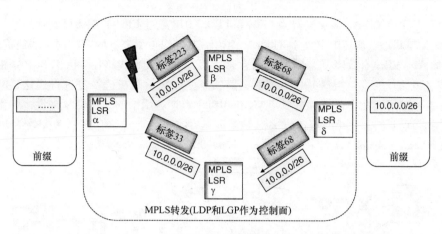

图 7.16 自由模式

要 IGP 汇聚。汇聚多快完成依赖于检测和 IGP 的使用。

当 IGP 汇聚完成，LSR α 得知到达目的网络的最优路径是经过 γ 的链路。由于使用自由标签模式，标签已经生效。由于不需要 LDP 获取标签绑定，恢复会更快。α 向 γ 转发业务，同时标签值 33 入栈。

如果标签 33 无效，在使用基于 MPLS 标签转发到 γ 的链路之前，需要 LDP 获得 γ 标签[⊖]。

7.5.2 LDP 会话

正如上面所讨论的，保留自由标签缩短了恢复时间。IGP 汇聚之后，用户面转发能立即执行。

另一个问题是 LDP 控制面操作。LDP 会话需要可操作性，否则基于 MPLS 标签的用户面转发也能被中断。

LDP 使用 TCP，并且每一个 LDP 会话请求一个 TCP 会话。可能在两个 LSR 之间存在多个 LDP 会话。当一个 LDP 会话不直接使用已连接的 LSR 邻接点时，该会话是目标 LDP 会话。

LDP 维护与邻接点之间的 Hello 邻接关系。邻接点可能是直接连接的，也可能是经过多个下一跳连接的。在一个定义时间内，没有收到来自邻接点的 Discovery Hello 消息时，LSR 认为对端故障或者认为对端不愿意接受基于标签的切换。

TCP 会话包含一个保活定时器。如果在定义时间内没有收到消息，LSR 认为对端宕机，或者会话失败，并且删除 LDP 邻接关系、终止 LDP 会话。把这种情况认为是致命错误。

7.5.3 IP MPLS VPN

除了在 IP/MPLS 云中提供的网络弹性之外，也应该考虑来自供应商的 PE – CE 路由协议和路由对等。

⊖ 假设 LSR 能够进行 IP 单播转发，则 α 可以将这些 IP 分组转发到 γ，而没有任何标签。IP 分组将行进一跳而不施加标签，直到标签从 γ 递送到 α。

图 7.17 中，CE A1 多点连接到 PE x 和 PE z。IGP 通过 CE A1 广播可到达的客户前缀名到 PE x 和 PE z。假定 BGP 是通过 PE x 到达隐藏在 CE A1 之下的客户网络的最优路径。如果 CE A1 – PE x 有故障，需要 BGP 聚合通过 PE z 去找到替代路径。由于 BGP 是距离矢量（或者说路径矢量）协议并且不能对链路状态变化之后的快速恢复进行优化，BGP 汇聚需要更长时间（几十秒或者更多）。对 IP MPLS VPN 应用中的快速恢复来说，优化 BGP 汇聚是非常重要的。优化的解决方案这种类型是存在的。此外，存在一个失效的 BGP 多径草案（draft – bhatia – ecmp – routes – in – bgp – 02. txt）[43]。

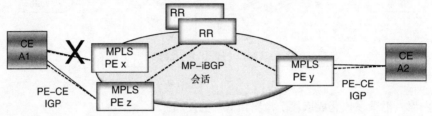

图 7.17　到达两个 PE 的多寻址（控制面）

使用 OSPF 作为 PE – CE 协议，由 BGP 产生的路由重分配会导致 OSPF LSA 类型变化。由于重分配，小区间 OSPF 路由作为外部路由出现。然而，OSPF 首选小区内部路由。即使在正常情况下业务倾向于路由通过 MPLS 网络，但像直接连接两个客户站点的后门链路等任何直接连接都能被 OSPF 使用。在 RFC4576[44] 和 4577[45] 中描述了 OSPF 作为 PE – CE 协议满足 IP MPLS VPN 应用的使用情况。

总的来说，在 CE 和 PE 之间能使用任何类型的路由协议（或者静态路由）。最初的 RFC 4364[46] 中假定使用 BGP。

在图 7.17 中，使用了路由反射器（RR）。由于在 PE 之间的 MP – iBGP 会话依赖于路由反射器，RR 的冗余是非常必要的。在 RFC 4456[47] 中详细描述了路由反射器。

7.5.4　VPLS

层 2 VPN 部署中，除了需要 PSN 隧道支持弹性之外，还需要考虑 PE – CE 接入链路故障和 PE 故障。MEF2 声明了不同的 CE 接入冗余机制不在此范围内。但是已确认这个可能是一些客户所期望的[13]。

如果客户不使用基于连接到 PE 端口上的层2 交换，那么从技术上讲，一个 CE 能连接多个 PE。然而，通常来说，服务供应商不能控制客户网络，它必须维护自己的网络以便于多点 CE 配置不会引起负面影响。因而使用 VPLS 多宿主需要多加注意。

备选解决方案依赖于让多点 CE 有一个激活链路连接到 PE（PE1 或者 PE2），其他链路处于非激活状态，此外还需要支持 PW 冗余。参见文献［48］中描述的一种方法，使用多机架链路聚合作为 AC。图 7.18 中展示了多机架链路聚合基本原理。虽然以太网链路聚合

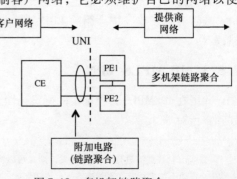

图 7.18　多机架链路聚合

本身已经标准化了，但是机架之间的协议没有标准化，所以具体实现因厂商而异。

因特网草案"draft – ietf – l2vpn – vpls – multihoming – 03. txt"提出了一个基于 BGP 的解决方案，此方案对基于 LDP 的 VPLS 也适用。该想法是一次只能一个 AC 和一个 PE 处于激活状态。

7.5.5　MPLS TE 和快速重路由

MPLS TE 在第 4 章简单介绍过。MPLS TE 快速重路由（FRR）允许快速恢复，并且可与 50ms 的 Sonet/SDH 指标媲美。MPLS FRR 依赖于本地保护：发生故障的情况下，业务在本地经过另一个路径直接转发到汇聚点。从该汇聚点之后，LSP 仍旧使用之前的链路。

链路故障常常直接被物理层"signal down"指示检测出来，所以本地重路由会带来快速恢复（如果故障不能被直接检测出来，例如通过 IGP 或者 BFD，恢复时间会变长），本地 LSR 不需要通知其他节点而立刻起作用。

保护路径需要事先建立。配置 FRR 是为了保护链路或者节点免于故障。依赖于配置，支持 1∶1 或者 1∶N 类型的保护。

作为一个例子，考虑图 7.19 中的 FRR 链路保护拓扑。

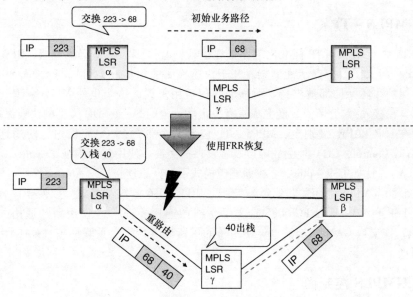

图 7.19　快速重路由（设备保护例子）

当 LSR α 检测到链路故障时，比如无信号，它通过预配置的备份路径重路由标签化的 IP 分组。标签值交换为 68 且与没有发生故障时的值相同。此外，新标签值 40 入栈，并且把分组发送到 LSR γ。γ 是倒数第二个下一跳 LSR，出栈 40，转发分组到 LSR β。β 收到与正常操作方式相同且标签相同的分组。这是一个设备保护的例子。

由于 LSR α 检测到故障并重路由分组，所以它是本地修复点。LSR β 是汇聚点，从 β 点之后，分组遵循原来的路径。

快速重路由立即产生。同时通知 MPLS – TS 的头端 α – β 之间的链路故障，并且新路径计算开始。规避故障链路（在既定限制条件内可用）的新路径将由 RSVP – TE 建立。同时，分组使用本地已经修复的路径。这个缩短了由于路径计算和新路径建立带来的分组可能丢失的时间。

7.5.6　MPLS OAM

RFC 4379[51]定义了 MPLS 应答请求以及 MPLS 应答回复，这些能在 MPLS – ping 和 MPLS 路由跟踪应用中使用到。一个 MPLS 应答请求是一个 UDP 分组，在 IP 头中的 TTI 值为"1"。

在 IP 头中的目的地址是一个来自 127/8 网络（主机间环回地址，RFC 1122）的 IPv4 地址。源 IP 地址是发送端地址。源端选取源端口，目的端口是 3503。使用这个地址确保不再转发分组。也允许 LSP 分组识别。

发送带有 FEC 标签栈的分组去做测试。使用 LSP – ping 去测试用户面的连接性。LSP – ping 穿越的路径与 MPLS 用户面（FEC）的路径相同。在出口 LSR，分组直接发送到控制面，用来校验属于同一个 FEC 的分组。

此外把 BFD 定义为数据面的快速故障检测。RFC 5883 定义了 LSP 的 BFD[52]，RFC 5885[53]定义了 VCCV（伪线虚拟链路连接）的 BFD。

7.5.7　MPLS – TP

在 IETF 中，MPLS – TP 标准化工作正在进行，有许多活跃草案。近期，RFC 6372 为 MPLS – TP[54]定义了一个存活性框架。基于快速检测的保护能力可以与 Sonet/SDH 媲美，因此线性保护和环保护都被支持。对移动回传应用来说，这个也使 MPLS – TP 更有吸引力。例如，在接入/聚合节点，能完成带有决定性行为的 Sonet/SDH 类型的快速保护交换。

分别在 LSP 和 PW 级别上，MPLS – TP 包含一个带内的 OAM 信道。使用连接控制（Connectivity Control，CC）检测故障以及触发保护交换。使用连接验证（Connectivity Verification，CV），比如 LSP – ping，去校验响应模式下的网络连接。

RFC 5586（MPLS 通用关联信道）归纳了 RFC 5086 的控制信道，以便于同样的机制也适用于 LSP 和 PW[55]。RFC 5085 定义了伪线的连接验证[56]。使用新的通用关联信道（G – ACH）能交换 OAM 控制消息。使用新的保留标签，广义关联标签（GAL），能识别出这些消息。

7.5.8　GMPLS 控制面

正如名字所显示的那样，广义多协议标签交换（Generalized Multiprotocol Label Switching，GMPLS）控制面允许控制不同类型的潜在传输技术[57-59]。本质上，该控制面由 RSVP – TE（流量工程扩展的资源保留协议）和类似于流量工程扩展（OSPF 和 IS – IS[60-62]）的链路状态路由协议组成。在 MPLS – TP 中，可以使用 GMPLS 控制面，但不是必须的，因为 MPLS – TP 也依赖于网络管理。

在 GMPLS 中，除了 MPLS，交换能力如下：
- 层 2 交换能力（L2SC）；
- TDM 能力；

- λ 交换能力（LSC）；
- 光纤交换能力（FSC）。

接口能力是一种限制。TE 性能（在对应 TE 链路上的标签信息）依赖于链路的交换性能。

链路保护类型定义了保护性能。表 7.2 展示了这些内容，从最低到最高。当为 MPLS – TE 设置 LSP 时，可以在路径计算中使用链路保护性能的信息。接着使用路径选择算法去寻找至少满足最小准则的算法。链路保护性能信息是可选的。如果没有收到，则就是未知的。对 MPLS – TE 来说，在 OSPF 和 IS – IS 内定义了路由扩展。

表 7.2 链路保护能力[60]

保护能力	描 述
额外业务	该链路正在保护其他链路。如果任何受保护的链路有故障，将丢失 LSP
不受保护	没有其他链路保护该链路。如果链路有故障，则 LSP 将丢失
共享	一个或者更多的额外业务类型链路正在保护该链路
专有 1:1	一个独立的额外业务保护该链路
专有 1 + 1	一个专有链路正在保护该链路。在 LSDB 中不广播正在保护的链路，并且 LSP 的路由也不可用
增强	使用比专有 1 + 1 的保护方案更可靠的方案来保护该链路

7.6 BTS 接入弹性

在本节中讲述回传的接入部分 – 允许建立弹性接入点的协议和功能。

7.6.1 BTS 和 BTS 站址

作为一个网元，BTS 本身是一个单一故障点。并且，一个 BTS 的故障在较大的地理范围内不会产生很大影响。至少，单一的 BTS 故障常常可以由附近邻区的无线覆盖补偿：要么是被相同无线技术的小区补偿；要么是 2G、3G 或者 LTE 中的一种。

BTS 站址常常被多个 BTS 所共享。在这种情况下，也希望共享传输链路。图 7.20 示了这种例子。

为了合并业务，共享物理链路要求有一个

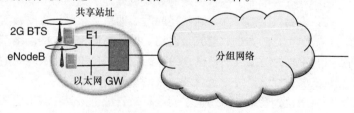

图 7.20 共享传输，2G + LTE 例子

小区站址网关。另一种方法是把网关功能集成到 BTS 中。为了满足可用性，集成 GW 的 BTS 应该尽可能的与 BTS 的无线功能独立出来。

当回传服务对多重网络是普遍现象时，例如 2G 和 LTE，两个系统在相同网元上变得互相依赖，并且共享物理链路和小区站点 GW。典型地，也通过同步以太网的公共网关或者通过基于分组的计时获取同步。

从可用性角度看，两个无线网络应该互相独立，以便于一个系统的故障不影响另外一个系统的运行。部署分离业务是为了去除业务的互相干扰。在网关上实现 QoS 是为了确保在拥塞情况下关键业务类型的优先级（语音业务、实时业务和控制业务）。

即使站点共享，传输链路也有可能在两个 BTS 之间是分离的。一个例子是把 LTE eNo-deB 添加到现有的站点（2G/3G）中。如果现有的传输链路是基于 TDM 的，并且已经没有容量供 eNodeB 使用。TDM 网络的扩展最多是购买时隙，所以可以部署一个新的分组网络作为覆盖，交付一个高性能的以太网端口供站点的 eNodeB 使用，如图 7.21 所示。

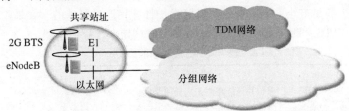

图 7.21　eNodeB 接入的分组网络覆盖

这种情况下，从传输角度看，两个网络（2G 和 LTE）仍旧保持互相独立。一个网络的传输故障不会影响另一个网络。与运营单一的分组回传网络相比，运营两个并行的网络导致更大的运营费用。通常是逐渐合并 2G 到普通的分组网络。实现合并的前提条件是需要确保 2G 服务的可用性和 QoS。

作为演化，第 3 章提到的双 Iub 接口也可以直接经过 E1/TDM 网络传输语音，然后通过分组网络传输高速率的 HSPA 业务。这种场景下，在合适的时间内，能合并所有的业务类型到公共回传网络中。直到演化完成，传统的"电信级"TDM 网络中才能支持关键语音服务。

7.6.2　BTS 接入

对移动回传来说，没有保护接入到 BTS 的第一英里。如果需要链路弹性，必须要有另一个链路备份。为了提升可用性，冗余链路不应该遭遇和主链路同样的故障条件。费用是一个问题，因为增加了接入链路的数目也提升了传输的 CAPEX 和 OPEX。

在许多场景下需要深入地阐述问题。即使费用可以接受，实现也是不可能的，由于没有一种简单可行的方法放置冗余链路。即使在城市附近的网络基础设施可用，安排到最近站点（POP）的链接也不是径直的。铺设新的缆线是耗费时间的。由于审美原因，市中心不允许安装天线，最终导致微波无线网络部署无法实现。

通常来说，新站址和站址空间是稀缺资源，尤其在城市里面。很难要求传输设备去适应站址。新一代更小占用空间的 BTS（没有任何机柜）能适应非常规环境，并且站址的概念正在改变。为了使用新型站址，在空间和重量上设计更小的 BTS 也意味着传输链路更小的选择。仅仅有很少的额外空间能被传输使用。

7.6.3　IP 寻址

7.6.2 节中提到了提供第一英里冗余接入的困难。在许多情况下，基站本身和第一英里接入仍旧是单点故障。

然而，当冗余物理链路可用时，需要在对等无线网络实体之间配置 IP 层连接。因此，回顾 IP 寻址是非常有意义的。对任何依赖于实现的移动网元，后续内容都是有用的。3GPP 需要 IP 地址或者需要使用 IP 地址，但是没有定义任何特殊的寻址架构。移动网元也可以在接口端口之间包含额外的层 2 交换和 IP 路由能力。把这种设计看作没有被 3GPP 协议覆盖的额外传输功能的集成。然而，它影响寻址并且也影响回传中的弹性设计。

对用户面来说，可以从第 3 章和第 4 章回忆到：接收方通知在承载建立时承载使用的 IP 地址的对等实体。基本上来说，对用户面，地址是随着每一次承载建立而动态改变的：通过 NBAP 传输地址从 BTS 到 RNC，通过 S1 - AP 传输地址从 eNodeB 到 MME（或者到 GW）。

对控制面和管理面来说就没有这种情况。IP 地址是配置的，在线更改 IP 地址会破坏 IP 层连接。因此 IP 地址必须保持不变。这产生两个主要选择：要么从故障端口传输 IP 地址到运行端口；要么通过任何物理端口使用可到达的环回地址。

图 7.22 展示了配置一个 IP 地址的情况。在左手边是无线网络应用、用户面、控制面板、O&M 和同步。这些应用属于同一个虚拟环回地址。环回地址对 IPsec 隧道终端也是有用的（参见第 9 章）。

简单地说，移动网元中寻址是如何实现的：是否有一个或者多个 IP 地址，以及是否地址绑定到端口，或者应该是环回地址，这些都不属于 3GPP 覆盖的内容。因此，这是一个实现问题。

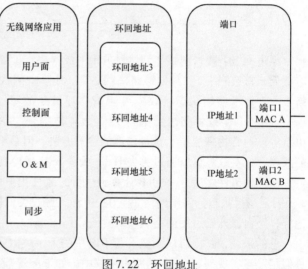

图 7.22 环回地址

另一个选择是，对所有的应用（用户面、控制面、O&M 和同步）也能有一个单一的环回地址。在单一 IP 地址的情况下，使用端口号和协议类型信息把 IP 分组传输到正确的终端。正如上面所说，首先不是强制使用环回地址，IP 地址能绑定到物理端口上。

即使端口故障，环回地址仍旧允许无线网络层应用继续基于环回地址运行。如果下一跳改变了，不需要涉及无线网络层。

让无线网络协议在环回地址处终止而不是在接口地址处终止额外地提供了一级传输网络 IP 地址配置的独立性。传输网络 IP 寻址的变化不需要反映在环回地址中。如果是一个独立的实体管理传输网络，这种方式非常有意义。

当无线网络层使用的 IP 地址也是物理 IP 地址时，在保护倒换的情况下，需要传输该 IP 地址。

7.6.4 激活 – 非激活端口

在激活 – 非激活模式下，一个端口是激活状态，其他端口是非激活态，并且不能承载任何业务（见图 7.23）。如果端口连接的激活端口或者链路有故障，那么另一个链路将被启用。

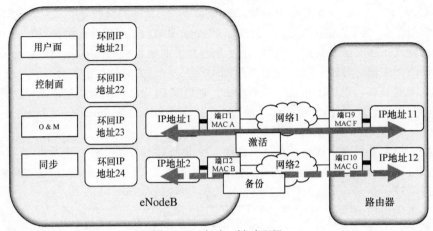

图 7.23　主动 – 被动配置

经过网络 1 或者网络 2 到达目的地的成本决定了哪一条链路将被使用。假定网络 1 成本更低，首选网络 1。其他链路（网络 2）处于空闲状态。触发网络 1 发生故障，否则网络 1 一直处于使用状态。故障可能是物理链路故障，比如光缆间断或者物理端口故障（eNodeB 端口 1 或者路由器端口 9）。故障被物理层指示检测到，比如 OSPF Hello 分组、BFD 等。通常物理层指示是最快速的检测方法，但是不必使用它来检测发生在更高协议层的故障。这些故障可以通过丢失 Hello 或者 BFD 来检测。

检测到事件之后，eNodeB 计算到达目的地（用户面的 SGW）的最优路径。如果网络 2 仍旧是运行状态，启用网络 2。另一方面，经过类似的步骤后，为了到达 eNodeB 的环回地址，路由器开始启用网络 2。

总的来说，路由协议测量（像 RIP 中的下一跳数目）定义了哪一条链路将被使用。这种假定已经实现到 eNodeB 的路由协议中。如果配置基于静态路由（没有路由协议），需要有一个首选参数或者等同的方法去识别两个路由中的哪一个是首选。如果主链路有故障，考虑把第二个路由作为激活转发。这种情况下，由于没有路由协议去检测链路故障，需要物理层指示或者专门的检测协议（以太网 OAM、BFD 等）。

当 eNodeB 和路由器在不同的站址时，图 7.23 中展示的例子更有意义。可能在 eNodeB 侧配置冗余物理端口以及在两个站址之间配置冗余物理链路。如果路由器和基站在同一个站址，基站和路由器之间的链路不会像 WAN 链路那样容易出错，进而冗余也就不是特别必要。并且假定贡献给 eNodeB 可用性的物理端口故障率很低。

对控制器来说，这种情况就不同。替代 eNodeB，图 7.23 中对控制器也生效，然而略有不同。通常控制器的端口数比基站更多并且需要更多的 IP 地址。由于基站需要依赖于控制器（BSC 或者 RNC）的操作，通常控制器需要容忍端口故障和模块故障。通过模块保护倒换（从激活模块到备份模块间倒换业务）和负载共享（拥有多个激活模块）的形式可以减轻控制器端口故障的影响。在控制器模块保护倒换场景下，需要传输已经使用的 IP 地址（端口 1 的 IP 地址 1）到新的激活端口：端口 2。这些是与平台和实现相关的。使用控制器，常常存在站址设备，并且在站址解决方案设计中需要考虑弹性。7.7.2 节中提到的虚拟路由冗余协议（Virtual Router Redundancy Protocol，VRRP）就是一个例子。

7.6.5 IP 负载共享

负载共享的优势是把业务平均分配到网络和节点资源上。前面举的例子中，网络 2 根本没有使用，所有业务都承载在网络 1 上。

作为演化，使用 IP 负载共享，两个端口和两个网络能同时处于激活状态。两个端口转发业务，并且负载共享算法把 IP 流分配到端口。OSPF 和 IS – IS 都支持均衡成本多路径（ECMP）。ECMP 需要如图 7.24 所示的设备支持。此外，对 ECMP 算法来说，为了分配流，需要获取输入信息中的某些变量。

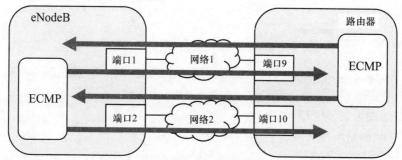

图 7.24　负载共享

除了在激活模式使用两条链路的可能性之外，另一个好处是链路故障后快速恢复的可能性。现在假定图 7.24 中的网络 1 有故障。

由于存在两个激活路径，能使用余下的激活路径继续转发数据（图 7.24 中，通常路径都多于 2 条）。检测到链路故障后不久，故障链路终止负载共享算法并且所有的业务都被分配到单链路上。依赖于实现，这个是比运行最短路径首选算法和存储新的下一跳到转发表的方法更快的方法。并且由于在转发时已经使用了其他链路，下一跳的 MAC 地址已经获取，故不需要一个 ARP 请求。

7.6.6 以太网链路聚合

当基站或者其他移动网元实现以太网链路聚合时，允许同时使用多端口。如果任何链路是可操作的，那么聚合也是可操作的。由于以太网链路聚合既不对以太网 MAC 层可见，也不对 IP 层可见，所以允许有简单的链路/端口冗余。

如果图 7.25 中的一个端口有故障，这并没有改变 MAC 地址。另一端的链路点继续使用相同的 IP 地址和 MAC 地址。例子中，两个端口捆绑在一起。也可能有更多的端口被聚合。

正如使用基于 IP 的负载共享、使用以太网链路聚合，为了让负载平均分配在各自的链路上，需要一个分配算法。

7.6.7 接入网中的 OSPF

移动回传中，使用 OSPF 来完成链路故障时的业务重路由。这个是在网络中普遍使用的提供弹性的方法。通常来说，OSPF 支持节点间的 IP 连接并且减少配置成本。对许多基

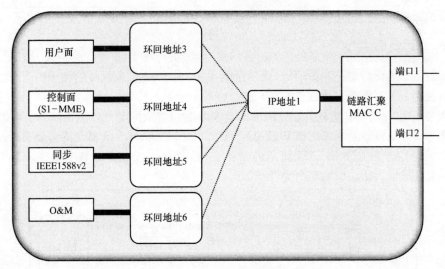

图 7.25　以太网链路汇聚寻址

于 MPLS 的应用来说，OSPF 也是一个作为 IP 控制面协议的选择：作为 IP MPLS VPN 的 CE - PE 协议、作为 MPLS 的核心 IGP 或者作为 MPLS - TE 应用的 OSPF - TE。

图 7.26 展示了带有 eNodeB 的 LTE 接入网。在汇聚网络中，eNodeB 运行 OSPF 和路由器。汇聚路由器（R1、R40 或者 R50）扮演默认网关的角色。使用 OSPF 获取默认网关地址。

到核心网的连接（S1）经

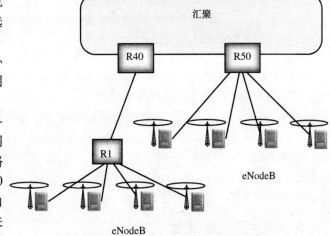

图 7.26　使用 OSPF 路由的 eNodeB 接入例子

过聚合或者经过骨干网。对于直接转发 X2 接口业务，邻 eNodeB 使用 R1 口或者 R1 - R40 - R50。假如冗余链路存在，在聚合网络中，OSPF 对链路故障和节点故障进行重路由。

对 R1 - R40 链路故障的保护倒换，需要在 R1 - R40 之间增加另一条链路，如图 7.27 所示。

假设左手边的链路到达目的地网络拥有最小全路径成本。这个链路一直被使用。如果链路有故障，业务需要经过其他链路进行重路由。可以使用基础技术实现这些链路。一个例子是微波无线接入链路或者以太网服务（E - 线路）。

负载共享是另外一种选择。这种情况下，经过两个链路到达目的网络的成本是相等的。在流的基础上，负载共享算法给两个链路分配业务。

替代到达相同路由器（R40）的冗余链路，在 R1 和 R50 之间能建立其他链路，如图 7.28 所示。这个增加了 R40 有故障时的保护，当 R40 有故障时，使用 R50 进行业务传输。

类似地，OSPF 成本定义了具体使用哪条路径。

作为一个可能的替代方案是通过在路由器节点安装冗余模块进一步提升路由器的可用性。

从每一个 eNodeB 到 R1 的第一英里接入都是单点故障。为了提升可用性，在 R1 和 eNodeB 之间可以配置冗余链路。并且，在 eNodeB 和 R1 之间的 OSPF 广播带有已配置测度的链路。

虽然这种方法在技术上是可行的，但是冗余接入链路的成本很高。如果无线网络包含需要持续可用的 BTS，冗余接入链路只能在这些站点部署。一般来说，这也是基于可用性目标和估计故障率来评估保护倒换的需求。

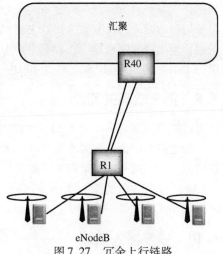

图 7.27　冗余上行链路

在 X2 接口直接转发实现的场景下，应用端受益于点到点直接连接。移动回传的其他场景下，不存在这种需求（直接转发基站到基站的连接）。OSPF 的基本特征是维护一个区域的全拓扑信息。使用 OSPF 根域，可能减少外部 LSA 溢出。根域仍旧接收来自相同域的 LSA。

通过配置 OSPF 区域来限制 LSA 的数量和大小。把一组 eNodeB 映射到一个 OSPF 区域。通过一个 OSPF 骨干网把 OSPF 区域连接起来。如果需要，每一个 eNodeB 都能到达其他 eNodeB。当邻 eNodeB 属于另一个 OS-PF 域时，需要使用通过 OSPF 骨干网的区域间路由。

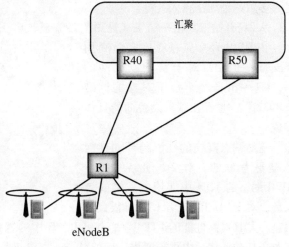

图 7.28　冗余上行链路到冗余上行节点

7.6.8　静态路由

如果没有使用路由协议，在 eNodeB 和路由器上需要配置静态路由。当静态路由多于一个时，需要定义参数去确定哪一个路由首选使用。当首选路由或者主路由有故障时，更改转发表以便于替代主路由使用与第二个路径相一致的对外接口或者下一跳路由器。由于没有路由协议，需要使用其他方法检测故障。

eNodeB 和路由器直接相连的场景下（比如通过电缆直接相连），直接接收来自物理层的信号丢失指示。当检测到这种情况时，eNodeB 和路由器能从激活转发表里面删除对应的入口。如果存在第二个到达目的地的路由，能考虑使用它。

物理层指示也可以有效，比如来自于 Sonet/SDH、TDM 或者以太网层。然而，当故障发生在 WAN 中的某个位置时，eNodeB 和路由器都看不到物理层指示。eNodeB 和路由器之间的设备可能是微波无线、Sonet/SDH 节点或者其他中间设备，这些设备都掩盖了信号丢失指示。

　　使用静态路由，没有路由协议去检测故障，所以需要一个专有的故障检测协议。在以太网层，使用以太网 OAM 支持服务级别（VLAN）的连接校验和链路 OAM（基于端口的，仅仅一个下一跳）。在 IP 层，使用 BFD（双向转发检测）作为没有路由协议的 Hello 协议。

7.6.9　第一跳网关冗余

　　可以把 BTS 看作一个没有路由协议的主机。毕竟，至多有一条链路连接到聚合网络。

　　正如之前的讨论，如果支持多静态入口，基于首选参数和链路可用性信息（比如，物理层检测、以太网 OA 或者 BFD）能从这些静态入口中选择第一个下一跳网关。

　　LAN 上支持主机的第一个下一跳网关冗余的标准方法是使用 VRRP[17]。控制器站址 LAN 上使用 VRRP 是一个例子。类似地，站址 LAN 内也能给基站部署 VRRP。

7.6.10　微波接入链路

　　微波无线链路是当前最常使用的 BTS 接入技术。通常来说，虽然光纤接入更有效，但是大多数站址无法接入光纤。

　　从 2G 开始，环拓扑结果（见图 7.29）就被广泛应用于微波无线链路传输中。

　　在 MWR 环中，存在许多演变用于支持环保护。对于基于以太网的环，ITU – T 已经制定了对应的标准 G. 8032[63]。也存在基于设备商的具体实现。

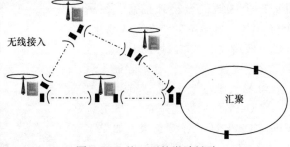

图 7.29　基于环的微波链路

　　基站站点需要的性能与环的性能是需要考虑的。对 2G 网络，基于 MWR 网络的 TDM 中使用的长链或者大环，对 3G HSPA 或者 LTE 有很大的限制。尤其对高性能的 LTE 基站 eNodeB，环中的容量很容易不够用。升级环的容量通常涉及拓扑的变化。由于需要提供新的链路，需要花费大量时间和精力。如果所有的微波频谱都在使用，很难去执行环的容量升级。

　　单一微波无线下一跳的可用性受限于异常雨天周期（一年中有几分钟到几十分钟，依赖于地理位置）。这期间，可能一个站点的所有链路或者至少部分链路遭遇同样的条件。因此阻止链路故障的完整弹性是不可能的，但是能减轻远程站点的设备故障和链路故障。

　　作为环拓扑的一个替代方案，只在 MWR 接入到汇聚网络前使用几个下一跳，且使用 MWR 接入到 eNodeB。使用很少的下一跳在弹性聚合网络上，在接入链路上没有任何保护的情况下，最终的可用性也是可以接受的。当然，这个依赖于可用性目标。

　　也可以去部署一个用以保护的点对点链路，产生一个单一链路冗余。以太网 APS 保护 G. 8031 就是一个选择[64]，图 7.30 展示了用以太网链路聚合解决这种问题。

　　如果无线传输损伤是不可用性的主要原因，互相并行的两个点对点微波无线链路不能增加网络弹性。从这个意义上讲，需要连接 MWR 集线器站点到不同的聚合设备用以提升网络弹性，如图 7.31 所示。

现在这两个 MWR 链接没有完全共享相同的无线传输条件。如果在边缘节点 A 的无线传输条件损伤，MWR 链路 2 将不受到影响。因为要么节点 A 要么节点 B 能转发业务，所以为了防止聚合边缘节点故障，配置也是弹性化的。

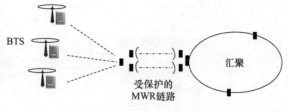

图 7.30　受保护的 MWR 链路

假设 MWR 集线器是 IP 设备，在 MWR 集线器和边缘节点之间运行路由协议，就能使用 IP 聚合网络、冗余链路和冗余节点这些功能。路由协议定义了将使用哪条链路，或者是否两条链路是负载共享配置等。

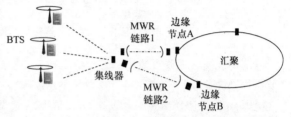

图 7.31　一个 MWR 集线器节点到两个汇聚设备的寻址

7.6.11　附着 MEF 服务

最基本的情况是以太网服务可用性是由服务提供商和客户之间达成的协议。

此外，为了防止附加链路故障和边缘节点，需要网络弹性。考虑通过 MEF（通过第三方提供）服务连接一个预先汇聚节点（客户网络的一部分）到客户汇聚网络，如图 7.32 所示。

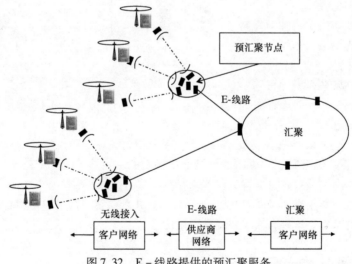

图 7.32　E - 线路提供的预汇聚服务

在预先汇聚站点，来自几个 BTS 的业务聚集到一个单一的以太网物理端口。以太网服务（E - 线路、E - LAN 或者 E - 树）给 BTS 提供传输，并且被映射到 VLAN 中。正如前面所述，MEF 服务的可用性被事先商定。

更多的故障场景如下：客户网络集线器节点故障、提供服务的附加链路故障以及边缘节点故障，如图 7.33 所示。类似地，必须考虑另一端在 UNI 处的附加链路和节点。

物理上来讲，集线器一侧的附加链路（例如，打标签的以太网帧组成的 VLAN）就是

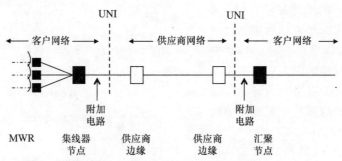

图 7.33　使用以太网服务连接集线器节点到客户汇聚网络

站点内部的线缆。缆线可能仍旧处于中断状态，比如在访问站点的时候。UNI 两侧（集线器节点和边缘节点）的物理接口端口是单点故障。

　　UNI2.0 实现协议（MEF20）要求支持 UNI 类型 2.2[65] 的链路聚合。如图 7.34 所示，附加链路由多个端口和多条链路组成，因此链路聚合能保护附加链路中的链路故障。它也能保护 UNI 两侧的单个端口故障。因而，链路聚合给附加链路故障和连接到附加链路上的端口故障提供保护。如下两个 UNI 使用了 UNI 类型 2.2：集线器节点（UNI 的左手边）；聚合节点（图的右手边）。

　　通过上述保护之后，剩下不被保护的就是节点自身：客户侧站点的集线器节点和聚合节点；供应商网络的边缘节点。由于边缘节点将连接到几个集线器上，边缘节点的保护显得尤为关键。

　　MEF 识别保护附加链路的需求和连接到服务的 CE 需求，然而 MEF2 没有阐明连接到服务的 CE

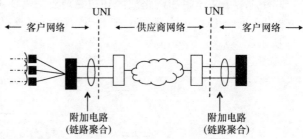

图 7.34　在 UNI 上的链路聚合

设备的双附加。这个留给服务实现部分。7.5.4 节中讨论了 VPLS 多址的候选解决方案。图 7.34 的场景下，没有冗余的可用性也是可以接受的，当然了，这依赖于故障率和可用性目标。此外，网络节点常常支持关键节点冗余，从而提升了故障节点的弹性。

　　另一个可选方案是在 UNI 上考虑两个 EPLAN，并且在客户网络中使用路由。如果 UNI 两侧使用独立的节点，这种方法主要提升可用性。

7.7　控制器与核心网之间的网络弹性

　　控制器和网关通常连接到汇聚点上。通常由 7.4 节和 7.5 节所讨论的 MPLS 和 IP 功能给汇聚网络提供网络弹性。

　　更低层（比如 Sonet/SDH 和光纤/波长）也可以支持网络弹性。第 5 章已经讨论过这些内容。

7.7.1 BSC 和 RNC 以及站址解决方案

无线接入网中，2G 和 3G/HSPA BTS 接入到一个单一的控制元（BSC 或者 RNC）。在系统架构中，控制器是一个单一故障点。因此，控制器单元需要高可靠性。能把 BTS 重新连接到其他控制器上，但是这个是由管理面完成的，并且目的不是为了保护倒换而是为了扩容无线网络。为了确保高可靠性，控制器也成为了故障容忍平台的一份子。

控制器站址解决方案需要如控制器本身一样的高弹性，否则站址设备的故障将导致类似于控制器故障的事件。安全网关和更高级别节点的汇聚点也服务于更多的 BTS。这些节点和连接到网元的链路需要有更高的可用性。

3GPP 中没有说明移动网络网元架构。因此这些网元支持哪种类型的网络弹性、网元冗余、保护倒换、负载共享以及路由都是一个实现问题。然而，具体的网元架构，正如已经提到的，会直接影响网络弹性的解决方案。

在通信领域，1:1 保护类型是一种选择方案，这个与 Sonet 保护架构完全一样。如果控制器的处理单元支持从一个单元到另一个单元的切换，端点的 MAC 地址可能被改变。

7.7.2 VRRP 例子

对一个站址设备来说，图 7.35 中展示的 VRRP 可以支持冗余。

如果一个站址转换失败，将被其他站址接管。图 7.35 中的 RNC 主机在转发过程中能继续使用之前的 IP 和 MAC 地址。如果 RNC 中的 MAC 地址变化是由单元转换导致的，转换器需要学习新的 MAC 地址。

另一种类型的站址网络弹性可以通过负载共享来完成。比如，在移动网元中的几个单元处于激活状态并且共享用户面承载的数据处理。IP 层的等价成本多径以及以太网层的以太网链路聚合都支持负载共享。以太网链路聚合对 IP 层不可见。使用负载共享，需要平衡在多个单元上的业务。

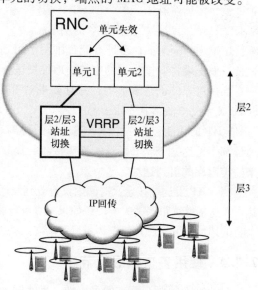

图 7.35 单元保护和站址解决方案

7.7.3 使用 SCTP 多址的信令弹性

对信令链路来说，连接故障是最要不得的。用户面承载建立消息依赖于：对 3G 来说是承载在 NBAP/SCTP 和 RANAP/SCTP 上的信令消息；对 LTE 来说是承载在 S1 – AP/SCTP 以及 X2 – AP/SCTP 上的信令消息。

此外，3G 系统中，RNC 通过 NBAP/SCTP 负责无线小区资源管理和其他 BTS 资源管理。NBAP 连接中一个长中断（依赖于实现，可能是几十秒到几分钟）会导致 BTS 复位、关机或者重启。

SCTP 支持内部多址。也就是说，即使在单一接口发生故障[66,67]，SCTP 级的连接仍然处于连接状态。如果 IP 接口只能通过相同的物理链接接入，没有网络弹性去保护物理链路故障。

典型地，在无线网 – 核心网接口中，多链路是有效的。图 7.36 中展示的在 Iu 接口中使用多址的 SCTP 应用就是一个例子。

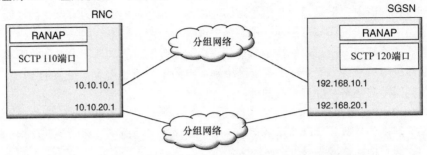

图 7.36　SCTP 寻址例子

多址能力意味着一端能有多个 IP 地址。这种方法提升了路径或者接口故障的弹性保护。一个多址端有一个单一的 SCTP 端口，但是有很多 IP 地址。图 7.36 展示的就是作为 SCTP 用户的无线层控制面信令的例子。

RNC 和 SGSN 都在多址端配置了两个 IP 地址。选择其中的一个传输地址作为主传输地址。发送端将向接收端的主传输地址发送分组。

如果对等端也是多址的，并且如果对等端上的任何一个目的地址都是可用的，那么 SCTP 关系处于激活状态。

SCTP 的功能包括一个不可达地址的检测和不可达端点的检测（一个端点的所有目的地址都不可达）。SCTP 发送端期望接收到接收端的确认。如果没有发送数据，则使用心跳来监控对端的可到达性。

当 SCTP 发送端在定义时间内没有收到发送端响应时，SCTP 认为这个目的地址潜在不可达。发送端继续跟踪丢失响应，如果一直没有收到响应，并且到达设定的最大响应次数，认为目的地址不可达，并标记为不可激活态。丢失响应的协议参数是 Path. Max. Rethans。

7.7.4　使用多个核心网节点

核心网必须要有更高的可用性。虽然网元的实现在 3GPP 中没有阐述，但是，对核心网来说，3GPP 定义了使能多个无线网络连接到多个核心网网元的功能。在 3GPP 的 TS23. 236 中定义了该功能 "RAN 节点到多个 CN 节点的域内连接"[68]。有时候，也使用 "灵活 Iu" 或者 "多点 Iu" 等术语，这些也描述了该功能。

设想删除仅仅有一个单一的核心网网元连接到无线接入网的限制。相反，核心网网元组成一个网元池，并且池子里的任何网元都能给用户提供服务。2G 的 A 接口和 Gb 接口、3G 的 Iu – cs 接口和 Iu – ps 接口、LTE 的 S1 – U 接口和 S1 – MME 接口定义了该功能。此外，支持网络弹性方面，也能完成负载共享和信令优化。

定义了网元池的概念之后，配置具体网元池的任何核心网网元（CS 域的 MSC 网元池、PS 域的 SGSN 网元池）都能给一个单一的 RAN 节点提供服务。正如图 7.37 区域 2 和区域 6 所示，网元池也可以重叠。对 CS 和 PS 域来说，存在独立的网元池。

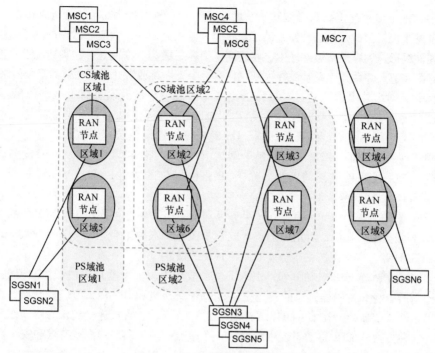

图 7.37　到多个核心网节点的连接[68]

网络资源指示符（Network Resource Identifiers，NRI）标识了 CN 网元池里面的意向 CN。RAN 节点提供了 NAS 节点选择功能。这个功能选择需要路由初始 NAS 信令的具体 MSC 或者 SGSN，并且这个功能也能在有效 CN 节点间平衡负载。

同样地，灵活 Iu 运行在无线网络层，并且能提供弹性去保护一个核心网节点的故障，这是因为服务可以经过网元池中的其他节点。如果一个核心网节点有故障（或者连接到该核心网的所有链路有故障），路由信令到网元池中的其他 CN 节点。服务 CN 故障时，正在进行的呼叫/会话会丢失，但是会把最新建立的承载直接建立在其他运行的核心网节点上。

这个机制对移动传输层是透明的。自然地，需要配置链路到多个核心网网元。除此之外，需要配置传输层的下层链路（Gb/A/Iu/S1）支持传输冗余，比如在用户面使用 IP 路由，以及在控制面使用 SCTP 多址。

LTE S1 上的基本操作与 Iu 接口基本类似，因为选择核心网节点是基于每一个承载的。如果一个核心网节点不可用了，另一个核心网节点有能力支持新的承载。

对移动回传来说，由于扁平化的 E‑UTRAN 拓扑，在 LTE 中存在着一些差异。逻辑上，把每一个 eNodeB 都连接到多个核心网节点。通常由于没有可替代的路径直接从 eNodeB 到每一个核心网网元，物理传输拓扑也就有些不同。相反，从汇聚节点向上可能存在一个独立的路径，位置有些像 3G 中的 RNC。

7.8　小结

移动回传中，通过使用某些技术可以完成链路和节点故障的弹性保护。基站的第一英里接入中，由于提供连接到紧凑型基站站址链路的费用和困难，冗余物理链路很少有效。

对基站来说，微波是最经常使用的接入媒介。传统上来讲，微波环已经提供了保护链路故障的弹性保护。大容量基站站址中，环的性能很容易成为一个问题。这种情况下，汇聚节点支持链路和节点弹性，以及基站接入到仅仅有一个下一跳或者几个下一跳的汇聚网络。

使用分组网络，IP 路由通过对故障链路或者故障节点的路由能降低网络故障。OSPF 是一个被广泛部署的链路状态路由协议。由于链路状态变化触发了链路状态广播，进而引起到达目的网络路径的最短路径重计算，OSPF 能很好地提供快速恢复，这也允许链路故障恢复和节点故障恢复，恢复时间依赖于网络大小（链路和节点）以及故障检测。使用快速检测，能完成亚秒级别的恢复。除了 IP 路由提供的弹性，通过 MPLS 快速重路由（FRR），MPLS 支持快速恢复。

对 MEF 服务来说，在 SLA 和 SLS（服务级别说明书）中把可用性定义为服务的一种属性。对 MEF 服务用户来说，可用性随着合同逐步改进。服务本身也依赖于，比如 MPLS 和 IP、Sonet/SDH 等。以太网链路聚合能增加到 UNI 的弹性。

移动网络控制器（RNC 和 BSC）引入了单一故障点。多个基站依赖于控制器的操作。考虑到控制器本身和控制器站点的其他设备（LAN 交换机和 IP 路由器），控制器站点必须要有高可用性。LTE 中，在 E – UTRAN 中存在单一节点，它直接连接到核心网。在系统架构级别，这种方式从 LTE 移动系统中删除了一个单点故障。LTE 的汇聚节点和安全网关支持大量的基站，这点与 2G 和 3G 中的控制器功能很像，因此这些节点需要更高的可用性。

参 考 文 献

[1] Milbrandt, Martin, Menth, Hoehn, Risk Assessment of End-to-End Disconnection in IP Networks due to Network Failures. IPOM 2006, Springer-Verlag Berlin Heidelberg, 2006.

[2] Vasseur, Pickavet, Demeester: Network Recovery. Elsevier, 2004.

[3] IETF RFC 3549 Framework for Multi-Protocol Label Switching (MPLS)-based Recovery

[4] Ross: Introduction to probability models. Academic Press, 2003.

[5] ITU-T G.911 Parameters and calculation methodologies for reliability and availability of fibre optic systems, 04/97.

[6] Markopoulou, Iannaccone, Bhattacharyya, Chuah, Ganjali, Diot: Characterization of Failures in an Operational IP Backbone Network. IEEE/ACM Transactions on Networking, Vol. 16, No. 4, 2008.

[7] Kuusela, Norros: On/Off process modeling of IP Network Failures, IEEE/IFIP International Conference on Dependable Systems & Networks, 2010.

[8] IEEE802.1D-2004.

[9] Froom, Sivasubramanian, Frahim: Building Multilayer Switched Networks. Cisco Press, 2007.

[10] IEEE 802.1w.

[11] IEEE 802.1s.

[12] AnOverviewoftheMEF.ppt, www.metroethernetforumorg, retrieved October 2011.

[13] MEF 2, Requirements and Framework for Ethernet Service Protection,

[14] MEF 22, Mobile Backhaul Implementation Agreement (2/09).

[15] IEEE 802.1ah-2008.

[16] IEEE 802.1ag-2007.

[17] IETF RFC 5798 Virtual Router Redundancy Protocol (VRRP) Version 3 for IPv4 and IPv6.

[18] IETF RFC 2991 Multipath Issues in Unicast and Multicast Next-Hop Selection.

[19] IETF RFC 2992 Analysis of an Equal-Cost Multi-Path Algorithm.

[20] Huitema: Routing in the Internet. 2nd Edition. Prentice-Hall, 1999.

[21] IETF RFC 2328, STD 54, OSPF Version 2.

[22] IETF RFC 5340 OSPF for IPv6.

[23] IETF RFC 5838 Support of Address Families in OSPFv3.

[24] IETF RFC 5709 OSPFv2 HMAC-SHA Cryptographic Authentication.

[25] IETF RFC 5880 Bidirectional Forwarding Detection.
[26] IETF RFC 5881 BFD for IPv4 and IPv6 (Single Hop).
[27] IETF RFC 5883 BFD for Multihop Paths.
[28] IETF RFC 2439 BGP Route Flap Damping.
[29] IETF RFC 4136 OSPF Refresh and Flooding Reduction in Stable Topologies
[30] IETF RFC 1793 Extending OSPF to Support Demand Circuits
[31] Siddiqi, Nandy: Improving network convergence time and network stability of an OSPF-routed IP network. Networking 2005, IFIP International Federation for Information Processing, 2005.
[32] IETF RFC 4656 A One-way Active Measurement Protocol (OWAMP).
[33] IETF RFC 5357 A Two-Way Active Measurement Protocol (TWAMP).
[34] Benlarbi: Estimating SLAs availability/Reliability in Multi-services IP network. ISAS 2006, LNCS 4328. Springer-Verlag, 2006.
[35] Kilpi: IP-Availability and SLA. International Workshop on Traffic Management and Traffic Engineering for the Future Internet. Available at www.iplu.vtt.fi, retrieved October 2011.
[36] IETF RFC 5286 Basic Specification for IP Fast Reroute: Loop-Free Alternates.
[37] Teare, Paquet: Building scalable Cisco Internetworks. Third edition. Cisco Press, 2007.
[38] De Ghein: MPLS Fundamentals. Cisco Press, 2006.
[39] Minei, Lucek: MPLS Enabled Applications. Second Edition. Wiley, 2008.
[40] Guichard, Le Faucheur, Vassuer: Definitive MPLS Network Designs. Cisco Press, 2005.
[41] IETF RFC 5036, LDP Specification
[42] IETF RFC 3037 LDP applicability
[43] Halpern, Bhatia: Advertising Equal Cost Multipath routes in BGP. IETF draft. draft-bhatia-ecmp-routes-in-bgp-02.txt.
[44] IETF RFC 4576 Using a Link State Advertisement (LSA) Options Bit to Prevent Looping in BGP/MPLS IP Virtual Private Networks
[45] IETF RFC 4577 OSPF as the Provider/Customer Edge Protocol for BGP/MPLS IP Virtual Private Networks
[46] IETF RFC 4364 BGP/MPLS IP Virtual Private Networks (VPNs)
[47] IETF RFC 4456 BGP Route Reflection: An Alternative to Full Mesh Internal BGP (IBGP).
[48] Bocci, Cowburn, Guillet: Network High Availability for Ethernet Services Using IP/MPLS Networks. IEEE Communications Magazine, March 2008.
[49] Kothari, Kompella, Henderickx, Balus, Uttaro. BGP based Multi-homing in Virtual Private LAN Service. IETF draft 'draft-ietf-l2vpn-vpls-multihoming-03.txt'.
[50] IETF RFC 4090 Fast Reroute Extensions to RSVP-TE for LSP Tunnels.
[51] IETF RFC 4379 Detecting Multi-Protocol Label Switched (MPLS) Data Plane Failures.
[52] IETF RFC 5884 Bidirectional Forwarding Detection (BFD) for MPLS Label Switched Paths (LSPs).
[53] IETF RFC 5885 Bidirectional Forwarding Detection (BFD) for the Pseudowire Virtual Circuit Connectivity Verification (VCCV).
[54] IETF RFC 6372 MPLS Transport Profile (MPLS-TP) Survivability Framework
[55] IETF RFC 5586 MPLS Generic Associated Channel
[56] IETF RFC 5085 Pseudowire Virtual Circuit Connectivity Verification (VCCV): A Control Channel for Pseudowires.
[57] IETF RFC 3471 Generalized Multi-Protocol Label Switching (GMPLS) Signaling Functional Description
[58] IETF RFC 3473 Generalized Multi-Protocol Label Switching (GMPLS) Signaling Resource ReserVation Protocol-Traffic Engineering (RSVP-TE) Extensions
[59] IETF RFC 3945 Generalized Multi-Protocol Label Switching (GMPLS) Architecture
[60] IETF RFC 4202 Routing Extensions in Support of Generalized Multi-Protocol Label Switching (GMPLS).
[61] IETF RFC 4203 OSPF Extensions in Support of Generalized Multi-Protocol Label Switching (GMPLS).
[62] IETF RFC 5307 IS-IS Extensions in Support of Generalized Multi-Protocol Label Switching (GMPLS).
[63] ITU-T G.8032 Ethernet Ring Protection Switching (03/2010)
[64] ITU-T G.8031 Ethernet Linear Protection Switching (06/2011)
[65] MEF MEF20 UNI Type 2 Implementation Agreement.
[66] IETF RFC 4960 Stream Control Transmission Protocol.
[67] Stewart, Xie: Stream Control Transmission Protocol (SCTP), A Reference Guide. Addison-Wesley, 2002.
[68] 3GPP TS23.236, Intra Domain Connection of RAN Nodes to Multiple CN Nodes, v10.2.1.

第 8 章　QoS

Thomas Deiß、Jouko Kapanen、Esa Metsälä 和 Csaba Vulkán

本章中，聚焦于传输服务的 QoS。从 8.1 节的终端用户层、无线网络层和传输层服务开始讲起。

在 8.2 节中讨论了基于 TCP/IP 和 UDP/IP 的终端用户服务。使用这些协议去承载在移动网络上的终端用户应用。一个著名的例子是 TCP 把丢包作为拥塞处理。在移动网络中，由于空中接口的原因，也可能产生丢包。另一方面，无线网络层也对空中接口丢包进行重传：在终端用户层的 TCP 响应前恢复丢失的报文。

8.3 节讨论了回传 QoS 的标识。在源端把业务分离并且标记为首选项。回传中的业务源是无线网元：基站、控制器和网关。把 QoS 标识到差分服务代码点（Differentiated Services Code Point，DSCP），基于 DSCP 来承载 MPLS 和以太网（或者其他层）的标识。

8.4 节讲解了入口和出口功能。这些都部署在 IP 层，也可以部署在更低层。当把回传看作服务供应商提供的一种服务时，由服务供应商提供的入口监控就是一个在 UNI 接口中需要讨论的例子。

8.5 节~8.7 节分别对如何把回传 QoS 映射到每一种无线网络技术（2G/3G/LTE）进行具体讨论。

最后，8.8 节进行了小结。

8.1　终端用户服务、无线网络层和传输层服务

回忆第 4 章的图 4.1 描述了传输层给无线网络层提供服务的例子。最上层是接收来自无线网络层和传输网络层的终端用户服务。每一种进化的无线网络层和协议都对终端用户的 QoS 产生影响。

8.1.1　传输层服务

无线网络把提供给终端用户的服务（语音、互联网接入等）作为一个整体打包（见图 4.1）。传输层给无线网络层提供传输服务（根据 QoS 的端到端连接、弹性、安全以及其他需求）。传输网络是一个被用户面、无线网络层、传输和无线网络控制面、同步以及管理面所共享的网络资源。每一个都有具体的服务需求，如图 8.1 所示。

对于移动回传的 QoS，在本章中，仅对提供需求 QoS 的传输层服务感兴趣。

8.1.2　端到端 QoS

通常，终端用户只对他们可见的问题感兴趣。对于由移动系统提供的 QoS 服务来说，接收数据的终端用户感知度是最重要的。服务本身可以是一次语音对话、一条短消息、终

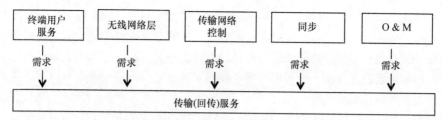

图 8.1　传输服务需求来源

端接入或者在 TCP/IP 上建立的其他服务。

由于依赖很多因素，终端用户感知度是一个很难量化的主观测量。例如，如果一个服务有很激进的价格，但是在某些场景下可能期望值会更低。然而，传输层服务质量可以被准确的参数表示：延时、丢包、吞吐率等。

在 TS22.105 中把 QoS 定义为"可搜集的服务性能的效果，这些服务性能定义了用户服务的满意度"。影响服务性能的因素有服务可接入性、服务保留性、服务完整性以及其他具体服务的因素。

QoS 是一个端到端的话题，包含在服务提供链条的所有网元中。QoS 必须在给用户提供服务链条的每一个网元中得到支持。如果涉及外部网络（例如 PSTN、因特网），也应该被包括在服务链条中，并且也需要对网络的 QoS 负责。

8.1.3　回传 QoS 的需求

在移动回传中，需要 QoS 么？如果是，为什么？

需要 QoS：给用户提供的服务需要满足服务本身必须的质量级别。例如，语音服务需要足够低的延时。在接收端，大量的延时语音在解码时就被丢弃了。使用不同级别的 QoS 功能，可以实现传输层的语音 QoS 服务。

当网络在资源不短缺的条件下，可以不需要的内容是提供端到端和节点级别 QoS 机制的架构。简单地说就是，如果能确保所有的业务类型根据它们的具体需求同时得到满足，不需要精细化的 QoS 功能。

TDM 网络是提供固定速率服务的确定性网络。然而，对统计复用来说，TDM 网络缺少灵活性和容量，并且缺少低成本高性能端口。高的移动带宽峰值速率提升网络中的峰均比。由于聚合业务的时间差异，在分组网络的聚合节点使用该比值。这种优势体现在传输链路上的小带宽场景以及在所有节点上都有很少物理端口的场景下。

通常来说，在 BTS 的第一英里接入场景下，冗余带宽是无效的。但是，由于大量的 BTS 以及需要大量的链路，第一英里接入已经是，未来也将是一个瓶颈。

至少对 BTS 数量大的站址来说，光纤和 DWDM/CWDM 的部署促使高带宽逐渐可用。今天大多数站址仍旧不能连接光纤。根据光纤的可用性，通常不能选择连接到 BTS 的合适位置。为了提升需求的服务级别，常常需要安装新的光纤。

即使起初带宽看起来足够，但是随着移动业务的指数级增长，带宽仍旧可能不够用，正如已经经历的 HSPA 业务那样。移动回传应该有足够的预留资源去满足未来指数级增长的业务需要，因而至少应该规划相对应的新投资。

在很长一段时间内，对新接入线路来说，在多数场景下，它不能直接提升现存线路的容量。当在微波无线接入、网络扩容时，需要获取新的频段、相关许可以及潜在的需求硬件。

使用租赁服务，如果更高性能的服务不可用，谈判获取更高性能带宽也是需要花时间的。在接入聚合点扩容网络通常会改变网络的拓扑，进而会影响更大的区域以及至少会引起部分回传的重新设计。从上面提到的这些原因来看，至少在完成网络升级前，接入链路带宽一直是个稀缺资源。

通常来说，服务不同于对延时、抖动以及丢包的容忍度。在网络中配置回传的 QoS 以便于有效地使用网络资源（链路和节点）。同时，到终端用户的服务级别也变得可预测，并且更容易管理。基于上述原因，在移动回传中部署了 QoS 等级。

图 8.2 中探讨了容量问题。应该标识第一英里接入的容量大小以便于无线峰值速率不受限。如果在系统中（即使对单一用户）需要达到无线空中接口最大峰值速率，第一英里接入也需要支持这个峰值速率（作为最小值）。因此，比如 14.4Mbit/s 的 HSPA 峰值速率要求第一英里链路至少 14.4Mbit/s 的开销。在最好的无线环境以及没有其他业务负载的条件下，单用户才能达到 14.4Mbit/s。来自同一站点的平均速率可能相当小。最终，业务决定标识容量大小、业务和服务的目标级别。

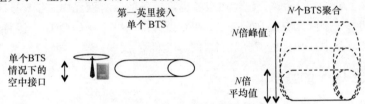

图 8.2　第一英里和汇聚节点的性能

当多个 BTS 聚合时，很现实的假定是，不是每一个 BTS 同时在最大速率上传输（N 倍峰值速率）。这是由于用户行为、移动性、日常工作等原因造成的。业务汇聚的 BTS 数目越多，需要 N 倍速率的可能性越低。来自于每一个 BTS 的业务量都不同：城镇和郊区的 BTS 不会同时经历繁忙负载期。然而，对部署在城镇且相邻的两个 BTS，可能存在相同的繁忙期。

当有一个高的峰均比时，N 倍均值和 N 倍峰值的差异会变得很大。相应的，依赖于已经讨论的假设，汇聚层能产生很大的增益。

图 8.2 也指出了两种可能的容量瓶颈：第一英里接入和汇聚。如果第一英里接入由传统的 TDM 线路提供，它可能处于低容量阶段。在这些站点中，至少如果基于 HSPA 或者 LTE 的数据业务铺开，必须要使用 QoS 功能。第二个需要研究的领域是汇聚。

代替一个单一的汇聚节点，BTS 站点常常是串联的。并且可以创建小的预汇聚站点，进而把这些预汇聚站点连接到下一级的汇聚节点。串联站点和预汇聚站点属于接入聚合点，之后把这些站点接入到基于光纤的汇聚网络中。任何这种聚合点都可能引入拥塞。

除了微波无线接入等自部署的回传外，部分网络实现作为第三方供应商的服务。以太网服务就是一个例子（见图 8.3 中展示的 E-线路）。有效容量依赖于 CIR 和 EIR 以及在 UNI 接口为服务定义的其他属性。服务也可以引入最终导致延时和丢包的拥塞。

在提供的 QoS 中，首先且重要的步骤是使用正确的 QoS 级别服务于高优先级的业务（控制业务、语音业务）。这个不会成为问题，因为今天数据业务正在支配用户的业务，并且比控制、信令以及语音的优先级都低。使用合适的差异化，比如严格的优先级服务，

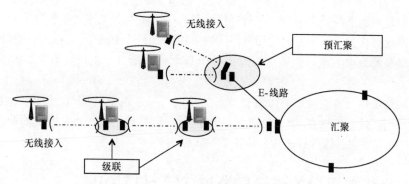

图 8.3　汇聚

不需要增添复杂度就能保证需要的 QoS 等级。当然，这些要求传输网络至少有足够的带宽去承载高优先级业务。对高优先级业务也能考虑复用增益。

最少需要两个优先级：一个是为拥有高优先级、保证吞吐率的关键以及实时业务服务；另一个是为其他业务服务，比如尽力而为的服务。保证控制业务和语音会保持基本服务的可用性，并且即使在拥塞时也可以接入到网络中。

基于分组的网络中，接口调度器复用拥有相同传输方向以及相同物理链路的业务。如果聚合业务的总速率超出调度器的出口速率，会在出口建立起分组队列，如果队列可用缓存量也溢出，最终会导致分组丢弃。假定保证了关键以及实时业务，根据预定义的 QoS 规则，深入分类允许网络节点去提升弹性业务的优先级。在拥塞的情况下，需要在保证 QoS 的前提下服务实时业务和控制业务。

根据业务类型或者用户差异化来提升弹性业务优先级。随着差异化的粒度提升，复杂度也随之提升。在所有使用预汇聚的小平台中，精准的 QoS 特性可能都不可用。

当提升语音和控制业务的优先级时，背景和交互式连接容易遭受拥塞。QoS 功能能提升系统的有效性和公平性。如果不对回传网络容量投资，背景用户的 QoS 可能不会很高。拥有足够的容量是 QoS 最重要的特性之一。一个过载网络，尽管支持 QoS，性能也不会很好。

8.1.4　无线和回传的 QoS 对齐

资源短缺可能出现在空中接口和移动回传中。对无线和传输资源来说，QoS 特性，比如调度，是独立的功能。空中接口调度是 RNC/BSC 和 BTS（HSPA NodeB 和 LTE eNodeB）的功能，都是在无线网络中实现的。传输调度出现在，比如 BTS 的网络接口卡和其他无线网元，并且也出现在移动回传的网络节点中。

无线接口需要能完成更高的资源使用和提供每一个连接所需要的服务等级的具体调度机制。这些要求在每一个调度决定中需要考虑每一个激活连接的信道质量。因而，空中接口调度是面向连接和流的。相反，传输调度器在聚合级别提供 QoS。业务在传输网络入口汇聚到相对小数量的 QoS 类中。因此在传输层不能在流级别保证 QoS。为了在移动网络内增强端到端的 QoS，无线和传输 QoS 机制应该互相配合。

考虑到持续的改变混合业务，提供这种互相配合的 QoS 机制并不是繁琐的事情。

对齐意味着为了满足合适的端到端 QoS 级别，像传输和无线调度器的 QoS 机制需要对业务族的处理一致。起点是 QoS 映射是一致的：分组流能被无线和传输识别。实际算法可能不同, 但是两层上的行为应该是支持同样的目标 (比如保证速率、低丢包等)。

使用调度器作为一个实际的应用例子。准入控制是另一个例子: 假定无线和传输资源中有一个是瓶颈, 很明显, 如果准入控制对单个承载适用, 它也应该对无线和传输资源使用。

无线网络层也包含直接影响传输层 QoS 的功能。一个例子就是 3G 中 HSPA 业务的流控和拥塞控制。这些特性在 FP (帧协议) 层运行, 但是它们监控 Iub 接口的业务流。由于 3GPP 并没有规定具体的算法, 具体细节与实现有关。

8.2 作为终端用户的传输层协议 TCP 和 UDP

第 3 章中, 展示了移动网络系统的用户面协议栈, 以及终端用户服务是如何交付的。由于 TCP/IP 套件的简单性、灵活性以及实用性, 现在已经成为基于因特网服务与应用的主导技术。由无线接入系统演进提供的高速率和低延时能使这些服务的性能提升, 并且能使这些服务适用于无线环境。承载在移动回传上的用户业务主要是基于 TCP/IP 技术的。

使用具体的 QoS 的普通应用覆盖了非常广泛的服务, 比如语音 (Skype)、网页浏览、邮箱服务 (Gmail、Yahoo mail)、即时消息 (MSN、GoogleTalk)、社交网络 (Facebook、MySpace、LinkedIn)、图像和视频列表 (Flickr、Picasa)、微博 (Twitter)、视频共享 (Youtube)、在线百科 (Wikipedia)、虚拟地图和导航 (Google Maps)、端到端 (BitTorrent)、在线游戏 (WoW)、按需网络流媒体 (Netflix)、因特网收音机等。

TCP/IP 套件是一个四层系统, 由应用层 (HTTP、FTP、电子邮件等)、传输层 (TCP、UDP)、网络层 (IP、路由协议、ICMP 等) 以及链路层 (以太网等) 组成。TCP 和 UDP 是两种主要的传输层协议。它们为两种明确且很好定义的应用族提供服务。TCP 提供可靠的面向连接服务 (尽管 IP 不可靠), 并且要求无误差的分发一端的数据到另一端。因此像 FTP、HTTP、电子邮件等服务使用 TCP。相比之下 UDP 不能提供端到端的可靠数据分发, 但是能很好的为实时应用提供服务, 比如 VoIP、VoD、游戏以及支持网页下载的 DNS 短查询等。

8.2.1 UDP

UDP 提供了简单、无连接、基于数据报、不可靠传输的服务。UDP 分组称为数据报。UDP 层发送产生的数据, 实时递交给应用层, 不保证数据将到达目的地, 数据报的分发不是按序的。UDP 分组头 (见图 4.21) 承载了源端和目的端端口号、校验和以及数据报长度信息。基于源端和目的端端口号, 接收端能解复用收到的 UDP 数据报并且把它们分发到对应的应用层。

UDP 层上的数据传输不需要在传输层建立连接, 但是要求应用层建立连接去传输数据, 比如基于 UDP 的 VoIP 业务, 连接建立是由像 SIP 这种具体的协议完成的。UDP 也允许一点到多点通信。UDP 的这些特点使它更适合于实时业务 (VoIP、VoD 等), 而不需要考虑无误差通信以及延时。

UDP 的另一个用途是分发短查询到服务器 (例如 DNS 查找)。

8.2.2　TCP

　　TCP 提供了一个面向连接的、点对点、全双工以及可靠的基于因特网或者基于 IP 网络的数据传输服务。把在一个分组中发送的数据看作分段。数据传输前，必须使用连接建立协议建立 TCP 连接（3 次握手，见图 8.4），反之，当数据传输完毕之后，使用连接终止协议去分别关闭 TCP 连接。

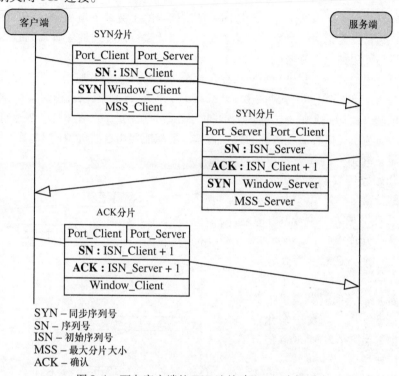

SYN – 同步序列号
SN – 序列号
ISN – 初始序列号
MSS – 最大分片大小
ACK – 确认

图 8.4　面向客户端的 TCP 连接建立：3 次握手

　　在 3 次握手中，通信中的两端互相交换信息如下：执行通信的端口号、初始序列号（可靠通信要求）、指示接收端能接收数据分组数的窗口大小（阻止缓存溢出）以及包含在 TCP 头的选择域中一端能发送/接收的最大分片数（要求定义最合适的 TCP 分片大小）。

　　每一个 TCP 分段头都包含了识别发送和接收应用的源端和目的端端口号。第 4 章图 4.23 有详细描述。这些端口号和承载 TCP 分段的 IP 分组的源端和目的端 IP 地址唯一识别 TCP 连接，也把这些看作网络 API 的套接字。由于两端都可以发送和接收，所以连接是全双工的。

　　使用序列号是为了促使分片按序分发、识别数据的重复接收以及当正确数据接收后作为数据确认的参照物。每一个 TCP 分片都有一个序列号。只有当接收端接收到正确的分组时，才发送确认包；源端没有明确通知丢失的数据或者错误接收到的数据。如果没有及时收到数据确认或者基于接收数据确认认为有数据丢失，需要重传相应数据。按照确认机制，直到 TCP 分片数据丢失之前的所有接收到的数据都会得到确认反馈（累积确认）。存在一个假设：在有线网络中，不可能出现比特错误引起分组丢失的情况。基于这种假设，TCP 拥有有效的拥塞控制机制。然而，在 WCDMA 或者 LTE 空中接口中，这种假设是不成立的。

8.2.3 TCP 拥塞控制

最初的 TCP 实现并没有考虑拥塞控制机制，直到后来才承认会产生拥挤倒塌或者一直处于高丢包率的超载状态。因而，在 1988 年，引入了第一个拥塞控制算法：Tohoe算法[4]。

今天，TCP 拥塞控制算法是在因特网上控制拥塞的主流端到端机制。TCP 拥塞控制的主要范围[5]包括：无论何时，当丢包发生时，为了让系统恢复，适配有效的技术，同时保证有效的资源使用和数据传输。

由于可适用的拥塞控制机制不同，存在几个 TCP 版本。最常使用的版本是使用下述拥塞控制元的 New Reno 版本[6]：拥塞窗口（cwnd）、控制 cwnd 值以及慢启动的加性增长和乘法减少机制（比如两个端点之间最大数量的在途字节数）、拥塞规避、快速重传以及快速恢复算法。为了提供有效和可靠的数据传输，源端能使用这些机制。

已经建立的 TCP 连接在慢启动的模式下开始发送数据：发送端在初始化数据传输时设置 MSS 为 cwnd窗口大小并且发送第一个分片。每次接收端确认分片接收后，cwnd 窗口增加一个 MSS。这意味着在慢启动阶段，cwnd 窗口大小在每个来回程时间内都加倍，也就是说是指数增长，如图 8.5 所示。发送端允许发送的数据量受限于最小 cwnd 窗口大小以及广播窗口。

直到到达预定义的门限（慢启动门限）、检测到丢包或者发生超时，否则指数级增长会一直持续。当达到慢启动门限之后，TCP 连接进入拥塞规避模式。在这种模式下，cwnd 窗口在每个 RTT 中只增长一个MSS。这种机制比慢启动中的方法温和很多。当检测到丢包时，cwnd 就不再增长。接收端使用包含期望下一次接收到 TCP 分片的序列号的ACK 去确认已经正确接收到的数据。

在丢包的场景下，如果连续的

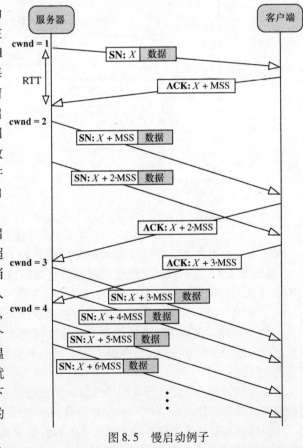

图 8.5 慢启动例子

分片被正确接收，接收端只需发送一个 ACK。如果上述情况发生，接收端通过发送第一个分片丢失的序列号去通知源端分片丢失。由于该 ACK 所代表的数据包与响应最后正确接收数据包的 ACK 是同一个，所以这个 ACK 被称为重复 ACK。为了辅助正确的源端操作，需要立即发送重复 ACK。

当发送端收到多个重复 ACK 时（带有同样序列号的 ACK），就会检测到丢包。当收到 3 个重复的 ACK 时，认为分组丢失，比如 4 个连续的 ACK 确认相同的数据。依赖于这个事实，会立即重传认为是丢失的分组（重复 ACK 中的序列号对应的分组）。这个过程被称为快速重传，如图 8.6 所示。

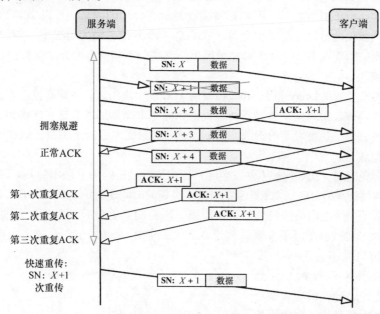

图 8.6　快速重传的 3 次重复 ACK

注：由于简化的原因，使用多个 MSS 表示序列号（比如：$X + 2$ 意思是 $X + 2$ MSS）。

快速重传后，发送端进入快速恢复状态。第一次接收到重复 ACK 时不立即进行重传会帮助系统规避由于 TCP 分片重排序引入的重传。3 个重复 ACK 仍旧能被传输数据的源端接收到（除了分片可能丢失的情况），因而没有道理去快速降低连接率。相应的，在快速恢复情况下，把慢启动门限设置为 cwnd 当前值和接收广播窗口值中的最小值的一半，并且把 cwnd 值设置为慢启动门限与最大分片大小 3 倍的和（这个称为窗口膨胀）。当接收到每一个重复 ACK 后，cwnd 的值增加一个分片大小，并且如果 cwnd 的值（和广播窗口）允许，传输新的分片。直到收到一个 ACK，它确认了所有以前没有被确认的分片后，连接状态才转入拥塞避免状态。当连接进入拥塞避免模式时，其使用的 cwnd 值被重新设置为慢启动门限（这个称为窗口紧缩）。在部分确认的场景下（比如进入快速恢复前只有部分已经被发送的分片被确认），重传第一个未被确认的分片。

对发送的每一个分片，发送端维护了一个定义期望接收端在一个时间区间内回复 ACK 的辅助重传超时定时器（RTO）。基于来回程时间测量估计得到该定时器的时长。一旦定时器超时，比如：在定时器超时前没有收到 ACK，重传该分片；把慢启动门限设置为下述两个值的最大值：两倍的 MSS 和实际 cwnd 值的一半；cwnd 值设置为 MSS，RTO 定时器的值加倍以及 TCP 连接进入慢启动模式。每一次尝试传输分片都失败之后，RTO 定时器的值都加倍直到达到 64s 的上限为止。这个过程被称为指数补偿。

正如之前讨论的，带有拥塞控制的第一个 TCP 版本是包含有慢启动、拥塞规避以及快速重传机制的 TCP Tahoe 版本。当收到 3 个重复 ACK 时，源端重传丢失分片，设置 cwnd 的值为一个 MSS 并且进入慢启动模式。在过渡态丢包的情况下，由于不必降低源端速率，上述不是一种有效的方法。

TCP Reno 实现了一个简化版本的快速恢复算法，在这个算法中，当收到 3 个重复 ACK 时，重传丢失的分片。当收到一个确认新发送数据的 ACK 时，源端离开快速恢复状态，也就是说，由于退出准则不需要必须接收到所有分片的确认，所以 TCP Reno 在每个来回程时间内仅仅能传输一个丢失分片。在只有一个分片丢失的情况下，新的 ACK 能确认所有的数据，然而在多个分片丢失的情况下，某些但不是所有的分片能被确认。这个就被称为部分确认。

TCP CUBIC[7]是在 Linux 和 Android 内核的 TCP 栈中使用默认的拥塞控制算法。引入该算法是为了在高速长距离网络情况下处理观察到的 TCP 效率问题。这些网络拥有大量的时延带宽积，并且为了达到更高的资源使用率，这些时延带宽积决定了在源端和目的端所需要的在途分组数量。

在拥塞避免期间（比如拥塞事件发生后）拥有加性增长的 TCP 版本的 cwnd 值不能快速增长。一些连接持续的时间比要求达到的时延带宽积的时间还要短。TCP CUBIC 通过使用三次曲线函数去替代线性增长函数来解决该问题。当检测到丢包时，执行正常的快速重传、快速恢复机制；通过一个因子（默认值是 0.2）去减少 cwnd 的值；记录丢包前的窗口大小。把这个窗口大小（Wmax）看作饱和点如图 8.7 所示，直到 Wmax 到达之前，cwnd 的增长是与在 Wmax 有相对平稳的三次曲线的凹函数部分相一致。当 Wmax 到达后，紧随着凹函数增长的是凸函数的增长。这个增长函数确保了在短时间内能达到饱和点，在 Wmax 附近的 cwnd 值几乎是保持常数，最后在没有检测到丢包的场景下，cwnd 的值缓慢增长。即使每一个连接有不同的来回程时

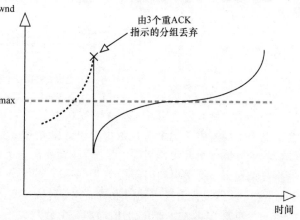

图 8.7 窗口增长函数 CUBIC 的示意图

间，但每一个连接有几乎相同的 cwnd 大小。cwnd 增长依赖于从最后拥塞控制事件（比如快速恢复）开始的逝去时间 t，这提升了竞争连接的公平性。这个算法估计 TCP Reno 在逝去的时间 t 内将要达到的窗口大小，以及当 cwnd 大于从三次方函数中计算得到的值时，设置 cwnd 为上述窗口值。这是 CUBIC 算法的 TCP 友好区。

复合 TCP[10]是为 Windows（Vista 和 Server 2008）开发的拥塞控制算法。它维护了由两个元素组成的特殊窗口：有一个窗口像 TCP Reno 那样的方式进行增长，另外有一个基于延时的窗口。当网络未充分使用时，窗口增加，比如延时很小的情况；当延时很大时，窗口减小，比如拥塞发生。该算法尽最大可能维护常量 cwnd 值（例如两个元素的和）。

TCP 拥塞控制机制有几个局限性，例如在拥塞检测中分组丢失的可靠性、延时或者来回程时间估计的不准确性以及没有能力区分分组丢失的可能原因。当分组丢失不是由于拥

塞产生时，能触发不必要的拥塞控制检测，这种情况在无线环境下经常发生，比如丢包是由于比特错误、移动性等。这种场景会使承载在移动网络上的 TCP 性能恶化，该部分内容将在下一节中详细讨论。

为了让拥塞控制算法在丢包前生效，比如在迫使网络节点丢包前降低传输速率，引入了明确拥塞通知（ECN、RFC3168）机制。当检测到拥塞时，ECN 机制在 IP 头中设置通知位，进而会有一个解决方案去降低连接两端的速率。

一个提升延时和来回程时间测量的可能性是通过在每一个 TCP 分片中打时间戳的方式应用 TCP 时间戳选项（RFC 1323）。基于这个时间戳，源端能有一个精确的来回程时间测量和 RTO 定时器估计值。

8.2.4　承载在无线上的 TCP

迄今为止，各种各样已讨论过的 TCP 版本都是基于如下假设：比特错误进而导致的错误接收产生的数据丢弃是非常的少，并且分组丢失的原因一直是网络拥塞。在移动环境中，当丢包经常由于空中接口的比特错误引起时，有效的 TCP 运行需求提出了几个问题。由于 TCP 源不能区分丢包是由于比特错误引起还是网络拥塞引起，当比特错误也表现出像拥塞时，TCP 将错误地降低连接速率。本节中描述的解决方案是一个更普遍的关于 TCP 优化提议的例子。实际中，提议的类型需要在终端的 TCP/IP 协议栈中支持，并且也需要在服务器的 TCP/IP SW 中支持（依赖于讨论的提议）。

在有线链路上开发和优化的 TCP 传输协议被使用在基于 TCP 业务的无线链路上时，会成为一个非常严重的问题。在 UMTS 和 LTE 无线层通过引入 ARQ 和 HARQ 机制确保通过重传丢失数据的方式来处理空中接口错误。当无线条件由于移动性改变时，空中接口的缺点不是唯一的丢包源头，比如切换、突发覆盖孔（短暂性的覆盖问题）以及网络不对称性（在 LTE 中，在小区边缘附近，UL 覆盖可能消失，然而 DL 覆盖仍旧存在）也有可能引起分组丢失问题。

除了空中接口问题和移动性引起的分组丢失外，由于不可预知的延时，TCP 可能经历性能降低，比如 TCP 来回程时间的突然变化：在 X2（LTE）接口上的 TCP 分片转发、ARQ 和 HARQ 的重传或者成功切换后不同的无线环境（更长的传输路径、更大的缓存、更高的负载等）。在切换和网络不对称的情况下，数据的无序分发能触发 TCP 重传。这些情况下，数据传输的有效性是受限的，TCP 的 RTO 定时器可能超时，触发导致更长恢复时间（恢复时间是要求达到在问题发生前同等吞吐率的时间）的 TCP 慢启动。

有限的移动设备电池性能要求在当前 TCP 不能提供的无线环境中进行有效的数据传输。从资源使用的角度来看，由于与高性能的有线链路相比空中接口和微波链路都是稀缺资源，TCP 效率也是一个主要问题。

在无线接口上的 TCP 效率问题产生了很多备选解决方案。一种可能的方式是把这些解决方案分成两组：网络支持的解决方案和端到端解决方案。网络支持的解决方案要求在网络侧增加额外的功能，然而端到端解决方案对下层网络是透明传输。

网络侧解决方案（监听协议、TCP 分裂解决方案等）基于在既定网络中实现额外功能的想法。这些功能用于拦截既定连接的 TCP 分片并且代替接收端对这些分片进行处理，目的是为了阻止不是由分组丢失引起的拥塞控制。这些解决方案可能从空中接口不完美的即时信息中收益，因而理想的位置是在 eNB（LTE）侧或者 RNC（WCDMA/HSPA）侧。尤其是在 LTE 系统中的切换场景下，已经被截断连接的状态信息必须在可能引入增加切换时延的节点间进行交换。切换这个事实证明了在网关节点的额外功能替换。

监听协议在没有违反端到端的连接语义条件下隐藏了来自 TCP 层的空中接口。

在监听协议场景下[11]，连接的分组被监听模块（位于 eNB 或者 RNC 中）截断并且复制。存储复制分组直到收到确认为止。在丢弃掉 3 个重复的 ACK 后，重传丢失的分片。WTCP[12]通过使用 TCP 时间戳选项去测量空中接口上的来回程时延来提升监听协议的性能。使用这种测量方式去操纵发送端规避重传超时。

TCP SACK：感知监听协议[13]使用 TCP SACK（选择性确认）（RFC 2018）选项提供的功能。由于接收端在接收到非连续的分片块时能通知发送端，所以 SACK 降低了重传数据的数量。监听模块重传重复 ACK 指示的丢失分片或者选择性 ACK 指示的丢失分片所对应的分块。

TCP 分裂解决方案把 TCP 连接分为两种或者更多的独立连接。被分裂的连接节点，也就是说，接口节点被称为代理服务器。分组被代理截断、缓存以及确认。为了分离空中接口，最简单的解决方案是创建两个 TCP 连接（间接 TCP[15]），并且使用更短的 TCP 连接去处理空中接口问题。

一个更复杂的解决方案是，当代理服务器和 UE 之间的连接窗口是可计算时[16]，使用包含瞬时信道质量或者可用带宽信息的无线网络反馈。

替代要求且依赖于网络设备的额外功能，端到端的解决方案要求在发送端和接收端都能处理拥塞和空中接口错误引起丢包的具体机制。这种方法维护了端到端的连接语义。

切换对连接性能起负面影响，也就是说，在切换执行前通过使能 UE 去发送一个零值窗口广播（ZWA）到发送端，冻结 TCP[17]将处理由于临时连接丢失产生的超时。依赖于收到的 ZWA，发送端进入保留模式并且停止向接收端发送数据。重新连接建立，恢复数据传输，并且 UE 给发送端发送一个非零窗口广播。这种机制防止了由于切换造成的超时和 cwnd 缩水，并且允许发送端在切换前继续使用之前的 cwnd 值进行数据传输。

TCP - Westwood 提出了一种通过监控 ACK 速率来估计可用带宽的发送侧增强方法。作为检测到拥塞事件（3 个重复 ACK 或者超时）的结果，发送端重新计算拥塞窗口和慢启动门限，并且设置为对应的值。

8.3 DSCP、业务族和优先级比特

8.3.1 差异化服务

在移动回传中，传输层 QoS 解决方案基于差异化服务方法，这种方法为把编码点编码（DiffServ Code Point，DSCP）存放于每一个 IP 头，并且已经预先定义好的 QoS 的连接提供了一个相对服务差异化。作为传输层 QoS 标记的方式，3GPP 要求使用 DSCP 以及业务类型映射到 DSCP 中。

在传输节点，业务的处理和调度决定是基于 DSCP，也就是说，网络节点区别对待被 DSCP 标记的业务类别。对每一类都定义了一个单独的处理和转发策略，这个被称为每下

一跳行为（Per Hop Behaviour，PHB）。为了确保服务的同级别，属于同等服务类别的连接应该被标记为相同的 DSCP。

差异化服务在网络边缘（入口）限制业务并且对业务进行分类，并且把业务指派到一个行为集中。行为集由 DSCP 标识。网络节点根据标记的 DSCP 值转发和调度分组。

一个 DS 域由边缘节点和内部节点组成。边缘节点在入口处对业务进行限制与分类，接着 DS 域节点根据 DSCP 标识去选择下一跳行为（PHB）。典型的，一个 DS 域由一个单一实体管理，但是可以由多个网络组成。为了支持在 DS 域间的差异化服务，需要服务级别协定（Service Level Agreements，SLA）。

图 8.8 中展示了分类器/调节器。分类器根据规则匹配进入分组。最简单的，它是 DSCP 域，但是能包含其他头域，比如源端和目的端地址、端口号、协议信息等。

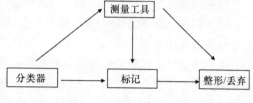

图 8.8　分类器/调节器[20]

通过测量工具测量到达的业务来决定业务规格是在规格内还是在规格外。在规格外的分组可能会受到进一步的限制，比如排队、丢弃、重新标记以及其他措施等。为了使分组遵循规格要求，整形器可以让分组排队等候。作为一种选择，丢弃不服从的分组。

在回传中，由于标记分组需要服从无线 QoS 参数到对应传输实体的映射规则，应该在无线接入节点处完成标记工作。在无线接入节点处，这些需求的信息是可用的。这是一种确保端到端提供一致性 QoS 的方式。

显而易见，需要有很多分类和限制去处理信任这个内容。如果业务源的行为很好并且能被信任，在随后的节点中需要很少的分类和限制。当业务穿越一个组织边界或者管理域时，该业务更可能被重新分类、重新标记，并且可能被重新放入新的规则中。

DSCP 仅仅在一个既定的网络域中有意义，因而在网络边缘进行标记。当业务交换到下一个域中时，为了确保端到端的一致性需要重新映射 DSCP。接下来，后续的网络节点能使用相应的缓存以及调度器管理功能和业务条件去实现服务。说明书中不打算具体化如何实现需求行为的算法或者功能，而是具体化服务的特征。

DSCP 本身是 0 ~ 63 的一个数字。大约一半的值已经被标准化了的（推荐使用），剩下的部分供本地定义使用。

对基于分组的移动回传来说，QoS 标识和差异化的起点是 IP 头的 DS 域。在 3GPP 中也对该部分进行具体说明，像 eNodeB 的移动网元支持 DSCP 标识。对每一种无线技术来说，将各自讨论如何获取 DSCP。

当 IP 分组的 DS 域被移动网络节点标记时，比如 eNodeB，后续的 DS 节点能转发相应的分组。eNodeB 也可以标识其他协议层分组头的相关域，比如使用优先级位的以太网帧（假设一个有 IEEE 802.1Q 标签的帧）。

8.3.2　IPv6

IPv6 和 IPv4 支持相同的 DiffServ 架构。在移动回传中，DSCP 的标识工作也和 IPv4 一样。对 DiffServ 来说，IPv6 头的相关域被称为业务族（TC）。

终端用户的 IP 业务，不管是 IPv4 还是 IPv6，当承载于无线网络的 GTP - U（依赖于无线网络技术的另一种协议）时将被透明化、隧道化。

在移动回传中应用 IPv6 时，一个与 QoS 的相关差异化是更大的 IPv6 头大小。当更低层和物理链路层计算需求带宽时，需要考虑这个内容。若没有扩展头，IPv6 头是 40B，相比之下，IPv4 头是 20B。

8.3.3 每下一跳行为

每下一跳行为包括默认或者尽力而为的行为、快速转发和确保转发。

默认行为（码字为 000000）标识了默认每下一跳行为或者尽力而为业务等级，并且没有具体的保证内容。

快速转发对低延时、低包损以及保证带宽的业务有意义。在差异化服务域中，它应该能使用点到点去服务于端到端，然而端到端行为不在 EF PHB 定义的范围内。不应该把 EF 业务放在队列中等候（缓存），并且为了规避缓存，至少服务等级应该与到达时的等级相同。EF PHB 意味着强调保证服务等级。需要业务条件来确保到达的等级被限制住。推荐 EF 使用 DSCP 码字 101110。标识 EF 码字的分组千万不要被降级，而且如果码字变化了，新的码字必须满足 EF PHB 的需求。

比如实现 EF PHB，应该使用严格的绝对优先级，也就是说无论何时只要有分组发送，都要首先服务 EF PHB，并且只要满足 EF PHB 的需求，也可以实现其他队列的服务。

图 8.9 展示了保证转发等级。一个 AF PHB 组由 4 个等级组成，每一个等级支持 3 种丢弃优先级。不允许 AF 等级聚集在一起，而且必须给每一个实现的等级分配最小数量的资源。可以分配额外资源到那些已经实现算法但是规格说明书中没有提的等级中。业务调节器可以修改丢弃优先级，并且也可以给其他等级分配业务。

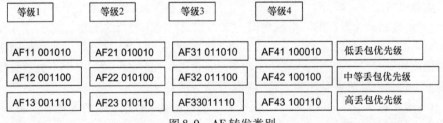

图 8.9　AF 转发类别

能通过分组排队处理短期拥塞（突发）。一种 AF 实现试图通过使用最小队列管理算法最小化长期拥塞。随机早期丢弃（RED）⊖和加权 RED 就是这种例子。丢弃算法应该对分组突发不敏感，并且对长期拥塞做出反应。例如通过使用加权循环调度器就能实现 AF PHB。

8.3.4 使用 DSCP 和处理集的推荐

对 DSCP，在 RFC 4594 中提供了推荐使用说明。推荐值有助于在管理域边界的互操作。

⊖ 最初引入 RED 是为了防止 TCP 同步。RED 与 TCP 拥塞控制是因特网的两个主要拥塞控制机制。RED 的内涵是丢弃随机选择的分组（例如，根据缓冲器的负载以一定概率丢弃到达的分组），以便 TCP CC 控制动作，从而减少负载。

对移动回传业务，这种方法仍旧没有提供一种直接的帮助。然而，DSCP 分配的基本原则变得很清楚。

网络控制意味着路由与本质上保持网络运行的其他网络控制业务。虽然在表 8.1 中 OAM 业务被分离出来，但是 OAM 业务也是网络控制业务。网络控制业务是网络运营商业务（服务提供商），而不是用户业务。

表 8.1　DSCP 推荐值[29]

服务类名	DSCP 名	DSCP 值	应用例子	业务特点	丢弃容忍	延时容忍	抖动容忍
网络控制	CS6	48	网络路由	可变大小分组，主要是非弹性短消息，但是业务也能突发	低	低	是
电话	EF	46	IP 电话承载	固定大小小包，固定发送速率，无弹性，低速率流	很低	很低	很低
信令	CS5	40	IP 电话信令	可变大小分组，有一点突发的短实时流	低	低	是
多媒体会议	AF41，AF42，AF43	34，36，38	H. 323/V2 视频会议（适配）	可变大小分组，固定发送间隔，速率适配，对丢包做出响应	中低	很低	低
实时交互	CS4	32	视频会议和交互式游戏	RTP/UDP 流，无弹性，大多数可变速率	低	很低	低
多媒体流	AF31，AF32，AF33	26，28，30	按需的流视频和语音	可变大小分组，可变速率的弹性	中低	中等	是
广播视频	CS3	24	广播电视和实时事件	固定/可变速率，无弹性，无突发流	很低	中等	低
低延时数据	AF21，AF22，AF23	18，20，22	客户端/服务器交易，基于 Web 的订购	可变速率，突发的短实时弹性流	低	中低	是
OAM	CS2	16	OAM&P	可变大小分组，弹性和无弹性流	低	中等	是
高吞吐率数据	AF11，AF12，AF13	10，12，14	存储和转发应用	可变速率，突发长实时弹性流	低	中高	是
标准	DF（CS0）	0	非差异化应用	没具体化	没具体化	没具体化	没具体化
低优先级数据	CS1	8	任何无带宽保证的数据流	非实时且有弹性	高	高	是

用户业务包括不同类型的服务，也包括与服务相关的丢包、延时和抖动的用户信令（比如 IP 电话信令）。

默认转发（已标识的标准）意味着尽力而为（BE）的服务。为灵活的背景低优先级数据业务定义了这种服务。

保证转发是一种"增强尽力而为"服务。提供多个 DSCP 值去识别业务。使用一个公共队列存储聚合和一个激活队列管理（比如 RED 或者 WRED）去保护网络和延时。

CS 表示等级选择器，在 RFC 1812 中定义的 IPv4 优先级队列。差分化服务维护了对等级选择器的后向兼容。等级选择器使用 3bit。

另一个 RFC 协议，即 RFC 5127，提议把现有的服务等级映射到处理集中。好处是降低了网络节点需要支持的差异化行为。被支持的服务级别聚合到处理集中。RFC 5127 讨论了 4 种处理集：网络控制、实时、保证弹性以及弹性，见表 8.2。

在表 8.2 中，除了仅仅包含等级选择器 6 的网络控制集外，把其他多个 DSCP 值归类为一个集合。实时业务映射为一个 EF 的每下一跳行为（快速转发）。保证弹性使用保证转发，然而弹性是一个默认或者 BE 等级。

表 8.2　汇聚处理[30]

汇聚处理	丢包容忍	延时容忍	抖动容忍	服务族名称	丢包容忍	延时容忍	抖动容忍	汇聚处理行为	DSCP 值
网络控制	低	低	是	网络控制	低	低	是	CS6	CS6
实时	很低	很低	很低	电话	很低	很低	很低	EF	EF, CS5, AF41, AF42, AF43, CS4, CS3
保证弹性	低	中低	是	信令	低	低	是	AF	CS2, AF31, AF21, FA11, AF32, AF22, AF12, AF33, AF23, AF13
				多媒体会议	中低	很低	低		
				实时交互	低	很低	低		
				广播视频	很低	中等	低		
				多媒体流	中低	中等	是		
弹性	没具体化	没具体化	没具体化	低时延数据	低	中低	是	默认	默认（CS0）, CS1
				OAM	低	中	是		
				高吞吐率数据	低	中高	是		
				标准	没具体化	没具体化	没具体化		
					高	高	是	低优先级数据	

8.3.5　IP 隧道中的 DSCP

在某些场景下，把 IP 隧道化以便于内部 IP 分组的 DSCP 标记不可见。在移动回传中，这种类型的应用是使用 IPSec。在 IPSec 隧道模式下，一个完整的 IP 分组被打包成带有新的 IP 头和 AH/ESP 头的新 IP 分组。把内层分组的 DSCP 值复制到外层分组的 DSCP 域中，以便于即使内部分组头不可用，DS 节点仍旧能够支持 QoS。RFC 2983 提供了关于差分服务和隧道的讨论。

注意到终端用户级的 IP 分组被通过无线网络的 GTP – U（与其他网络层协议或者是其他网络层协议，具体依赖于无线网络技术）隧道化。在这种情况下，来自内部 IP 分组的 DSCP 值不直接复制到回传层的 IP 头中。内部（终端用户）IP 分组透明地承载在无线网络上。回传层 IP 头的 QoS 标识来自无线网络层的 QoS 参数。

8.3.6　移动回传中使用 DSCP

现存的业务类型依赖于无线网络技术。由于存在 Iub 接口并且在 RNC 与 NodeB 之间的接口分割，与 LTE 相比，3G 系统有更多业务类型。

DSCP 使用已经讨论过的推荐值需要适配到无线网络应用中，因而在后面针对每一种无线技术都进行了映射研究。

由于无线网络架构的局限性，甚至对用户业务来说，也有额外的需求。在 2G 中，这些是由 BSC 和 BTS 以及在 Abis 接口上的无线层 2 协议组成。作为示例，由于 BSC 中的调度，通过 GPRS 在伪线上进行文件下载的业务需要伪线的实时传送。终端用户应用程序本身（文件下载）有较低的要求。所讨论的一般映射原理还适于应对无线电技术本身的约束。

一个话题是把语音业务的映射比作无线网络控制面业务的映射 – 比如 3G 中的 NBAP 和 LTE 中的 S1 – AP。语音业务对延时和延时变化有严格的要求。为了给终端用户提供高质量的语音服务，语音业务的优先级高于控制面业务。控制面业务能容忍延时和延时变化，然而语音业务需要事先定义好的服务。

控制面业务需要一定的带宽，否则信令消息不能被传输。当语音被标识为 DSCP 46（EF）并且无线网络控制面业务被标识为 DSCP 34（AF41）时，必须要保证无线网络控制面不能被"饿死"。

注意到，最新的 RFC 5865 中对语音业务提出了一个附加的 DSCP 值（44）。能把语音业务看作 EF。对于 DSCP 值标记为 46 和 44 的业务优先级，RFC 5865 描述了不同实现的可能性。这也可以看作进一步配置的可能性。

8.3.7　MPLS 业务等级

MPLS 头有一个 3bit 域用以标识 QoS。最初把这些 bit 命名为 EXP，但是容易产生混淆。RFC 5462（2009）纠正了这个描述并且重新命名为业务等级（Traffic Class，TC）。

没有提案关于应该如何翻译这 8 个可能的值：哪一种业务类型应该被标识为哪一个数值。位于边缘的标签交换路由器也有一张默认的在 DSCP 和业务等级之间的映射表，或者是一张配置表。

定义了两种可能的 MPLS QoS 标识模型：标识 QoS 到 MPLS 头中的 TC 域中。这种 LSP 类型被称为明确的 TC 编码 PSC LSP 或者 E – LSP。PSC 表示每下一跳行为调度等级。另一个模式是 L – LSP（仅仅标签指示的 PSC LSP），在这种情况下，L – LSP 定义了 PSC，以及把丢弃优先级标识成 TC bit。

由于 TC 域中可用的比特数与以太网 IEEE 802.1Q 提供的优先级比特相同，因此能重用在 802.1Q 中推荐设置值的逻辑。由于 IEEE 802.1Q 中定义的优先级比特与差分服务是一致的，因此使用该逻辑也将与差分服务一致。

8.3.8　IEEE 802.1Q 优先级比特

在前面，聚焦于标识 IP 分组。在许多情况下，接入线是基于以太网的，可能没有能力去分析 IP 层分组头。标记优先级对以太网帧也是非常有用的。IEEE 802.1Q 帧包含了 3 个优先级比特。

IEEE 标识定义了如何使用优先级比特，见表 8.3。目的是促进互操作以及在以太网 IEEE 802.1Q 帧中有一个很好的定义，并且以通俗易懂的方式去显示优先级。

表 8.3　优先值以及使用[32]

业务类型	特征	缩略语
背景	大数据传输，被许可但是不能降低其他应用传输	BK
最大努力	默认，对没有优先级的应用	BE
最优先努力	"CEO 的最大努力"，交付最重要的服务（仍旧是 BE 类型）	EE
关键应用	保证最小需要的带宽，通过准入控制准入业务	CA
小于 100ms 延时和抖动的视频	要求低时延的视频或者其他应用	VI
小于 10ms 延时和抖动的视频	在单一网络中经过 LAN 的单向语音、最大时延和抖动	VO
网际控制	管理域上支持网络维护	IC
网络控制	确保需求的发布，支持网络基础设施的维护	NC

　　必须要有以太网桥的等级，但是在 IEEE 中没有定义，因此是一个实现问题。表 8.4 中提供了一个作为队列数函数去映射业务的例子。

表 8.4　可用队列的业务类别使用[32]

队列号	类别	业务类型
1	BE	最大努力，背景，最优先努力，关键应用，语音，视频，网际控制，网络控制
2	BE	最大努力，背景，最优先努力，关键应用
	VO	语音，视频，网际控制，网络控制
3	BE	最大努力，背景，最优先努力，关键应用
	VO	语音，视频
	NC	网际控制，网络控制
4	BE	最大努力，背景
	CA	关键应用，最优先努力
	VO	语音，视频
	NC	网际控制，网络控制
5	BE	最大努力，背景
	CA	关键应用，最优先努力
	VO	语音，视频
	IC	网际控制
	NC	网络控制
6	BK	背景
	BE	最大努力
	CA	关键应用，最优先努力
	VO	语音，视频
	IC	网际控制
	NC	网络控制
7	BK	背景
	BE	最大努力
	EE	最优先努力
	CA	关键应用
	VO	语音，视频
	IC	网际控制
	NC	网络控制
8	BK	背景
	BE	最大努力
	EE	最优先努力
	CA	关键应用
	VI	视频
	VO	语音
	IC	网际控制
	NC	网络控制

　　若仅有一个单一的可用队列，所有的业务都是尽力而为。使用两个队列，能把语音和实时业务能分离成两个队列。第三个队列允许分离网络控制。使用 4 个队列，能从尽力而为业务中分离出关键应用等。提升粒度直到 8 个队列（假定有 3 个优先级比特）。例如，许多设备支持 4~6 个队列，这些已经允许有一个清晰的差分服务。

　　一些以太网交换机支持 DSCP 标识，比如 IP 层信息。另一些可以只使用编码在以太网帧头中的信息。表 8.3 列举了一些指导原则。最终，这些都将受到网络运营商的决定限制。由于 DSCP 是标识的源信息，所以使用 DSCP 到 PCP 的映射表示配置。

　　一种直接映射是每一个 PHB 都和一个 PCP 关联：

- BE PHB 映射到 PCP 0；
- AF1 PHB 映射到 PCP 1；
- AF2 PHB 映射到 PCP 2；
- AF3 PHB 映射到 PCP3；
- AF4 PHB 映射到 PCP 4；
- EF PHB 映射到 PCP 5；
- 网络控制业务映射到 PCP 6。

　　但是 PCP7 没有使用。在一些网络中，为了保护免受攻击，带有 PCP 值 7 的以太网帧将被丢弃。

　　PCP 不支持在 IP 层中为 AF PHB 定义的丢弃优先级的思想。也可以在 PCP 内部通过显示两个丢弃优先级来定义颜色标记，并且对一个颜色指示使用某些 PCP 值。

8.3.9　VLAN

　　在某些场景下，使用 VLAN ID 指示 QoS 来替代把 QoS 标识到以太网 IEEE 802.1Q 帧中的优先级比特。以太网服务就是一个例子，定义使用 VLAN ID 作为 QoS 源。VLAN ID 也可以指导把 PE 设备的用户分组流映射到一个合适的服务上（一个合适的伪线）。

8.3.10　使用 MEF 服务的 QoS

　　城域以太网专题（MEF）服务包括了 QoS 的详细定义。在第 5 章中讨论了 MEF 服务以及对应的性能目标。服务属性的定义专注于移动回传应用的 QoS。

　　那么移动运营商在用户网络接口（UNI）是如何显示服务所需要等级的呢？

　　详细情况依赖于具体服务。逻辑上讲，一个 EVC 是由两个（或多个）UNI 之间的以太网层连接组成。对 EVC 来说，CoS 的指示可能仅仅是一个 VLAN ID，这种情况下，VLAN 指示了 CoS。并且 EVC 与客户的 VLAN 一致。

　　作为一种选择，由 VLAN ID 加上附加的优先级比特或者 DSCP 域来指示 CoS。在这种情况下，单 EVC 包含两个或者更多的服务等级。

单一 CoS（色盲规则）

　　如果在入口处是色盲规则，单个 EVC ——基站的单一 CoS 应用要求对所有业务都要有保证，这意味着基站的全聚合速率。全聚合业务意思是合并所有的业务类型。这个速率应该等于在 SLA 中的 CIR 保证速率，否则不能给关键的实时业务和控制业务提供保证。然而，由于这种方法也覆盖了背景业务，所以它导致了较高的 CIR 值。

双 CoS（色盲规则）

首选的是使用一个额外的信息速录（Excess Information Rate，EIR）把背景业务看作非保证业务。这里假定一种色盲规则要求有两种服务等级：一种拥有高等级的 CoS（CoS H）支持实时/控制业务；另一种拥有低等级的 CoS（CoS L）支持非实时业务。在 UNI 接口处，使用如下方式识别这两种服务：

- 两个分离的 VLAN ID（两个 EVC）；
- 一个单一的 VLAN ID 和以太网优先级比特或者 DSCP（拥有两种 CoS 的单个 EVC）。

这里举一个例子来说明：

- 使用 CoS H，定义了 CIR 并且 EIR 是零。CIR 是实时/控制业务需要的值；
- 使用 CoS L，CIR 是零（或者很低的值），并且 EIR 的值是根据 NRT/背景业务类型的业务量得来的。

在使用上述多 CoS 的情况下，带宽碎片化可能成为一个问题。这依赖于在每种等级中的 CIR 和 EIR 是如何定义的，以及服务提供商执行哪种类型的规则。在 MEF 中的一个分层带宽配置（Hierarchical Bandwidth Profile，H−BWP）就强调了这种问题。

单 CoS（颜色感知规则）

MEF 23 也指定了一种让客户设备（CE）在 CIR（绿色）和 EIR（黄色）内去预定义业务的方式。假定在 PE 设备入口处服务供应商的规则是颜色感知的，这就非常有用。并且比色盲规则下的带宽使用更有效，由于：

1）与单 CoS（色盲规则）相比，不需要让 CIR 去覆盖所有的业务类型（实时/控制和 NRT/背景业务的组合）；

2）与多 CoS（色盲规则）相比，不会产生带宽碎片化，由于没有被使用的 CIR 在背景业务中使用由以太网优先级比特值或者 DSCP 值指示颜色感知规则。依据 MEF 23，一个使用 CoS L 的指示例子如下：

在以太网层：

- 当以太网帧的最低有效优先级比特值为"1"时，标识为绿色；
- 当以太网帧的最低有效优先级比特值为"0"时，标识为黄色。

在 IP 层：

- 在 IP 头中使用的 DSCP 的值为 10（十进制）（AF11）时，标识为绿色；
- 在 IP 头中使用的 DSCP 的值为 12（AF12）、14（AF13）或者 0（默认值）时，标识为黄色。

另一个问题是，对 CoS H 来说，上述标识没有被 MEF 定义。如上述例子所示，需要选择一种颜色去标识合适的 CoS。

当进入服务域时，实时业务与控制业务被基站整形并且预标识成绿色。假定在服务提供入口处设定颜色感知规则，只要在入口处不超出 CIR 率，绿色帧都将顺利通过该入口。由于整形，它们不会超出 CIR[⊖]。整形应该考虑所有相关协议开销。这依赖于哪层信息适用于授权信息速率。具体参见 5.5 节（在 MEF 服务中的带宽框架）。

⊖ 为此，在基站端口的出口处保留整形功能的一些余量是有用的。出口处的整形速率应略小于定义的 CIR 速率，以免由于 UNI 任意一侧的成型/计量中的不准确而导致业务损失。

当前，在 UNI 接口中大多数可用的 MEF 服务仅支持色盲运行。如果是这种情况，为了从背景业务中把实时/控制业务分离出来，需要多 CoS。

8.4　入口和出口功能

在本节中，讨论入口和出口功能。通常来说，分类和规则与入口相关；调度、排队、队列管理以及整形与出口相关。这些功能都依赖于网络节点性能。

8.4.1　入口分类与规则

比如在服务供应商节点的入口处，业务可能受限于分类和入口规则。与 MEF 服务相关的规则就是一个例子。

这些入口功能与可信度有关。通常在管理域的边界处，执行入口功能。如果回传网络是由独立于移动网络运营商的实体管理，回传网络运营商可能通过某种预设定的方式控制进入回传网络的业务量。

入口规则也帮助规避使网元承受过载的额外业务。由于能减轻与淹没攻击相关的某些风险，这也与安全相关。如果是可信赖的网络，很少需要入口规则。

控制面规则是指限定 ICMP 控制消息、生成树 BPDU、路由协议消息以及类似的控制消息，这些消息都需要一个网络节点的处理器单元进行处理。如果接收要处理消息的处理器过载，可能会引起宕机或者不可预知的行为。

如果规则是 QoS 可感知的，可以选择第一个对丢包不敏感的色彩分组。这种输入来自于 DSCP 域。依赖于设备的性能，除了差分服务所标识的 QoS 比特外，也使用其他信息，比如：IP 源和目的地址、层 4 端口、上层协议和 VLAN。更简化的设备可以根本不支持这种类型的功能。

服务供应商无选择地丢弃不适合的分组对移动回传来说会产生一个问题。这存在于单一色盲规则的场景。比如，假定单 BTS 接入的容量 2Mbit/s 是必须保证的，但是回传可用带宽是 20Mbit/s，意味着作为提供用户服务的移动运营商仅仅有 2Mbit/s 的业务能被回传网络接受。如果汇聚业务超过 2Mbit/s，即使语音和控制业务不超过 2Mbit/s，这些业务也不能被保证。并且服务提供商入口功能会随机丢弃分组（也就是说，非感知 QoS）。

如果规则是可感知 QoS 并且把语音和其他关键业务标识成高优先级 DSCP，服务提供商的入口规则在高优先级业务前丢弃其他分组。只要语音和控制业务不超过 2Mbit/s，这种业务的吞吐率是有保证的。一旦入口设备决定丢弃超过 2Mbit/s 的业务时，其他业务类型需要丢包。

感知 QoS 要求网络管理员使用统一含义的 QoS 标识：哪种业务使用哪种优先级，以及哪种业务应该是丢包首选等，也就是说 DSCP 标识的含义应该统一。

在入口处接收到相关的 QoS 标识，如果业务源不被回传所信赖，在业务源进入回传网络前，回传网络可以对业务进行重分类。这可能意味着把部分高优先级分组流降到低优先级。

8.4.2　单速率双色监管

单速率规则可以比作一个在固定速率（目标速率）下装满令牌的大小固定的桶。无论何时当分组经过该规则时，规则会校验是否在桶中有足够数量的令牌。如果是，分组被标记成绿色并且令牌从桶中移出。否则，分组被标记成红色并且被丢弃。

桶的大小决定了可能的突发大小。桶越大短期能溢出的速率越多。桶的大小至少要与最大分组大小相当，否则会一直丢弃这种类型的分组。

8.4.3　双速率三色监管

在很多场景下，只有单速率的规则是不够的。通常服务供应商确保分组的传输速率，这个是保证的信息速率。如果可能，另一个速率——附加信息速率将被使用。在过高的网络负载或者链路故障情况下，可能没有足够的容量分配给附加业务。当业务符合保证速率、附加速率或者业务不符合这两种速率以及要被丢弃时，需要一种规则去识别上述内容。这里把这些内容编码成 3 种颜色。

把 2 种速率 3 种颜色的标识比喻成用固定速率填充的两个桶。填充速率分别和保证信息速率以及附加信息速率一致。无论何时分组经过规则，首先校验确认信息速率桶中的令牌数量。如果令牌数足够，分组被标识成绿色并且从桶中移出令牌。如果在第一个桶中的令牌数不够，去校验第二个桶中的可用令牌数。第二个桶就是附加信息速率。如果该桶中包含足够的令牌数，则分组标识成黄色并且从桶中移出令牌。如果第二个桶中的令牌用完了，分组标识成红色，也就是说丢弃该分组。

允许绿色和黄色分组通过系统，但是一旦网络资源受限，将丢弃黄色分组。必须使标识成绿色或者黄色的信息在标识分组的节点之外也可用。比如通过使用 DSCP 标识编码这些信息，例如 DSCP 值从 AFx1 变到 AFx2。也可以在链路层对这些信息进行编码，比如通过使用具体的 VLAN PCP 表示黄色以太网帧，或者使用以太网帧头中可用的 DEI 域（丢弃合适信息）。能在 IP 层或者更低层应用该规则。由于分组头的大小不同，不同层需要占用不同数量的头开销。

8.4.4　出口调度、队列管理和整形

如果业务在入口处分类，DSCP 标识告知调度器在出口处如何处理业务。调度器类型包括严格优先级调度器、加权循环调度器和加权公平队列调度器。调度器是依赖于具体实现的。调度器与队列强相关。为了允许差异化服务，每一种业务类型（行为聚合）都有自己的队列。根据预定义的策略，一个调度器可以服务多个队列。

8.4.5　严格优先级调度器

严格优先级调度器按照优先级的顺序服务于队列。来自第一优先级队列的分组首先被调度。仅当第一优先级队列为空时，才调度第二优先级队列的分组。如果第一和第二优先级队列都为空值，才调度第三优先级队列的分组，依此类推。

这种方案的一个问题是可能会让更低优先级的队列"饿死"。只要高优先级队列的业务数量可控或者系统不可能使用完所有可用带宽，就能使用严格优先级调度。通常使用严

格优先级调度的业务需要有方法去限制入口处的业务：通过准入控制功能或者通过规则以及整形。

另一个限制是没有定义如何给队列分配带宽的比率。按照优先级服务的队列，低优先级队列能接收到的服务完全依赖于更高优先级队列的分组数量。

8.4.6　WRR 调度器

循环调度器按照循环的方式服务于不同的队列：一个接一个。加权循环（WRR）调度器根据权重给队列提供服务。如果一个队列的权重是 2，另一个队列的权重是 1，分组调度数量的比率是 2∶1。

WRR 调度器的工作非常保守，也就是说，如果一个队列为空并且没有分组需要调度发送，那么需要调度其他队列的分组，并且重新考虑剩余队列的权重。由于只要有分组需要发送，就去发送分组，所以可用带宽得到有效使用。

循环调度器权重决定了要发送分组数量的比率。由于不同队列中的业务可能有不同的平均分组大小，实际使用的业务带宽可能不同。

举一个例子：一个队列包含视频数据，然而另一个队列包含文件下载业务数据。期望文件下载业务的平均分组大小比视频流的分组大。但是很难实现准确的带宽比率（根据 bits/s 的方式）。

8.4.7　WFQ 调度器

加权公平队列（WFQ）调度器通过考虑调度分组的大小服务于队列。实际上 WFQ 根据配置权重实现带宽比率。加权公平调度是个理论概念，但是存在合理的很好估计的有效实现。

WFQ 调度器能给不同的业务级别提供带宽保证。假定全部的整形带宽是 50Mbit/s 并且 3 个队列的权重是 6∶3∶1。即使在拥塞场景下，将根据权重服务于每一个队列，意思是 3 个队列将有各自的保证速率，分别是 30Mbit/s∶15Mbit/s∶5Mbit/s。如果一个队列分组发送完毕，其他队列能使用这些资源（保守运行模式）。

8.4.8　组合调度器

每一个调度器类型都有它的优点。通常使用严格调度器和 WRR 调度器或者 WFQ 调度器的组合。严格使用调度器保证了业务延时，比如语音业务。

为了规避这种业务使用所有资源的情况，准入控制或者规则将被使用。这种方式强加限制该业务的数量。使用 WRR 调度器或者 WFQ 调度器去服务于剩余队列中的业务。这种方式对剩余队列业务提供了带宽保证。

图 8.10 中展示了使用一个严格优先级队列和多个使用 WRR 调度器或者 WFQ 调度器队列的组合调度器。

当队列 1 中有分组时，队列 1 都将收到服务。根据剩余调度队列的权重（w1 ~ w5）去服务于剩余队列。由于队列 1 的规则，可能规避剩余队列的“饿死”情况，因此能对队列 2 ~ 队列 6 提供带宽保证。

举个使用队列 1 的例子，使用 10Mbit/s 带宽的微波传输来完成基站第一英里无线接入

就是一个很好的例子。假定在 Q1 队
列中有分组存在，基站出口处的调度
器能给使用全接口速率（10Mbit/s）
的严格优先级队列提供服务。典型地，
Q1 队列的速率受到准入控制和规则限
制，或者受到一个已知的某个最大值
的限制。例如语音承载受制于准入控
制，因此语音受限于某个速率。在 3G
系统中，公共信道和 SRB DCH（此两
种信道都是传输信令的）可以使用 Q1

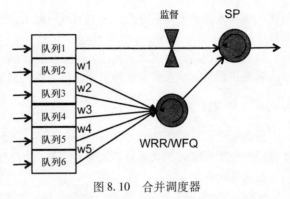

图 8.10　合并调度器

队列。然而，这些信令消息对带宽的需求是适量的。进一步讲，基于这些信道在空中接口
中占用的容量可以估计出最大使用带宽。因此需要的容量是已知的。此外，也能使用规则
限制速率。

Q1 队列提供了一种绝对保证速率，在某种意义上是只要 Q1 队列有分组等待就为其提
供服务。这个队列是与其他队列相独立的。即使所有其他队列包含大量的分组，也需要为
Q1 队列提供服务直到队列空为止。

以一个相对优先级服务于其他队列，Q2 ～ Q6。如果 Q1 队列占用所有带宽，其他队列
可能被"饿死"。这也是为什么说规则/准入控制对 Q1 队列重要的原因。Q2 ～ Q6 队列使
用剩下的带宽。由于任何剩余容量都能被使用，剩余带宽也是有效使用的。如果 Q1 队列
中没有要发送的分组，才给来自 Q2 ～ Q6 的分组提供服务。

在这里的例子中，假定现在 Q1 队列的限制速率是 2Mbit/s。Q2 ～ Q6 队列的可用带宽
是 8 ～ 10Mbit/s，并且根据配置权重该 5 个队列共享这些带宽。假定以降序方式设置权重，
Q6 队列占用最少的共享带宽，并且当拥塞发生时，最先遭遇丢包。然而，Q6 队列仍旧有
自己的带宽。

设置权重不是一件琐碎的事情。理想中，根据实际业务量设置权重。实际情况下，由
于业务混合经常变化，不可能设置权重去匹配每一个混合业务。在每一个回传节点使用精
确粒度去维护和管理调度参数是一个很困难的事情。通常来说，也不需要这样做。只要服
务能被具体的 QoS 支持，每个队列使用的实际共享带宽就不是关键问题[⊖]。随着队列数量
和权重的增加，回传复杂度也随之增加。这很容易超过可预计达到的收益。

重要的目标是根据 Q2 ～ Q6 队列的需求，所有类型的业务都能得到服务。然而如果永
久改变了业务混合，这可以是一个修改权重的原因。相比之下，基本设置应该简单和健
壮，以便于不需要修改权重就能支持典型的业务混合模式。

8.4.9　缓存

当到达出口的速率超过服务速率时，分组要么被缓存起来要么被丢弃。对于短期的突
发，缓存能帮助减少丢包发生。那么需要多大的缓存呢？

⊖　为了规划，在回程中监控每个业务类别使用的实际带宽可能会揭示有用的信息。它显然可以是修改权重
　　的触发器。通常也可能表明容量不足，这是通过扩大回程网络的容量来解决的。

由于缓存会减少丢包，首先考虑使用大缓存更有意义。然而，这依赖于业务类型。语音业务就是一个例子。对语音业务来说，语音质量受到延时的影响比偶尔的丢包大。由于整个端到端的延时应该在 150ms 左右，所以对语音业务的缓存容纳 10ms 的业务量即可。

另一个例子，考虑文件下载，使用 TCP 作为传输协议。TCP 遭受丢包，被丢弃的分组表现为拥塞，并且 TCP 会采取相应的行动。丢失的分组也不得不重传。对这种类型的业务，需要更长的缓存。

8.4.10　尾部丢弃

即使使用更大的缓存，它们也可以完全填满直到没有更多内存空间去缓存额外的数据。一种简单的策略是丢弃分组。这种方法的缺点是一个业务流的几个连续分组都被丢弃。如果这是 TCP 流，将会触发慢启动。这个流的带宽将急剧缩小并且只能缓慢恢复。只依赖于尾部丢弃意思是只有当缓存已经满后减少业务量。

8.4.11　激活队列管理

激活队列管理试图规避尾部丢弃的缺点。这种方法的意图是主动保护队列在缓存长度的某个限定范围内。最有名的算法是随机早期丢弃（RED）算法。当把队列填充到某个百分比时，RED 算法就会从队列中随机丢弃分组。丢弃分组的概率随着队列填充级别的变化而变化。

由于分组是随机丢弃的，命中一个流中的几个连续分组的概率会相当低。进而 TCP 会识别出分组正在缺失以及会减少使用带宽，从而达到相对稳定的队列填充等级。

加权 RED 是 RED 的变种版本，主要是分组丢弃概率也依赖于其他因素：比如它们的 DSCP 值。这允许实现丢弃优先权，比如在丢弃 DSCP 值为 10（AF11）的分组前先丢弃 DSCP 值为 12（AF12）的分组。

RED 应用于大比例的基于 TCP 的业务混合。对其他业务类型，比如语音和视频流业务，RED 有很小的增益。对某种类型的移动回传业务，甚至没有效果。一个例子就是，使用 RLC AM 模式的 3G 无线承载通过 RLC 层的重传补偿了丢包。终端用户的 TCP 流看不到被丢弃的分组，由于 RLC 重传隐藏了丢包。

8.4.12　整形

调度器和队列管理机制只有当存在比处理能力更多的业务时才有效果。在某些情况下，是简单的物理链路代码受限。可用的物理链路带宽小于端口速率。一个例子是 1Gbit/s 的以太网端口连接到一个 10Mbit/s 的微波无线链路。一个类似的例子也存在于 UNI 接入点：使用以太网服务以及 EVC 的入口规则。

为了规避物理速率不匹配而产生的丢包，把分发到 EVC 的业务由 EVC 整形为一个已定义的速率。微波无线链路作为一个很好的例子，在源端整形业务去匹配物理链路速率是很有意义的事情。

为了考虑 QoS 标识，通常会合并使用相应队列的整形器和调度器。整形器确保已经定义的带宽不被超过。调度器决定了会首先发送哪种类型的缓存分组。

在 3G 的情况下，RNC 可以整形下行业务带宽到已知的带宽限制并且传递给每一个

NodeB。典型地，这是 NodeB 第一英里接入链路支持的带宽。第一英里链路可以是微波无线下一跳或者一个 EVC，也可以是 TDM 线路。

RNC 物理接口在几个 NodeB 之间共享。此外，把已经合并的聚合业务整形到连接 RNC 和回传网络的物理链路容量中。这产生了结构性整形：根据聚合速率（合并的 NodeB）以及为每一个 NodeB 分别定义的带宽进行业务整形。

8.5 2G

8.5.1 本地基于 PCM 的 Abis 接口

在 2G 系统中，BSC 管理无线资源以及在 Abis 接口上调度业务。使用本地 Abis 接口（基于 PCM），不可能进行统计复用。空中接口时隙直接映射到 Abis 接口时隙。当分配时隙资源时，不应该影响从基于 TDM 的 Abis 接口到终端用户的感知 QoS。但是 TDM 损伤可以发生，比如帧失真。

8.5.2 承载在伪线上的 Abis 接口

当在基于分组的网络（MPLS 伪线）上仿真 Abis 接口时，Abis 业务被包含进 IP 分组中并且进一步地被 MPLS 打上标签。在移动回传中，Abis 接口受限于队列、调度以及路由器和交换机的其他 QoS 功能。为了不降低 2G 服务质量，需要把伪线映射成一个合适的每下一跳行为。

假定进行结构性的盲仿真，预置条件为，在伪线中承载一个完整的 TDM 帧，Abis 接口业务类型没有区别。当把 Abis 业务映射到伪线上时，头部增加了开销并且增加了对传输容量的需求。通过配置打包到一个单一分组中的 TDM 帧数量，会减小头部开销，进而减小对传输容量的需求，然而封包组包会引入额外的时延。需要对在头部开销和封包组包延时之间进行平衡。

由于 2G 无线网络层信道是由 BSC 进行调度的，Abis 伪线的延时很关键。由于基于 GPRS 的数据服务也承载在相同的伪线上，所以对丢包也是零容忍的。对 GPRS 来说，位于 SGSN 和 MS 之间的 LLC 层中包含了一种重传能力。在 Abis 接口上的分组丢失导致重传。这将迅速降低吞吐率并且增加 GPRS 服务的时延。

Abis 的规格说明书（基于 TDM）中包含了承载在 Abis 接口上的最大时延值。然而，规格说明已经过时。实际中，支持的最大时延依赖于具体实现，也需要考虑延时变化。需求源于 Abis 接口的实现（BSC 和 BTS 中的实现）和端到端延时预算：需要给 Abis 分配多少延时。

伪线需要标记 QoS 以便于业务在移动回传内接收到合适的服务。需要在产生伪线的源端标记 IP 分组/以太网帧。

8.5.3 Abis 接口例子

在这个例子中，一个符合标准的 TDM – Abis 被映射到伪线。如果把业务类型分离，IP Abis（依赖于具体的设备商）允许更多的替代选择。基于本地 IP 的 Abis 接口没有标准化。

由于 Abis 接口的本质，Abis 伪线有严格的延时要求。伪线仿真要求有独立于实际业务数量的相同常带宽。无论是否使用时隙，所有的 TDM 业务都承载在网络上，并且在业务类型之间没有区别。用 DSCP 46 标识伪线分组并且为了满足需求把伪线分组看作 EF。必须标识回传以便于给这种业务提供足够的容量。由于每一个 BTS 的带宽是固定的，所以不能使用统计复用或者差额预订。

使用基于设备商的 IP Abis 时，用不同的 DSCP 值标识不同的业务类型以便于在移动回传网络中允许差异化。如上所述，由于 IP Abis 没有标准化，这与具体实现有关，因此标识的可能性依赖于具体实现。

在 IP Abis 例子中使用的带宽依赖于实际承载的业务数量。此时，统计复用成为可能，并且回传中的带宽使用率将被提升。DSCP 标识和相应的分组处理必须确保系统可运行并且即使在拥塞情况下仍旧保证端到端用于的 QoS。

8.6 3G/HSPA

8.6.1 承载以及对应的属性

图 8.11 展示了 3G 系统中的端到端服务已经对应的承载。表 8.5 中列出了 UMTS 承载的属性。

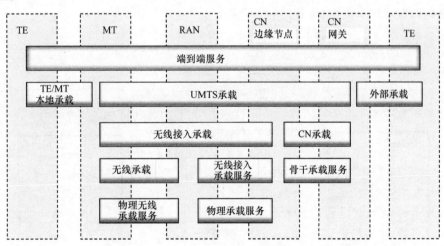

图 8.11 3G 承载[35]

核心网建立无线接入承载，并且在建立承载的过程中通过无线接入网应用协议（Radio Access Network Application Protocol，RANAP）把 QoS 相关参数通过信令发送到无线网络（到 RNC）。这些参数显示了新建立的 RAB 需要的 QoS。

表 8.5 中的属性列表特别长。对 HSPA 来说，通过具体化承载在 Iub 接口上且被空中接口调度使用的调度优先级指示（Scheduling Priority Indicator，SPI）简化了该系统，并且也把 HSPA 业务映射到传输 DSCP。

表 8.5　UMTS 承载服务属性[35]

属性	描　　述
残余比特错误率（BER）	指示已发送 SDU 中的未被检测的 BER。如果没有请求错误检测，残余 BER 指示已经发送 SDU 的 BER
SDU 格式信息	指示 SDU 的准确大小
SDU 错误率	指示一部分 SDU 丢失或者作为错误检测
错误 SDU 发送	指示是否错误 SDU 被发送或者丢弃
最大 SDU 大小	网络应该满足协议 QoS 的最大 PDU 大小
发送顺序	定义是否 UMTS 承载提供 SDU 按序发送
传输时延	承载服务期间，所有发送 SDU 的最大延时（时延分布的 95% 分位数）
传输类别	定义传输服务的类型。值是会话/流/交互式/背景
业务处理优先级（THP）	交互式类别中，与其他承载的 SDU 相比得到的相对重要性。值是 1、2 或 3。调度中使用，作为一个绝对保证的替代方案
分配和保留优先级（ARP）	对准入控制和预清空的承载优先级。基于描述，值是 1 ~ 15
最大比特率	一个时间周期内发送的最大比特率。用户或者提供商所能接受或者提供的上限
保证比特率	一个时间周期内发送的保证比特数。依赖于 GBR 保证服务属性
源统计描述符	定义已发送 SDU 源的具体特征
信令指示	仅针对交互式类型，指示已发送 SDU 的信令本质

8.6.2　Iub 接口

图 8.12 显示了承载在 Iub 接口上的信道。

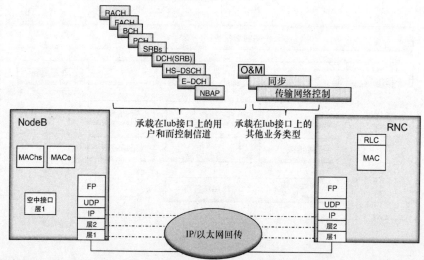

图 8.12　承载在 Iub 接口上的业务信道

除了用户信道（DCH、E – DCH、HS – DSCH）、公共信道（RACH、FACH、BCH、PCH）、无线网络信令（NBAP）外，O&M 和同步也需要承载在 Iub 接口上。无线网络信令也被承载在属于 DCH 的 SRB 中。

对传输网络本身，像路由协议和以太网层控制协议这些控制业务也可以存在。

进一步把用户数据细分，可以分为 CS/PS 域以及业务等级。需要考虑 THP、ARP 以及 HSPA 信道使用的 SPI。在 NBAP 信令中包含了 SPI 信元。SPI 是一个 0（最低优先级）~

15（最高优先级）的整数，并且指示了 HSDPA/HSUPA 数据帧的相对优先级。SPI 值由
RNC 设置，在空中接口调度中由 NodeB 使用。

图 8.13 显示了无线网络业务类型被分为 HSDPA、HSUPA、Rel–99 PS/CS 域以及公共
信道。从 RNC 到 NodeB 的移动回传中，用已接收到的参数作为输入去标记 RNC 侧 IP 分组
中的 DSCP 域。

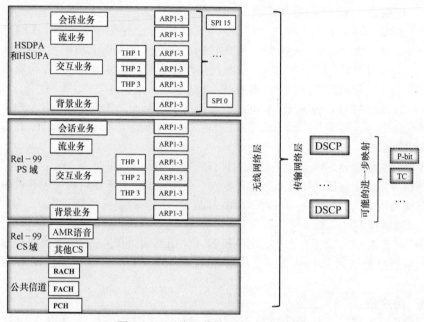

图 8.13　无线和传输 QoS 映射的例子

此外，也需要映射 SRB DCH、NBAP、O&M、同步、可能的路由协议以及其他 IP 控制
面分组。进一步说，当层 2 使用以太网时，可以把 DSCP 映射到以太网 802.1Q p bit 域中。

差分服务域中的 IP 层 QoS 信息，正如之前解释的那样，可以在移动回传网元的入口
规则和出口调度/整形功能中使用。RNC 可以使用分配和保留优先级（ARP），比如，在资
源短缺的情况下决定应该释放哪个承载。移动网元（包括传输接口）在移动系统中的准
入控制和在预留相关资源的情况下能使用保证比特率信息。

承载服务属性对移动回传不直接可见。回传网元在下行方向上从由 RNC 标记的 QoS
分组中识别预期 QoS。上行方向，类似地，在回传网元上传输 NodeB 标记分组。

HSPA 业务，在 NodeB 与 RNC 之间 FP（帧协议）层提供一个流控功能（分配授信）。
在下行方向（HSDPA），NodeB 根据空中接口资源的可用情况给 RNC 分配授信。当空中接
口能容纳更多 HSDPA 分组时，NodeB 就授信 RNC 在 Iub 接口上传输等同于授信值的 HSD-
PA 分组。3GPP 中没有定义相应的授信算法。

FP 流控是一种基于空中接口资源状态、需要在 Iub 接口上传输信息的流控方法。此外，
另一种特性，HSDPA 拥塞控制，也是一种用于检测和通知 Iub 接口拥塞的方式。HSDPA 的拥
塞控制检测时延和丢包。在后续的专门内容中将讨论 HSDPA 和 HSUPA 拥塞控制。

在传输中，延时增长归因于传输元的缓存等级，典型地归因于出口缓存。在移动回传
中，传输层的首选缓存存在于 NodeB 和 RNC 的移动网元中。依赖于移动回传的类型，所
有的分组网元、IP 路由器、多重交换机、以太网交换机中都能发现进一步的缓存，并且拥

塞可以在这些网元的任何一个中出现。

8.6.3　Iub 接口例子

在本节中考虑一个基于 IP 的 Iub 接口 QoS 映射的例子。通过把控制面、网络控制、用户面、O&M 和同步映射到提供传输服务的 DSCP 中。

8.6.3.1　控制面（NBAP、公共信道、SRB）

无线网络信令不需要固定带宽。然而，在无线网络层上，如果公共信道和 SRB 上的信令服务不成功，将会引起一些问题。在无线网络信令上的延时会影响呼叫/承载建立的时间和切换操作以及对应的成功率等。无线网络损伤是另外一种场景，所以很难跟踪到回传网络中。为了在移动回传网络中映射 QoS，上述依赖需要具体考虑。

用 DSCP 34（AF41）去标识 NBAP 上的无线网络控制面。类似地，假定 AF41 PHB 提供充足的传输服务，使用 DSCP 34（AF41）去标识公共信道（RACH、FACH、PCH…）和信令（SRB）服务。

为了给公共信道和 SRB 提供更强大的保证，需要使用 DSCP 46（EF）。这确保了无线网络信令接收到一个保证速率。通过这种方式，在传输层中由于延时和丢包导致的无线网络性能降低的风险就会变得更小。通常 SRB 和公共信道上的业务量都不高。

8.6.3.2　网络控制

使用 DSCP 值 48（CS 6）去标识网络控制（比如路由协议）。这个能确保传输层服务和回传网络自身处于可运行状态，能从故障中快速恢复，并且维护无线网络层的传输服务。

8.6.3.3　用户面

在用户面，承载要么是 R99 DCH，要么是 HS – DSCH（HSDPA）和 E – DCH（HSUPA）承载。一般来说，DCH 比 HSDPA 和 HSUPA 对延时和抖动有更严格的要求。这是由于网络架构和其在无线网络层协议中的位置决定的。

然而，HSDPA 在 RNC 侧也包含一个 MAC 调度功能。HSUPA 在 RNC 侧支持宏分集合并以快速功率控制。来自于同一个 UE 的数据经过不同的 NodeB 应该在同一时刻到达 RNC。实际中，这意味着对 Iub 接口回传来说承载在 HSPA 上的业务仍旧存在无线网络发起的需求，即使快速调度功能（mac – hs，mac – e）位于 NodeB 侧。

通常上行的业务量低于下行的业务量。通常由于回传在上行/下行方向提供对称的带宽，拥塞很少在上行发生。

正如图 8.13 所示，用户业务可以分为 CS 域和 PS 域。PS 域又可以分为会话/流/交互/背景 4 个业务。首先是把实时业务和非实时业务分离。数据业务量的增长比语音业务快，因而 NRB 业务量支配着 RT 业务量。

对非实时业务来说，新的 WCDMA 手机提供使用 HSPA 的能力。因而替代 NRT DCH，期待越来越多的 NRT 业务使用 HSPA 无线承载，并且假定大数量的背景 NRT 业务存在于 HSPA 承载中。通过统计复用，使用这种弹性业务去降低对传输网络的带宽需求。

在本例中，把用户面映射到 3 种不同的处理集中：

- 所有的实时业务，不管是 R99 还是 HSPA 业务，都标识为 DSCP 46（EF）；
- R99 专用信道上的非实时业务标识为 DSCP 26（AF31）；
- HSPA 上的非实时业务标识为 DSCP 0（BE）。

8.6.3.4　O&M

使用 DSCP 16（CS2）去标识 O&M 业务。无线网络 O&M 业务的典型特征是偶尔业务量高，总体来看业务量很低。软件下载就是一个高传输速率的例子，平均来看业务量很低。当通过 O&M 信道传输告警时，O&M 要用最小的容量去传输以便于信息能被顺利转发。

8.6.3.5　同步（基于分组）

如何获取同步受限于具体实现。在第 6 章中已经讨论过同步。即使对分组计时有标准方法，比如 IEEE 1588v2，算法实现也可以不相同。对于回传网络的需求来说，这些可以不同。EF 等级服务于固定比特流。

一个具体的问题是延时抖动。如果延时非连续改变（故障后的恢复），算法响应也可能不同，这也依赖于具体的算法实现。

作为一个例子，假定 IEEE 1588v2，使用 DSCP 46（EF）去标识业务并且使用确定速率和低时延处理这些业务。

表 8.6 对这些做了一个总结。

表 8.6　Iub 接口的 DSCP 标记

业务类型			DSCP
控制面		NBAP	34（AF41）
		公共信道	34（AF41）[①]
		SRB	34（AF41）[①]
网络控制			48（CS6）
用户面	实时	DCH	46（EF）
		HSPA/HSUPA	46（EF）
	非实时	DCH	26（AF31）
		HSPA/HSUPA	0（BE）
O&M			16（CS2）[②]
同步			46（EF）[③]

[①] 公共信道和 SRB 可以使用 DSCP 46（EF）。
[②] 如果没有使用 CS2，可以使用 AF21。
[③] 依赖于分组同步需求。

8.6.3.6　小结

在传输网络中，基于标识分组的 DSCP 值，把每一个处理集都映射到一个单一的队列中。如果有 4 个或者更多的可用队列，把网络控制和实时业务映射到同一个队列中。把 O&M 业务映射到要么与 R99 非实时业务相同的队列中，要么与 HSPA 非实时业务的相同队列中去。使用要么是严格优先级的调度器，要么是 WRR/WFQ 调度器。

深入话题是在无线网络和回传网络中映射用户的不同等级。由于 3GPP 没有描述，回传方法是依设备商而定。起始点是无线网络层的 ARP 参数。

8.6.4　在 MBH 中的拥塞控制

尽管有回传传输协议（弹性、高传输速率、低延时、QoS 差异化等）的保证，由于第一英里受限容量链路的存在（比如微波无线）或者由于保留过多的高性能聚合链路，会出现过渡性拥塞。

拥塞发生期间，连接会经历延时的增长、吞吐率的降低以及分组丢失。TCP 是被大多数数据应用使用的主要传输协议，TCP 本身有高效的拥塞控制机制（降低连接的速率和重传认为丢失的分组）。自适应视频流应用也能把速率适配到可用的带宽上。

完整分组系统中，比如 LTE，这些端到端的机制已经足够，但是对 HSPA 系统来说还不够。当丢弃的分组被 RLC 实例重传时，传输拥塞能触发不必要的 RLC AM 重传，由于这些原因，传输拥塞能使整个 HSPA 系统性能恶化。更进一步来讲，当 LTE 和 HSPA 业务共享传输时，由于 HSPA 业务对 TCP 的适应力并不强，故可能会引起公平问题，比如 LTE 链接处于长期不被调度状态。

虽然 3GPP 通过在 RNC 侧和 NodeB 侧检测拥塞以及有能力通知发生拥塞的源节点的方式扩展了 HSPA 系统的功能，但是拥塞控制本身的算法并没有具体说明。可以通过包含在 HS – DSCH 和 E – DCH 帧协议中的数据协议头中的预留 IE 或者通过具体的控制帧完成检测和指示。LTE 系统不存在类似的标准功能。

8.6.5 HSPA 系统中的拥塞控制

像文件传输和网页浏览等数据应用是基于 TCP，这保证了无错误数据分发。开发 TCP 拥塞控制机制是基于下面的假设：①由不完美的物理媒介引起的比特错误是不可能的；②触发拥塞的唯一原因是系统中的丢包。对有线系统来说，这个说法是对的，但是对无线系统却不适用，是因为无线系统中经常发生比特错误和数据块错误。由于空中接口的不完美特性导致 TCP 机制不能很好地处理数据丢失。WCDMA 系统中，RNC 和 NodeB 之间的用户面业务大部分承载在经过 Iub 和 Iur 接口的专用传输信道。

为了克服数据业务中空中接口错误导致的负面影响，由 RLC AM 实例（一个实例位于 RNC 侧，另一个对等实例位于 UE 侧）处理 NRT 承载。当 RLC AM 实体接收到 NACK 时，RLC AM 实例中存在负责重传丢失数据分组的 ARQ 机制。由于 RLC AM 实例分别位于 RNC 和 UE 侧，对空中接口错误和分组丢失的响应存在值得注意的延时，并且会对传输网的 TCP 性能带来负面影响。

由于 RLC AM 实例重传丢弃的数据，所以来自于 TCP 的传输拥塞被隐藏了。RLC AM 模式的另一个功能：按序递交，在接收端接收到重传的丢弃数据以及丢弃错误接收到的 TCP 分片前，阻止 RLC AM 实体递交已经收到的连续且正确的 TCP 分片到上层。当达到 RLC AM 模式允许的最大重传后仍旧没有成功接收到重传数据，丢弃相应的 TCP 分片数据并且 RLC 启动另一个连续的 TCP 分片。如果重传成功了，发送一个重复 ACK 给可能处于慢启动的 TCP 源。这种慢启动可能是由 RLC 重传机制的过长重定时器引起的。为了提升系统性能，也就是说，最小化重传数量，应该标定传输以便于过渡性拥塞的可能性变低。以上形成了过度标定以及昂贵的传输网络。

HSPA 系统引入附加的系统特性（快速调度、自适应编码和调制、HARQ、HSDPA 流控）和根据系统速率和延时提升系统性能的 Iub 接口协议（MAC – hs、MAC – e 和 MAC – es）。

HARQ 机制是为了减少由于空中接口错误导致的层 2 重传时延：当接收到 NACK 或者没有在规定时间接收到 ACK 时，执行 HARQ 重传。这种机制能有效地处理空中接口错误，但是由于传输拥塞产生的丢包仍旧由位于 RNC 侧和 UE 侧的 RLC AM 实体处理。另一方面，HSDPA 流控算法只考虑了空中接口（当计算容量分配时），因而很容易使已经拥塞以及最终丢包的传输网络过载。由于传输网络的丢包会触发 RLC AM 重传，这会导致性能恶化。

在 3GPP TR25.902 协议中提出了 HSDPA/HSUPA 拥塞控制功能，范围是为了处理由于传输拥塞引起的有效性问题。这种方法是为了重用现存的网络特性以及为 HSDPA/HSUPA 提供类似的解决方案，尽管 HSDPA/HSUPA 有技术差异。

不管是 HSDPA 还是 HSUPA，拥塞控制实例都位于 NodeB 侧。NodeB 控制连接速率，要么是通过发送给 SRNC 的容量分配（HSDPA），要么是通过给 UE 的授权（HSUPA）。

拥塞检测是基于在 UL 或者 DL 方向上发送每一帧中附带的额外信息：帧被发送时的参考时间以及一个序列号。使用参考时间是为了检测时延建立，相比之下使用序列号是为了检测丢帧。时延建立意味着由于过载帧在传输缓存中排队，然而丢帧意味着由于过载丢包。图 8.14 展示了通过 HSDPA 进行网页下载时 Iub 接口协议的角色和功能。

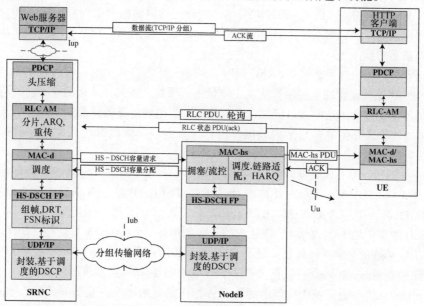

图 8.14　使用 HSDPA 进行网页下载时 Iub 协议的角色

8.6.6　HSDPA 拥塞控制

HSDPA 拥塞控制功能位于 NodeB 侧，作为一种对现存的 MAC-hs 层的 HSDPA 流控功能的补充机制。MAC-hs 层通过发送给 SRNC 容量分配消息定义了 MAC-d 流的速率。参考时间和序列号能使 NodeB 检测下行链路传输拥塞状态，基于这些信息，拥塞控制机制计算需要授权给 MAC-d 流多少资源。

MAC-d 流速率是由通过 Iub 接口发送给 SRNC 的 HS-DSCH FP 容量分配控制帧所控制的。有两种类型的控制帧：HS-DSCH 容量控制分配帧类型 1 和 HS-DSCH 容量控制分配帧类型 2。类型 2 在灵活 RLC 中引入，在早期版本的固定 RLC 中使用类型 1。这条消息中包含 SRNC 可以使用到的分配资源，如下述信元：最大 MAC-d PDU 长度类型 1/类型 2、HS-DSCH 授信分配以及 HS-DSCH 间隔。此外，HS-DSCH 重复周期信元（在类型 1 和类型 2 的控制帧内）定义了分配的有效周期。如果该值设置为零，这意味着无限分配。

进一步的可能性是通过设置容量分配控制帧中的拥塞状态比特来通知 SRNC 下行方向的拥塞检测。承载拥塞状态的 2 比特值的含义如下：0 代表没有 TNL 拥塞；1 代表保留将来使用；2 代表延时引起的 TNL 拥塞检测；3 代表丢包引起的 TNL 拥塞检测。

最大 MAC – d PDU 长度信元指示了通过 RNSAP 配置的最大可允许的 MAC – d PDU 大小（帧类型 1）或者是一个 SRNC 在 HS – DSCH 间隔（帧类型 2）上可以传输授权 MAC – d PDU 数据数量的因素。在后者的场景下，通过把 MAC – d PDU 长度类型 2 中的信元与 HS – DSCH 授信信元相乘得到授权传输的数据数量。

如果 HS – DSCH 授信信元的值为零，说明没有资源分配给 MAC – d 流并且停止传输。在帧类型 1 的场景下，信元的内容指示在一个 HS – DSCH 间隔中允许 SRNC 传输的 PDU 数目，相比之下，在帧类型 2 的场景下，正如上述所描述的那样，MAC – d PDU 的数目需要经过计算得到。

HS – DSCH 间隔信元指示了在 SRNC 侧已经分配的数据的调度间隔。接收到分配之后第一个间隔立刻开始，当上一个间隔时间到后，开始后续间隔直到到达 HS – DSCH 接收周期信元中描述的具体间隔数。

发送容量分配消息要么是在 SRNC 侧对 HS – DSCH 容量请求的响应消息中得到，要么是 HS – DSCH 流控或者拥塞控制算法决定降低或者增加某条具体连接的速率。计算容量分配数量以便于充分利用空中接口资源，也就是说，当包调度器选择某个承载去调度时，在 NodeB 侧的该承载缓存中有充足的数据，但另一方面该承载没有过载并且同时拥塞已经减轻。

在每一个 HS – DSCH 调度间隔中，SRNC 调度在上一个 HS – DSCH 容量分配控制帧中显示的 MAC – d PDU 数。MAC – d PDU 使用 HS – DSCH FP 帧（分别是类型 1 和类型 2）发送。该 FP 帧头中包含 FSN 和 DRT 信元以及 BSR 信息。每一个既定 MAC – d 流中的 HS – DSCH 数据中的 FSN 自增 1。该信元的长度是 4bit，并且 0 值不被使用。DRT（16bit）是一个有 1s 粒度的 40960 计数器。除了 FP 数据帧头中包含一个 FSN/DRT 重置比特外，当 FSN/DRT 被重置时，NodeB 应该重置基于 FSN 和 DRT 的任何拥塞预测状态。

当 SRNC 认为与数据帧中携带的缓存报告相比需要增加缓存报告频率时，也就是说，触发一个事件（比如数据丢失或者到达），需要由 SRNC 发起 HS – DSCH 容量请求控制消息。发送请求是为了重新计算容量分配大小，例如当 SRNC 缓存中的数据持续增长或者数据到达 SRNC 侧已经很长时间，却没有得到容量分配。

图 8.15 中提供了 HSDPA 拥塞控制架构。

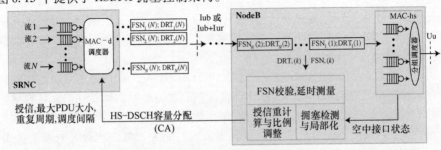

图 8.15　HSDPA 拥塞控制架构的例子

8.6.7　HSUPA 拥塞控制

类似于 HSDPA，HSUPA 的拥塞控制功能位于 NodeB 侧，但是检测功能位于 SRNC 侧。

使用 E – DCH FP 拥塞指示控制帧通知 NodeB 拥塞信息。

在 NodeB 侧的 MAC – e（空中接口）包调度器基于接收到的 SRNC 侧的拥塞信息计算需要发送给 UE 的分配量（服务授权）。这个分配定义了 UE 在小区中什么时间以及使用哪种比特率传输数据。使用下述相关的拥塞控制信息：帧序列号（FSN）、连接帧号（CFN）和子帧号，把接收到的数据组装成 E – DCH 数据帧。对每一个发送的数据帧来说，FSN 信元自增 1（与 16 取模）。CFN 指示了当 HARQ 进程正确解码数据时的无线帧。在 10ms 的 HSUPA TTI 场景下，SRNC 基于 CFN 计算延时。当 HSUPA TTI 是 2ms 时，在 5 个子帧中共享相同的 CFN，因而使用子帧号去计算连续帧的延时变化。

为了检测拥塞，SRNC 分析接收到的 E – DCH FP 数据帧中相关信元的内容：通过跟踪相同连接中的连续数据帧中的 FSN 信元的值可以检测到传输丢包，通过计算基于 CFN 或者子帧信元中的内容得到的延时或者延时变化检测延时。

通过 E – DCH FP 拥塞指示控制帧通知 NodeB 拥塞状态，是否拥塞建立或者拥塞解除。在拥塞消息中使用不同的拥塞编码指示不同的拥塞原因（时延或者丢包），并且通知 NodeB。

当 NodeB 接收到拥塞指示控制帧时，NodeB 至少需要降低 MAC – d 流的速率。拥塞解除后，逐渐提升 MAC – d 流的速率。图 8.16 展示了 HSUPA 拥塞控制的架构。

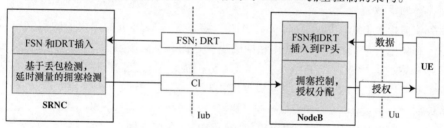

图 8.16　HSUPA 拥塞控制架构例子

8.6.8　无线网络共存

多数情况下，为了在现存的 WCDMA/HSDPA 系统中提供更多的无线接入可能性，将部署 LTE 系统，从而在相同的区域提供多样的覆盖并且提供从 WCDMA/HSDPA 系统中卸载数据业务的可能性。多样的无线接入网络将使用相同的基于分组的传输设施，也就是说，WCDMA/HSDPA 和 LTE 系统将共享有限的传输资源。承载共存无线接入网络业务的传输链路可能经历过渡性拥塞。

位于 NodeB 侧的 HSDPA 拥塞控制将检测到基于延时测量和 HS – DSCH 传输帧序号的拥塞，并且通过降低链接速率来解决拥塞。HSDPA 的拥塞控制反馈环很短。多数情况下，传输拥塞对 TCP 拥塞控制机制来说是透明的。

在 LTE 系统中，过渡性拥塞由 TCP 拥塞控制机制检测。连接的速率由来回程时延控制。在单个分组丢失的情况下，TCP 快速重传和快速恢复算法重传丢失的 TCP 分片，并且把连接速率减半。在严重拥塞情况下，在 TCP 超时定时器超时前没有收到 ACK，TCP 源过渡到进入慢启动阶段并且重传没有收到 ACK 的数据。

由于 HSDPA 拥塞控制反馈环比端到端的 TCP 流控环/拥塞控制环短，使用 HSDPA 的连接速率首先降低。没有使用的带宽将被承载在 LTE 上的 TCP 连接占用。这种状态一直持续到所有的 HSDPA 连接都饿死。

当不使用 HSDPA 拥塞控制时，HSDPA 的连接速率将被为了优化空中接口使用率而不考虑传输拥塞的 HSDPA 流控所控制。在这种情况下，HSDPA 数据业务非 TCP 友好，这是因为当拥塞发生时 MAC-d 流的速率不是被降低而是由 RLC AM 实体对丢失数据进行重传。当拥塞链路被 HSDPA 和 LTE 共享时，会使承载在 LTE 上的 TCP 连接"饿死"。更进一步，在多层网络中关闭 HSDPA 的拥塞控制或者在系统中仅仅有 HSDPA 业务，由于 RLC AM 的重传，会导致无效的资源使用。

由于该话题在 3GPP 中没有阐述，解决共存效率问题成为一个实现问题，并且已经存在不同的解决方案。

8.7 LTE

8.7.1 QoS 架构

在 LTE 系统中，QoS 的概念比 3G 系统更简单。默认承载支持提供任何基本服务的 IP 连接。当指示的 QoS 需求不同于默认承载提供的服务时，创建一个专用承载（假定系统有资源创建新的承载）。

业务流模板（Traffic Flow Template，TFT）定义了哪种类型的用户流映射到哪种类型的承载。有类似需求的用户流能使用相同的承载。拥有不同类型的用户流将被映射到不同的 EPS 承载中。上行方向，在 UE 端存在业务流模板，下行方向模板存在于 PDN GW 中。

除了业务流模板，也定义了服务数据流模板（Service Data Flow，SDF）。这些与策略和计费控制（Policy and Charging Control，PCC）规则相关。例如，SDF 可以提供比 TFT 更细的粒度。实际中，SDF 与 TFT 也可以相同。SDF 仅在核心网中存在。

映射到相同 EPS 承载上的业务会收到同等的 QoS 对待。在 LTE 系统中的 QoS 功能包括调度和队列管理策略、RLC 配置（比如 RLC 模式）以及整形策略。

在 LTE 中，QoS 等级指示（Quality of Service Class Indicator，QCI），正如名字所示，是对承载 QoS 的关键指示。在传输中，使用 DSCP 在 IP 分组中承载 QCI 信息。

8.7.2 分组流和承载

EPS 承载提供到 UE 的分组数据网络（IP 网络）连接。可比作 3G 中的 PDP 上下文的概念。

端到端服务由 EPS 承载（UE 与 PGW 之间）和外部承载（到因特网或者到企业 VPN）组成。E-RAB 可以看作 3G 中的 RAB。通过无线承载、S1 接口承载以及 S5/S8 接口承载实现一个 EPS 承载。S8 接口是为漫游使用。具体如图 8.17 所示。

到外部网络（因特网、PDN）的连接由业务流传输汇聚组成。已经把这些定义为多服务数据流集。进一步地，服务数据流是一个匹配服务数据流模板的分组流集合。服务数据流与承载绑定（IP-CAN 承载、IP 连接接入网络）。

当建立 EPS 承载时，需要 PCC 规则。在 PDN GW 静态地配置 PCC 规则。另一个选择由策略和计费规则功能（Policy and Charging Rules Function，PCRF）提供。在 EPS 承载生命周期内，也可以修改规则。

使用 PCC 规则去检测这些服务数据流。基于规则，决定计费和策略控制（包括 QoS

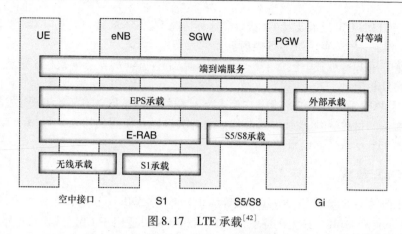

图 8.17　LTE 承载[42]

策略）参数。PCC 规则包含服务数据流模板以及这些模板可能包含的多服务数据流过滤器。进一步地，过滤器在上行方向和下行方向可以分离。图 8.18 进行了具体描述。

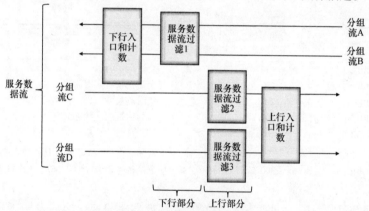

图 8.18　服务数据流过滤和检测[36]

实际中，比如检测意味着匹配源端和目的端 IP 地址、源端和目的端端口以及 IP 上使用的协议。IP 地址信息可以包括一个前缀掩码，并且替代一个单一的端口号，可以定义端口范围。此外，也可以使用在 IP 分组头上标识的 QoS。也可以进一步查看分组，以及检查传输和应用协议层。

由于分组有检测能力，可以识别分组流并且对计费和 QoS 控制应用某种策略。能相应地建立带有已经定义 QoS 特征的 EPS 承载。承载的建立可能受制于所有节点（eNodeB/SGW/PGW）和其他资源（空中接口、传输、处理性能等）的准入控制。

当 UE 连接到 PDN 网络时，在 PDN 连接生命周期（一直处于连接状态）内建立默认的 EPS 承载。默认承载是由 MME 建立的 non – GBR 承载。对默认承载来说，该承载的 QoS 值是基于用户的订阅业务。MME 从 HSS 那里查询必要的信息。

附加承载要么是 UE 发起请求建立的专用承载，要么是来自于外部网络数据发起建立的专用承载。比如，UE 也可以发起一个建立专用 EPS 承载的 VoIP 会话。专用承载要么是 GBR 承载要么是非 GBR 承载。

如果承载建立是由外部网络触发，那么通过 PCRF 和 PDN GW 建立承载，比如 VoIP 会话的场景。

　　PCRF 和 PDN GW 之间支持 Gx 接口。这种情况下，S5/S8 接口是基于 Gxc 接口的代理移动 IP 服务器，由 SGW 完成 QoS 映射。

　　每一个专用 EPS 承载上包含了一个上行方向/下行方向的业务流模板。把业务匹配到模板中，并且相应地映射到 EPS 承载上。在上行方向上 UE 映射业务，在下行方向上 PCEF（位于 PDN GW 中）映射业务。当 EPS 承载修改时，PDN GW 给 UE 分发相关业务流信息（源端和目的端 IP 地址、源端和目的端端口以及使用的协议）以便于 UE 能把应用与正确的 EPS 承载建立起来。

8.7.3　QoS 参数

　　EPS 承载的 QoS 参数是 QCI（QoS 等级识别符）、ARP（分配和保留优先级）、GBR（保证比特率）和 MBR（最大比特率）。GBR 和 MBR 只适用于 GBR 承载。此外，定义了每个 UE（EPS 承载汇聚）的 QoS 参数累计最大比特率 APN – AMBR 和 UE – AMBR。

　　见表 8.7，在 3GPP（TS23.203）中已经标准化了 QCI 等级。

表 8.7　QCI[36]

QCI	保证性	优先级	分组延时 预算/ms	分组错误 丢失率	服务例子
1	GBR	2	100	10^{-2}	会话语音
2	GBR	4	150	10^{-3}	会话视频（实时流）
3	GBR	3	50	10^{-3}	实时游戏
4	GBR	5	300	10^{-6}	非会话视频（缓冲流）
5	非 GBR	1	100	10^{-6}	IMS 信令
6	非 GBR	6	300	10^{-6}	视频（缓冲流），基于 TCP 的业务（比如 WWW、电子邮件、聊天、FTP、P2P 文件共享、渐进视频下载等）
7	非 GBR	7	100	10^{-3}	语音，视频（实时流），交互式游戏
8	非 GBR	8	300	10^{-6}	视频（缓冲流），基于 TCP 的业务（比如 WWW、电子邮件、聊天、FTP、P2P 文件共享、渐进视频下载等）
9	非 GBR	9	300	10^{-6}	视频（缓冲流），基于 TCP 的业务（比如 WWW、电子邮件、聊天、FTP、P2P 文件共享、渐进视频下载等）

　　对 GBR 服务，典型地，使用准入控制（AC）分配专用承载。非 GBR 服务没有类似的可用保证资源。

　　优先级意味着对单个 UE 的多种服务数据流进行差异化，也在 UE 之间对服务数据流聚合进行差异化。通过使用 QCI，SDF 聚合与分组延时限制和优先级有关。分组延时限制主要意图是为了在 SDF 聚合之间提供差异化的调度服务。如果分组延时限制不能被所有的 SDF 聚合满足，使用优先级来指导哪个 SDF 聚合应该优先调度。优先级 N 比优先级 $N+1$ 的级别要高。

　　分组延时预算被认为是最大的延时限制，有 98% 的置信区间，被定义作为 UE 和 PCEF（策略和计费增强功能）之间的延时。PCEF 是 PDN 网关的一个功能。对特定的 QCI

来说，在上行和下行方向上有相同的分组延时预算。

分组错误丢失率（PELR）具体化了链路层（比如 RLC）发送分组且在接收端的更上一层（比如 PDCP）没有接收到该分组的上边界。PELR 描述了没有拥塞情况下的分组丢失率。在选择链路层配置（比如 RLC 确认模式）时使用 PELR。对特定的 QCI 值来说，在上行和下行方向上有相同的 PELR 值。

PELR 值也假定在移动回传（从基站到 PDN GW）中的丢包可以忽略不计。因此，对满足 PELR 丢包限制的系统来说，移动回传不应该对其有任何处理。在非拥塞的情况下，标准条件和设计良好的链路中，回传中的分组丢失率也很低。对不做任何处理的移动回传来说，由回传引起的分组丢失率可能是 PELR 丢失限制的 1/10 还要少。

为了估计回传引起的 PELR，当物理层有一个特定的残留 BER 时，需要一种分析方法去估计丢包率。像以太网和 PPP 等的层 2 协议中包含了一个校验和，该校验和是通过计算完整的帧得到的。如果校验和失败了，把该对应帧丢弃。因而，是比特错误导致丢包。因此，必须考虑物理层的 BER 值以便于确保从回传网络中对 PELR 没有很大贡献。

在移动回传中，网络中的拥塞（丢包发生在路由器和交换机的出口队列中）可能会导致进一步的丢包。如果回传网络拥塞并且空中接口有容量以及无线条件很好，在这种情况下，PELR 目标可以调整。类似的，在临时的回传连接丢失（比如链路故障以及网络重汇聚）期间，在移动回传网络中可以丢弃分组。

基于 EPS 承载的 QCI 值运行传输级的 QoS 标识。eNodeB 负载在上行方向上标识 QoS。类似于基于 EPS 的 QCI 值，SGW 和 PGW 在上行方向和下行方向标识分组 QoS。因此在承载级别上，EPS 承载是 QoS 粒度级别，并且 EPS 的 QCI 值进一步被标识到传输层。

ARP 参数识别承载建立和回收的优先级。在 NodeB 中也需要 ARP 参数，以便于支持在无线接口的回收。

TS23.401 给出了一个 ARP 使用的例子，语音业务有比视频业务更高的 ARP。拥塞发生时，丢弃语音服务前先丢弃视频服务。类似的，可以使用 ARP 去释放网络负载。比如由于自然灾害产生的高业务负载情况下，低优先级的 ARP 承载可以先被释放。

GBR 是由 EPS 承载提供的期望比特率，而 MBR 使用整形功能限制比特率。比如在准入控制中，使用 GBR 参数。

APN – AMBR 和 UE – AMBR 是两个存储在 HSS 中的订阅参数。APN – AMBR 限制了 APN 内部所有非 GBR 承载的比特率。UE – AMBR 是对所有激活 APN – AMBR 的限制，依赖于订阅的 UE – AMBR 值。由 MME 来设置这些参数。因此在 UE – AMBR 计算和潜在整形中不包括 GBR 承载。

排除 GTP – U 和 IP 头，计算得到的 GBR、MBR 和 AMBR 比特作为 S1 接口的比特流。对上行/下行方向来说，QoS 参数是其中一个组件。

8.7.4　准入控制

在 LTE 中，对 GBR 承载来说，分配专用资源，比如准入控制。准入控制需要考虑所有的功能：无线资源、硬件（处理）资源以及传输。

eNodeB 负责无线准入控制。建立一个新的 GBR 承载前，需要确保在上行和下行方向有可用的无线资源。当建立新的承载之前，需要考虑需求的优先级和 QoS 以及已经建立承

载的优先级和 QoS。如果资源可用，接受建立新的承载。除非优先级和回收指示建议为了
建立新的承载应该回收了另一个承载，否则承载建立请求被拒绝。

8.7.5　S1 接口

S1 接口包括 eNodeB 和 SGW 之间的用户面连接、eNodeB 和 MME 之间的控制面连接
（S1 – AP）、面向网络管理的 O&M 信道以及同步（比如 IEEE 1588v2）。此外也可以承载传
输控制面，比如 IP 路由协议。

与 2G 和 3G BTS 接入接口不同，eNodeB S1 接口不需要传输无线层协议，是因为这些
协议终止于 eNodeB 侧。对延时、延时变化和丢包的需求来源于终端用户的需要，而不是
来自无线系统本身的架构限制。

在用户面，必选的 E – RAB 级的 QoS 参数是 QCI 和 ARP。GBR QoS 信息是一个必选参
数（非 GBR 不需要该参数），由上、下行方向的保证速率和最大速率组成。若没有 GBR
QoS 信息，GBR 承载不会建立起来。对用户面来说，支持可配置的 DSCP 标识是必选项。
标识的输入信息是 QCI 和其他参数。

对用户面分组丢失来说，S1 接口的行为不同于 Iub 接口上的行为（假定 RLC AM 模
式）。Iub 接口上的丢失分组是在 RLC 层进行重传。对 LTE 来说，RLC 层终止于 eNodeB
侧。在这方面，S1 接口可以比作 3G 中的 Iu 接口。这意味着 S1 接口上的分组丢失对应用
层可见，因为没有协议隐藏丢包重传。如果应用层使用可靠的传输（比如 TCP），S1 接口
上的分组丢失会引起 TCP 层重传。

8.7.6　S1 接口例子

在 LTE 系统中，回传的需要是由应用来驱动的。没有来自控制器的延时和延时变化的
需求，因为 LTE 网络中没有无线控制器。

8.7.6.1　控制面（S1AP）

由于无线层协议不在 S1 接口上承载，所以 LTE 中的无线网络控制面和 eNodeB 都比 3G
中的简单。相应的，小区公共信道也终止于 eNodeB，并且不需要在移动回传中考虑。

无线网络信令、S1 – AP 承载在 S1 的逻辑接口上。使用 DSCP 34（AF41）进行标识。

8.7.6.2　网络控制

使用 DSCP（CS6）值 48 标识网络控制（比如路由协议）。就传输网络控制协议标识
而言，与无线技术之间没有差异。在无线网络中也使用 CS6 去标识。

8.7.6.3　用户面

通过 QCI 可以识别不同终端用户的应用。3GPP 在 TS23. 203 中定义了 9 种 QCI。因而，
LTE 用户面中的 QoS 映射大多数是由 QCI 到 DSCP 的映射决定的。

如果使用显示更高丢弃优先权的 DSCP（比如 AF32 就是一个例子），那么需要有足够
的 DSCP 以便于每一个 QCI 能被映射到一个唯一的 DSCP 值。然而，QCI 的数量比 PHB 的
数量大。因此，在传输网中必须期望几个 QCI 得到相似的处理。在这种例子中，仅考虑与
低丢弃优先权相一致的 DSCP。

从用户面业务来讲，语音和实时游戏业务有最严格的需求，因此使用 DSCP 46（EF）
标识 QCI 1 和 QCI 3。

把 IMS 信令业务看作 AF41。因此使用 DSCP 34（AF41）标识 QCI 5。

关于视频业务，需要区分是否是提供 GBR 业务以及分配标识相应的服务。QCI 2 和 QCI 4 使用 GBR 承载，使用 DSCP 26（AF31）进行标识。QCI 6 和 QCI 7 使用非 BGR 承载，使用 DSCP 18（AF21）进行标识。

使用 DSCP 0（BE）去标识默认承载，允许使用 DSCP 10（AF11）标识任何优先数据业务。

使用 QCI 8 和 QCI 9 去区分交互式业务和背景数据业务，例如网页服务和文件下载。另一种替代方案是在用户等级中进行区分（普通级/优先级等）。

8.7.6.4　O&M

使用 DSCP 16（CS2）去标识 O&M 业务，正如 Iub 接口中的例子。

8.7.6.5 同步（基于分组）

LTE（FDD）同步遵循在 Iub 接口例子中讨论的逻辑。假定 IEEE 1588v2，使用 DSCP 46（EF）去标识业务。

8.7.6.6　小结

表 8.8 作为一个总结展示了 DSCP 标识。

表 8.8　S1 接口 QoS 映射例子

业务类型		DSCP
控制面		34（AF41）
网络控制		48（CS 6）
用户面	QCI 1（语音）	46（EF）
	QCI 2（流，实时视频，GBR）	26（AF31）
	QCI 3（实时游戏）	46（EF）
	QCI 4（流，缓冲视频，GBR）	26（AF31）
	QCI 5（IMS 信令）	34（AF41）
	QCI 6（流，实时视频，非 GBR）	18（AF21）
	QCI 7（流，缓冲视频，非 GBR）	18（AF21）
	QCI 8（优先数据）	10（AF11）
	QCI 9（默认承载）	0（BE）
O&M		16（CS 2）
同步		48（CS 6）

由于在回传网络中不可能有像 DSCP 那样多的队列，考虑 4 个队列的映射。

Q1，严格优先级队列，做如下使用：

- 网络控制；
- 语音；
- 实时游戏；
- 同步。

GBR 和非 GBR 视频服务不应该合并到一起。GBR 视频服务可能受限于呼叫准入控制。典型地，这不可能是非 GBR 服务的例子。一起处理这些服务会使呼叫准入控制毫无意义。

Q2 队列做如下使用：

- 控制面（S1 – MME）；
- QCI 2 和 QCI 4（为视频服务的 GBR 承载）；
- QCI 5（IMS 信令）。

Q3 队列做如下使用：

- QCI 6 和 QCI 7（为视频服务的非 GBR 承载）；
- QCI 8（优先数据）；
- O&M。

使用 WRR/WFQ 调度来实现 AF PHB 的期望行为。虽然非 GBR 视频服务比优先数据有更严格的需求，但这不是严格的优先级关系。相反，在拥塞发生的情况下，每一个业务类型应该得到一个已经定义的共享带宽。

最后，Q4 队列做如下使用：

- 默认承载。

8.8 小结

回传 QoS 的需求来源于终端用户服务、无线网络运营商、传输网络控制面、同步以及管理面。回传网络通过支持每种业务类型要求的处理来考虑上述需求。代替对每种服务都进行差异化处理外，在移动回传中的汇聚业务类型用以简化回传实现。

无线网络层，调度多个用户承载。回传中，汇聚多用户并且调度汇聚。无线网络和传输网络的 QoS 功能需要对齐。这种方式下，使用需求的质量去服务于用户并且空中接口资源和回传网络资源得到充分利用。

所有的无线网络，即 2G、3G 和 LTE，对传输服务有自己的需求。考虑每一种无线技术特有的信道或者业务类型以及标识相应的分组流。标识起点是 IP 分组头中的 DSCP 域。典型地，DSCP 值是可配置的，并且从无线网络层信道和承载属性中可以推断出来，并且可配置给其他业务类型，比如传输网络控制或者基于分组的同步。

使用 DSCP 承载映射到其他网络层，比如 MPLS 或者以太网（层 2）。一旦执行到 DSCP 的映射，回传网络的 QoS 就基于 DSCP 值和相应的 PHB 汇聚。

参 考 文 献

[1] 3GPP TS22.105 Service aspects; Services and service capabilities, v10.0.0
[2] IETF RFC 768 User Datagram Protocol (UDP)
[3] IETF RFC 791 Internet Protocol (IP)
[4] Jacobson, Karels: 'Congestion Avoidance and Control', Proceedings of the Sigcomm '88 Symposium, vol.18(4): pp. 314–329. Stanford, CA. August, 1988
[5] IETF RFC 2581 TCP Congestion Control
[6] IETF RFC 3782 The NewReno Modification to TCP's Fast Recovery Algorithm
[7] Rhee: CUBIC for Fast Long-Distance Networks. Internet-Draft, 2008
[8] IETF RFC 3168 The Addition of Explicit Congestion Notification (ECN) to IP, IETF, 2001
[9] IETF RFC 1323 TCP Extensions for High Performance, IETF, 1992
[10] Sridharan: Compound TCP: A New TCP Congestion Control for High-Speed and Long Distance Networks. Internet-Draft, 2008
[11] Balakhrisnan, Seshan, Katz, 'Improving Reliable Transport and Handoff Performance in Cellular Wireless Networks', ACM Wireless Networks, vol.1, no. 4, Nov. 1995, pp. 469–481
[12] Ratnam, Matta, 'WTCP: An Efficient Mechanism for Improving TCP Performance overWireless Links,' IEEE Symposium on Computers and Communications (ISCC), 1998
[13] Vangala, Labrador, 'The TCP SACK-Aware-Snoop Protocol for TCP over Wireless Networks', IEEE VTC, Orlando, FL, vol. 4, Oct. 2003
[14] IETF RFC 2018 TCP Selective Acknowledgement Options.
[15] Bakre, Badrinath: 'I-TCP:Indirect TCP for Mobile Hosts', Proc. IEEE ICDCS'95

[16] Moller, Molero, Johansson, Petersson, Skog, Arvidsson, 'Using Radio Network Feedback to Improve TCP Performance over Cellular Networks,' Proc. of the 44th IEEE Conference on Decision and Control, December 2005.

[17] Goff, Moronski, Phatak, Gupta, 'Freeze-TCP: A true end-to-end TCP enhancement mechanism for mobile environments', Proc. of IEEE Infocom 2000, Tel-Aviv, pp. 1537–1545, 26–30. Mar. 2000

[18] Casetti, Gerla, Mascolo, Sanadidi, Wang, 'TCP Westwood: end-to-end congestion control for wired/wireless networks', Wireless Networks, v.8 n.5, p. 467–479, September 2002

[19] IETF RFC 2474 Definition of the Differentiated Services Field (DS Field) in the IPv4 and IPv6 Headers

[20] IETF RFC 2475 An Architecture for Differentiated Services

[21] IETF RFC 2597 Assured Forwarding PHB Group

[22] IETF RFC 2598 An Expedited Forwarding PHB

[23] IETF RFC 3246 An Expedited Forwarding PHB (Per-Hop Behavior)

[24] IETF RFC 3260 New Terminology and Clarifications for Diffserv (Informational)

[25] Wang: Internet QoS. Architectures and Mechanisms for Quality of Service. Morgan Kaufmann Publishers, 2001.

[26] IETF RFC 5462 Multiprotocol Label Switching (MPLS) Label Stack Entry: 'EXP' Field Renamed to 'Traffic Class' Field

[27] IETF RFC 3270 MPLS Support of Differentiated Services

[28] IETF RFC 5865 A Differentiated Services Code Point (DSCP) for Capacity-Admitted Traffic

[29] IETF RFC 4594 Configuration Guidelines for DiffServ Service Classes

[30] IETF RFC 5127 Aggregation of DiffServ Service Classes

[31] IETF RFC 1812 Requirements for IP Version 4 Routers

[32] IEEE 802.1Q-2005 IEEE Standard for Local and metropolitan area networks, Virtual Bridged Local Area Networks

[33] IETF RFC 2698 A Two Rate Three Color Marker

[34] Soldani, Li, Cuny: QoS and QoE Management in UMTS Cellular Systems. Wiley, 2006.

[35] 3GPP TS23.107 Quality of Service (QoS) concept and architecture, v10.1.0

[36] 3GPP TS23.203 Policy and charging control architecture, v10.4.0, v10.4.0

[37] 3GPP TS23.207 End-to-end Quality of Service (QoS) concept and architecture, v10.0.0

[38] 3GPP TS 25.401 UTRAN overall description (Release 10), v10.2.0

[39] 3GPP TR 25.902 Iub/Iur congestion control, v7.1.0

[40] Kaaranen, Ahtiainen, Laitinen, Naghian, Niemi: UMTS Networks, Architecture, Mobility and Services, Second Edition, Wiley 2005

[41] 3GPP TS 23.401 General Packet Radio Service (GPRS) enhancements for Evolved Universal Terrestrial Radio Access Network (E-UTRAN) access, v10.5.0

[42] 3GPP TS 36.300 Evolved Universal Terrestrial Radio Access (E-UTRA), Overall description, v10.5.0

[43] 3GPP TS 36.401 Evolved Universal Terrestrial Radio Access Network (E-UTRAN); Architecture description, v10.3.0

[44] MEF 22 Mobile Backhaul Implementation Agreement – Phase 2, MEF, 2012

[45] MEF 23 Carrier Ethernet Class of Service – Phase 2, MEF, 2012

第 9 章 网 络 安 全

Esa Metsälä 和 José Manuel Tapia Pérez

在移动网络中，许多 3GPP 技术手册涉及安全问题。移动系统的大部分安全特性没有直接涉及回传。在为移动回传应用设计保护之前，研究一下移动系统本身提供的特性是有益的。相关的回顾知识将在 9.1 节中描述。

同样，3GPP 也为回传设置了框架。在很多情况下，为了回传的安全需要对 IP 进行加密处理。3GPP 集中在使用 IP 的加密去保护 IP 层。基于 IP 应用层的非确定性，这是合理的。没有密码学的情况下，通过保持传输层的分离的方法能够达到一定的保护级别。传输层的分离和层 2 的特定保护将在 9.2 节讨论。

9.3 节将讨论防火墙、访问列表、IP 加密等 IP 层保护技术。此节将回顾 IP 安全协议以及相关工具，它们都与移动回传具有紧密联系。

最后，9.4 节主要考虑 IP 安全 VPN 部署的相关问题：服务质量（QoS）、健壮性和耦合性等。本章探索了 LTE S1 和 X2 IP 安全 VPN 保护案例。9.5 节是本章小结。

9.1　3GPP 移动网络的安全

2001 年 3GPP[1] 制定的安全目标如下：
- 保护用户信息，防止滥用；
- 保护服务网络和归属环境提供的网络资源和服务，防止滥用；
- 安全特性的标准化使得全球可用并且在不同网络服务之间的漫游可以互操作；
- 对用户和服务提供商提供的服务的保护级别优于当代固网或移动网络提供的保护级别；
- 为了跟踪潜在的新威胁和服务，需要安全特性和机制具有可扩张性。

2G 安全的经验是制定 3G 目标的基础，特别是 2G 安全的实际和感知的缺陷得到解决。另一方面，2G 中得到鲁棒性验证的安全单元和组件被继承为 3G 的基础。

记录的 2G 弱点包括：
- 对于"假基站"的攻击（虽然终端被认证了，但网络侧没有）。这是解决身份的相互验证。
- 使用明文传输秘钥。在网络和网络域之间，网络域的安全功能被包含在 3G 中。
- 关于互联网移动设备标识（International Mobile Equipment Identity，IMEI）的身份验证弱点。
- 缺乏数据的整体保护。在 3G 中空中接口信号作为整体进行保护。
- 在 2G 中初期没有考虑合法的监听和欺诈信息收集需求。
- 在网络中没有对空中接口加密进行深入。

- 对于发布的新功能缺乏灵活性（例如加密算法和密钥长度不够健壮并且不容易扩展）。

根据技术手册 TS33.120，3G 系统的安全威胁如下：

- 没有经过授权访问敏感数据：例如通过窃听。
- 操纵敏感数据：例如通过修改通信内容。
- 干扰网络服务：例如通过触发业务流导致服务中断。
- 拒绝：例如拒绝按照用户和网络的需要动作。
- 未授权的访问服务：例如通过滥用接入权限。

作为用户之间通信的机密性的例外，在一些情况下，执法可能有权干扰用户之间的通信。这在技术上通过合法拦截（Lawful Interception，LI）功能发生。执法有合法截取权的时间和程度的规则来源于立法。

上面的许多威胁涉及处理用户信息，例如移动用户的认证、用户的账单和计费等。这些对于无线电网络和移动回传都是透明的，因此它们由移动系统标准来解决。显然，存在来自移动回传的威胁；用户数据可以在技术上被访问和潜在地操纵，并且网络服务也被干扰。这些威胁可以通过网络安全功能，使用加密（IPsec）和其他功能来解决。

3GPP 安全架构基于分为 5 个区域的特征，如图 9.1 所示。

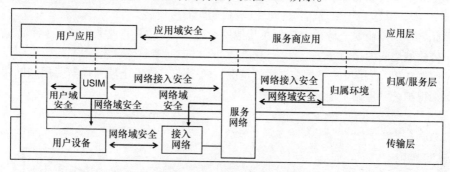

图 9.1　3GPP 安全架构[2]

网络接入安全保护 3G 服务的无线接入。网络域安全保护移动节点间敏感信息的交换能安全通过有线网络。用户域安全关注接入移动台的安全问题。应用域安全保护用户和网络域之间的通信。最后，安全性的可见性和可配置性告知用户安全特征是否在使用中，以及服务是否应当依赖于安全特征的可用性。

网络接入安全的特征存在于用户身份机密性、实体认证、接入链路上的机密性、接入链路上的数据完整性和移动设备认证的领域。用户域安全特性向用户提供 USIM 认证，并确保只能通过授权的 USIM 访问终端。应用域安全性包括保护驻留在 USIM 上的应用程序。

3GPP Rel-4 开始解决网络域安全性，重点在于保护核心网络信令并保护 SS7 信令系统的移动应用部分（Mobile Application Part，MAP）协议。IP 层安全性包括在 3GPP Rel-5 中。Rel-5 中的规范是 TS 33.210，其中定义了 IPsec 协议的使用。移动回传中的安全属于网络域安全区域，所需的服务是保密性、完整性和认证。

9.1.1　网络域安全

在所有的无线技术，即 2G、3G、HSPA、HSPA+ 和 LTE 中，IP 网络的使用正在呈增长趋势。这意味着开放和良好的协议（TCP/IP 协议族）被应用在移动回传网络业务中。除非访问权限被限制了，否则拥有一个接入移动回传网络的权力意味着拥有一个可以接入移动网络的 IP。

这种开放的移动网络遭受着威胁存在一定的危险，而这种危险在 TDM 和 ATM 网络中却不存在。当然，IP 应用的业务类型包括用户面业务、信令或控制面业务、管理面和同步面业务。所有的业务类型有它自身的弱点。

在 3GPP TS33. 210 中定义了一个安全域，这意味着一个网络是被唯一的管理员管理。因此，唯一操作者操作的网络也是一个安全域。在一个安全域中，维护着相同的安全级别。

TS33. 210 涉及一些控制面板的保护。无线接入网内部接口（例如 Iub 接口）就没有涉及。基本原理可以运用到这些接口中，但技术手册中没有直接说明。在 LTE 中，S1 和 X2 接口在 LTE 安全架构（TS33. 401）中已经覆盖到，因此有了一个清楚的基于标准的观点。

伴随着网络域的安全问题，一个网络域对另一个网络域的安全接口被命名为接口 Za。一个安全网关（Security Gateway，SEG）是一个与其他安全域链接的接口。与 Za 相连的对等实体是其他安全域的 SEG。在安全域内的接口是 Zb，Zb 是处于一个网络单元（Network Element，NE）和另一个 NE 或者是 NE 和 SEG 之间的接口。

除此之外，传输安全域被定义为在其他安全域传输 NDS IP 业务的域。一个传输域与另一个传输域之间的接口是 Za。

参照图 9.2，直接反映了例如漫游的情况，两个不同的安全域互连需要用共同协定的特征集来保护公共控制平面（例如 GTP – C）。

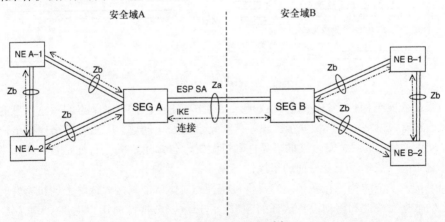

图 9.2　Za 和 Zb 接口[3]

一个移动 NE 可以包括一个完整的 SEG。在这种情况下，SEG 的逻辑接口是 Za。为了负荷共享和灵活性，多个 SEG 可以并行运作。ESP 管道可以是恒定的或者是需要动态建立的。

对于安全域之间的接口（Za），认证和完整性保护是强制要求的，加密是推荐的，所有的这些功能都使用 IP 安全封装和安全负荷协议。ESG 之间的 ESP 管道有协商、建立和使用 IKEv2 维护的过程（根据 3GPP Rel – 11 技术说明）。显然，IKEv1 已经被实现。Rel – 11 授权 SEG 去支持两个版本（IKEv1 和 IKEv2），从而保证 Za 之间的互操作。

Zb 接口是可选的。如果实现，它支持 ESP 管道模式和 IKEv2（根据 3GPP Rel – 11）。

除了 ESP 传输模式，可以支持 IKEv1。认证和完整性保护是强制要求的，加密是可选的。在特殊情况下，Zb 接口上的控制面板保护是需要考虑的。

假设内部域的连接总是通过使用 SEG 实现，那么就没有内部网络域的 NE 与 NE 之间的直接连接。在现实实现中，SEG 的功能可能集成在 NE 中。这种方法在 3GPP TS33.210 中被讨论。如果复合 NE/SEG 节点连接其他的处于其他安全域的复合 NE/SEG 节点，安全内部域的 NE–NE 连接是要支持的。支持在这种情况下的特性依赖于安全策略。复合的 NE/SEG 节点能够连接其他的复合 NE/SEG，或者在其他安全域仅有 SEG 的节点。

对于移动回传中的保护传输，专用 SEG 和复合 NE/SEG 节点具有潜在的意义。如果需要接入网络回传的地方需要密钥保护，那么移动系统接口比如 Iub 和 S1/X2 就必须被考虑。确定回传是否缺乏足够的保护，就必须实事求是地去分析。如果加密保护是必需的，那么 SEG 的部署是为了业务的安全。

在基站侧（BTS）站点，IP 安全保护能够以小区侧 IP 安全网关（见图 9.3 的方案 1 专用 SEG）或者集成在 eNodeb 中的 IP 安全功能的方式部署。BTS 站点经由 Za 连接到不确定网络。在另一端（核心网）使用了类似的接口 Za。

在原始的没有足够安全的传输网络中传输 S1 有两种保护方案。方案 1BTS 站点由 eNodeB 和 SEG 两个物理节点组成。在这种情况下，需要额外考虑 eNodeB 和 SEG 之间内部连接的保护。

方案 2 SEG 和 eNodeB 一同集成到复合节点中。在这种情况下，eNodeB 和 SEG 之间的连接就是节点内部连接。在复合节点的情况下，S1 接口仅在封装模式（ESP 管道）中有效。

在复合 NE/SEG 节点，进一步增加了限制。限制复合 NE/SEG 节点不能在其他安全域的其他 NE 使用。如图 9.3 所示，根据 3GPP，方案 2 有一个结论：IP 安全传输服务不允许被使用在本地的 2G 和 3G BTS 协同上。

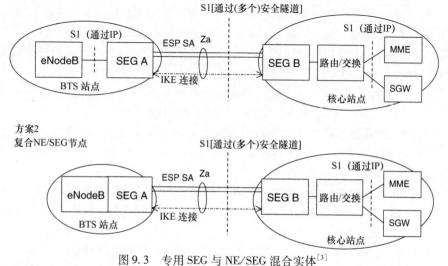

图 9.3 专用 SEG 与 NE/SEG 混合实体[3]

9.1.2　2G

在移动系统等级，2G 有 3 个关键安全特性：用户认证、空中接口加密和使用临时标识。用户认证意味着没有成功认证的用户无法访问网络（紧急呼叫除外）。临时标识保护用户标识。国际移动用户标识（International Mobile Subscriber Identity, IMSI）是用户的永久性标识。除了 IMSI 外，临时性标识也被定义了。

考虑到 2G 回传保护的需要，加密得到进一步讨论。

在 GSM 上的移动语音服务不比固话更容易受到窃听。空中接口一般要比固话脆弱，因此规定在移动终端和 BTS 之间需要空中接口加密。

在 2G 系统，加密支持 BTS 的用户面语音业务和 LLC 层的分组数据（GPRS）。这意味着用户面业务通过空中接口时加密。空中接口范围是从移动终端到 BTS 基站，从移动终端到 SGSN（对于包分组数据）。对于 BTS 上的加密功能，BSC 的责任是下载密钥到 TRX。使用 BTS/TRX 和 BSC 之间的控制消息进行密钥下载。

使用在 2G 上的加密算法是 A5 的变体。A5/0 意味着没有加密。A5/1 被认为是中级加密。A5/2 加密比较弱，而 A5/3 是比较健壮的加密。A5/3 是基于使用在 3G 上的算法。2G/GPRS 服务使用 GEA1、GEA2 和 GEA3 算法。算法的选择取决于终端和网络的能力。算法仅用于加密。

9.1.3　Abis、A 和 Gb 接口

Abis 接口本身（作为 PCM 接口），不提供任何特定的安全功能。这与固定接入系统上的语音相当。基于 PCM 的 Abis 未被视为安全漏洞。除非单独保护，否则 Abis 上的控制流量（LAPD 链路）类似 TDM 上的透明模式。

微波传输通常用于 Abis（它也用于 Iub 和 S1），因为是无线传输，被认为是 2G 系统漏洞。点对点微波链路具有供应商特定的空中接口，并且它们通常不被加密。Abis 流量处于透明模式，因此它易于窃听或有其他安全漏洞。

然而，微波点对点链路与空中接口传输不同。BTS 的空中接口由全向或扇区小区组成。使用点对点微波，需要可视线，并且信号在视线之外迅速衰减。窃听自然在技术上是可能的。在 3G 中，RLC/MAC 层负责加密，并且它们位于 3G RNC 中，因此无论使用微波还是一些其他回程，Iub 上的无线承载都被加密。

当 Abis 在数据包移动回传上环回仿真时，与基于 IP 协议栈的类似，并且与 3G 的 Iub 或 LTES1 和 X2 一样易受到攻击。许多 BTS 没有控制器或核心网安全。

在分组移动回传上承载 Abis 的情况是实现决定的，因为电路仿真超出 3GPP 的范围。可以部署 IPsec 协议套件，仿真的 Abis 接口可以采用其他 3GPP 提供的指导，指定适配为 NDS 特定的 IP 接口。

A 接口将 BSS 连接到电路交换核心。用户平面接口或者是初始定义的 PCM，或者也可以是 IP 上的 A。Gb 接口将 BSS 连接到 GPRS 核心网络。最初定义了帧中继，并添加了 Gb over IP 作为可选项。

3GPP 规范支持具有 IP 传输选项的 A 和 Gb，包括用户面和控制面业务。尽管不完全相同，但 A 和 Gb 接口与 3G 的 Iu 接口相当：A 接口在功能上与 Iu-cs 接口和 Gb 至 Iu-ps

接口相当。

在 TS33.210 的附件中讨论了基于 UTRAN/GERAN IP 的协议的保护，规定应当正确保护业务并遵循 NDS/IP 保护原则。Za 接口将在安全域之间实现。该文献明确提到了 Iu 模式接口，然而可以假定相同的原理适用于 GERAN A 和 Gb 接口，因为 A 和 Gb 的保护需求与 Iu – cs 和 Iu – ps 的保护需求相当。

9.1.4 3G

对于 3G，将被评估为稳健和必要的 2G 安全特性作为基础。因此，比如像用户认证，空中接口加密和临时身份的使用继续得到支持，并具有增强功能。同时，2G 系统中确定的弱点也得到了解决。3G 安全特性是相应 2G 功能的演进，在需要时具有增强功能。有关详细信息，请参阅文献 [9]。

对于业务类型，由无线网络层为来自 UE 的用户面业务在 CS 和 PS 域同时加密。现在加密被扩展，因为 RLC/MAC 层支持加密，并且这些位于 RNC 中。这解决了一个记录的 2G 弱点（加密在网络中不够深入）。类似地，来自 UE 的控制面业务在用户设备和 RNC 之间被加密。另外，UE 控制面业务的完整性得到保护，这与 2G（也是记录的 2G 弱点）相比是增强，2G 用户流量不受完整性保护。

对于空中接口的用户业务，单独的加密密钥（如 2G 中所示）被分别用于业务的 CS 和 PS 域。这些密钥由核心网络（SGSN 和 MSC/VLR）使用用户设备（UE、USIM）中的信息和核心网络用户寄存器中的信息导出。密钥通过 RANAP 信令传递到 RNC。基于终端和网络能力以及关于应用需要的可能的进一步信息来选择适当的安全模式。

UMTS AKA（认证和秘钥协商）过程被用于用户认证。现在网络也需要认证，比 2G 有提升。

9.1.5 Iub 接口

类似于 2G 基于 PCM 的 Abis 接口，初始的 3G RAN 定义，从安全角度来看，Iub 基于 ATM 的接口安全性不易于被威胁。在 3G Rel – 5 中为 3G Iub 定义的 IP，安全情况改变了。

3GPP Rel – 5 IP Iub 可以用于来自 NodeB 的所有业务，包括用于 DCH 和 HSPA 信道上的用户业务以及用于信令和管理业务。此外，基于分组的定时可以通过 IP 承载。使用 Rel – 5，假设是封闭的 IP 网络，在这种情况下，网络可以被认为是安全的和可信的，并且 IPsec 解决方案不是由 3GPP 强制的。有了这个假设，没有必要在网络域安全中指定 IP Iub。对于为 Rel – 5 兼容的 IP 部署的回传网络是否安全可信，必须逐案来评估。在 LTE 中，eNodeB 的物理安全性是 3GPP 中给出的例外，以便不授权加密保护。

除了有来自 UE 的用户和控制平面业务外，NodeB 和 RNC 之间的 NBAP 信令业务存在于 Iub 接口中。NBAP/SCTP/IP 携带 NodeB 操作所需的控制消息。与 NBAP 本身相关的特定安全功能没有被制定。

类似地，通过 Iub 延伸到 NodeB 但不通过空中接口的其他可能的业务类型默认不受任何特定安全特征保护，这种例子有网络管理和分组定时。网络管理流量是关键，并且通常被保护，即使是使用基于 ATM 的接口也是如此（如果 ATM IP 被使用），这是由于与 O&M 过程相关联的风险级别相当高。

即使移动网络对用户设备认证，UMTS 认证过程也不认证任何 NE（NodeB 和 RNC）。这必须单独安排，例如在 IP 层，通过使用 IPsec。

由于 RLC/MAC 层以及到 UE 的控制平面（RRC 消息），用户平面业务被加密到 RNC。如上所述，完整性保护也被添加到无线电层信令（RRC）。

与 Iub 上的 IP 传输相关的威胁通常与其他 IP 接口类似。与 Iub 有关的具体相关点是 NodeB 的数量大以及 NodeB 的物理位置。许多 NodeB 站点的物理安全性不如控制器或核心网络站点。如果 Iub 回传没有封闭（物理安全），可以应用 IPsec。遵循用于 eNodeB 接入的 3GPP NDS/IP 规范（LTE 情况），强制 IPsec，除非站点被物理保护。

9.1.6　Iu – cs 域、Iu – ps 域和 Iur 接口

Iu – cs、Iu – ps 和 Iur 接口支持用户面和控制面传输。Iu – cs 用户面使用 RTP/UDP、IP 栈连接到 CS 核心网。Iu – cs 控制面协议栈由 RANAP、SCTP 和 IP 组成。Iu – ps 用户面是基于 GTP – U、UDP 和 IP 的，而 Iu – ps 控制面是基于 RANAP、SCTP 和 IP 的。Iur 在控制面使用 FP、UDP 和 IP，而在用户面使用 RNSAP、SCTP 和 IP 与其他的 RNC 相连。Iu – cs 或 Iu – ps 的用户面和控制面不包含任何特定的保护功能［注意，由于服务 RNC 终止无线层 3（RRC）和层 2（RLC/MAC）协议，Iur 在这方面与 Iub 相当］。RNSAP 在 Iur 接口上不包含任何特定的保护功能。

如果需要，这些接口的保护是建立在 NDS 或 IP 上的。NDS 一般只会覆盖到控制面（RANAP 和 RNSAP）。

Iu 接口的控制面（Iu – cs 和 Iu – ps）承载着一些敏感数据，比如秘钥。这也是当在安全域之间进行传输时，3GPP 使用密钥进行完整性保护的原因。3GPP 记录了要求这样做的原因，以便不将 IP 的适用性限制到封闭网络情况。逻辑上这是带有 SEG 的 Za 接口。如果 Iu 接口不是在安全域之间进行数据交互，那么 IP 加密就是可选的。

9.1.7　LTE

LTE 的安全框架定义在 TS33.401 中，并且 2G 和 3G 的安全特性进一步加强。对比 3GPP 的 2G 和 3G 协议，安全功能覆盖得更加详细，它已经覆盖到 eNodeB 接口、S1 和 X2。

对于认证，LTE 允许 UE 去认证网络（服务网络标识）。

在用户面，空中接口在 UE 和 eNodeB 之间进行加密。没有对用户面完整性保护进行定义。对于 S1 和 X2 接口，用户面保护依赖于使用 IPsec（除非可以确保物理保护）。在控制面，信令保护包括重播保护下的加密和完整性保护。

算法有 SNOW 3G（128 – EEA1 和 128 – EIA1）或 AES（128 – EEA2 和 128 – EIA2）。这些算法应用于接入层（Access Stratum，AS）或非接入层（Non – Access Stratum，NAS）信令。对于用户面，根据 UE 和网络能力以及允许的安全算法进行选择。

对于 EPS 的 AKA，LTE 相比 UMTS 的 AKA 引进了新的功能。3G 的 USIM 是允许的但是 2G 的 SIM 是不支持的。LTE 维护向后兼容只针对之前的 3G，对 2G 不兼容。当与 3G 相比时，MME 是 VLR/SGSN 的角色。对于 LTE，密钥导出包括比 3G 更多的步骤和中间密钥。

临时标识的支持与 2G、3G 的方式类似。除此之外，终端身份隐秘性护体现在，当非

接入层安全模式激活后，才转换终端标识。

9.1.8　S1 和 X2 接口

LTE 在网络架构上不同于 2G 和 3G 网络，eNodeB 直接与核心网连接。这也意味着从每个 eNodeB 到核心网是 IP 连接的，除非这种连接被限制了。eNodeB 是无线网络中的唯一单元，因此 S1 接口从逻辑上等同于 Iu 接口，因为它是无线网络到移动核心网的唯一接口。在用户面，对于 S1 和 X2 接口的协议栈是 GTP – U/UDP/IP。

从移动回传技术角度看，LTE 起初就是全 IP 网络，因此网络域安全是其考虑重点。

对于用户平面（S1 – U 和 X2 – U），TS33.401 强制使用 IPsec（第 12 节）的完整性、机密性和重放保护，除非 eNodeB 处于物理保护的环境中。对于后者，S1 和 X2 用户面连接被认为是扩展安全环境。对于控制面也有类似的需求（S1 – MME 和 X2 – C）：强制要求完整性、机密性和重放保护（第 11 节），同样保护环境可除外。

在现实中，用户面的保护是使用 IPsec（RFC 4303）的 ESP 实现的，其在 TS33.210 的配置文档中描述。隧道模式是强制要求的，而传输模式是可选的。在核心网侧，SEG 可以终止隧道。在 TS33.310 中定义了证书配置文件和 IKEv2 配置文件，指定了基于 IKEv2 证书的认证。

控制面（S1 – MME 和 X2 – C）需要如 TS33.210 中规定的 IPsec ESP（RFC 4303）。需要基于 IKEv2 证书的身份验证（TS33.310）。隧道模式是强制的，传输模式是可选的。

eNodeB 需要对空中接口、S1 和 X2 接口加密。加密必须在安全的环境中实现。

在 LTE 安全规范中，将安全环境定义为 eNodeB 内的一组敏感功能，并且用于敏感数据的安全存储。功能是例如加密和那些会使用到长期密码秘密认证的阶段。启动过程中的安全功能也算是安全环境。环境的完整必须要保证，并且环境的安全访问必须限制在有授权的用户中。

9.1.9　业务管理

对于 LTE，TS33.401 使得攻击者：
- 无法通过本地和远程访问修改 eNodeB 的配置；
- eNodeB 和 EPS 之间需要安全连接，需要相互授权；
- 操作维护系统和 eNodeB 之间的连接必须相互授权；
- eNodeB 的软件和数据的改变必须被授权；
- 必须确保软件传输的机密性和完整性。

通常管理面的传输与 S1 业务都承载在相同的物理连接上。针对 S1 接口定义的相同保护机制可以重用于管理平面业务（表示为 S1 – M）。

在 eNodeB 上，对于 S1 – M 的隧道模式 IPsec 是强制要求的。在管理面的另一端，可以使用 SEG，或者此功能可以在某个单元管理模块中。IPsec ESP 具有 TS33.210 中指定的配置文件，包括机密性、完整性和重放保护。伴有认证授权的 IKEv2 是为 eNodeB 的 SI – M 接口指定的。它的配置定义在 TS33.310 中。

如果管理平面与 S1 分开连接，则原则上需要等同的保护。通常，管理平面与其他业务共享与 eNodeB 的物理链路，因为安排单独的链路是昂贵的。如果管理平面接口可以被信任（它们是物理安全的），则可以省略使用 IPsec 的保护。

通常，由网络管理系统在较高层提供额外的保护级别，因为保护与管理系统的通信至关重要。O&M 一般是供应商特定的。举个例子，可以在 NMS 和 NE 之间端到端部署 TLS。TLS 也可以使用 IPsec 作为 IP 层服务。

9.2　回程保护

9.2.1　加密保护与其他保护的比较

正如讨论的，3GPP 在许多情况下要求在移动回传中使用 IPSec，除非网络是物理安全的。IPsec 在 9.3 节中有详述。

除了 IPsec 协议提供的服务，需要考虑移动回传中的进一步安全问题。即使部署了 IPsec，如果回传对通过其他手段或其他协议层的攻击是开放的，回传也有可能被干扰。3GPP 没有说明其他层的安全需求或者移动回传的保护。

比如，如果路由器的路由列表被改写，路由器有可能转发带有 IPsec 的封装业务到假的目的地。类似的，层 2 网桥可能由于非法洪峰导致过载，导致 IPsec 封装数据包不能得到转发。

这种类型的问题和威胁不仅针对移动网络回传，设计实践和功能也没定义出它们。一些关键问题，主要与层 2 有关，在本节中会讨论。它们是分组移动回传特有的，因为类似的威胁在 TDM 时代中不存在。

保护回传免受各种威胁与 QoS 和弹性紧密相关。QoS 特性，例如入口监管或准入控制、防止未经授权或过度使用网络资源。弹性目标维护服务。许多威胁旨在使服务不可用。因此，安全性和灵活性是保持网络可操作的共同目标。

流量分离以及其他非加密保护可以被视为 IPsec 的补充和补充措施。它们没有替代 IPsec。另一方面，仅 IPsec 不能解决移动回传中的所有威胁。

9.2.2　租用服务和自组回传网络

移动运营商一般有自运营的移动回传网络或者从服务提供商得到租赁服务，通常会两者结合。

安全与信任有关，安全保护通常部署在两个运营商之间的管理边界。这些运营商域也是不同的安全域。如果网络服务不可信，则可以在网络边界处部署安全网关。在提供服务的网络上，业务可以通过 IPsec 的 VPN 得到传输。

但是，情况并不是如此简单。安全威胁也出现在网络内部，不仅仅来自外部攻击者。错误配置也可能产生安全问题，它们有可能是无意识的或故意而为之。这种威胁至少可以通过健全的网络设计指导或操作实践来减轻。此外，许多主题是供应商和节点技术特定的。有关的主题将在后面描述。

9.2.3　业务分离

分离业务在逻辑上将回传网络隔离成单独的部分或域。域上的通信通常受到限制和控制，这增加了系统的鲁棒性。

在以太网层，VLAN 限制广播域，使未知的单播和广播帧不被洪泛到其他 VLAN。这已经提高了保护级别，因为一个 VLAN 中的问题（无论是由于攻击还是配置错误）不一定影响其他 VLAN 上的服务。

要使流量从一个 VLAN 传递到另一个 VLAN，需要路由器。使用路由器，引入 IP 层控制点。可以根据安全策略来允许或阻止业务流，例如通过使用访问控制列表（Access Control List，ACL）。

通常，管理面（O&M）业务首先从其他业务类型中分离。O&M 操作维护允许各种远程配置流程。在移动系统内，操作维护和用户或控制面之间也不存在合法的业务需求。连接只需要到管理系统，因此应该被阻止到其他目的地。

城域以太网服务定义包括以太网专线（EPL）、以太网专用 LAN（EPLAN）、以太网虚拟专线（EVPL）和以太网虚拟专用局域网（EVPLAN）服务。EVPL 和 EVPLAN 允许根据 VLAN 分离以太网虚拟连接（EVC），因此也支持基于 VLAN 的分离。

类似地，对于具有 MPLS/IP 的自部署电信级以太网，当将附接电路映射到服务时，可以在 PE 入口节点处使用 VLAN。在 MPLS 核心中，来自不同 VLAN 的流量保持彼此分离。

9.2.4 以太网服务

MEF 服务中，E - 线路定义了点到点连接，而 E - LAN 支持多点连接（E - 树是 E - LAN 的变体，作为具有在轮辐之间的受限连接的根多点，其仅能到达中枢节点）。

所有这些服务通过广域网在逻辑上扩展以太网 LAN 服务，例如使用 MPLS/IP。虽然 MPLS/IP 核本身不易受以太网 LAN 相关威胁的影响，但是客户服务（例如 E - LAN）基本上具有 LAN 的脆弱性。使用 E - LAN，提供商网络看起来像一个虚拟网桥：支持 MAC 地址学习，具有桥接功能，如未知单播和广播泛洪。

E - LAN 服务（如果用于移动回传）在连接到相同服务实例（VLAN）的所有站点之间提供以太网级连接。逻辑上这是一个 VLAN，每个站可以到达每个其他站。将站分配到不同的 VLAN 支持进一步的流量分离。

点对点服务（E - 线路）或根多点（E - 树）提供更好的隔离，因为辐射站不能彼此通信。对于 2G 和 3G，也不需要 BTS 到 BTS 的连接，因为逻辑拓扑是中心辐射（类似 E - 树）。

LAN 相关的安全风险以及提出的对策由 Vyncke 和 Paggen [12] 给出。许多主题是特定的，因为可用于硬化桥的配置选项和参数不同。不是所有的以太网 LAN 相关的威胁和风险都可以在这里覆盖。基于文献［12］的几个例子是为了说明这个话题。

基本上，新站点到局域网的拥塞允许在以太网层经由泛洪、网桥或 MAC 地址学习过程进行直接相连。首要的主题是去使能不适用的网桥节点。它们也可以配置为未使用的 VLAN。这将隔离端口。

如果 LAN 可以通过某个活动端口访问，DoS 攻击很容易。作为广播帧或作为控制流量，控制流量可以被洪泛。控制帧，例如生成树 BPDU 或其他以太网控制协议需要处理，并且除非受保护，控制处理器可能崩溃。入口策略限制在任何端口入口处允许的最大流量，并且控制平面监管限制允许进入控制处理器控制流量的量。

在客户站点中可能需要生成树协议用于冗余。最初开发生成树时，没有考虑到安全漏洞。

生成树中的一个主题是根桥选择。如果使用更好（较低）的网桥 ID 将网桥添加到 LAN，则会声明根角色。所有的业务都通过这个新的桥梁传递。桥接可能具有配置选项，限制从某些端口接受更好的桥 ID 或甚至接受任何类型的 BPDU 的可能性。通常还有其他（供应商特定的）参数来加固网桥以防误配置和恶意攻击。

简单的攻击包括需要由控制处理器处理的泛洪 BPDU。这可以通过不接受来自某个端口的 BPDU 来类似地减轻。此外，可以监视输入帧，使得不超过某一最大速率。

与生成树类似，在最初设计时没考虑 ARP 协议漏洞。ARP 不进行身份验证。此外，连接到 VLAN 的所有站都将学习 IP/MAC 地址映射。由于所有站也由于广播性质而接收 ARP，它们还需要处理 ARP。

使用 ARP 欺骗攻击，伪 ARP 回复（免费 ARP）由攻击者生成。因此，攻击者接收指向相应 IP 地址的所有帧。如果是默认网关的地址，攻击者将接收到转发到默认网关的所有流量。对于移动网络，这实际上可以意味着来自某个无线电接入区域的所有业务，这取决于回传结构。

一种简单的方法是不允许主机和设备接受免费 ARP，但是这会降低故障情况下的恢复速度。另一种方法是维护一个"有效"IP – MAC 地址表的表，并检测是否尝试修改绑定。

IPsec 可以提供什么级别的保护？显然，IPsec 不会减轻以太网级别的漏洞，然而 IP 层持续受保护。DoS 攻击可能来自下面的层，然而应用（在移动回传的情况下的无线网络层）保持受保护。

9.2.5　IEEE 802.1x 和 IEEE 802.1ae

IEEE 近来在工作中寻求解决层 2 安全性，例如 IEEE 802.1x 基于端口的网络访问控制、IEEE 802.1ae MAC 安全性以及 802.1ar 安全设备标识。

以前，无线 LAN（IEEE 802.11）支持相互认证、生成密码密钥以及使用这些密钥来保护无线 LAN 上的帧。

基于端口的网络访问控制支持连接到 LAN 的设备的身份验证。在 802.1x 中定义了安全关联密钥（SAK）的生成。安全设备标识支持将标识绑定到设备（例如 LAN 站）的加密标识。安全设备标识支持 IEEE 802.1x 的认证。

MAC 安全意味着加密保护。默认密码套件为 GCM – AES – 128。安全关系由 MACsec 密钥协议维护。安全连接关联（Connectivity Association，CA）已被定义。每个 CA 支持具有对称密钥的安全通道（Secure Channel，SC）。CA 中的每个 SC 都使用相同的密码套件。在 SC 内，支持安全关联（Secure Association，SA）。这些 SA 使用安全关联密钥（Security Association Key，SAK）。MAC 安全引入了一种新的以太网类型（88E5H），带有一个新的安全标签。

802.1ae 在 2011 年被 IEEE 802.1AEbn 修改。修订版增加了一个 GCM – AES – 256 密码套件。

当在移动回传中使用本地以太网（或以太网服务）时，这些协议是用于增加从 BTS

到 IP 边缘设备的第一英里上的保护的候选者。

9.2.6　MEF

在 MEF 服务规范中，安全性基于业务分离，EVC 定义如何保持用户的业务分离（MEF 10.2）。其他功能受 MEF 10.2 中后续阶段的约束。在用于 EVP - 树的移动回传实施协议（MEF 22）中，基本上给出了类似类型的概念。通过使用业务分离实现了一定程度的保护。

9.3　IP 层保护

9.3.1　IPsec

IP 安全（IPsec）是一组旨在为通信流提供加密保护的协议。它提供机密性、完整性保护和认证服务。它在 IP 层操作，因此能够保护 IP 承载的任何协议。由于相同的原因，它不能在物理层提供保护。

在移动网络中，网络域安全性依赖于 IPsec 的使用，根据 3GPP，对于安全域（Za 接口）之间的所有通信是强制的，并且对于相同安全域（Zb 接口）内的通信是可选的。移动回传虽然不完全与 Za 或 Zb 接口匹配，但受到许多安全威胁，这些威胁可以通过使用 IPsec 来减轻。

9.3.2　IPsec SA

IPsec SA 是在两个或多个对等体之间建立的单向逻辑连接，定义了提供给其携带的分组的保护。IPsec SA 具有相关联的参数列表，其管理如何处理分组、要应用的算法、要使用的安全协议等。这些参数存储在安全关联数据库中。

如果大部分的链接都是双向的，那么通常建立的是成对的 SA。数据包通过两个安全关联承载在相同的安全保护中。

IPsec SA 可以通过使用实现的管理接口手动建立。然而，当系统中的 SA 的数量增加时，该方法不能很好地缩放，并且它提出了如何安全地分发和维护会话密钥的附加问题。

用于移动网络的更实用的方法是使用诸如 IKE 之类的信令协议。

9.3.3　IPsec ESP

封装安全有效载荷（Encapsulating Security Payload，ESP）[9] 是 IP 安全套件中用于保护业务的协议之一。ESP 支持机密性、数据源认证、数据完整性和反重放服务。要应用的确切服务集合可以在安全关联的建立期间协商，这取决于对等体的能力以及安全策略。图 9.4 说明了 ESP 包格式的字段。

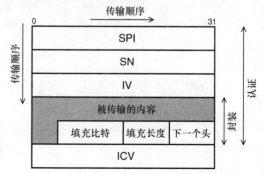

图 9.4　ESP 封装加密和认证

安全参数索引（Security Parameter Index，SPI）用作索引以指代特定的 IPsec SA。序列号（Sequence Number，SN）是一个递增的数字（在 IPsec SA 的整个生命周期内是唯一的），它启用接收器的抗重放保护。初始化矢量（Initialization Vector，IV）提供初始化加密算法的值。Next Header 表示封装包的协议。完整性检查值（Integrity Check Value，ICV）用于认证，它包含数据包的 HMAC。

图 9.5 和图 9.6 针对 IPv4 和 IPv6 列举了两种可能的 ESP 封装：隧道模型和传输模型。

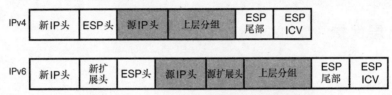

图 9.5　ESP 在隧道模型下的封装

从图中可以看出，隧道模型增加了额外的 IP 头（白色部分），这个头用于隐藏内部 IP 包（深色部分）。值得提及的是内部封装的 IP 版本和外部 IP 版本可以不同。因此 IPv4 可以封装在 IPv6 中，反之亦然。

图 9.6　ESP 在传输模型下的封装

由于 ESP 不保护外部 IP 报头，因此网络设备可以执行地址转换（NAT）而不影响分组的完整性。但是 ESP 封装不使用端口号，因此端口转换是不可能的（NAPT）。为了克服这个限制，如文献［24］所定义的附加 UDP 封装可以用于 NAT 穿越（NAT−T）。

9.3.4　IPsec AH

认证头（Authentication Header，AH）[26] 是 IP 安全套件的另一个安全协议，目的是提供认证、完整性和反重放服务，但没有保密性。

图 9.7 显示了 AH 的域。

安全参数索引（Security Parameter Index，SPI）和序列号（Sequence Number，SN）的功能与 ESP 相同。下一个头指示下一个认证头的数据包协议类型。另外还有负载长度、预留、ICV。

图 9.8 和图 9.9 列举了对于 IPv4 和 IPv6 的封装格式。

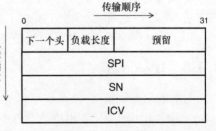

图 9.7　AH 格式

AH 中的完整性校验值 ICV 不仅在 IP 数据报的内容上计算，而且还在 IP 报头的不可变字段（包括隧道模型中的外报头）上计算。因此，版本、报头长度、包长度、标识、协议、源 IP 地址和目标 IP 地址受到保护。

此功能在那些地址被转换的网络中呈现互操作性问题，如 NA（P）T，并且在那些情况下不允许 AH 被使用。此外，没有 NAT 穿越技术允许 AH 与 NA（P）T 一起使用。

从安全角度来看，它没有比 ESP 有任何显著的好处，因为 ESP 还可以验证 IP 有效载荷，并且在隧道模型中也验证内部 IP 报头。此外，用于认证的算法在 ESP 和 AH 中是相同的。因此，AH 的应用通常是相当有限的，并且它甚至不是 IPsec 兼容实现的强制部分。

图 9.8　AH 在隧道模型下的封装

在移动回传中，AH 的唯一应用将是保护那些仅需要认证的业务类型。同样可以用 ESP 实现，ESP 还额外提供保密性。

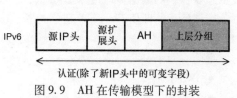

图 9.9　AH 在传输模型下的封装

9.3.5　IKE 协议

因特网密钥交换（Internet Key Exchange，IKE）是建立、释放和维护 IPsec SA 的 IETF 协议。IKE 是点对点面向连接的协议，它在两个信任对等体之间创建安全信道以交换管理 IPsec SA 所需的信息以及 IKE 本身。此安全通道是 IKE 安全关联。

IKE、ESP 和 AH 使用的用于加密和认证分组的加密算法基于对称加密，因此发送者和接收者使用相同的密钥来保护分组。为了建立安全信道，需要 IKE 创建公共密钥而不具有对等体的先验知识。这是基于 Diffie – Hellman（DH）密钥交换[24]，其中对等体交换它们的公共值，并且能够导出用于加密进一步交换的公共共享秘密。图 9.10 说明了交换是如何工作的。

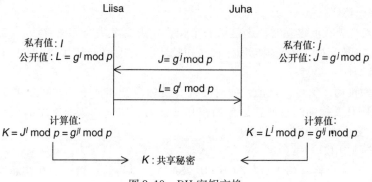

图 9.10　DH 密钥交换

参与交换的各方首先商定要使用 p 和 g 的值。然后，每个方生成随机私有值（l，j），计算公共值（L，J）并将它们发送给对等体。基于对等体的公共值和它们自己的私有值，各方能够计算共享秘密 K。假定素数 p 以及随机数 l 和 j 足够大，观察者实际上不可能导出私有值。这个问题被称为离散对数问题。

DH 密钥交换可以与任何对等体一起执行，因此攻击者也可能拦截交换并且与每个对等体建立单独的交换。为了避免这种情况并且保证对等体是合法的，一旦建立了安全信道，就需要对等体认证。IKE 支持多种类型的认证，是最常见的数字证书和预共享密钥（详见 9.3.7 节）。

一旦两个对等体都具有共享秘密，则可以由每个对等体导出另外的共享密钥以备加密和认证算法使用。

在建立安全信道之后，IKE 用于协商将由 IPsec 保护什么类型的业务以及要应用何种保护。通常，在协商期间交换的参数是分组的 IP 地址、协议类型和端口号、是否对所选择的安全服务使用认证或加密（或两者）和加密算法。一旦协商完成，将创建 IPsec SA 本地设备和要保护的数据包通过 SA 承载。

应该注意，即使 IPsec SA 是单向的，IKE 总是协商双向通信，因此建立两个 IPsec SA（每个方向上一个）。

目前有两个 IKE 可用版本：
- IKEv1[24]；
- IKEv2[33]。

1998 年发布的 IKEv1 规范被广泛实现为许多操作系统的一个组成部分，并且已经在 IPsec 部署中使用了多年。

IKEv2 以后由 RFC 4306 引入并由 RFC 5996 更新。与 IKEv1 相比，引入了许多更改，从而简化了协议和选项，提高了针对 DoS 攻击的鲁棒性，同时扩展了协议功能。

3GPP TS 33.210 强制使用 IKEv2 用于 NDS/IP 网络，而 IKEv1 是可选的，因此预期越来越多的实现将支持 IKEv2 作为主协议选项。但是，已经运行 IKEv1 的产品和网络的数量远远优于 IKEv2，因而支持 IKEv1 协议使用会应用更广泛，一些设备可以重用。因此，可以预计，根据 TS 33.210 的初始部署将基于 IKEv1。最终 IKEv2 应该更常见，虽然它可能需要很长时间去取代 IKEv1。

IKEv2 中有 4 个交换：

IKE_SA_INIT：
- IKE 安全关联被建立时，这是第一个交换。主要是协商加密算法、交换临时随机数、完成一次 DH 交换，从而生成用于加密和验证后续交换的密钥材料（见图 9.11）。

IKE_AUTH：
- 实现对前两条消息的认证，同时交换身份标识符和证书，并建立第一个 CHILD_SA。IKE_AUTH 交换的两条消息是被加密和认证的，加密和认证使用的密钥是在 IKE_SA_INITIAL 交换中建立的（见图 9.12）。

CREATE_CHILD_SA：
- 建立子 SA 交换（CREATE_CHILD_SA）由两条消息组成。在初始交换完成后，可以由任何一方发起，所以该交换中的发起者和初始交换中的发起者可能是不同的。使用初始交换中协商好的加密和认证算法对消息进行保护（见图 9.13）。

INFORMATIONAL：

- 通信双方在密钥协商期间，某一方可能希望向对方发送控制信息，通知某些错误或者某事件的发生，信息交换就是实现这个功能（见图 9.14）。

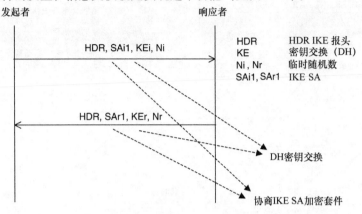

图 9.11　IKE ＿ SA ＿ INIT 交换例子

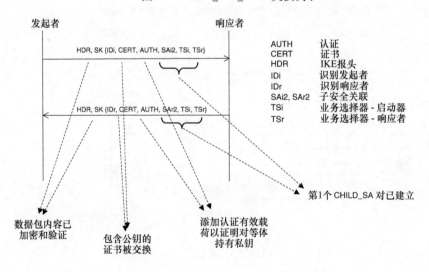

图 9.12　IKE ＿ AUTH 不带 EAP 的例子

9.3.6　反重放保护

ESP 和 AH 协议支持的服务之一是反重放保护。反重放保护避免了早先发送的真正的分组，如果再次发送被接收方接受的情形。在没有反重放保护的情况下，可以通过添加额外信息来修改会话的内容，或者在管理连接中通过插入额外的命令来干扰系统的行为。

为了防止这种攻击，每个分组被分配一个经认证的序列号，该序列号在 IPsec SA 的整个生命周期内是唯一的。如果接收器已经使能了反重放，则接收器将检查该序列号是否在序列号窗口（反重放窗口）内较早前被接收到。如果序列号在窗口限制内并且没有被较早接收到，则接受分组。如果序列号在窗口之前，则窗口向前滑动并且分组被接受。最后，如果序列号在窗口后面或者它已经被较早接收到，则分组被丢弃。

可以看出，窗口大小和能检测到的相关数据包的产生时刻是相关的。值得注意的是，

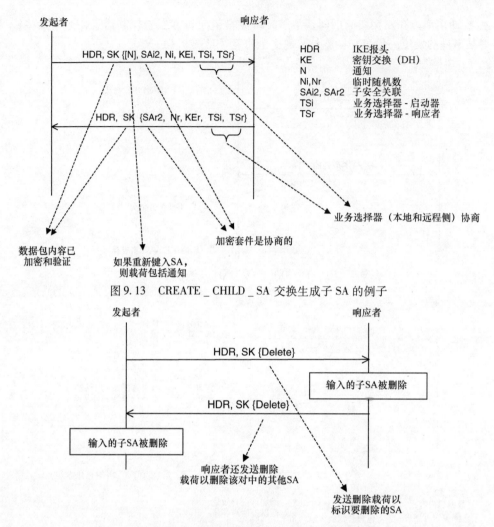

图 9.13　CREATE _ CHILD _ SA 交换生成子 SA 的例子

图 9.14　INFORMATIONAL 交换删除子 SA 的例子

安全保护对于小窗口和大窗口是相同的，因此，从系统的角度考虑使用大窗口是有好处的。使用大窗口的唯一缺点是需要更大的内存。

9.3.7　网元认证

当一个网络单元连接到一个网络时，它与其他设备初始化网络连接，此时他们还不能知道彼此是否是他们所声称的。分组仅通过网络接口发送或接收，希望具有提供对等体是谁的指示的正确地址。然而，即使信道是通过诸如 DH 密钥交换的方法来保护的，中间人也不难假冒任何通信方（见图 9.15）。

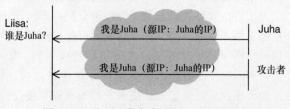

图 9.15　认证不能仅仅通过 IP 地址应答

在封闭网络中，通常将信任授予同一网络域中的任何设备，因此不需要任何身份验证（基本上没有中间人威胁）。

然而，如果网络不是完全信任的，则需要一些认证机制来进行安全通信。

移动网络已经使用多种认证机制来认证移动站。这些机制通常绑定到安装在终端中的 SIM 卡，并且认证目标因此是用户（SIM 卡的所有者）而不是设备本身。

对于移动回传，因为没有单独用户的概念，认证侧重于设备（Femto 系统和托管方除外，本书未涉及）。设备（BTS 和安全网关）中的凭证的安装由操作员直接或间接控制，在制造阶段，由设备供应商在安装工程师调试期间或设备连接到网络时执行。

移动回传网络中主要使用两种认证机制：

- 预共享密钥；
- X. 509 数字证书。

如果需要进一步认证，例如 EAP（仅用于 IKEv2），这些机制可以由另外的机制补充。对于 NDS/IP，3GPP 强制使用具有数字证书[3,11]选项的预共享密钥。

预共享密钥（Pre - Shared Keys，PSK）是提供相互认证的简单且周知的机制，其中 BTS 和安全网关共享密钥。PSK 的部署通常在调试阶段完成。

该密钥对于 BTS 是唯一的，或者它可以由多个 BTS 共享。同时，可能需要多个 PSK 以允许在必要时无缝迁移，这快速增加了使用中的 PSK 的数量。运营商需要跟踪所有共享密钥，并且应根据安全策略定期更改这些密钥，以减少侵入的风险。可以看出，随着密钥的数量增加、手动维护的开销，在大型系统中管理 PSK 是复杂的。

- X. 509 数字证书。

用于移动回传认证的替代解决方案是使用数字证书，特别是根据 X. 509 [34]。基于证书的认证依赖于公钥密码术[19]，因为要认证的设备被绑定到密钥对，密钥被安全地保存在设备中，并且公钥与其想要与之通信的任何对等体交换。公钥在数据结构中传递，该证书将密钥绑定到设备身份，并且由可信方签名。在认证过程期间，证书的发送者和所有者将使用其私钥来签署数据串，其将由接收者使用公钥来验证，并确认发送者拥有私钥。

图 9.16 说明了 X. 509 证书结构。

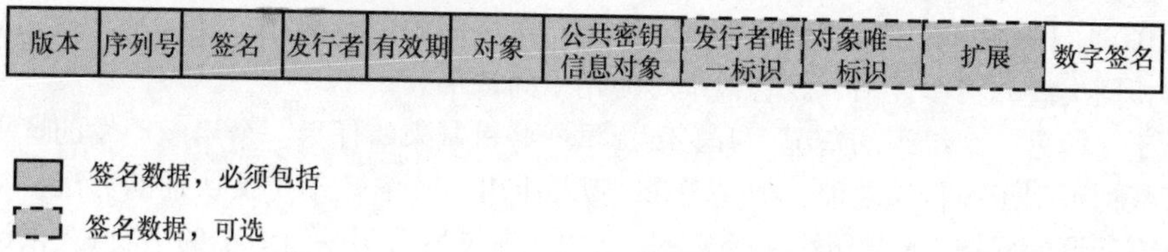

版本	序列号	签名	发行者	有效期	对象	公共密钥信息对象	发行者唯一标识	对象唯一标识	扩展	数字签名

■ 签名数据，必须包括

▢ 签名数据，可选

图 9.16　X. 509 证书结构

大多数相关的域在[19,34]列表中有介绍：

- 版本：存在 3 个版本（1、2 和 3）。版本 3 目前正在使用。
- 序列号：在颁发机构内唯一的证书的序列号。
- 签名：包含签发证书的签发机构使用的算法的标识符。
- 发行者：包含签署授权的标识。
- 有效期：包含证书有效期间的时间间隔（除非另有撤销）。

- 对象：包含证书所有者的身份。
- 公共密钥信息对象：包含与证书所有者相关联的公钥。
- 数字签名：包含由发行者生成的证书的其余字段的算法的标识符和数字签名$^{\ominus}$。

当使用证书时，通常每个 BTS 仅有一个端实体证书实例，并且每个 SEG 一个，用于建立到其他对等体的所有安全连接。由于证书基于公钥密码术，因此没有秘密要与其他设备共享，因此在其中一个设备（BTS 或 SEG）被泄露的情况下，即私钥被暴露的情况下，只有连接受影响的设备会受到影响，但不会影响整个网络。

- 信任链。

重要的是要注意，证书的值（及其包含的公钥）依赖于签署证书的实体的信任。在最简单的模型中，签名实体是信任锚，锚是运营商选择信任的一方。信任锚被称为根证书颁发机构（Certificate Authority，CA）。例如，当 BTS 必须向 SEG 认证并且其发送其自己的证书（连同认证数据）时，SEG 将使用发布 BTS 证书的 CA 的证书来验证 BTS 证书中的签名，并且验证它。这个过程在另一个方向是类似的。

在更复杂的模型中，根 CA 不直接签署端实体证书，而是对中间 CA 的证书签名。可以存在多个中间 CA，最低阶的一个是签署终端实体证书的中间 CA。当需要建立信任关系的所有设备属于同一组织时，这两种模型都适合于具有单个信任锚的情况。有关使用中间 CA 的信任链的示例，如图 9.17 所示。

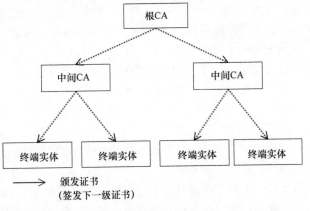

图 9.17　有一级中间证书的信任链例子

在这种情况下，认证对等体的设备不仅需要根 CA 证书，而且还需要签署对等端实体证书的中间 CA 的证书。3GPP 提供使用不同的中间 CA 来为网络单元（BTS）和 SEG 发出证书的可能性。然而，在更简单的设置中，相同的中间 CA 将用于发布相同类型的实体证书，或者根本不使用中间证书。

对于连接另一个组织的情况，有必要提供一些机制来信任另一个组织颁发的证书。有几种可能性可用于执行该功能，但是 3GPP 要求使用一种依赖于交叉认证的方法。每个组织将具有所谓的互连 CA 的至少一个实例，互连 CA 是签署另一组织中的中间 CA 的证书的 CA。因此，如果两个组织 A 和 B 想要互连它们的网络，则将通过在 Za 接口处的两个 SEG 来完成连接。来自组织 A 的互连 CA 将签发发布组织 B 的中间 CA 的证书用以 B SEG 证书颁发，反之亦然，来自组织 B 的互连 CA 将签发组织 A 的中间 CA 的证书用于 A SEG 证书颁发。从组织 A 的互连 CA 签署的证书被安装在组织 A 的 SEG 中，从组织 B 的互连 CA 签署的证书被安装在组织 B 的 SEG 中，从而以这种方式提供所需的信任链。图 9.18 说明了实体之间的关系。

$\ominus$　另外可选包括 3 项：发行者唯一标识、对象唯一标识和扩展。——译者注

在移动回传环境中，当 BTS 属于一个运营商并且当控制器或核心网络属于不同的运营商时，通常需要交叉认证。

应当注意，其他信任模型是可能的，具有多个 CA 以及它们之间的不同关系，这取决于运营商的要求。

- 签名和签名验证过程。

由 CA（对于任何级别的 CA）执行的签名过程是使用 CA 的私钥来完成的。对每个级别重复该过程直到终端实体证书。该过程如图 9.19 所示。

当必须认证终端实体时，必须验证其证书的签名以及信任链中的任何证书的签名。为了这样做，验证实体必须拥有链中的所有证书，其包含公钥。验证从较低级别的证书开始，并递归地移动到根证书。这需要使用每个签名实体的公钥。该过程如图 9.20 所示。

- 证书生存期管理。

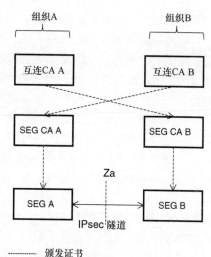

图 9.18　TS33.310 定义的用于 NDS/IP 的交叉验证

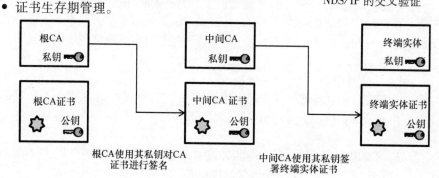

图 9.19　证书签署过程

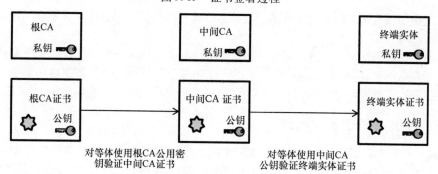

图 9.20　证书认证流程

在证书生存期间存在两种主要的操作：

　　◦　证书注册；

　　◦　证书注销。

向 NE 颁发新证书时，需要证书注册。通常，初始注册将在与运营商网络的初始连接期间进行，并且在相同的操作期间，CA 证书也将被检索。

此外，证书有有限的生命周期，因此当证书即将到期时，必须注册新证书。

证书管理的另一个重要因素是撤销。偶尔可能发生与证书相关联的私钥被泄露的情况。这意味着拥有密钥的任何人现在能够使用与密钥的合法拥有者相同的身份向网络认证自己。一旦检测到这个事件，证书应该被撤销，即它应该被标记为不再有效作为验证手段。运营商可能决定撤销证书的其他可能情况是设备停用或信任链被修改。在这些情况下，运营商也将有兴趣防止证书的任何进一步使用。证书吊销列表（Certificate Revocation List，CRL）和在线证书状态协议（Online Certificate Status Protocol，OCSP），这两种公共协议有不同的机制来发布撤销证书列表[19]。

使用 CRL，吊销列表从服务器下载并缓存在 NE 中。当前一个过期时，可以定期下载列表，或者主动推送列表。因此，CRL 服务器不需要一直被使用。撤销列表包含所有撤销证书的序列号，它由签署证书的同一 CA 签名。这种机制是由 3GPP 选择的。

对于 OCSP，NE 应当在每次必须被验证时向服务器请求证书的状态。只有所请求的证书的状态由服务器传递，并且潜在地它是比 CRL 更新的信息。然而，这在很大程度上取决于在服务器本身中更新信息的频率。

鉴于 OCSP 是在线撤销方法，OCSP 的性能更依赖于网络和服务器的性能。由于服务器需要对客户端的响应进行数字签名，因此处理请求的延迟可能很大。考虑到服务器和服务器本身的连接的可用性也是重要的，因此它可能不是在具有差的可用性的网络中的合适机制[19]。

- 作为服务的公共密钥架构。

在前面，介绍了一些支持使用证书的实体和服务。它们一起构成所谓的公钥基础设施（Public Key Infrastructure，PKI），还讨论了各种不同程度的复杂性，这取决于信任关系和所提供的服务。

当运营商面临使用证书进行身份验证的挑战时，他们必须考虑需要什么样的 PKI、需要哪些服务、是否需要自己的 CA 以及谁将提供服务。

如果运营商已经具有用于其他系统的 PKI，则它们具有能够将新 CA 部署用于移动回传认证或使用现有认证的能力和技术。这种方法通常提供更好的适应服务要求，因为它可以完全定制。

然而，在某些情况下，网络对于使用自己的 CA 成本效率非常低，或者由于某些其他原因，运营商不想部署 PKI。在这些情况下，存在多个信任提供商，其提供适合于支持移动网络认证的一系列服务，诸如发出端实体证书、提供信任锚、撤销服务等。

9.3.8　防火墙和接入控制列表

IPsec 在保护移动回传业务中起着重要作用，并且由于入站分组处理所施加的业务过滤，它还在保护 SEG 背后的节点免受 DoS 攻击、基于篡改业务的攻击等方面起到了作用。

然而，IPsec 也不是总有效的，比如针对 IPsec 实现本身的一些攻击（例如对 IKE 守护进程重载）、针对基于 IP 以下的协议的攻击（例如基于 ARP 的攻击）或通过由 SEG 旁路的流量进行的攻击（例如 ICMP）。此外，IPsec 不检查加密数据包的内容，因此如果对等体被泄露并且恶意业务通过隧道发送，IPsec 无法过滤它。

由于上述原因，SEG 部署通常由集成在同一设备或单独的设备中的防火墙来补充。

防火墙将执行的一些功能如下：

- 检查 ARP 报文（防止 ARP 表中毒）；
- 速率限制；
- 访问控制列表；
- 深度包检测（对于明文包）；
- 状态过滤；
- 代理。

由制造商设计，防火墙可以内置在与 SEG 相同的设备中，或在不同的设备中。虽然独立设备在解决方案类型方面提供了更大的灵活性，但它是需要部署在 SEG 站点中的附加设备，从而增加了路由和高可用性方面的整体复杂性。

防火墙相对于 SEG 的位置将由其需要提供的保护类型决定。当在公共接口部署作为第一道防线时，它将保护 SEG 和其他可能的站点设备（站点路由器）免受 DoS 攻击。

当部署在 SEG 之后，主要作用是保护核心网络资产。通过隧道或隧道外接收的数据包将根据安全策略进行检查和过滤。防火墙还可以分析高层协议以检测隐藏在用户数据中的攻击。

防火墙也可以部署在 IPsec 不可用或不适合的接口中。例如，在一些部署中，BTS 可以位于非信任环境中，或者甚至在具有对 BTS 硬件的相对容易的可访问性的公共场所中。本地 BTS 接口是穿透安全设备的可能方式，防火墙可以用于减轻对设备和移动回传的入侵的风险。在这种情况下，防火墙功能显然需要集成在 BTS 本身中，至少具有分组过滤的最小功能。

9.3.9 网络控制协议保护

正如已经看到的，IPsec 可以用于保护运行在 IP 之上的协议。该通用规则难以应用于协议以广播或多播模式（例如 OSPF）操作的情况。有解决方案使它工作（见 VPN Resilience 部分），但在某些情况下，最好使用本机安全机制。特别地，OSPFv2（用于 IPv4）支持使用简单密码 MD5[23] 和 SHA1 哈希[31]（注意：对于 OSPFv3、IPv6，只有 IPsec 是标准化的）。

在移动回传中使用的另一个特征是具有自己的保护机制的协议是 BFD[32]。BFD 也支持简单密码、MD5 和 SHA1 保护。

9.4 IPsec VPN 部署

9.4.1 小区和 Hub 站点解决方案

当设计 VPN 以及选择合适的小区实现，网络设计者需要考虑基站的独特需求。基站安装在不同的地点：室内、屋顶、墙壁，它们也会遭受风吹日晒以及高温的考验。基站面临着环境的挑战。

需要考虑的另一个因素是站点之间的拓扑，站点是否只有一个基站，多个基站或其他站点支持设备共享同一个回传链接。

小区的安全网关是基于小路由并且必须适应少量的基站。这些设备不能支撑室外天气条件，只能适应至少是有适当遮挡的处所。它们当然有足够的物理端口和路由能力。因此它们经常处于较大的站点中。

安全网关的管理可能用于运营商特定的系统或者集成在传输网络管理系统中。

对于只有一个基站的更小站点或瘦身的站点，集成安全网关的解决方案可能是最便捷的。集成安全网关作为基站本身部分不需要另外的硬件就能实现扩展模块的功能。集成安全网关的系统容量可能比单独系统的低，但是对于服务基站或一些其他站点已经足够了。

管理部分也可以集成到基站管理系统中，因此只需完成简单的维护工作。然而一些运营商需要一些安全应用的管理功能，这些功能回传网本身是不支持的，通过集成安全网关提供。这种情形下，安全网关就面临着一个挑战，是否可以在运营商使用中灵活变化或者将管理和使用相分离。

在集线器中，需求完全不同的小区站点，集线器的使用可以有适宜的环境和有限的距离。在另一方面，容量和高性能才是它的主要考虑因素。经常需要部署高容量的安全网关，对于大量的控制器和核心网提供 VPN 服务。对于小的控制站点是例外，VPN 终端全部集成在移动设备中。

一些解决方案是建立在安全应用基础之上，然而其他的是建立在路由之上。在这两种情况中，不同的基础是与卡和密钥算法加速器的性能保持一致的。

VPN 解决方案是集线器站点解决方案的完整部分，并且需要考虑与其他设备也即站点路由的互连接和互操作。在特殊情况下，需要确定路由和安全网关的高性能配置是否与站点路由相兼容。另外需要考虑的是安全网关在私有和公共网络之间提供的分离程度。站点路由和站点分布需要仔细设计以便连接的网络之间保持分离。分割可以使用 VLAN 完成，分离的内容有业务分离、虚拟路由和路由分离。

9.4.2　IPsec 配置

3GPP 对于 IKEv1、IKEv2 和 IP 加密确定了以下描述[3]：

IKEv1：

阶段 1：

- 用于验证的预共享密钥（注意，TS33.310 还规定了证书的使用）；
- 主模式（无攻击模式）；
- FQDN 支持节点身份验证；
- 加密算法：ENCR _ AES _ CBC（128bit 密钥），ENCR _ 3DES；
- 验证算法：AUTH _ HMAC _ SHA1 _ 96；
- DH 组 2；
- IKE SA 生存时间长于 IPsec SA 生存时间。

阶段 2：

- 完全转发保密（Perfect Forward Secrecy，PFS）可选；
- 仅 IP 地址或子网是必须强制性的；
- 通知功能强制性支持；
- DH 组 2（如果使用 PFS，则需要）是必须支持的。

IKEv2：

IKE _ SA _ INIT：

- 加密算法：ENCR _ AES _ CBC（128bit 密钥），ENCR _ 3DES[29]；
- 验证算法：AUTH _ HMAC _ SHA1 _ 96[29]；
- 伪随机函数：PRF _ HMAC _ SHA1；
- DH 组 2 和 14；
- 可选项，AUTH _ AES _ XCBC _ 96 应该应用于认证，PRF _ AES128 _ XCBC 应当用作 PRF。

IKE _ AUTH：

- 用于验证的预共享密钥（注意，TS33. 310 还规定了证书的使用）；
- 支持节点认证的 IP 地址和 FQDN。

CREATE _ CHILD _ SA：

- PFS 是可选的。

IPsec：

- 隧道模式下的 ESP。
- 加密算法：null、ENCR _ AES – CBC（128bit 密钥）和 ENCR _ 3DES[30]。
- 验证算法：AUTH _ HMAC _ SHA1 _ 96[30]。
- IV（初始化矢量）应该是随机的，并且与所选加密算法的块大小相同。

显然，这是确保不同实现之间的兼容性的最小集合。然而，许多实现支持更多种类的算法和密钥长度。

9.4.3　VPN 弹性

移动网络如此广泛地传播，使得它们支持大量的今天的语音和数据通信。网络提供的一些服务对于服务的性质（紧急呼叫）或者由于它们给运营商带来的高收入是关键。这些服务对网络可用性提出了严格的要求，因此对运营商来说至关重要。

此外，对于某些服务的用户质量期望与有线业务在呼叫中断和下载时间方面是相同的。语音呼叫用户肯定不愿意等待几十秒以使网络恢复服务，因此呼叫将被用户终止。

此外，长休息可能导致更高层协议计时器触发恢复操作、不稳定的网络行为或网络重新启动，这甚至进一步延迟服务恢复。

从终端用户的角度来看，弹性需求在很大程度上独立于所讨论的无线电技术。然而技术拥有的容量越多，提供可靠网络就越重要。

当定义移动回传的可用性目标并因此确定安全解决方案的可用性目标时，需要考虑这些因素。精确的数字符合运营商定义的服务可用性目标，但是与传统数据通信网络相比，肯定容忍故障的时间要短得多。

回传链路以及网络设备的弹性应该被考虑。回传网络的弹性在第 7 章讨论过。

网络弹性在上下文中，主要是指在 SEG 内，通过在现场中部署冗余设备获得。如果其中一个设备发生故障，业务被现场中的另一些设备接管。根据设备的能力以及目标服务中断持续时间，存在用于服务恢复的不同方法。在下面的弹性讨论中，认为 VPN 到 BTS 中止。然而，对于具有外部 SEG 的小区站点，可以得出相同的结论。

用于服务恢复的一种可能的方法是一旦活动 SEG 关闭，客户端（BTS）将触发恢复动作。BTS 将使用诸如 DPD 的机制来监视 SEG 可用性，并且由于在回传上进行监视，因此也考虑回传可用性。因此，这种方法可以防止某些传输故障。一旦检测到故障，BTS 将从备份设备列表中选择一个 SEG，并重新建立所有的 SA。

另一方面，这种方法提出了显著的缺点，即 BTS 通常通过使用诸如 DPD 的机制首先检测到活动 SEG 失效。为了不给网络加载过多的监视业务，检测机制相当慢，所以故障检测可能需要从几秒到几分钟的任何时间，这取决于实现和配置的定时器。另外，取决于 SA 的数量和 SEG 的性能，SA 的重建将花费几秒的数量级的额外时间。总之，中断周期足够长，以使所有语音呼叫掉线。

此外，还可能的是，BTS 中的上层将检测到控制平面和管理平面连接断开，并且可以开始恢复动作。通常的恢复动作之一是 BTS 的重启，这导致延长的中断。此方案如图 9.21 所示。

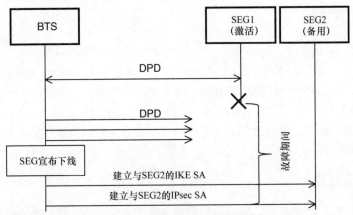

图 9.21　BTS 发起的服务重建

如果故障检测被缩短，中断时间可以大大减少。代替依靠 BTS 来检测故障，SEG 可以使用快速轮询机制来监视彼此的可用性，并且在故障检测时，发起所有连接的重新建立。由于轮询是本地执行的并且仅监视少量设备，所以业务量是不相关的。如果 SEG 配置有 BTS 的标识（IP 地址），则它们将重新建立 VPN。

然而，SEG 可能被配置为没有 BTS 的身份，使得当添加新 BTS 时，策略不需要被更新，使得 VPN 的管理更容易和可扩展性更好。在这种情况下，SEG 仅能够接受来自 BTS 的输入 IKE 请求，而不是发起连接本身。此外，备份 SEG 不预先知道哪些连接已经在活动 SEG 中建立，因此它们不能自己恢复连接。

另一种弹性方法是对于现场中的两个不同的 SEG 每个 BTS 配两个冗余隧道。要使用哪个隧道的选择将由 BTS 基于标准路由技术来完成，并且对隧道的可用性的监视将留给路由协议。服务的恢复将再次取决于 BTS 和 SEG 能够检测到其中一条路径是否断开的速度。通常，路由协议不能非常快地检测故障。然而当它们与快速检测协议（例如 BFD[32]）组合时，故障检测可以在几秒或更少时间内执行。

要考虑的这种方法的一个方面是许多路由算法通过广播或多播广告和监视分组来操作。虽然当手动建立 SA（通过管理接口）时，IPsec 可以进行广播和多播，但 IKE 不支持这种可能性，因此只能点对点连接。这个限制可以通过在 IPsec 的顶部使用 GRE 封装来克服。这样，IKE 只需要处理 GRE 隧道（点对点），而路由通告和监视数据包在 GRE 隧道内透明传输（见图 9.22）。

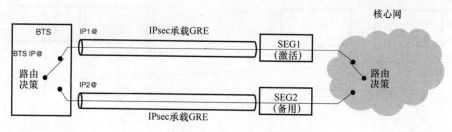

图 9.22　路由方法的服务恢复

在该方法中考虑的另一方面是 BTS 的寻址变得更复杂。而在其他方法中，业务端点地址可以与隧道端点地址相同，在这种情况下，它们需要不同，以使得在 BTS 处的可能要使用路由。BTS 寻址的一种可能的配置是使用网络接口地址作为隧道地址，以及用于业务的环回地址。

从 BTS 的角度来看，附带的和方便的方法是完全依赖 SEG 来恢复服务而没有来自 BTS 的任何动作，并且对于终端用户这具有最小的影响。从前面看到，如果缺少已经建立了哪些连接的信息，则由备份 SEG 重新建立连接可能是不可行的。在状态故障转移的情况下，在 SEG 之间存在同步连接，使得备份 SEG 用维持 IKE SA 和 IPsec SA 向上所需的状态信息连续更新。它们还共享用于隧道终止的虚拟 IP 地址。因此，当检测到故障时，SA 被切换到备份 SEG 之一，并且 BTS 不知道故障切换（见图 9.23）。如果故障检测和故障转移足够快，对最终服务的影响也可能很小。这种方法的性能应该在几秒钟范围内。

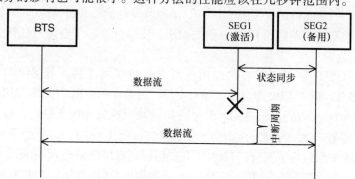

图 9.23　通过使用带状态故障切换来恢复服务

为了发挥带状态故障转换功能，两个 SEG 还应当同步其路由状态，配置它们作为虚拟路由器。这可以通过使用 HSRP/VRRP 来实现。两个 SEG 将共享相同的虚拟 IP 地址，但只有一个是转发流量。当检测到故障时，VPN 和路由功能都被切换到备份 SEG，备份 SEG 将向网络邻居通告 IP 地址已经被切换。

完全不同的方法是不配有冗余的系统，而是通过在多个设备之间共享负载来减轻 SEG 故障的影响。一个 SEG 的故障将使所有连接到它的 BTS 失去服务，但是该服务仍然可以由相邻 BTS 提供。网络容量将减少，但是它取决于要服务的区域是可接受的。这种方法可以与任何其他方法结合，无论是为了负载共享的好处，还是减少故障转移的影响（见图9.24）。

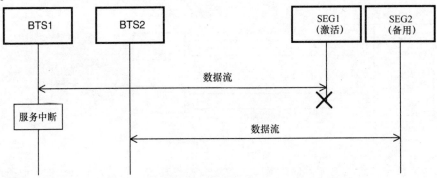

图 9.24　使用负载共享方式的服务恢复

9.4.4　分块

在隧道模型中应用 IPsec 意味着明文 IP 分组被封装到另一个 IP 分组中，通常使用 ESP 封装。如果还使用 GRE，则进行两个封装。封装开销不仅取决于协议，而且取决于安全服务（加密与完整性保护）、所选择的算法和原始分组大小。在任何情况下，它可以导致封装的分组超过将要求 IP 分段的出口接口 MTU。

一般来说，应该避免 IP 分片，这会导致接收节点需要重新组装，增加网络负载、分组延迟和延迟变化等。为了做到这一点，PMTUD（路径 MTU 发现）[21,22]如果被 BTS、SEG 和端节点支持，则使能。通过使用 PMTUD，节点将发现沿着到目的地的路径的最小 MTU，并且它们将能够调整要发送到 IP 的数据的大小，使得分组将不会经过任何进一步分段的路径。

不幸的是，PMTUD 不被所有的应用或所有的协议所支持。虽然 PMTUD 是 TCP 和 SCTP 的组成部分，但在 UDP 本身中却没有支持，而是在由使用 UDP 的应用程序中实现。

源节点的 MTU 可以通过手动配置以保证 IP 分块只在发送端点进行，而在链路的其他地方都不会再进行分块。这种方法可以在大多数情况下使用，但一些系统不支持配置 MTU。这就要求更细致地了解链路其他 MTU 的情况，以避免额外 IP 分块。

可以预见，将存在 SEG 或 BTS 栈的 IPsec 需要执行分段的情况。当在 IPsec 栈的明文被期望在封装之后超过接口 MTU 时，IPsec 栈可以在基于预定义的隧道 MTU 的封装（预分段）之前决定分割分组。或者，可以在转发（分段后）之后由 IP 层封装和分段分组。每种方法都有其优点和缺点，接下来进行分析。

- 预分段
它具有独特的优点，即 VPN 终端不需要在解密之前重组数据包。只有最终目的地将执行重新组合。以这种方式，VPN 终端无需这个资源消耗任务。如果后面有多个设备，这对 SEG 来说是很重要的。对于 BTS，它不那么重要，因为通常所有的业务由 BTS 本身消耗，因此它仍然需要进行最终重组。

另一方面，如果在公共链路中发生进一步的分段，则预分段是无效的，因为两种类型（预分段、再分段）将同时发生。为了避免这种额外的分段，需要仔细规划，或者应该使用 PMTUD 功能（路径 MTU 发现）。

IPsec 协议栈的预分段与 IPv6 不兼容。这种情况下，如果 IPsec 协议栈需要数据包分段，就只能采用后分段。

- 后分段

如前面提到的，当公用链路的 MTU 不能获知或者有路由改变时，数据包可能在经过的路由器上分段，这种情况下，最好只执行后分段，因为预分段不能提供收益。

IPv6 只支持后分段。

9.4.5 IPsec 和 QoS

如第 8 章所讨论的，服务质量（QoS）是当今移动网络中的一个基本概念，具有不同类型的多种服务、不同的客户期望以及运营商提供的各种服务级别。端到端 QoS 基于在 NE 和子网中部署的机制和工具的集合，并且因此对于总体 QoS，每个组件与其他网络方面一起按计划工作是至关重要的，特别是安全。

数据包根据 QoS 类别进行分类，并在 IP 报头中使用 DSCP 值进行标记。该标记意在由 NE 检查，以便对分组应用合适的 QoS 机制。当在隧道模式中使用诸如 ESP 的协议应用加密时，隐藏隧道内携带所有信息，包括 DSCP。因此，如果公共网络意在对分组应用差分服务，则该值应该保持可见。接下来的方法是 SEG 中的 IPsec 实现和 BTS 以合适的值填充外部 IP 报头 DSCP。

生成 DSCP 的最直接的方法是复制在明文数据包中接收的 DSCP 值，这在许多情况下是一种合适的方法。然而，当封装的分组将经过不同的网络时，其也可以是由不同的组织或服务提供商管理的不同的 QoS 域。该服务提供商可能具有不同的 QoS 策略，并且分组标记可以不同。因此，要与新的 QoS 域兼容的 IPsec 实现将需要在内部 DSCP 值和外部 DSCP 值之间具有灵活的映射。

值得注意的是，外层 DSCP 不会（在 ESP 和 AH）被验证。这会是一个安全漏洞，可能会被攻击改写，产生 DoS 风险，这个问题比较难解决。

在接收器侧，当 IPsec 终止时，应用有保留接收到的内部 DSCP 的选项。这样具有的优点是 DSCP 可以是可信的，因为其已经被认证并且在 VPN 中传输期间不被任何节点改变。根据 RFC 4301，在接收方和发送方的 DSCP 空间不同，并且这个内部 DSCP 不再有意义的情况下，实现也可以选择使用外部 DSCP。

当在 BTS 和 SEG 中定义安全策略时，通常它们适用于由 IP 地址、协议类型以及有时还有端口号定义的业务聚合。此业务聚合可能包含具有不同 QoS 类的流，因此它们被标记为不同的 DSCP。这通常在移动网络的用户平面，实时呼叫将被分配到比非实时呼叫更高的 QoS 类别。对于其他流量类型，例如控制平面，所有数据包通常属于同一 QoS 类。

一个 IPsec SA 可以承载包含多个业务类型的业务集合，因此同一个运行的序列号用于该 SA 中的所有分组。当分组在网络上传输并到达路由时，它们可以被分配给不同的队列，因为分组具有不同的优先级，如果发生拥塞，则分组顺序将在相同 IPsec SA 的分组内改变。当分组到达接收器时，它将检查它们是否适合在反重放窗口内。具有较高优先级的分组可能在窗口的开始处，因为它们首先到达，并且具有较低优先级的分组将朝向结束。如果拥塞对于给定窗口大小足够高，则低优先级分组将不再在窗口中，并且它们将被丢弃。

为了避免数据包丢弃，第一种可能的方法就是取消防止重放窗口，但这样会使系统遭到重放攻击。更合理的解决方式是使用更大的窗口，这需要更多的内存空间，也会造成性能上的影响。

新的 IPsec 规范[25] 支持的另一个解决方案是对具有不同 QoS 类的分组使用具有相同业务选择器的多个 IPsec SA。在出口方向，IPsec 实施检查明文数据包的 DSCP 以及报头中的其他相关字段，并将其映射到正确的 SA（见图 9.25）。这样，SA 内的所有数据包都具有相同的 DSCP，并且不会发生重新排序。应当注意，DSCP 不是由 IKE 协商的，因为它是发送方中进行 DSCP 和 SA 之间的映射的本地事务，因此为相同业务聚合建立的所有 SA 将具有相同的业务选择器。另一方面，这些并行 SA 仅在 IKEv2 支持，而不是由 IKEv1 支持，因为它需要已建立的 SA 具有唯一的业务选择器（更多细节参见 RFC 5996 2.8 节）。

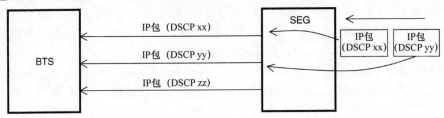

图 9.25 基于 DSCP 的 IPsec SA 选择
注：只显示一个方向，另一个方向也是类似的。

9.4.6 LTE S1 和 X2 实例

在本节中，将看看前面解释的概念如何适用于实际情况。对于这种情况，将考虑 LTE 系统，具有通过专用线路服务连接到核心网站的两个 eNodeB：eNodeB1 和 eNodeB2。

核心网侧有一个 MME、一个 SGW、一个参考时钟（用于分组交换同步）和一个通向管理系统的网关。

一对冗余路由器提供站点连接，两个 SEG 连接到路由器作为冗余配置，到达 eNodeB 端点的 VPN 隧道。在每个 eNB 和 SEG 对之间建立一条隧道连接。

图 9.26 显示了来自 eNodeB1 的所有 S1 业务如何在隧道上承载，并以明文方式从 SEG1 路由到目的地。

eNodeB1 和 eNodeB2 之间的 X2 接口通过核心网络站点路由器（星形拓扑）实现。因此，分组首先被转发到核心网络站点，在那里解密、路由、再次加密并且向目的地 eNodeB 转发（见图 9.27）。

也可以采用 eNodeB 之间的直接连接（网状拓扑），但这会额外增加 VPN 配置的复杂度，因为需要对每一个 X2 接口邻近节点明确定义交互策略。这会使得管理困难，除非使用自动管理机制，比如 ANR。

为了简化，在每个 eNodeB 和 SEG 之间建立一条 VPN。通过分配给不同的 IPsec SA 的方式，使各个平面的业务分离：

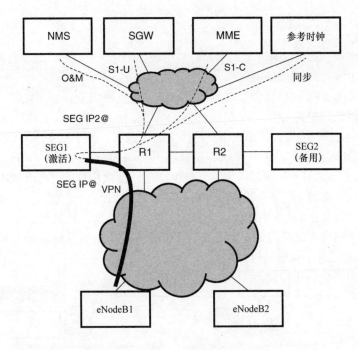

图 9.26　S1 接口、管理和同步连接
注：只显示到 eNodeB1 的连接。

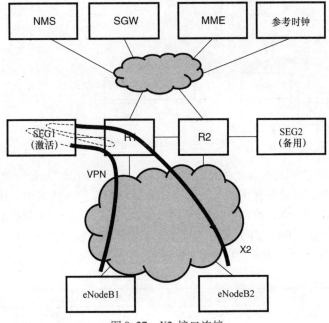

图 9.27　X2 接口连接

- 用户面（S1 – U、X2 – U）；
- 控制面（S1 – C、X2 – C）；

- 管理面；
- 同步面。

在这个例子中，假定没有对管理平面的应用级保护，比如 TLS。如果使用 TLS，则不需要同时使用 IPsec 保护控制平面。

一些路由器为 VPN 接口提供分离的虚拟路由，其他的用于核心网接口，这可以有效划分路由域，降低误配置风险。

对 eNodeB 和 SEG 的设备认证，是通过数字证书进行，数字证书由 CA 提供，保存在管理站，属于移动运营商。证书管理协议（Certificate Management Protocol，CMP）用于 eNodeB 和 SEG 的证书管理。采用简单信任模型，根认证机构直接处理终端实体的数字证书。如果所有设备都属于同一个运营商，则不需要交叉认证。

因此，需要为每个 eNodeB 提供它本身的设备证书和根认证机构证书，SEG 被提供 SEG 的设备证书和根认证机构证书。另外，每个设备需要与本身设备证书相关的私有密钥。图 9.28 描述了证书管理架构。

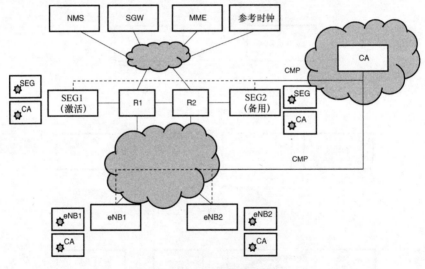

图 9.28　证书管理接口

eNodeB 与 SEG 之间的所有业务交换使用相同的保护、加密、认证以及防止重放保护。如果不是所有业务需要隐秘性保护，则由于需要处理的保护方式减少，这使得配置更容易。如前面所述，每一个业务类型映射到一个 IPsec SA，而每个 SA 需要配置一个安全策略。允许为 SA 配置专用的包序列号以及反重放窗口，用于减少包重排序的影响。安全策略的定义仅基于 IP 地址。表 9.1 和表 9.2 显示了 eNodeB 的策略。

表 9.1　eNodeB1 安全策略

策略序号	本地	远端	本地 GW	远端 GW	方式
1	eNodeB1	NMS	eNB1	SEG	保护
2	eNodeB1	参考时钟	eNB1	SEG	保护
3	eNodeB1	SGW	eNB1	SEG	保护
4	eNodeB1	MME	eNB1	SEG	保护

表 9.3 显示了 SEG 的策略。注：SEG 策略中没有包含 eNodeB 的地址以便于简化调试（后续加入 eNodeB 不需要重配 SEG 策略）。

选择 IKEv2 做密钥管理。加密算法是 128bit 的 AES - CBD、HMAC - SHA1 哈希算法、DH 组 2 密钥交换算法。IKE 可以采用相同的算法。其他参数可以参考 3GPP IKEv2 配置文件。

弹性由一对冗余的 SEG 提供，具有带状态的故障切换。从 eNB 看，这两个 SEG 是一个节点，因为它们具有相同 IP 地址和相同的设备证书。SEG 的弹性也依赖于路由器的冗余备份。SEG 对核心网有一个虚拟 IP 地址 IP2@。图 9.29 显示了 SEG 使用的 IP 地址。

表 9.2　eNodeB2 安全策略

策略序号	本地	远端	本地 GW	远端 GW	方式
1	eNodeB2	NMS	eNodeB2	SEG	保护
2	eNodeB2	参考时钟	eNodeB2	SEG	保护
3	eNodeB2	SGW	eNodeB2	SEG	保护
4	eNodeB2	MME	eNodeB2	SEG	保护

表 9.3　SEG 安全策略

策略序号	本地	远端	本地 GW	远端 GW	方式
1	NMS	任何	SEG	任何	保护
2	参考时钟	任何	SEG	任何	保护
3	SGW	任何	SEG	任何	保护
4	MME	任何	SEG	任何	保护

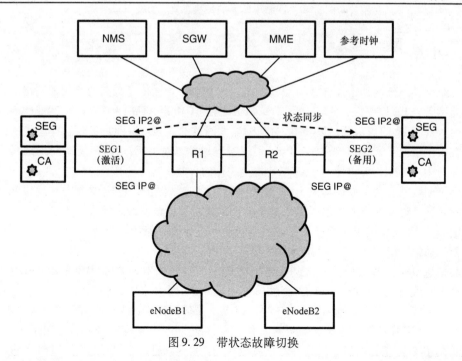

图 9.29　带状态故障切换

在 SEG1 故障的情况下，SEG2 将接管并通告 R1 和 R2 路由器它现在具有地址 IP @ 和 IP2 @ 。这种广告通常通过使用免费 ARP 发生。之后，来自 eNodeB 和来自核心网络设备的业务由 R1 重新路由到 SEG2。除了几个丢失的分组之外，通常不会对 eNodeB 或核心 NE 产生可见中断。图 9.30 描述了故障转移后的流量路径，显示了 SEG2 中的地址 IP @ 和 IP2 @ 现在是否处于活动状态。

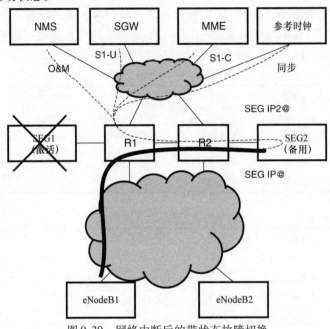

图 9.30 网络中断后的带状态故障切换

9.5 小结

分组移动回传网基于公开和周知的协议，即 IP。尽管回传是分离的专用的网络（没有直接连接到公共因特网），它还是易于受到很多在 TDM 和 ATM 网络不存在的威胁。为回传网引入基于 IP 的逻辑接口以及 IP/MPLS/以太网技术，必须识别并正确处理这些威胁。

在很多情况下，3GPP 需要用 IPsec 实现密码保护。对 LTE，3GPP 规范对网络域定义明晰。对 2G 和 3G，可以使用最新 LTE 规范工作的一些指导。

网络回传的安全不仅仅是关于 IP 层和 IP 层的 IPsec 保护，也应该考虑其他层和其他类型的威胁。许多这样的主题可以由健全的设计指南和操作实践来解决。

IPsec VPN 配置用于对承载在移动回传的业务进行密码保护。IPsec 支持加密、认证以及保密。通常，IPsec 在 BTS（作为 BTS 集成的 IPsec 功能，或作为单独的小区站点网关）和中心站点 IPsec GW（网关）之间实施。对 IPsec VPN，须保证 IPsec GW 的高可用性，因为很多 BTS 需要与之连接。不同的弹性模型依赖 IPsec 网关的实现方案。

隧道模式中的 ESP 是选择的 IPsec 协议以提供保护，其能够支持所有需要的安全服务。IKEv2（和使用 IKEv1 的已有设备交互工作）用于处理密钥管理和控制建立和释放 IPsec SA。作为 IKE 交互的一部分，对等体必须相互进行身份认证。认证可以基于 PSK，或者基于更好的 X.509 数字证书，因为它们可以提供更好的可扩展性。IPsec 在数据包分段和 QoS 方面影响其他系统域，当系统设计者为移动回传设计一个 IPsec VPN 时，需要考虑这些因素的影响。

参 考 文 献

[1] 3GPP TS33.120 Security Objectives and Principles, v4.0.0.
[2] 3GPP TS33.102 3G Security; Security architecture, v10.0.0.
[3] 3GPP TS33.210 3G security; Network Domain Security (NDS); IP network layer security, v11.2.0.
[4] 3GPP TS21.133 3G security; Security threats and requirements, v4.1.0.
[5] 3GPP TS33.401 3GPP System Architecture Evolution (SAE); Security architecture, v10.2.0.
[6] 3GPP TS36.300 Evolved Universal Terrestrial Radio Access (E-UTRA), Overall description, v10.5.0
[7] 3GPP TS43.051 GSM/EDGE Radio Access Network (GERAN), Overall Description, v10.0.0.
[8] 3GPP TS25.401 UTRAN overall description (Release 10), v10.2.0.
[9] Niemi, Nyberg: UMTS security. Wiley, 2004.
[10] Forsberg, Horn, Moeller, Niemi: LTE Security. Wiley, 2010.
[11] 3GPP TS33.310 Network Domain Security (NDS); Authentication Framework, v10.1.0.
[12] Vyncke, Paggen: LAN Switch Security: What Hackers Know About Your Switches. Cisco Press, 2007.
[13] IEEE 802.1X-2010, IEEE Standard for Local and metropolitan area networks. Port-Based Network Access Control
[14] IEEE 802.1AE-2006, IEEE Standard for Local and metropolitan area networks. Media Access Control (MAC) Security.
[15] IEEE 802.1AR-2009, IEEE Standard for Local and metropolitan area networks. Secure Device Identity.
[16] MEF 6.1 Ethernet Services Definitions Phase 2
[17] MEF 10.2 Ethernet Services Attributes Phase 2.
[18] MEF 22 Mobile Backhaul Implementation Agreement (2/09).
[19] Adams, Lloyd: Understanding PKI. Second Edition, Addison Wesley, 2003.
[20] IETF RFC 1191 Path MTU Discovery.
[21] IETF RFC 1981 Path MTU Discovery for IP version 6.
[22] IETF RFC 2328 OSPF Version 2.
[23] IETF RFC 2409 The Internet Key Exchange (IKE).
[24] IETF RFC 3948 UDP Encapsulation of IPsec ESP Packets.
[25] IETF RFC 4301 Security Architecture for the Internet Protocol.
[26] IETF RFC 4302 IP Authentication Header.
[27] IETF RFC 4303 IP Encapsulating Security Payload (ESP)
[28] IETF RFC 4306The Internet Key Exchange (IKEv2) Protocol
[29] IETF RFC 4307 Cryptographic Algorithms for Use in the Internet Key Exchange Version 2 (IKEv2)
[30] IETF RFC 4835 Cryptographic Algorithm Implementation Requirements for Encapsulating Security Payload (ESP) and Authentication Header (AH)
[31] IETF RFC 5709 OSPFv2 HMAC-SHA Cryptographic Authentication
[32] IETF RFC 5880 Bidirectional Forwarding Detection (BFD)
[33] IETF RFC 5996 Internet Key Exchange Protocol Version 2 (IKEv2)
[34] ITU-T, 'Information technology – Open Systems Interconnection – The Directory: Public-key and attribute certificate frameworks', X.509, August 2005.

第 10 章 分组回传解决方案

Erik Salo 和 Juha Salmelin

移动业务增长，尤其是数据业务的增长，不可避免的要过渡到基于分组的 MBH 网络，从长远观点看，TDM 技术和 ATM 技术都不能对高速数据传输所需的容量提供经济性的解决方案。但是没有一个单一的基于分组的 MBH 解决方案能满足所有的网络需求，并且有许多可能的演进路径去获取想要的网络解决方案。

在创建和优化基于分组的 MBH 解决方案以及在设计演进时，需要考虑许多可替代的技术和不同的需求，这些常常是互相矛盾的需求。由于大部分回传成本位于更低层的接入网络，所以应该把更多的注意力放在 MBH 网络的低层节点、MBH 接入网络甚至接入网的更低层部分。

10.1 创建基于分组的 MBH 解决方案

对每一个移动网络和所有的覆盖区域找到最合适的 MBH 解决方案是一个多维的优化工作。当回顾基于分组的解决方案时，需要从很多不同视角去考虑 MBH 网络优化，包括：

- 经济优化（投资及其时机、网络运营 OPEX、现金流等）；
- 技术优化（足够的容量、合适的 QoS、可靠性和安全等）；
- 针对特定运营商的优化（目标和战略、资源、费用结构等），或者对两个或者更多运营商共享使用网络的优化；
- 对特定区域的优化（基础设施、成本水平、外包选项等）；
- 对弹性的优化（网络计划、服务目标或者其他目标变化等）；
- 项目优化（计划的可实施性、实现、时间表等）。

即使起初所有的差异和目标都已经考虑到，对任何两个案例也不可能存在最完美的或者最实际的完全相同的 MBH 解决方案。在不同的环境下（比如密集的城市和乡村，或者有充足的现存传输基础设施和根本没有基础设施），需要非常不同的 MBH 解决方案。很明显，最优的解决方案对不同的移动网络和不同的业务量或者组合（比如 2G + 3G 或者更高级的 3G 或者 3G + LTE）也非常不同。

然而，在类似的环境和类似的移动网络发展阶段，最优的 MBH 解决方案有很多共同点。通常，这些解决方案都能基于相同的技术和相同的设备族，然而差异是，比如 MBH 的迁移速度、设备容量和部署数量以及阶段、交叠或者替换现存的网络以及使用室内 MBH 设备或者外包设备的区别。

在初始阶段建立和定义一个基于分组的 MBH 解决方案需要进行仔细的研究分析，比如现存的 MBH 网络、现存的移动网络、数据业务增长预期、网络扩容计划和移动服务目标以及移动运营商其他目标（例如考虑竞争或者许可合约）。初始阶段也包括现存的 MBH 计划的室内资源、建立和运营以及可用的外部服务，比如计划或者运行 MBH 网络。

当 MBH 在初始阶段有了一个基本可用的蓝图时，就能开始起草不同的技术解决方案。之后，在可能的解决方案和方向中进行第一次比较。为了对特殊 MBH 案例进行进一步研究，需要选择几个 MBH 解决方案类型和网络进化方式。进而，几个可能的 MBH 解决方案会被定义得更清楚，并且从技术、经济性、战略和相关优点的实现以及挑战上进行比较。最后，选择 1~2 个解决方案进行详细计划并且对该解决方案起草邀标申请。图 10.1 概览了创建解决方案的全过程。

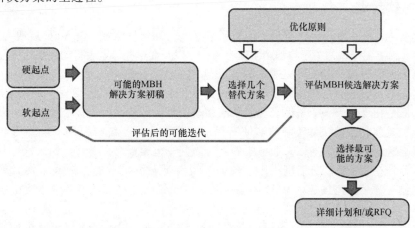

图 10.1　创建基于分组的 MBH 解决方案

10.2　MBH 解决方案起始点

"硬"起点由短期内不能改变的内容组成：包括已经存在的东西，比如现存的网络和对应的网络环境，通常也包括法律环境。"软"起点是由 MBH 计划给出的内容，并且仍旧需要进一步讨论的东西，甚至如果有更好的理由，可以改变的内容，比如移动网络扩容计划和 MBH 网络目标等。也把许多关于未来的条件和业务以及其他预测的估计考虑作为软起点，是因为它们仅仅表达了未来的观点（一致的观点或者专家观点）。

10.2.1　硬起点

对一个新建的 MBH 网络或者 MBH 网络扩容，最显而易见的起点是已知的并且文档化的移动运营商的现存网络（现存的移动网络、MBH 和其他传输网络）。并且当前的移动客户基准线（客户类型和现存网络使用状况）和当前在现存网络中已测量的业务是重要的起始点。

但是，在相同区域（尤其是 MBH 和其他传输网络）的其他运营商网络可以对可行的 MBH 解决方案有重要影响。从竞争的角度看，这些传输网络通常是很重要的——这些是运营商网络竞争的扩容起点——常常也意味着网络共享或者外包的好机会。

至少在短期内，也有在中期内的，关于网络和服务区域的很多内容是固定的。这些因素包括该区域的地理位置和人口统计（例如人口的数量、分布、密度和增长），以及该网络区域的可用公共基础设施（例如建筑物、马路以及电力可用性）。

除了这些物理上的因素外，限制替代解决方案的其他事情可以在短期内不变化，尤其是各种各样的法规和许可条件。例如，为新的传输路由铺设电缆的可能性以及这些路由的费用非常依赖于当地许可授权以及加在这些许可中的条件。移动运营商自己的许可通常只与移动网络有关，很少与 MBH 网络有关，但是很明显，移动网络的需求更能影响 MBH 网络（例如低密度区域的覆盖率需求意味着需要更长的传输链路，不需要高容量需求但是成本费用比较高）。另一方面，频带管理、信道分配、许可以及费用可以直接影响基于微波 MBH 解决方案的可行性。

10.2.2 软起点

软起点主要由各种各样的预测、计划和运营商长期目标组成。对 MBH 解决方案来说，最明显的软起点工作就是关于移动网络扩容的计划以及在这些计划中移动网络的建设阶段。

预测未来的无线业务，可以或者不可以包含在这些计划中，对 MBH 网络的正确计划和计算是非常重要的。正如在第 2 章中所讨论到的，个体服务的预测对 MBH 网络设计并不重要，但是相反作为一个整体表现出来的移动网络业务特征就非常重要。在早期的网络中，预测忙时总业务量（基于基站站址）仍旧很重要。由于统计复用不能像影响其他业务那样影响这部分业务，所以总业务中的实时流共享也很重要，尤其是如果这种共享很大的时候。此外在大带宽的分组网络中，预测（或者运营商设定的目标值）实时单用户峰值速率也很有意义，尤其是对 MBH 低层接入部分来说，这些峰值速率通常决定了需要的传输容量。

新 MBH 网络中的一般目标也可以看作软起点的一部分，例如可以是减少功耗的目标或者为了使站点访问成为少数事件的远程可管理目标。

在软起点中，也可以包括预测在本区域中其他网络的发展情况以及本区域的基础设施建设情况。其他网络进一步的发展会影响共享连接或者外包连接的可能性，并且传输选择的多和少严重影响期望的价格。

除了上面提到的运营商网络计划外，来自无线运营商战略的一些想法也值得在 MBH 解决方案工作中注意。最明显的事情是长远来看选择自营还是外包传输（关于内部技能和资源的相关目标）。此外，也可以从无线运营商的竞争策略中选取某些很有用的点：这个无线网络在这个区域内怎样才能比竞争对手更好？例如，如果目标是提供更好的终端用户服务质量（比如更高的峰值速率或者低延时），MBH 网络也需要设计去支持实现这些目标。相反，如果目标是比竞争对手更便宜，在设计中可能会使用不同的优先级。

10.3 MBH 优化

10.3.1 经济方面优化

基于分组的 MBH 网络经济性优化一直是很重要的方面。一般来说，这不意味着为了达到最小的可能成本而进行优化，而是考虑更高的成本效率以及适合运营商经济状况的花费。因此，MBH 网络建设阶段也是一个重要的考虑。此外，网络运营费用或者运营成本（OPEX）也需要阐述——使用新的节能设备以及可远程管理的设备能使电费和网络运营节省很多费用。

对基于分组的不同 MBH 解决方案涉及的可比较的成本效率价值不是简简单单就能定义的事情，由于这些包括——除了特定网络解决方案费用之外——应该达到的性能，比如网络容量、吞吐率、延时和可靠性等。

可以租赁或者外包 MBH 实现也是一个重要的经济性考虑——将使某些短期的资本支出（CAPEX）变成中长期更持续的 OPEX。这使 MBH 解决方案的费用更复杂：几年内需要比较不同解决方案的净现值（NPV）或者总体拥有成本（TCO）。然而，这些类型的计算依赖于许多预测和假设（例如未来租赁费用、利息以及折扣率等），因而与只有不同网络实现的 CAPEX 相比，包含了很多不确定性。

10.3.2　技术方面优化

基于分组的 MBH 网络对技术性能的优化需要同时考虑几个技术参数——依赖于 MBH 网络目标是如何设置的，一些参数在这个 MBH 网络中重要，另一些参数在另一个 MBH 网络中重要。

任何分组网络中都要进行大量的技术优化（可用容量、吞吐率、不同业务等级的期望延时、网络可靠性/弹性等），比如在 MBH 网络的接入、汇聚以及骨干节点处需要考虑不同的目标和权重因子（在 2.3.3 节中简要讨论了基于分组的 MBH 网络链路的最小容量和计算）。

此外，需要满足 MBH 的一些特殊需求。最重要且特殊的需求是关于同步传输，当同步在分组网络上传输时——这种需求通常在其他分组网络中不存在，因而需要特殊对待，尤其是对 MBH 业务使用多目的或者多服务的分组网络。并且由移动网络设置的延时需求可能比一个多服务网络中的需求更短。

10.3.3　针对特定运营商的优化

前面已经部分覆盖了本节内容，但是请记住，MBH 需求是依据运营商需求的不同而不同。它们依赖于移动运营商的商业策略、竞争策略、运营商的组织结构、成本结构以及相同运营商可能运营的其他有关业务（例如一种特定的传输业务）。

这里，运营商的组织结构和责任分配也是值得考虑的事情。非常严格的把责任划分到不同的部门意味着在基站站址上增加很多不必要的功能和设备——这些部门需要独立的做属于他们指责范围内的事情，但是从成本的角度看，共享设备能产生一个更好的解决方案（有时候，仅仅是共享数据就足以规避重复劳动，比如网络质量监控数据）。

尽管存在各种各样的指导值和推荐值，但是一些非常重要的技术参数最终也是基于移动运营商自己的业务而决定的。一个最好的例子是在一个移动网络区域内保证单用户峰值速率（明显在移动网络的技术容量范围内做决定）。这对 MBH 接入链路的计算有显著影响，因而能明显影响该区域的 MBH 接入网络成本。

另一个重要的点是，相同的分组网络可能用于其他目的 - 如果相同的运营商还在相同的分组网络上携带（传统）固定服务，则它们的业务矩阵可以更多的是网格的 MBH)，并且共享分组网络可能需要对纯 MBH 网络的不同种类的优化。

10.3.4　对特定区域的优化

对一个区域的优化意味着在解决方案落实的早期考虑现存的本地基础设施以及本地成本水平等。有时候甚至本地安全条件在解决方案选择中也扮演主要角色（比如非监管设备或者在小区站址中的更昂贵材料或不存在电缆等）。

例如，如果本地没有合适的可用网络并且没有租赁或者外包的可能性，本地也可以主张建设自己的传输网络。或者，如果本地没有光缆并且安装光缆很困难或者安装光缆很昂贵，本地条件可以更倾向于在 MBH 网络中使用无线传输。另一方面，在其他区域，更低的本地成本可以使光缆路由变得可行。

10.3.5 对弹性的优化

在这里把弹性优化理解为使用网络设计去处理在实现中期或者实现后有立即适应改变需求的能力。在快速发展的移动通信市场，运营商的目标和计划快速变更以及新的非确定需求或者目标被要求放在 MBH 网络和设计上是非常平常的事情———一个可能的例子是两个运营商之间达成的合作协议或者公司之间的合并重组。也有小规模的改变，例如在某一区域的激烈竞争，可能要求移动网络和对应 MBH 网络的目标和设计进行快速变更。

在网络设计中，这种弹性意味着从一个特定的网络实现阶段开始应该保持几种不同的实现，而不仅仅是一种预先定义的方式，以便于万一有变化需求时下一步的设计也相对容易改变。实际中，这种网络弹性常常被忽视，因为弹性很难被包含在计划中并且对一个既定目标来说网络弹性与高紧凑的技术经济优化相矛盾。但是，当这种需求和目标改变产生时，在网络设计中包含的所有弹性可能是非常有价值的。

10.3.6 优化实现

考虑实现在解决方案优化过程中是非常重要的最后一步。在新的性能和容量的建立阶段，把新的设备和链路连接到服务中以及可能采取暂停服务和所有项目工作的可实践性等都需要仔细考虑。相对早地制定项目计划草案对平滑地实现已计划的解决方案是非常有用的。

例如，如果对固定业务（历史遗留业务）和 MBH 业务使用同样的分组网络，那么总业务模型可能非常复杂。由于要求逐步替换的策略，需要一步步对遗留网络进行暂停服务以及一步步把遗留网络搬迁到新的分组网络中，这些都是非常耗费人力的，在相当长的过渡阶段中的运营成本会非常高。在这种情况下，保留遗留网络直到所有的业务都搬迁完毕，接着一次性关闭遗留网络，这样可能是最经济的方法。

10.4 MBH 解决方案的替代方案

当客观环境和现存网络等的固定因素以及新的网络目标或者扩容目标都已知时，就应该考虑可用的替代解决方案。为一个既定的移动网络设计 MBH 网络，通常使用很多不同方式，甚至使用非常不同的技术和网络策略。

因而首要任务是通过定义 MBH 解决方案的主要业务来限定选择的数目——例如，是否需要扩展带有某种增强功能的网络（中断最小化），或者是否应该给予新的技术和设备构建一个全新的网络（历史负担最小化）。

由于在网络第一阶段的生命周期内已经预测到了更高的移动业务量，通常为了获得比现存的 MBH 网络更高的容量，需要计划新的基于分组的 MBH 网络。例如，对某一区域在接下来 2 ~ 5 年的移动业务量预测可能意味着 MBH 容量应该是现在容量的 4 ~ 10 倍。针对这种情况，现存网络为新建网络主要提供基础设施（站址、路由和可能的缆线/光纤），但是相反，建立新的基于分组的 MBH 网络或多或少独立于当前已经在 MBH 网络中使用的设备。

　　另一个非常重要的考虑是是否全新的 MBH 网络是完全基于运营商自己的设施和设备，还是或多或少部分网络基于租赁/外包的传输服务。是否使用外包的传输网络明显依赖于在该区域能提供什么样子的服务、当前和未来所预期的价格水平以及这些服务的可靠性如何。在内部设施和外包传输服务之间的选择对构建 MBH 解决方案来说是最重要的决定之一，因为这些决定不但马上会有巨大的经济影响（例如 CAPEX 或者 OPEX 加权的成本结构），而且对运营商的组织结构以及对后续网络建设阶段的可用战略选择有非常重要的长期影响。

　　在接下来的内容中讨论建立基于分组的 MBH 室内网络的不同方法。主要包括两部分：①增强现存 MBH 网络使其能更好地处理分组业务（参见 10.4.1 节和 10.4.2 节）；②采取一种更有破坏性的方法：开始建立完全基于分组的网络以及优化分组网络网元（参见 10.4.3 节 ~ 10.4.6 节）。实际中，一个好的解决方案可以是这些场景的某些组合。在 10.5 节中将讨论基于分组 MBH 解决方案中租赁和外包的角色问题。

10.4.1　使用 NG – SDH/MSPP 设备增加 SDH/Sonet 网络

　　或许提升现存 MBH 网络分组业务承载容量的最容易并且最小破坏的方式是添加新的节点以及通过升级技术和替换产品族去完成对现存产品的替换工作。例如，第一阶段仅仅通过替换某些现存的 SDH 设备或者升级到 NG – SDH/MSPP 节点——在第 5 章中对该设备有详细的介绍。

　　通过这种方式，MBH 网络的分组业务效率能得到极大提升，尤其是网络侧的统计复用部分，比如来自几个基站的业务流能在网络侧合并。因而，主要的应用领域是 MBH 汇聚网络和 MBH 接入网络的上层部分。

　　在这种解决方案中，仍旧能对升级的网络使用 SDH 网络管理（随着对 NG – SDH/MSPP 节点的升级），因此仍旧在同一个 NMS 系统中。并且 SDH 网络的一个优点，对基站同步的容易部署，仍旧在该阶段保持，基于分组的方案能被推迟到下一个阶段。

　　这里要考虑的主要问题是与未来的移动业务预测相比这次升级是否足够，以及这次容量升级之后，未来如何进行分组业务容量扩容。当添加新的分组交换容量传输节点（或者使用新单元升级现有节点）并且是主要方式时，也能提升主干链路的比特率和总容量，并且更有意义地拓展了这种解决方案期望的生命周期。然而，从长期角度来看，这种解决方案一直比纯分组网络更死板，并且从短期利益来看，这种缺点需要权衡。

　　与后面的例子相比，另一个限制是分组交换技术和解决方案受限于在 NG – SDH/MSPP 节点（像现存 SDH 节点那样属于同一产品族）中可用的替代品——例如，仅仅某些层 2 分组交换解决方案是可能的。

　　图 10.2 中展示了一个解决方案的例子。在这个例子中首先把产生大量基于分组的高容量业务基站添加到一个区域中，因而需要提升这个区域的传输效率。通过把 SDH 节点升级到提升分组交换性能的 MSPP 节点以便于能使用分组业务的统计复用功能。首先升级的是分组业务进入和离开 SDH 域的节点，当有来自几个下层节点的业务汇聚（比如另一个区域安装了新的高性能基站）时，把中间 SDH 节点（星号标识）升级到 MSPP。

　　从第一天开始，虚线所显示的 MWR 链路就是基于分组的。由双星号标识的双 MWR

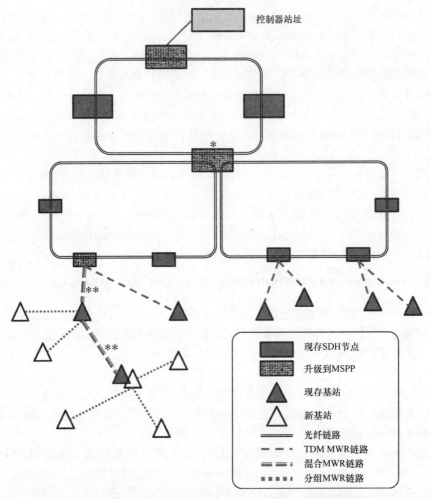

控制器站址

现存SDH节点

升级到MSPP

现存基站

新基站

光纤链路

TDM MWR链路

混合MWR链路

分组MWR链路

图 10.2　为使用 MSPP 节点的分组业务升级 MBH 网络

链路依赖于现存的链路容量和类型：如果这些链路的性能足够高并且能提供以太网接口工作在混合模式下（需要以太网接口，因为在许多 E1 接口上承载分组业务是非常冗长和昂贵的），可以使用这些链路。如果不可能对正在使用的设备进行升级或者性能不够高时，需要安装新的高性能无线链路——要么是与现存的链路共存，要么是替换现存链路。在后者的情况下，新链路需要支持现存基站，也就是说，TDM 业务以及满足同步需求。

10.4.2　使用分组覆盖增强 SDH/Sonet 网络

　　除了使用连接到现存传输设备的独立节点去增加分组交换容量外，本节中介绍的方式与 10.4.1 节中介绍的方式类似。因此如果在现存站址上能容纳分组交换节点，通过这种方式启动基于分组的 MBH 网络也相对容易和灵活。最大程度上保持现有的同步方案，此外不依赖于现存的节点（例如以太网层 2 解决方案或者部分 IP/MPLS 解决方案）选择分组交换技术。一个限制是（或者说可能引起某些额外的费用）由于在这中解决方案中为了与现存的 SDH 节点连接需要分组节点支持 SDH 类型的接口。

　　因此在这种方式中也共享了现存的主干性能,这可能是这种解决方案的主要限制。如果现存链路仍旧有大量没有使用的容量或者在本区域内的移动业务增长适度,几年内这种方式都是一个比较好的解决方案。

　　与前一个解决方案相比,这种解决方案的好处是新的分组节点马上能带来更高的性能(甚至比现存主干链路的性能高),并且当使用新的高性能容量链路替换这些主干链路时,立刻为网络演进做好准备。

　　图 10.3 展示了一个解决方案的例子。首先把产生大量基于分组业务的新的高容量基站添加到一个区域,因而该区域需要提升对应的分组传输效率。使用新节点增加分组交换容量,但是仍旧使用现存的主干链路容量。首先只把这些新节点添加到能使用分组业务统计复用功能的站址,例如分组业务进入和离开的共享传输域(图中的深色节点),也可能

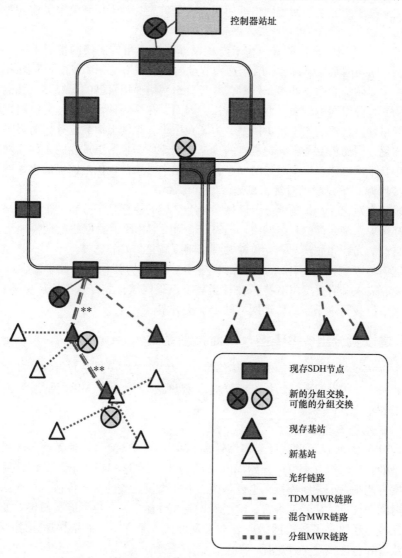

控制器站址

■	现存SDH节点
⊗ ⊗	新的分组交换,可能的分组交换
▲	现存基站
△	新基站
——	光纤链路
– – –	TDM MWR链路
‒ ‒ ‒	混合MWR链路
▪▪▪	分组MWR链路

图 10.3　为使用分组交换节点的分组业务升级 MBH 网络

是基于分组连接汇聚（图中的浅色节点）的中间站址。当分组业务开始快速增长时，也能增加这些节点。

从第一天开始，图中虚线显示的新的 MWR 链路就是基于分组的。标识双星号的双 MWR 链路类似于前面的解决方案：如果它们的容量足够大并且能提供以太网接口工作在混合模式下时，使用这些现存链路。如果连接分组交换到这些链路上时，对以太网接口的需求更为重要。如果不能添加以太网接口或者性能不够好，需要新建高性能无线链路——要么与现存的链路共存，要么完全替换现存的链路。在后者的情况下，新建链路也需要支持现存的基站，也就是说 TDM 业务和满足同步需求。

10.4.3 MBH 骨干层和汇聚层使用基于全分组的网络

开始建立基于全分组的回传网络的通用方法是首先为骨干层和汇聚层建立基于分组的传输网，然后在下一阶段为 MBH 接入网扩展分组网络。

MBH 业务中使用的骨干层——基于内部设施并且不租赁链接的情况下——通常在其他业务类型（固定网络）中共享，因此这种节点的分组网络是一个多重服务网络。

通常在主要站址之间有许多光纤对，并且分组网络使用自己的光纤对；其他情况下使用波分复用并且分组网络有属于自己的波长。因而，在这两种情况下，分组网络与历史遗留的传输网络共存且不依赖于历史网络。为了在主干分组网上承载业务，需要对主干分组网络进行优化，因而需要考虑满足所有的具体移动业务需求。更重要的是，当网络进化的后期且历史骨干网络停止提供服务时，在分组网络中必须能提供足够好的移动网络时间同步（除非使用像 GPS 这样的时钟，具体参见第 6 章）。

汇聚层更本地化一些，需要一个区域，一个区域的建立基于分组的汇聚网络。通常先建立与现存历史网络共存的分组网络。当基于分组的 MBH 汇聚网络前期需要更高的容量时，基于自己的光纤和波长与现存传输共享基础设施是最好的选择。

汇聚网络可以是移动专用（仅对 MBH 业务）或者与其他业务共享，在后者的例子中，移动专有需求又需要专门对待。并且当某个汇聚区域计划停止使用历史遗留网络时，需要在汇聚节点找到一个新的移动网络同步解决方案。

10.4.4 建设全分组 MBH 接入网对接新基站

接入节点转变到基于分组的 MBH 网络的一个实用方式是首先为高容量基站建立分组传输基础设施。不管怎样，这些基站可能承载许多加重现存 MBH 网络容量（小容量 MBH）的分组业务。

10.4.4.1 无覆盖场景

如果在没有 MBH 网络的区域新建高性能的基站时，这就是一种无覆盖场景，并且从找到最经济的物理连接（层 0）开始 MBH 解决方案。在这种场景下，最快且最成本有效的解决方案可能是一个无线连接，也就是说，基于微波无线的基站传输。在新站址上安装光缆需要时间和许可，从长期来看，除了提供更高性能之外，也可能很昂贵。如果其他运营商在该区域已经建立了传输网络或者在合理的成本条件下，准备快速建立一个传输网络，租赁或者外包连接是一种选择。

当可用的层 0 解决方案替代选择已知时，需要进行分组网络本身的设计。对这样一个新建网络，很明显使用10.2节中的优化原则，需要考虑使用最新的可用技术和设备。通常有很多技术选择，就像下面将描述一个可能的解决方案例子，实际中也可以考虑其他解决方案。

图10.4中展示了扩展移动网络覆盖区域的例子。这里，现存的网络部分将暂时放在左边，使用新的高性能基站覆盖新区域。假定新基站有本地分组接口（在低层以太网层），因此 MBH 解决方案是基于全分组的，并且也假定新基站已经集成了分组交换功能模块（典型的以太网交换），以便于中等规模基站站址不需要额外的外部交换设备。

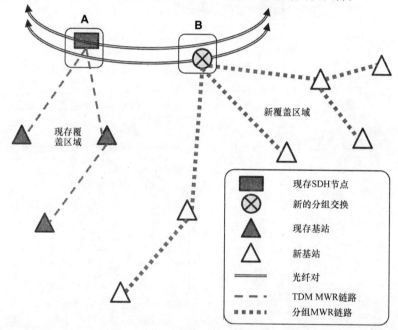

图 10.4　基于全分组的 MBH 网络新覆盖区域

在这里使用基于分组的高性能微波无线建立 MBH 接入网络——在其他区域也可以考虑基于光纤的解决方案。在这个例子中，新的分组交换（在站址 B 中）使用与现存 SDH 节点完全不同的光纤对（或者 WDM 系统中的不同波长），使新的分组网络成为一个覆盖网络，因而独立于现存的 TDM 传输——优点是包括独立的网络设计以及自由选择主干容量等，但是从另一方面看，必须从第一天就开始使用基于分组的同步方案。

10.4.4.2　叠加场景

当新的高性能基站在某些区域建站，这些区域已经存在基站和站址了，也就是说已经存在 MBH 网络，那么基于分组的新网络将形成某种叠加结构。可以通过共享容量为分组连接使用现存的物理链路。但是如果基站需求的容量比现存 MBH 能提供的容量高，也就是说现存的传输容量不足以传输基站容量，那么需要考虑重建新的传输链路。这里又有两种选择：要么建立新的传输网络并且与现存网络共存，要么使用更高性能传输链路替换现存网络并且和现存网络系统一起分享新建的传输网络资源。在后者的情况下，新建的传输链路需要和现存传输进行交互操作（例如支持现有的连接类型和提供合适的接口）。

在这两种情况下，分组网络本身更可能基于它自身的新节点并且它的设计可能和上述的例子类似。然而，在这种情况下，需要考虑后期在分组网络上承载这些基站站址的所有业务的可能性，因而这里支持历史遗留业务的选择是非常重要的。

图 10.5 展示了移动网络容量扩容的例子。这里，留下可使用的现存基站，由于这些基站还将在很长一段时间内存在（可能是几年）；下一代基站主要安装在与现存基站相同的站址内，并且在不能满足容量目标的区域添加新的站址（图 10.5 中的站址 F）。

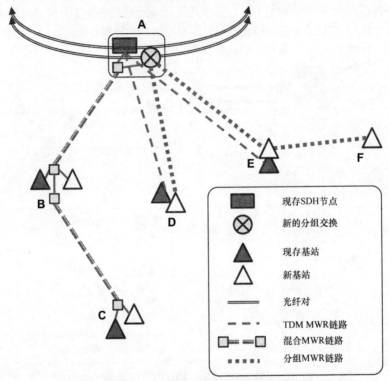

图 10.5 基于分组覆盖的 MBH 网络例子

在站址 A 中，使用与上述例子相同的解决方案，也就是说，对新建的基于分组网络使用不同的光纤对（或者是 WDM 系统中不同的波长），并且独立于现存网络。这里，MBH接入解决方案也基于微波无线，在图中展示了两种不同的方法。对左边的站址 B 和 C，使用新的混合 MWR 系统替换现存的微波无线，为现存基站提供 TDM 容量并且为新建基站提供分组连接（为 MWR 终端展示的这些混合链路，并且使连接更清晰）。在站址 D 和 E，留下现存的 MWR 网络并且与新建立的高容量分组网络共存。很明显，新站址 F 只需要一个分组 MWR 连接（在网络中基于分组的同步已经准备使用，如果不是这样，在该站址中需要考虑一个混合 MWR）。

10.4.4.3　填充场景

上述场景的组合可能是一个例子——可能在不远的未来是普遍情况——在现存的基站站址和现存的 MBH 网络区域建立新的高性能基站，但是也有相当数量的新建基站位于现存基站之间。因此需要进一步增强 MBH 网络（正如上述的叠加例子），此外需要使用相当数量的新链路去连接新的基站（图 10.5 中的 F 类型基站数量更多）。

一个特殊的例子是物理上一个基站很小并且使用更低成本的位置解决方案——例如把

室外基站连接到建筑墙体上甚至路灯上。在这种情况下，对回传连接有很大的成本压力，并且可能需要新的轻量级的 MBH 解决方案，因为传统的连接链路成本可能与基站本身的成本不成比例（参见 10.5.1 节的例子）。

10.4.5　一个区域一个区域地建设基于全分组的 MBH 接入网

开始迁移到基于分组的 MBH 网络（接入节点和可能的聚合节点）的另一种方案是一个区域一个区域地同时为新建基站和现存基站去建立基于分组的传输。在那些区域的历史遗留 MBH 网络将快速和整体停止服务，并且规避了持续运营和维护两个网络的成本。

这种方式下的首要规划问题是每一步考虑多大的区域、以什么顺序安装处理这些网络以及在新的基于分组的 MBH 网络和历史遗留网络中考虑如何移动边界。如果很早就为分组业务建立了汇聚节点，那么接口问题就会大大减少，因为没有直接的交叉连接（至少是临时的）接入区域就能工作。

除了对所有基站（包括最老的基站）的支持是更重要的，由于业务迁移后，历史遗留下来的 MBH 会被拆卸很长时间，所以从第一天开始基于分组的 MBH 必须全部支持所有的基站；这里基于分组的接入 MBH 技术解决方案类似于 10.4.4 节中的叠加场景。如果同步是基于传输网络（也就是说不基于 GPS 或者其他外部方式），很明显，这种全部支持需要包括对不同需求的不同基站的同步传输。

10.4.6　其他可能的方法和策略

由于在一个很大的网络区域中的条件和目标可能变化非常大，实际中，过渡到一个基于分组的高性能 MBH 网络通常是上述几个场景的组合。为了过渡到 MBH 分组网络，在相同的移动网络中可以应用不同的方法，然而一个明确的过渡策略通常更受欢迎（如果需要，单独对每一个主要网络区域）。

在某些区域或者网络节点上，如果基于分组的部分 MBH 网络是租赁的或者外包的，解决方案的各种组合都是有可能的——在 10.5 节中将讨论这些场景。

10.5　外包 MBH 网络或者部分网络

从长期的角度看，把租赁网络或者外包服务作为 MBH 网络的一部分包含一个很大的经济问题和一个主要的战略决定，并且尤其是在分组网络的情况下这也与许多技术有关。但是通常在临时的情况下使用这种服务，例如在内部 MBH 网络的两个实现阶段填充存在的差异，并且在这种情况下，对战略或者组织问题影响很小或者没有影响。

租赁和外包的大小，也就是说多大部分的 MBH 网络仍旧是个问题，极大地影响了所有后续的考虑和比较——对小范围使用的传输服务来说，简单的计算就已经足够了（必须要澄清技术问题，参见 10.5.3 节）。然而对一个区域或者网络范围的 MBH 外包来说，很明显，各个方面非常深入的计算和比较是必需的。

在所有的情况下，移动网络区域传输服务的可用性是首先要回答的问题，除了当前的形势，也需要未来的发展计划。必须去评估这些服务的可靠性和质量是否达到 MBH 使用的合理水平（在后面会有详细的技术澄清）。接下来需要考虑收费和已预计的发展，如果第一眼看起来形势非常好或者至少合理，可以开始更详细的经济评估。

10.5.1　经济方面上的考虑

很明显，把租赁或者外包作为 MBH 解决方案的一部分是一个很重要的经济问题。替代使用内部的网络资源，使用外包服务能降低对网络投资的需求，并且降低移动运营商的 CAPEX，但是同时能明显增加 MBH 网络的 OPEX——持久的或者某一段时间（当使用这些服务时）。

由于费用是不同类型的，尤其是花费时间是非常不同的，所以基于内部的网络解决方案和外包服务的可靠经济性比较是非常不容易的。对这种场景的经济性比较方法很多都为人所知，例如为了比较内部和外包解决方案的净现值方法或者整体拥有成本方法。困难或者不准确性在于数据——所有这些方法都要求对未来几年的成本、费用和利息的预测；依赖于区域和环境，这种预测包含或大或小的不确定性。然而在很多情况下，结果是如此的清晰以至于很小的数据变化不会影响最终的结论。当最初的计算没有提供明确的结果时，为了能在经济方面的决定中获取更好的视角，需要从成本和价格的角度得到不同的估计。

当评估服务费用的未来趋势时，也应该考虑在这个区域这种服务的期望竞争趋势。如果在这个区域中有几个服务供应商（比如，该区域有几个有传输网络的运营商），与只有一个供应商相比，费用能更好预期。在单供应商的情况下，签一份长期合约可以部分减轻预测问题。

也应该注意到，解决方案的总费用不单单是某种意义的经济性度量，比如在某些情况下，运营商现金流可能更重要。因而，在特定场景下，即使与内部网络相比外包不能产生更低的 NPV，但是外包也可能是合理的。

10.5.2　策略和组织结构上的考虑

当 MBH 的很大一部分计划采用外包时，战略考虑与经济性比较一样重要。比如，战略的内容包括：与其他实体的依赖程度（尤其是被依赖公司与竞争对手的关系程度），在碰到某种内部目标时已计划解决方案的弹性，对某个组织、资源、需要技能的影响，MBH 网络可靠性和质量的期望趋势。

对其他通信公司的依赖性不是去规避外包解决方案的任何理由，但是能让人们很好地理解这些依赖关系可能影响未来的竞争形势以及每一次谈判中的谈判分量。如果传输服务供应商不打算运营移动业务并且不可能进入移动领域，服务供应商依赖性的评估意味着首先评估如何更好地满足 MBH 需求。如果传输服务供应商（或者母公司/子公司）也运营移动业务，需要评估这种重要性和可能的长期影响。

一个相关问题是，当需求改变时外包解决方案的弹性问题。这依赖于传输服务供应商的弹性以及响应时间、那些组织在改变之前已达成一致或者已经计划的网络服务的意愿性和快速性，以及最终依赖于外包合同是如何签订的——在协议条款和条件中对弹性这方面是如何考虑的。

另一个有意思的商业问题是外包对运营商自己的组织影响，外包有重大意义的 MBH 网络意味着内部资源的减少以及在技术需求上的变化。在外包情况下，对综合网络理解以及非常准确的需求规格技术说明是很重要的，需要这些技能去和供应商签订合理的合同。

合同应该足够广泛地覆盖到经济性问题和技术性问题,包括分组网络 QoS 和可靠性规格说明等。同样也需要有技能的人力资源去跟踪和技术监控以便于移动运营商确保接收到合同条款中签订的服务。在详细的网络规划中,尤其是在 MBH 网络的运营和维护中,有可能节省部分人力资源。除了经济上面的考虑,在人力资源和技能上的变化通常对战略方面有影响,因为一旦这种变化生效,通常不能立刻恢复。

10.5.3　技术问题

最后讨论 MBH 外包的技术问题并不意味着技术问题不重要——在基于分组的传输中,情况绝对相反:技术需求、接口和互连问题、监控以及网络管理需求需要更深入的考虑和规格说明。

首要的技术问题是移动运营商网络和服务供应商网络的网络接口问题。在租赁基于分组的网络服务中,物理接口通常是以太网接口;在 MBH 接入网络情况下,通常是100Mbit/s 或者 1Gbit/s 接口,在骨干网侧通常有更高的速率,比如 10GE。对上层来说(逻辑网络接口),也需要很好地定义网络接口,比如连接的终端点、业务类型、优先级、终端使用的地址以及服务网络。

下一个具体事情是承载在网络接口(可能比接口速率小)上的可用 MBH 连接容量。可以根据 MBH 业务持续可用地保证带宽指定容量以及某些额外容量——当没有拥塞时这些容量承载在网络上,但是不能被保证。当在网络接口上使用业务等级时,可以分别对不同的业务级别划分容量。

最复杂的是定义网络性能,对基于分组的服务通常使用 SLA(服务等级协定)进行描述。除了吞吐率,网络性能也覆盖了连接质量,例如期望延时(可能关于分布的某些测量)、分组丢失概率;再一次地,如果使用业务分类,性能值将随着业务类别的不同而不同。

一个相关领域是服务或者网络可靠性或者依赖性,由断电概率、宕机时间(每月)、最大断电和恢复周期所描述。可靠性可以被指定为端到端的连接(基站站址到控制器/服务器站址的连接),或者分别对不同网络节点的连接(因为上层的网络节点比下层节点影响更多的基站站址)。

当同步承载在基于分组的连接上时(比如不是本地基于 GPS),一个新的非常重要的领域是关于基站同步。正如在第 6 章所讨论的那样,为承载在分组网络上的基站同步提供足够好的参考不是一件无意义的事情,而是强调了分组连接的许多需求。在租赁链接的情况下,需要在质量规格说明书中包括这些内容。

一个非常重要但是需要达成一致的领域是连接的监控与管理。在网络接口的双方,可以分别由移动运营商和网络服务供应商提供连接的监控与管理,但是当信息共享时更能有效地完成监控与管理。如果服务供应商的连接由移动运营商进行管理(比如容量预留),需要事先达成一致并且指定具体的网络交叉管理级别。当运营商网络的不同部分外包于不同的外部组织时,很明显增加了复杂度,也就是说有很多实体需要接入同样(部分相同)的数据区域。在这种情况下,早期达成的合理数据共享、整个网络的责任以及端到端连接质量就非常重要。

然而,当使用基于分组的外部网络服务时,尽管许多技术领域需要考虑和规范说明,不应该仅仅把租赁和外包看作产生许多互连互通复杂度和规范说明的问题。由一个拥有在分组传输问题上有技术专家的分组网络运营商运营的基于分组的 MBH 网络能有效地提升 MBH 网络解决方案的成本效率。如果在分组网络技术中内部资源或者组织技能或者投资是有限的条件下，也可能得到更好的性能和更高的质量。

10.6　选择 MBH 接入解决方案的一个具体案例

基于几个例子，在本节中讨论为具体应用场景选择基于分组的 MBH 解决方案的问题。过程从具体场景的硬起点开始，然后是软起点（包括 MBH 目标和目的），接着是调查可能的技术选项以及根据优化原则（对实际的场景使用合适的权重）研究这些备选项，最后是为更详细的分析、详细的计划或者用公式表示出 RFQ 来找到合适的解决方案。

10.6.1　在密集城市区域 LTE 的 MBH 解决方案（发达区域）

在一个大的发达城市中心区域（密集城市环境），基于 LTE 技术建立一个高容量的移动网络是提升现存 3G 移动网络容量的非常普通的方式。

首先把新的 LTE 基站放置在现存的站址中，但是通常这不会为整个区域提供足够高的容量，所以需要增加新的站址。具体需要增加多少站址取决于现存移动网络的密度预先决定的目标容量。例如，如果假定新增加站址的数量约等于现存站址的数量，那么对新的基于分组的 MBH 网络的硬起点就是大约已经存在一半的最后一英里链路（但是这个链路容量是基于 3G 网络的需求），另一半最后一英里链路需要新建。

对 LTE 网络的 MBH 容量需求或者计算，在本书的前面已经讨论过，部分是基于 LTE 的业务预测，部分是基于移动运营商对保证单用户峰值速率的决定（该区域的可用吞吐率）。对所有最后一英里链路，后者定义了最小容量（峰值速率 + 为其他业务保留的速率，包括信令和开销），然而对服务于几个小区的链路来说业务预测决定了在 MBH 网络上需要的容量。新 MBH 分组网络中的每一个链路的容量目标是一个重要的软起点。

在这种情况下，MBH 容量是最大的问题；另一个问题是需要新建高性能链路的成本；建设时间可能是第三个重大问题，尤其是新建链路需要使用光纤链路连接到现存网络中。

在许多情况下，现存 MBH 链路的容量对 LTE 业务来说都太小，可能小到连单用户保证速率都无法满足。假定确实是这种情况（至少链路的大部分都是这种情况），那么在该区域也需要新建高性能链路。因此，这里存在两种选择：是用高性能的分组链路去叠加现存的网络与现存网络共存，还是使用高性能的分组网络去替换现存网络，并且在后者中也支持现存基站业务。

在两种选择中对许多新建站址都需要新的链路。这些链路应该承载高性能的业务到新的基于分组的 LTE 基站，因而自然地就是基于分组的网络。此外，链路需要低成本，成本压力越大，基站越便宜。基于微波的低成本高容量分组网络是一个解决方案；另一个方案（至少在某些区域）是连接到 LTE 基站上的光纤，如果该处的光纤安装成本不过高。

新链路的建设时间也可以是一个限制选择的问题。如果需要新的网络立刻运营，所有的安装需要在有限的时间内完成。这可以排除复杂的缆线铺设项目，尤其是在密集城区以及受保护的老城区。

这里考虑一个具体实例，请记住这仅仅代表了一种特殊场景，并且在其他不同类型的场景中，不同的解决方案可以产生更低的成本。

图 10.6 展示了一个例子：在该区域中存在 3 个 3G 基站，并且存在 3 个站址，其中一个用光纤连接到汇聚网络，剩下两个使用 16～34Mbit/s 容量的微波无线站址连接到第一个站址上。为了完成移动网络的 LTE 升级，首先把新的 LTE 基站安装到现存站址上。这里假定除了这些，为了全覆盖和提供足够的容量，还需要 9 个小的 LTE 基站（假定密集城市区域）。并且假定这些 LTE 基站拥有集成的层 2 传输交换模块，以便于对 MBH 网络来说所有的站址不需要外部分组交换。进一步的，假定在网络的所有区域移动运营商都需要 50Mbit/s 的峰值速率，这决定了所有 MBH 链路的最小容量（需要的容量为 >50Mbit/s + 开销 + 信令 + O&M，实际中 >60Mbit/s）。图 10.6 中展示的 MBH 解决方案例子由低成本近程微波链路组成：为了连接尾部站址和下一个连接的更小容量链路，以及为了承载来自 3 个或者更多基站的 LTE 聚合业务的高容量链路（比如 150～300Mbit/s 的粗线，依赖于各种容量选择的可用性）。视线限制意味着不能一直使用最短路径，相反，在密集城区条件下，MWR 链路需要沿着街道和其他公共区域——如这个例子的图例所示，拓扑图不能反映具体情况。另一个事情是，由于这里为 LTE 提供的 MBH 链路最小容量要求是 60Mbit/s，因此现存 MWR 链路不适合使用，所以应该升级链路或者替换链路。但是在这种情况下，一个更低成本的解决方案是使新建的低成本分组 MWR 与现存的链路共存（在站址 B 和 C 之间），并且使用一个新建基站站址（站址 D）去创建分组 MWR 的更短链路——未来可以在这个站址上扩展光纤。最后，在该例子中，添加外部分组交换（使用它们自己的功率供给）到处理 4 个或者更多 LTE 基站业务的站址中。

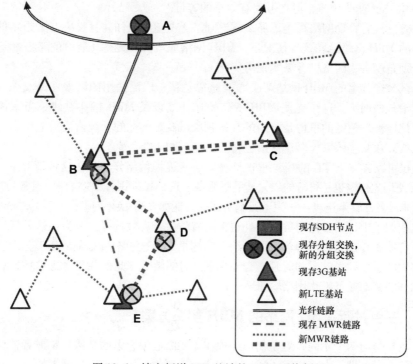

图 10.6　填充新增 LTE 基站的 MBH 网络例子

原则上，在密集城市区域租赁或者外购传输比许多其他环境来得更容易，因为通常在该区域存在不同的运营商拥有几个传输网络，并且对需要的基于报文连接可能会得到几种供给。挑战在于基站站址越来越小——基站站址越小，从另一个运营商那里得到物理连接越有挑战。因而，对主路由容量租赁更容易（上层节点，比如聚会网络），然而在移动运营商自己的责任范围内尾部链路连接到最小站址也很容易（合适的链路租赁不再可用，或者经过裁剪以及太昂贵）。

10.6.2　在郊区 3G + LTE 的 MBH 解决方案（发达区域）

在移动网络发展过程中，另一个普通案例是高容量 3G 网络从城市中心区域向郊区扩容，目的是为了处理居住区增长的数据需求。这个扩容可能在这些区域的高业务密集区同时引入 LTE 基站，或者仅仅是预留空间为后来能增加基站到该站址中。

移动运营商自己的 GSM 网络或者 GSM/EDGE 网络（或其他移动网络）可能在郊区已经存在了，在这种情况下，至少已经存在很多站址并且有很多连接到站址的 MBH 链路。然而，与 3G 网络（HSDPA 和 HSUPA）以及 3G + LTE 网络需要的数据相比，这些 MBH 链路可能有很小的容量。因而，要么需要立即替换这些链路，要么建造新的高性能 MBH 链路并且与这些链路共存。在这两种情况下，新建的 MBH 网络应该是不会过时的，能平滑地适应未来的数据增长，并且从开始建造就使用分组网络技术。正如之前提到的，在替换的情况下，现存移动网络需求在分组网络实现中再一次的需要特殊对待（尤其是同步），以便于现存移动网络服务质量不打折扣。依赖于本地环境，MBH 解决方案可能类似于10.4.4 节中展示的图 10.4，但是可能有更小的容量。

如果郊区没有移动网络覆盖，那么就遇到了无覆盖场景，并且解决方案是新的完整的基于分组的 MBH 网络。在这种情况下，MBH 网络成本将会更高（所有的路由都是新的），但是从计划角度看，网络更容易实现与优化。

在郊区基于分组的 MBH 网络解决方案通常是基于广泛使用的以太网微波无线，尤其是对快速增长的网络。这个能使 MBH 链路快速建立以及 MBH 拓扑重建。当添加新站址时，需要这样做。关键的事情是可用的合适频段以及足够宽的无线信道去适应高性能以太网微波无线。在某些国家，对这些信道付费也是一个重要因素。

郊区也可以有一个现存的相对密集且已安装的光缆网络，并且在这种情况下，对部分 MBH 连接使用光传输也是可行的，尤其是对服务于几个基站的高容量链路。通常的挑战是最后的几十米或者几百米连接——为了让基站站址（比如在高山或者屋顶）连接到光纤网络。

在这些例子中，通常把租赁或者外包传输看作一个有效选择，因为在这种区域常常会得到拥有传输或者接入网的运营商的供给。问题是是否这些网络完全是基于分组的以及能提供足够大的容量、吞吐率和时延、合理保证。也需要为未来的几年考虑这些，就是把该区域预测到的移动业务看作网络容量。

10.6.3　在乡村新建 3G 网络的 MBH 解决方案

这个场景与前两个不同，但是仍旧出现在需要高数据容量的高速公路或者铁路沿线或者更广阔的乡村区域。在乡村需要远程工作或者需要快速接入到因特网等情况（有限连接可能不可用或者太昂贵）。其他可能的情况包括新建一个网络去覆盖从一开始就需要高数据容量的乡村区域——为了使能各种各样数据紧凑的 IT 应用——比如在开发区域使用很少的或者固定的通信设施。

在乡村区域的网络中，主要的挑战常常是距离而不是容量——基站之间通常距离都很远并且依赖于本地拓扑，两个邻近站址之间的可视视线通常是不可用的。虽然缆线铺设费用随着距离增长而增长，在某些平坦区域站址之间的缆线铺设可以很直接，但是在山丘或者山区，甚至在该区域有很多沼泽地、湖泊或者河流，缆线铺设会非常困难和昂贵。因而 MBH 网络拓扑需要考虑站址间建立物理链接的可能性。

在乡村网络中，每个站址需要的 MBH 网络容量很小，尤其是在移动网络建立的开始阶段。因而最后一英里可能有更小的容量（与密集城区相比）。然而，在乡村 MBH 接入网络拓扑可能更深入，并且更靠近汇聚网络的链路需要服务更多的基站，因而需要更高的容量（也可能需要更高的可靠性）。在选择 MBH 链路设备时，也需要考虑已经预测的业务增长或者业务场景，以便于在下一阶段的网络扩容中链路可以提供足够的容量并且不需要频繁替换。

基于微波的 MBH 解决方案通常是农村地区以及基于分组的网络的首要考虑。微波链路可以快速建立，并且如果提出新需求（比如新建基站站址），MBH 拓扑相对更容易改变。并且更长距离的缆线铺设成本使无线传输解决方案更有吸引力。在无覆盖场景下，能使用以太网微波无线和小分组交换机（可以集成到基站中），因而从第一天开始就创建了一个完全基于分组的 MBH 网络。保护对设备故障和不利传播条件下的最重要 MWR 链路也是需要考虑的。

在其他乡村环境下，缆线铺设是可行的并且成本不太高，因而至少可以对部分 MBH 接入网络使用光传输解决方案。这种情况下，新的 MBH 网络基于光纤连接并且小分组交换机依附于它们，这些交换机可以集成到基站中。从第一天开始建立的这种网络就拥有非常高的容量，能满足未来几次移动网络扩容。

实际中，乡村 MBH 网络通常是微波和光纤链路连接的组合，首先为最高容量连接铺设光纤。并且基础设施也扮演了很重要的角色——有时候沿着主马路边或者铁轨边安装光纤是相对容易的，因而那些马路边或者铁轨边的基站可以使用光纤连接，相比之下其他区域都是基于微波传输的。

在乡村，租赁或者外包传输是相当不可能的事情，因为通常在该区域没有现存的满足 MBH 需求的传输网络。在该区域仍旧有这种可能，由于商业原因，从一开始就外包新的（将要建设的） MBH 网络，例如由另一个公司建造 MBH 网络并且移动运营商租赁基于分组的连接或者外包整个 MBH 功能。

10.7 从 MBH 解决方案到网络详细规划

选择了一个 MBH 解决方案（类型），基本的部署策略和设备族都已经定义完成，需要开始 MBH 网络的详细计划。

已经选择的解决方案首先需要细化成许多实现步骤，与工作网络在线下去建立每一个实现步骤，随后考虑使用。依赖于选择的基本方法（参见 10.3 节），可以有更多的小步骤或者仅仅是几个主要步骤。首先可能是替换场景，然而在叠加场景下投入服务前需要建立非常大的网络区域。

在两种场景下，每一步都需要仔细地详细计划，规划期间需要定义正确的设备类型、正确的设备单元、正确的物理连接（包括缆线）、正确的逻辑网络结构以及相关的设备配置（包括命名和地址）。尤其是，在详细设计阶段当一个场景计划了很多实现步骤时，对网络正确运营的每一步的仔细校验是非常重要的，例如不应该既没有定义端点又丢失或重复定义地址。

基于分组的 MBH 网络详细计划至少需要包括如下元素：

- 在传输网络和移动网络设备（基站和各种核心网元）接口之间的网络（物理）连接计划；
- 传输网络容量计划（初始计算和升级选择）；
- 连接计划或者承载每一个逻辑网络的移动网元和传输网络之间的逻辑连接，包括隧道和 VLAN 的使用；
- 对所有逻辑网络（比如分别对用户面、控制面和网络管理面）的命名和地址化（容量预留）；
- 与上述相关，对所有网络层的端点和地址规划；
- 网络性能实现、业务类型使用以及其他 QoS 方法的规划；
- 质量监控和综合 MBH 网络管理规划；
- 连接保护和网络弹性规划；
- 网络同步规划。

基于上述规划，比如：

- 每一个站址的设备和单元列表；
- 设备能源供给和可能的备份管理，包括电缆；
- 使用的物理接口以及连接，接口之间的缆线；
- 接口以及网络节点的配置；
- 在所有网络层和各种 VLAN 中，所有端点中每一个独立设备使用的地址。

这种详细计划是整个项目工作中非常有意义的一部分，需要为这个阶段预留足够的时间和充足的人力。也可以外包详细计划，尤其是当网络扩容范围很大或者内部资源被其他任务所占用，或者在移动网络发展过程中首先使用了新的技术和设备类型。

10.8 小结

本章中讨论了选择一个合适的 MBH 解决方案的全过程，当移动业务增长尤其是数据业务增长使过渡到基于分组的 MBH 网络成为必要时，计算和优化 MBH 网络解决方案是需要考虑各种各样的事情。

典型地，MBH 网络的优化是一个复杂的工作，并且每一个网络都有属于自己的特点和需求。最终的目标是在所有的场景下都有一个完全基于分组的 MBH 解决方案，但是在不同的物理和网络环境下方式可能完全不同。

在不同的环境下，完全基于分组的 MBH 网络也可能非常不同，比如在密集城区、郊区以及低密度的乡村。因而需要许多评估和计划工作，基于技术需求、可用技术以及在本书前几章描述的网络选择等为每一个场景去找到一个正确的、最合适的 MBH 解决方案。

第11章 总 结

Esa Metsälä 和 Juha Salmelin

移动回传技术正从确定性的 TDM 网络迅速发展成为基于分组技术的网络。本书中一步步地详述了这种变化。由于一部分人仍旧保持使用"很好的、老的"TDM 网络,所以在通往基于分组网络的路上有很多障碍。使用分组技术,规格说明书通常不准确,并且更多地依赖于设备实现。

移动网络中业务的爆炸式增长以及移动宽带都需要一个高容量的回传网络。同时,严格的回传成本控制是必需的,由于典型的移动回传业务是固定的月付费形式,而不是基于每比特付费。对回传来说,这意味着需要承载高数据量的成本更有效。语音和其他实时服务需要比大数据传输更有效的优先服务,因此分组网络需要低成本的大数据传输(容量驱动)以及语音的优先级比特(严格的 QoS 驱动)。

使用基于分组网络的 QoS 服务也没有像 TDM 那样清楚的定义,但是仍旧非常好。如果一个人有 TDM 网络的背景,那么对他来说开始转换对分组流的思考可能是一个非常大的挑战。仅仅阅读所有的协议标准不能对分组网络是如何工作的产生一个宏观的画面。有许多不同特性的不同说明书,它们中的大多数既没有被使用也没有在产品中实现,或者说没有在市场上的所有产品中实现。另一方面,有许多特性,它们在每一个网络中都不同。

尤其是当回传连接租赁于服务提供商时,对回传部署来说服务等级协议可能很难明白和商定。从服务供应商的角度来看,移动回传销售额只比固定宽带销售额少20%。如果扩容是由固定宽带驱动,不会花更多的时间去理解存在的具体移动需求。本书通过描述在内部回传或者租赁回传中与移动系统相关的分组网络说明书来支撑这种变化。

未来,回传都将是基于分组的。其他的技术太昂贵。但是当业务持续扩张时,甚至基于分组的回传成本也会很高,因此需要新的回传优化技术。容量提升 10 倍同时成本降低 9/10 的标语将成为一个目标。另一方面,新的 3GPP 无线技术和特性对同步、弹性、QoS 以及安全有严格的要求。

把回传看作提供给无线网络层的一种服务是非常有用的。那么无线网络层支持终端用户的服务,这种观点展示了无线网络和传输层以及在实现移动回传时允许使用的技术的互相影响。

通常,相同的回传网络服务于不同的无线网络技术,甚至不是所有这些无线技术在回传中都基于 IP 技术。最初的 2G 是 TDM 技术,最初的 3G 是 ATM 技术。当所有的业务汇聚到一个回传时,需要对这些非 IP 基站提供仿真服务。MPLS 作为一个支持本地 IP 和这些仿真服务的技术例子。

基于分组网络的频域同步技术正在变得成熟,现今,已经允许大规模部署。IEEE 1588 和同步以太网是主流解决方案。本书讲述了上述两种技术,但是重点强调了 IEEE 1558 以及基于分组同步的挑战。同步以太网非常类似于已经建立的 SDH 技术,因此参考同步以太网标准文档能满足大部分需求。另外，在 LTE TDD 系统中，需要精确的时间同步。在某些 LTE – A 的特性中，甚至需要更精确的计时。当前时间同步基于卫星系统，本书对这种技术进行了简要描述。IEEE 1588 适合时间传输，然而对电信网络的时间同步标准工作仍旧处于早期阶段。例如，这些工作将覆盖通过传输路径的网络节点如何参与计时、对频域同步来说哪些是不需要的等。

对网络弹性来说，讨论了本地以太网、电信级以太网、MPLS 和 IP。分组网络与 TDM 网络的故障不同，并且存在新的异常故障类型。并且，分组网络中的节点和链路故障恢复与 TDM 网络中的业务恢复不同。与 TDM 网络相比，虽然 Sonet/类似于 SDH 的保护行为可能达到，由于重路由性能，分组网络倾向于更少的确定性。

典型地，在基站接入节点处仅仅有单一路径连接到汇聚网络。在这些情况下，不存在链路故障弹性。在汇聚节点，情况非常不一样。由于承载大量业务，并且大量站址依赖于汇聚网络服务，所以链路和节点故障的弹性恢复是非常重要的。汇聚网络的弹性依赖于具体使用的技术。

QoS 是一个端到端的话题，并且无线网络的 QoS 与移动回传的 QoS 对齐是必要的。为了达到这个目的，探讨了如何把无线网络层承载映射到传输层的 QoS 等级中，保护 IP 层差分服务以及进一步映射到以太网层和 MPLS 层。对回传来说，处理所有现存的业务类型不仅包括用户面业务，还包括控制面、管理面和同步面业务。

安全是一个在基于 IP 选项以及分组回传中要处理的新问题。在 TDM 网络中，安全问题不需要考虑。在 IP 网络中，这种形势发生了变化。虽然移动回传使用的 IP 网络是一个与公共的、封闭的且与以太网分离的专有网络，由于它基于相同的协议，因而在企业和服务提供商网络中的网络攻击是很现实的，并且对移动回传也有风险。在 IP 层，IPSec 协议提供了保护，并且在许多场景下是 3GPP 强制要求的。尤其是在 LTE 中，一个未受保护的网络有一个明显的威胁，因为每一个基站支持的 IP 层直接连接到核心网。

即使使用类似的回传也没有两个类似的移动网络。从某些特性或者成本角度来看，当互相比较时，所有的网络都是不同的。在本书中，描述了许多实际的回传解决方案例子，目的是给创建个体的以及不同的解决方案提供帮助。未来，当需要更高的容量和更紧凑的需求时，构建和控制回传的新方法将成为必需品。更大容量需要相应光缆支持，但是也会出现一些新的无线通信技术，使用这些技术缓解第一个下一跳实现的大部分成本。

移动回传面临的挑战将长久持续下去。摩尔定律确保在移动系统中会消耗越来越多的比特，需要越来越多的吞吐率和要求越来越多的时延。

新的趋势是把基站处理单元集中到一个位置并且在天线上集成无线头。这些内容将把部分回传变成前向传输。前向传输连接基站处理单元（BBU）和 RF 头。当今的前向传输需要几 Gbit/s 以及非常低的时延，因此仅有的可行技术是点到点的光纤连接。如果这些不可用，成本挖掘可能抑制该技术的广泛使用。

在有许多用户以及每一个用户同时有许多业务的场景下，宏站址将不提供足够的容纳空间。必须要减少小区大小，这意味着有许多更小的基站。对回传来说，这意味着明显的更大数量的连接。未来的微型小区回传需求驱动回传连接朝着高容量、短时延、短下一跳以及更低成本方向发展，并且需要拥有很多自组织功能。这种类型的回传技术目前还不存在。

在 2011 年 2 月 IANA 分配了 IPv4 地址池。虽然在移动回传中使用私有的 IPv4 地址，但是总的来说，这加速了 IPv6 的部署。然而前面提到的 IPv4 地址池耗尽并不是 IPv6 部署的驱动器。此外，由于把 GTP – U 隧道和其他协议与终端用户的 IP 绑定在一起，移动回传可以使用 IPv4，而终端用户协议可以使用 IPv6。无论如何，在 3GPP 标准中已经包括了 IPv4 和 IPv6 协议，这意味着从协议标准的角度 IPv6 已经准备好了。并且在实践中，当前的许多路由器和交换机平台都支持 IPv4 和 IPv6（双模栈）。

如果没有新技术出现，回传将成为移动网络的主要成本部分。运营商开始寻找所有可能的方式去降低成本，尤其是总体拥有成本。共享回传和某种类型的回传虚拟化也几乎是很快发生的事情。

北京市版权局著作权合同登记　图字：01 - 2012 - 7572 号。

图书在版编目（CIP）数据

移动回传/（芬）伊萨·麦特萨拉，（芬）胡哈·萨尔梅林主编；郑文杰等译. —北京：机械工业出版社，2017.7
（国际信息工程先进技术译丛）
书名原文：Mobile Backhaul
ISBN 978-7-111-57100-1

Ⅰ.①移…　Ⅱ.①伊…②胡…③郑…　Ⅲ.①移动网　Ⅳ.①TN929.5

中国版本图书馆 CIP 数据核字（2017）第 139140 号

机械工业出版社（北京市百万庄大街22 号　邮政编码100037）
策划编辑：顾　谦　责任编辑：顾　谦
责任校对：肖　琳　封面设计：马精明
责任印制：李　昂
三河市国英印务有限公司印刷
2017 年8 月第1 版第1 次印刷
169mm×239mm·20 印张·462 千字
0 001—2 600 册
标准书号：ISBN 978-7-111-57100-1
定价:89.00 元

凡购本书，如有缺页、倒页、脱页，由本社发行部调换
电话服务　　　　　　　网络服务
服务咨询热线：010 - 88361066　机 工 官 网：www.cmpbook.com
读者购书热线：010 - 68326294　机 工 官 博：weibo.com/cmp1952
　　　　　　　010 - 88379203　金 书 网：www.golden - book.com
封面无防伪标均为盗版　　　教育服务网：www.cmpedu.com